大数据技术与应用丛书

# NoSQL数据库技术与应用

黑马程序员 编著

清華大學出版社
北 京

## 内 容 简 介

随着云计算、物联网等新一代技术的发展，在移动计算、社交网络等业务的推动下，大数据技术产生并迅速地建立起生态体系，NoSQL 成为了处理大数据必须掌握的热门核心技术之一。本书在这种情况下应运而生。本书由浅入深，系统全面地介绍 NoSQL 数据库的理论、技术与实践操作。全书共 10 章，其中第 1 章主要是带领大家简单认识 NoSQL 数据库；第 2～9 章分别讲解文档存储数据库 MongoDB、MongoDB 数据库操作、MongoDB 副本集、MongoDB 分片、MongoDB GridFS、键值对存储数据库 Redis、列式存储数据库 HBase、图形存储数据库 Neo4j。第 10 章利用 NoSQL、Hadoop、Spark 等技术开发一个综合实战案例——二手房交易数据分析系统，使得读者能够掌握大数据技术和 NoSQL 技术，进而在未来能很好地适应企业开发的技术需要。

本书附有配套视频、源代码、习题、教学设计、教学 PPT、教学大纲等资源。同时，为了帮助初学者更好地学习本书中的内容，作者还提供了在线答疑，欢迎读者关注。

本书可作为高等院校本、专科计算机、大数据及信息管理等相关专业的大数据课程教材，也可供相关技术人员参考，是一本适合广大计算机编程爱好者的优秀读物。



**图书在版编目(CIP)数据**

NoSQL 数据库技术与应用/黑马程序员编著. —北京：清华大学出版社，2020.9(2024.1 重印)
(大数据技术与应用丛书)
ISBN 978-7-302-56351-8

Ⅰ. ①N… Ⅱ. ①黑… Ⅲ. ①关系数据库系统 Ⅳ. ①TP311.132.3

中国版本图书馆 CIP 数据核字(2020)第 167328 号

**责任编辑**：袁勤勇
**封面设计**：杨玉兰
**责任校对**：徐俊伟
**责任印制**：沈　露

**出版发行**：清华大学出版社
　**网　　址**：https://www.tup.com.cn，https://www.wqxuetang.com
　**地　　址**：北京清华大学学研大厦 A 座　　**邮　　编**：100084
　**社 总 机**：010-83470000　　**邮　　购**：010-62786544
　**投稿与读者服务**：010-62776969，c-service@tup.tsinghua.edu.cn
　**质量反馈**：010-62772015，zhiliang@tup.tsinghua.edu.cn
　**课件下载**：https://www.tup.com.cn，010-83470236
**印 装 者**：艺通印刷(天津)有限公司
**经　　销**：全国新华书店
**开　　本**：185mm×260mm　　**印　　张**：25　　**字　　数**：624 千字
**版　　次**：2020 年 10 月第 1 版　　**印　　次**：2024 年 1 月第 9 次印刷
**定　　价**：79.80 元

产品编号：088983-01

# 序 言

本书的创作公司——江苏传智播客教育科技股份有限公司(简称“传智教育”)作为我国第一个实现 A 股 IPO 上市的教育企业，是一家培养高精尖数字化专业人才的公司，主要培养人工智能、大数据、智能制造、软件开发、区块链、数据分析、网络营销、新媒体等领域的人才。传智教育自成立以来贯彻国家科技发展战略，讲授的内容涵盖了各种前沿技术，已向我国高科技企业输送数十万名技术人员，为企业数字化转型、升级提供了强有力的人才支撑。

传智教育的教师团队由一批来自互联网企业或研究机构，且拥有 10 年以上开发经验的 IT 从业人员组成，他们负责研究、开发教学模式和课程内容。传智教育具有完善的课程研发体系，一直走在整个行业的前列，在行业内树立了良好的口碑。传智教育在教育领域有 2 个子品牌：黑马程序员和院校邦。

## 一、黑马程序员——高端 IT 教育品牌

黑马程序员的学员多为大学毕业后想从事 IT 行业，但各方面的条件还达不到岗位要求的年轻人。黑马程序员的学员筛选制度非常严格，包括严格的技术测试、自学能力测试、性格测试、压力测试、品德测试等。严格的筛选制度确保了学员质量，可在一定程度上降低企业的用人风险。

自黑马程序员成立以来，教学研发团队一直致力于打造精品课程资源，不断在产、学、研 3 个层面创新自己的执教理念与教学方针，并集中黑马程序员的优势力量，有针对性地出版了计算机系列教材百余种，制作教学视频数百套，发表各类技术文章数千篇。

## 二、院校邦——院校服务品牌

院校邦以“协万千院校育人、助天下英才圆梦”为核心理念，立足于中国职业教育改革，为高校提供健全的校企合作解决方案，通过原创教材、高校教辅平台、师资培训、院校公开课、实习实训、协同育人、专业共建、“传智杯”大赛等，形成了系统的高校合作模式。院校邦旨在帮助高校深化教学改革，实现高校人才培养与企业发展的合作共赢。

### (一) 为学生提供的配套服务

1. 请同学们登录“传智高校学习平台”，免费获取海量学习资源。该平台可以帮助同学们解决各类学习问题。

2. 针对学习过程中存在的压力过大等问题，院校邦为同学们量身打造了 IT 学习小助手——邦小苑，可为同学们提供教材配套学习资源。同学们快来关注“邦小苑”微信公众号。

**（二）为教师提供的配套服务**

1. 院校邦为其所有教材精心设计了“教案＋授课资源＋考试系统＋题库＋教学辅助案例”的系列教学资源。教师可登录“传智高校教辅平台”免费使用。

2. 针对教学过程中存在的授课压力过大等问题，教师可添加“码大牛”QQ(2770814393)，或者添加“码大牛”微信(18910502673)，获取最新的教学辅助资源。

# 前言

21世纪最有价值的资产是数据，它比黄金和石油更有价值。随着大数据时代的到来，待处理的数据量越来越大，传统的关系型数据库在可扩展性、数据模型和可用性等方面都遇到了难以克服的障碍。此时各种NoSQL数据库都应运而生，它们的特点各不相同，分别应用于不同的场景，因此得到了企业和编程者的青睐，主要用于解决大规模数据集合多重数据种类挑战，尤其是大数据应用难题。

本书分为10章，各章内容如下。

第1章主要是带领大家简单认识大数据时代对数据存储的挑战、NoSQL基本理论(CAP原则、BASE理论、最终一致性)以及NoSQL数据库分类(键值对存储数据库、文档存储数据库、列式存储数据库、图形存储数据库以及NoSQL数据库的比较)，通过本章的学习，读者可以对NoSQL数据库有了基本的认识，便于后续章节的学习。

第2章主要讲解文档存储数据库MongoDB相关知识，包括MongoDB概述、MongoDB体系结构、MongoDB数据类型以及MongoDB的使用规范。通过本章的学习，读者可以认识文档存储数据库MongoDB，并熟悉MongoDB的体系结构、数据类型和使用规范。

第3章主要讲解MongoDB数据库操作相关知识，包括MongoDB部署、数据库操作、集合操作、文档操作(插入、更新、删除、查询、聚合、索引)、使用Java操作MongoDB、使用Python操作MongoDB、使用Robo 3T操作MongoDB以及安全与访问控制。通过本章的学习，读者可以掌握MongoDB的部署、基本操作以及安全与访问控制，从而提高MongoDB数据库中数据的安全。

第4章主要讲解MongoDB副本集，包括副本集概述、副本集成员、部署副本集、副本集操作以及副本集机制相关知识。通过本章的学习，读者可以掌握副本集的部署与操作。

第5章主要讲解MongoDB分片相关的知识，即分片概述、分片策略、分片集群架构、部署分片集群以及分片的基本操作相关知识。通过本章的学习，读者可以掌握分片集群的部署与操作。

第6章主要讲解MongoDB GridFS相关的知识，包括GridFS概述、GridFS存储结构和GridFS基本操作。通过本章的学习，读者可以掌握使用Shell、Java、Python操作GridFS。

第7章主要讲解键值对存储数据库Redis相关知识，包括Redis概述、Redis支持的数据结构、Redis的部署、使用redis-cli操作Redis和使用Java操作Redis。通过阅读本章，读者可以快速、有效地了解Redis，从而更好、更高效地使用Redis。

第8章主要讲解列式存储数据库HBase相关知识，包括HBase概述、HBase的数据模型、HBase的架构、HBase的部署、HBase的操作。通过阅读本章，读者可以快速、有效地了解HBase，从而更好、更高效地使用HBase。

第9章主要讲解图形存储数据库Neo4j相关知识，包括Neo4j概述、Neo4j的数据模型、Neo4j的部署、Neo4j的操作。通过阅读本章，读者可以快速、有效地了解Neo4j，从而更好、更高效地使用Neo4j。

第10章是利用前面章节介绍的知识构建一个二手房交易数据分析系统，即通过Spark、MongoDB以及WebMagic等技术开发二手房交易数据分析系统。通过本章的学习，读者能够熟悉MongoDB在大数据及Java Web方面的实际应用，并了解爬虫程序的开发与使用。

此外，本书在修订过程中，结合党的二十大精神“进教材、进课堂、进头脑”的要求，在给每个案例设计任务时优先考虑贴近生活实际话题，让学生在学习新兴技术的同时掌握日常问题的解决，提升学生解决问题的能力；在知识点描述上加入素质教育的相关描述，引导学生树立正确的世界观、人生观和价值观，进一步提升学生的职业素养，落实德才兼备的高素质卓越工程师和高技能人才的培养要求。此外，作者依据书中的内容提供了线上学习的视频资源，体现现代信息技术与教育教学的深度融合，进一步推动教育数字化发展。

**致谢**

本书的编写和整理工作由传智播客教育科技股份有限公司完成，主要参与人员有高美云、文燕、张明强等，全体人员在这近一年的编写过程中付出了许多辛勤的汗水。除此之外，还有传智播客的600多名学员也参与到了教材的试读工作中，他们站在初学者的角度对教材提供了许多宝贵的修改意见，在此一并表示衷心的感谢。

**意见反馈**

尽管我们尽了最大的努力，但书中难免会有不妥之处，欢迎各界专家和读者朋友来函给予宝贵意见，我们将不胜感激。您在阅读本书时，如果发现任何问题或有不认同之处可以通过电子邮件与我们取得联系。

请发送电子邮件至：itcast_book@vip.sina.com。

黑马程序员

2023年7月于北京

# 目录

# 第1章
# 初识NoSQL

**学习目标**

- 了解大数据时代对数据存储的挑战
- 了解 NoSQL 及其特点
- 理解 NoSQL 基础理论
- 掌握 NoSQL 数据库分类

随着云计算、物联网等新一代技术的发展，在移动计算、社交网络等业务的推动下，大数据技术产生并迅速地建立起生态体系。然而，大数据在推动技术变革的同时，企业对海量数据的存储和并发访问要求越来越高。由于传统关系数据库的 ACID 原则、结构规整以及表连接操作等特性成为制约海量数据存储和并发访问的瓶颈。

而 NoSQL 数据库就是为了解决海量数据的存储、并发访问以及扩展而出现的，它具有数据模型灵活、并发访问度高、易于扩展和伸缩、开发效率高以及开发成本低等优点，能够解决大规模数据集合多重数据种类挑战，尤其是大数据应用难题。本章将针对 NoSQL 数据库的相关知识进行详细讲解。

## 1.1 大数据时代对数据存储的挑战

目前，我们已经处于大数据时代。大数据对当前数据存储、访问以及管理均带来了前所未有的挑战。下面，我们来详细介绍一下大数据时代对数据存储的挑战。

### 1. 高并发读写需求

对于实时性、动态性要求较高的社交网站，如论坛、微博等，往往需要并发度达到每秒上万次的读写请求，这种很高的并发性对数据库的并发负载相当大，传统关系数据库在面对海量数据的存储和操作时会存在严重的磁盘 I/O 瓶颈。

### 2. 高效率存储和访问需求

动态交互网站 Web 2.0 每天产生的数据量是巨大的，如果采用传统的关系数据库将海量数据存放到具有固定结构的二维表格中，不管是查询还是更新操作，效率都是非常低的。

### 3. 高扩展性

关系数据库很难实现水平扩展，当数据量和访问量多到需要增加硬件和服务器结点来扩大容量和负载量时，关系数据库往往需要停机维护和数据迁移，这对一个需要 24 小时不停服务的网站是非常不可取的。

大数据要求数据管理系统既能实现海量数据存储，又能高效率地并发读写，同时必须支持扩展性。NoSQL 数据库作为传统关系数据库的补充，弥补了传统关系数据库在这些方面的不足，满足了海量数据的存储、访问和管理。

# 1.2 认识 NoSQL

## 1.2.1 NoSQL 简介

NoSQL 一词最早出现于 1998 年，它是 Carlo Strozzi 开发的一个轻量、开源、不提供 SQL 功能的关系数据库。Carlo Strozzi 认为，由于 NoSQL 悖离传统关系数据库模型，因此，NoSQL 应该有一个全新的名字，例如 NoREL 或与之类似的名字。

2009 年，Last.fm 的 Johan Oskarsson（约翰·奥斯卡森）发起了一次关于分布式开源数据库的讨论，来自 Rackspace 的 Eric Evans（埃里克·埃文斯）再次提出了 NoSQL 的概念，这时的 NoSQL 主要指非关系型、分布式、不提供 ACID 的数据库设计模式。

2009 年在亚特兰大举行的“no：sql（east）”讨论会是一个里程碑，该讨论会的口号是“select fun，profit from real world where relational＝false；”。因此，对 NoSQL 最普遍的解释是“非关系型的”，主要是强调键值存储和文档存储数据库的优点，而不是单纯地反对关系数据库。

现如今，大家看到 NoSQL 这个词，可能会误以为是“No！SQL”的缩写，并深感诧异：“SQL 怎么会没有必要了呢？”，实际上，NoSQL 是 Not Only SQL 的缩写，它的含义为“不仅仅是 SQL”。NoSQL 是一种非关系型数据库，是对关系型数据库在灵活性和扩展性上的补充。NoSQL 的出现主要是解决大规模数据集合下数据种类多样性带来的挑战，尤其是大数据应用难题。

## 1.2.2 NoSQL 特点

NoSQL 具有“易扩展”“高性能”“灵活的数据模型”以及“高可用”等显著特点，这些特点的具体介绍如下。

### 1. 易扩展

虽然 NoSQL 数据库的种类繁多，但是它们都拥有一个共同的特点，即去掉关系数据库的关系型特性。数据表之间均无关系，这就使得数据库可以非常容易地扩展，这是完全区别于传统关系型数据库的一大特性。

### 2. 高性能

NoSQL 数据库具有高并发读写性能，这一点在海量数据的处理上表现得尤其明显。这一点是得益于 NoSQL 数据库的无关系性，NoSQL 数据库的结构比较简单。我们都知道，传统的关系数据库 MySQL 使用 Query Cache，每更新一次数据表，cache 就会失效，在 Web

2.0 时代,短时间内会有大量数据进行频繁的交互应用,这样一来,cache 性能和效率就会不高。而 NoSQL 的 cache 是记录级的,是一种细粒度的 cache,所以与传统关系数据库相比较而言,NoSQL 在这个层面上来说性能就要高很多。

#### 3. 灵活的数据模型

NoSQL 数据库不需要事先为存储的数据建立相应的字段,用户可以随时存储自定义的各种数据格式。而在关系数据库里,需要在数据表里增加或者删除字段是一件非常麻烦的事情,尤其是在非常大的数据表里,增加字段简直就是一个噩梦,这点在大数据量的 Web 2.0 时代尤其明显。

#### 4. 高可用

NoSQL 在不太影响性能的情况下,可以方便地实现高可用的架构,例如 HBase 高可用集群和 MongoDB 副本集。

### 1.2.3　关系数据库与非关系数据库的区别

目前的数据库主要分为关系数据库和非关系数据库两类,二者在多个方面均有所区别,具体如下。

#### 1. 存储方式

传统的关系数据库采用表的格式进行存储,数据以行和列的方式进行存储,读取和查询都十分方便。而非关系数据库却不适合以表的格式进行存储,通常是以数据集的方式进行存储,即将大量数据都集中在一起存储,类似于键值对、图结构或者文档。

#### 2. 存储结构

关系数据库按照结构化的方法存储数据,每张数据表都必须事先定义好数据表的表结构,然后再根据数据表的表结构存储数据。这样做的好处是由于数据的形式和内容在存储数据之前就已经定义好,因此整张数据表的可靠性和稳定性都比较高,但带来的问题就是一旦数据表存储数据后,若需要修改数据表的结构就会十分困难。

而非关系数据库采用的是动态结构,如果面对大量非结构化数据的存储,它可以非常轻松地适应数据类型和结构的改变,也可以根据数据存储的需要灵活地改变数据表的结构。

#### 3. 存储规范

关系数据库为了规范化数据、避免重复数据,以及充分利用存储空间,将数据按照最小关系表的形式进行存储,这样的数据管理就变得很清晰、一目了然,但这仅仅是在一张数据表的情况下。随着数据表数量的增加,数据的管理也会越来越复杂,因为多张数据表之间存在着复杂的关系,导致数据的管理会比较复杂。

非关系数据库的数据存储方式是用平面数据集的方式集中存放,虽然会出现数据被重复存储造成浪费存储空间的情况。但是,通常单个数据库都是采用单独存储的形式,很少采用分割存储的方式,因此这样的数据往往被存储成一个整体,这对数据的读写提供了极大的方便。

### 4. 扩展方式

关系数据库是将数据存储在数据表中，因此在进行多张数据表操作时，会出现I/O瓶颈；当数据表的数量越多时，这个瓶颈越严重。如果想要缓解这个问题，只能提高处理能力，也就是选择速度更快、性能更高的计算机。虽然可以扩展空间，但是扩展的空间是有限的，也就是说，关系数据库也可以水平扩展，只不过相比较非关系数据库较为复杂。

非关系数据库使用的是数据集的存储方式，它的存储方式是分布式的，因此可以采用水平扩展方式来扩展数据库。也就是说，可以添加更多数据库服务器到资源池，然后由增加的服务器来分担数据量增加带来的I/O开销。

### 5. 查询方式

关系数据库是采用结构化查询语言（即SQL）来对数据库进行查询，SQL支持数据库的CRUD操作，具有非常强大的功能；非关系数据库使用的是非结构化查询语言（UnQL），UnQL以数据集（像文档）为单位来管理和操作数据。由于没有统一的标准，所以每个数据库厂商提供产品标准是不一样的，例如，非关系数据库MongoDB中的文档ID与关系数据库中表的主键概念类似。

### 6. 规范化

在关系数据库中，一个数据实体需要分割成多个部分，然后再对分割的部分进行规范化处理，规范化后再分别存储到多张关系数据表中，这是一个复杂的过程。但是，随着软件技术的发展，一些软件开发平台提供了一些简单的解决方法，例如，利用ORM层（对象关系映射）将数据库中的对象模型映射到基于SQL的关系数据库中，或者对不同类型系统的数据进行转换；非关系数据库则没有这方面的问题，它不需要规范化数据，非关系数据库通常是在一个单独的存储单元中存储一个复杂的数据实体。

### 7. 事务性

关系数据库强调ACID规则（即原子性、一致性、隔离性以及持久性），可满足对事务性要求较高或者需要进行复杂数据查询的数据操作，也可充分满足数据库操作的高性能和稳定性的要求。关系数据库强调数据的强一致性，对事务的操作有很好的支持。关系数据库可以控制事务原子性细粒度，并且一旦操作有误或者有需要，可马上回滚事务。

非关系数据库强调BASE理论（即基本可用、软状态和最终一致性），它减少了对数据的强一致性支持，不能很好地支持事务操作。但是需要注意，非关系数据库中MongoDB数据库的4.0及以上版本，均能够支持事务操作。

### 8. 读写性能

关系数据库强调数据的一致性，为此降低了数据的读写性能。虽然关系型数据库可以很好地存储和处理数据，但是处理海量数据时效率会变得很低，尤其是遇到高并发读写时，性能会很快地下降。

非关系数据库可以很好地应对海量数据，也就是说，它可以很好地读写每天产生的非结构化数据。由于非关系数据库是以数据集的方式进行存储的，因此扩展和读写都是非常容易的。

#### 9. 授权方式

关系数据库包括 Oracle、SQL Server、DB2 以及 MySQL 等，除了 MySQL 以外，大多数的关系数据库都是非开源的，若要使用的话，则需要支付高昂的费用；非关系数据库包括 Redis、HBase、MongoDB、Memcache 等都是开源的，使用时不需要支付费用(企业版除外)。

## 1.3 NoSQL 基础理论

NoSQL 理论的基础是由 CAP 原则、BASE 理论以及最终一致性奠定的。NoSQL 是在传统 RDBMS 的理论架构上，针对分布式数据存储理论进行了理论上的革新。下面，我们将分别对 CAP 原则、BASE 理论以及最终一致性进行详细讲解。

### 1.3.1 CAP 原则

2000 年，Eric Brewer 在 ACM PODC 分布式计算原理专题讨论会上首次提出 CAP 原则。后来，麻省理工学院的两位科学家(赛斯・吉尔伯特和南希・林奇)证明了 CAP 原则的正确性。目前，CAP 原则被大型公司广泛采纳，例如 Amazon 公司。

CAP 原则又称 CAP 定理，它包括一致性(Consistency)、可用性(Availability)和分区容错性(Partition Tolerance)三大要素，三大要素的介绍具体如下：

- 一致性：系统在执行过某项操作后，仍然处于一致的状态。在分布式系统中，更新操作执行成功后所有的用户都应该读取到最新的值，这样的系统被认为具有一致性。
- 可用性：每一个操作总是能够在一定的时间内返回结果，这里需要注意的是"一定时间内"和"返回结果"，也就是说系统的结果必须在给定的时间内返回，若超时，则被认为是不可用的。
- 分区容错性：系统在遇到任何网络分区故障的时候，仍然能够保证对外提供满足一致性和可用性的服务，除非整个网络环境都发生了故障。网络分区是指在分布式系统中，不同的结点分布在不同的子网络(机房或异地网络等)中，由于一些特殊的原因导致这些子网络之间出现网络不连通的状况，但各个子网络的内部网络是正常的，从而导致整个系统的网络环境被切分成了若干个孤立的区域。需要注意的是，组成一个分布式系统的每个结点，在加入或退出时都可以看作是一个特殊的网络分区。

CAP 原则中，一个分布式系统中最多可同时实现上述的两个要素，不可同时实现三个要素，具体如图 1-1 所示。

从图 1-1 中可以看出，CAP 原则最多可以同时实现两个要素，即 AP、CP 或 AC，不存在同时实现三个要素的情形，即 CAP。若是分布式系统中的数据无副本的话，系统必然会满足一致性(因为只有单独的数据，不会出现数据不一致的情况)；若是分布式系统中出现了网络分区状况或者宕机，则必然会导致某些数据不可以访问，此时就不能满足可用性要素，即在此情况下获得了 CP 系统，但是 CAP 是不可同时满足的。

接下来，我们通过一张表来描述 CAP 原则的取舍策略与应用场景，具体如表 1-1 所示。

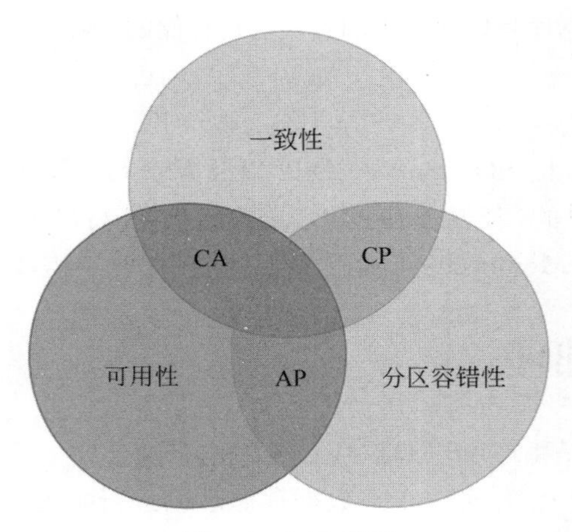


图1-1 CAP原则

表1-1 CAP原则的取舍策略与应用场景

| 取舍策略 | 应用场景 |
| --- | --- |
| CA(一致性和可用性) | Oracle、SQL Server 以及 MySQL 等 |
| CP(一致性和分区容错性) | MongoDB、HBase 以及 Redis 等 |
| AP(可用性和分区容错性) | CouchDB、Cassandra 以及 DynamoDB 等 |

在表1-1中,选择CA策略,意味着放弃P,也就是说,保证了系统的一致性和可用性,却违背了分布式系统的分区容错性;选择CP策略,意味着放弃A,也就是说,保证了系统的一致性和分区容错性,但用户的体验较差,即当系统宕机时,需要等待所有结点的数据一致时,用户才可访问系统;选择AP策略,意味着放弃C,也就是说,保证了系统的可用性和分区容错性,但是结点之间的数据会出现不一致的现象。因此,我们可以根据自己的需求,选择对应的策略。

### 1.3.2 BASE理论

BASE理论是eBay的架构师Dan Pritchett在ACM上发表文章提出的,它是对CAP原则中一致性和可用性权衡的结果,也是对CAP原则的延伸。BASE理论的核心思想是即使无法保证系统的强一致性(strong consistency,即CAP的一致性就是强一致性),但每个应用都可以根据自身的业务特点,采用适当的方式来使系统达到最终一致性(eventual consistency)。

BASE理论与CAP原则类似,也包含三大要素,即基本可用(Basically Available)、软状态(Soft-State)和最终一致性(Eventually Consistent),具体含义如下:

- 基本可用,是指分布式系统在出现不可预知故障的时候,允许损失部分可用性,保证系统的核心可用即可。需要注意的是,基本可用不等价于系统不可用。
- 软状态,也称为弱状态,和硬状态是相对的,它是指允许系统中的数据存在中间状态,并认为该中间状态的存在不会影响系统的整体可用性,即允许系统在不同结点的数据副本之间进行数据同步的过程存在延时。

- 最终一致性，是指系统中的所有数据副本经过一定时间后，最终能够达到一致的状态。因此，最终一致性的本质是需要系统保证最终数据能够达到一致，而不需要实时保证系统数据的强一致性。

BASE 理论与关系数据库中的 ACID 理论是两种截然相反的理论。下面，我们通过一张表来分析 BASE 理论和 ACID 理论的区别，具体如表 1-2 所示。

表 1-2　BASE 理论和 ACID 理论的区别

| 区　别 | BASE 理论 | ACID 理论 |
| --- | --- | --- |
| 一致性 | 最终一致性 | 强一致性 |
| 可用性 | 可用性优先 | 可用性不作要求 |
| 灵活性 | 变化速度快、灵活 | 难以变化 |

### 1.3.3　最终一致性

数据的一致性可以根据强度的不同分为两种，即强一致性和弱一致性。其中，强一致性要求集群中的所有结点的状态实时保持一致；弱一致性不要求系统各结点状态实时保持一致，但要求各结点的最终状态保持一致，最终一致性是弱一致性的一种特殊形式。NoSQL 数据库通常选择放弃强一致性，用最终一致性的思想设计分布式系统，从而使得系统达到高可用性和高扩展性。

最终一致性，指的是保证用户最终能够读取到某操作对系统特定数据的更新。但是随着时间的迁移，不同结点上的同一份数据总是在向趋同的方向变化。也可以简单地理解为，在一段时间后，结点之间的数据会最终达到一致状态。实现最终一致性最常见的系统是 DNS 域名系统，由于 DNS 是多级缓存的实现，所以修改 DNS 记录后不会立刻在全球所有的 DNS 服务结点生效，需要等 DNS 服务器缓存过期后，再向源服务器更新新的记录才能生效。

最终一致性可以分为“因果”一致性、“读己之所写”一致性、“会话”一致性、“单调读”一致性以及“单调写”一致性，具体介绍如下：

- “因果”一致性：如果进程 A 通知进程 B 它已更新了一个数据项，那么进程 B 的后续访问将返回更新后的值，且一次写入将保证取代前一次写入。与进程 A 无因果关系的进程 C 的访问遵循一般的最终一致性规则。
- “读己之所写”一致性：指的是进程 A 在修改了数据后，它总能读取到修改过的数据值，而不会读取到原始值。读己之所写一致性是因果一致性的一个特例。
- “会话”一致性：指的是将访问存储系统的进程放到会话的上下文中，若是会话存在，则系统就保证“读己之所写”一致性；若是由于系统宕机或者网络不稳定导致会话终止，则需要建立新的会话。
- “单调读”一致性：指的是进程已经读取过数据对象的某个值，则任何后续访问都不会返回在这个值之前的值，这样就可以保证每个客户端在之后的请求中获取到的数据是最新的数据。
- “单调写”一致性：指的是系统保证来自同一个进程的写操作是顺序执行的。

上述最终一致性的不同形式可以进行组合，例如“单调读”一致性和“读己之所写”一致性进行组合，就可以读取自己更新的数据和一旦读取到最新的数据就不会再读到旧版本的数据，这样可以使得存储系统降低了一致性的要求并提供了高可用性。

# 1.4 NoSQL数据库分类

NoSQL数据库在整个数据库领域的地位已经不言而喻了，它主要有四大类型，即键值对存储数据库、文档存储数据库、列式存储数据库以及图形存储数据库，其中，每一种类型的数据库都能够解决关系数据库不能解决的问题。下面，我们将分别讲解键值对存储数据库、文档存储数据库、列式存储数据库以及图形存储数据库的相关内容。

## 1.4.1 键值对存储数据库

键值对存储数据库是NoSQL数据库中的一种类型，也是最简单的NoSQL数据库。键值对存储数据库中的数据是以键值对的形式来存储的。键值对存储数据库的结构示意图，具体如图1-2所示。

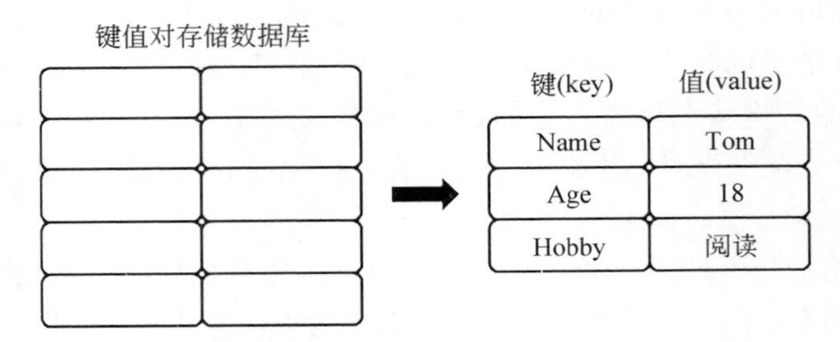


图1-2 键值对存储数据库的结构示意图

从图1-2中可以看出，键值对存储数据库的结构实际上是一个映射，即键(key)是查找每条数据的唯一标识符，值(value)是该数据实际存储的内容。键值对存储数据库结构是采用哈希函数来实现键到值的映射。当查询数据时，基于键的哈希值会直接定位到数据所在的位置，实现快速查询，并支持海量数据的高并发查询。

常见的键值对存储数据库有Redis、Tokyo Cabinet/Tyrant、Voldemort以及Oracle BDB等数据库。键值对存储数据库主要应用于会话存储和购物车等场景，具体介绍如下。

会话存储指的是一个面向会话的应用程序(如Web应用程序)在用户登录时启动会话，并保持活动状态直到用户注销或会话超时，在此期间，应用程序将所有与会话相关的数据存储在内存或键值对存储数据库中。会话数据包括用户资料信息、消息、个性化数据和主题、建议、有针对性的促销和折扣。每个用户会话具有唯一的标识符，除了主键之外，任何其他键都无法查询会话数据，因此键值对存储数据库更适合于存储会话数据。

购物车指的是电子商务网站中的购物车功能。在假日购物季，电子商务网站可能会在几秒钟内收到数十亿份订单，键值对存储数据库可以处理海量数据的扩展和极高的状态变化，同时通过分布式处理和存储，为数百万并发用户提供服务。此外，键值对存储数据库还具有内置冗余的功能，可以处理丢失的存储结点。

### 1.4.2　文档存储数据库

文档存储数据库不是文档管理系统。文档存储数据库是用于存储和管理文档，其中文档是结构化的数据（如 JSON 格式）。文档存储数据库的结构示意图如图 1-3 所示。

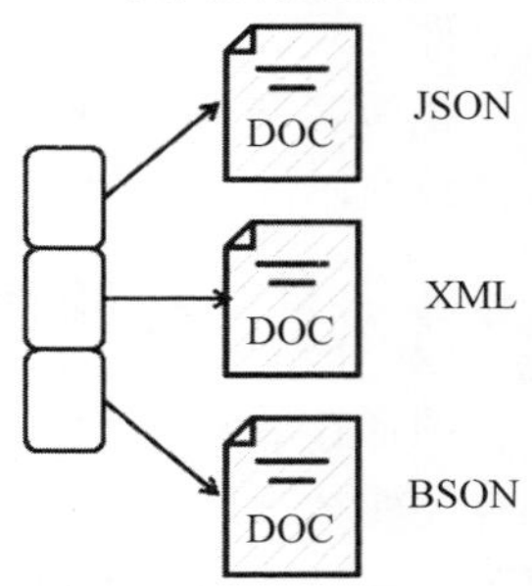

图 1-3　文档存储数据库的结构示意图

从图 1-3 中可以看出，文档存储数据库存储的文档可以是不同结构的，即 JSON、XML 以及 BSON 等格式。

常见的文档存储数据库有 MongoDB、CouchDB 以及 RavenDB 等数据库。文档存储数据库主要应用于内容管理应用程序和电子商务应用程序等场景。

内容管理应用程序存储数据，首选的就是文档存储数据库，例如博客和视频平台主要使用的数据库就是文档存储数据库。通过文档存储数据库，内容管理应用程序所跟踪的每个实体都可存储为单个文档。随着需求的发展，对于开发人员来说，可以使用文档存储数据库更直观地更新应用程序。此外，如果需要更改数据模型，则只需要更新受影响的文档即可，而不需要更新架构，也不需要等到数据库停机时进行更改。

在电子商务应用程序中，文档存储数据库可以高效且有效地存储商品的信息。例如，在电子商务应用程序中，不同的产品具有不同数量的属性。若是在关系型数据库中管理数千个属性，则效率比较低，并且阅读的性能会受到影响；若是使用文档存储数据库的话，可以在单个文档中描述每个产品的属性，既可以方便管理，又可以加快阅读产品的速度，并且更改一个产品的属性不会影响其他的产品。

### 1.4.3　列式存储数据库

列式存储数据库是以列为单位存储数据，然后将列值顺序地存入数据库中，这种数据存储方法不同于基于行式存储的传统关系数据库。列式存储数据库可以高效地存储数据，也可以快速地处理针对批量数据的实时查询。列式存储数据库的结构示意图如图 1-4 所示。

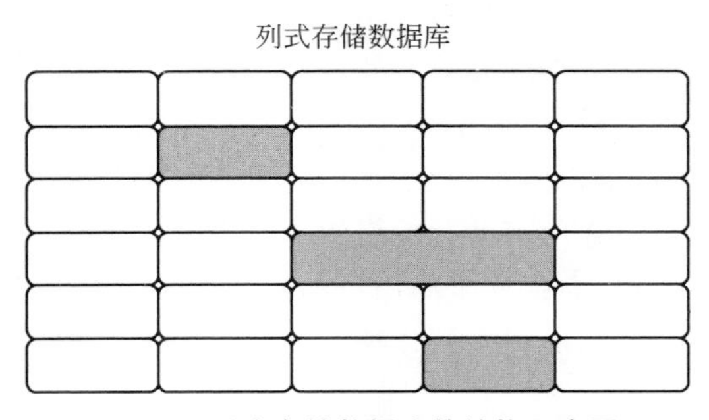

图 1-4　列式存储数据库的结构示意图

从图 1-4 中可以看出，在列式存储数据库中，如果列值不存在，则不需要存储（阴影部分为列值不存在），这样的话，遇到 Null 值，就不需要存储，可以减少 I/O 操作和避免内存空间的浪费。

常见的列式存储数据库有 HBase、Cassandra、Riak 以及 HyperTable 等数据库。列式存储数据库主要应用于事件记录、博客网站等场景。

在事件记录中，使用列式存储数据库来存储应用程序的状态以及应用程序遇到错误等事件信息。由于列式存储数据库具有高扩展性，因此可高效地存储应用程序源源不断产生的事件记录。

在博客网站中，列式存储数据库可以将博客的“标签”“类别”“连接”及“引用通告”等内容存放在不同的列中，便于进行数据分析。

## 1.4.4 图形存储数据库

图形存储数据库不是网络数据库，它是 NoSQL 数据库的一种类型，主要应用图形理论来存储实体之间的关系信息，其中，实体被视为图形的“结点”，关系被视为图形的“边”，边按照关系将结点进行连接。图形存储数据库的结构示意图如图 1-5 所示。

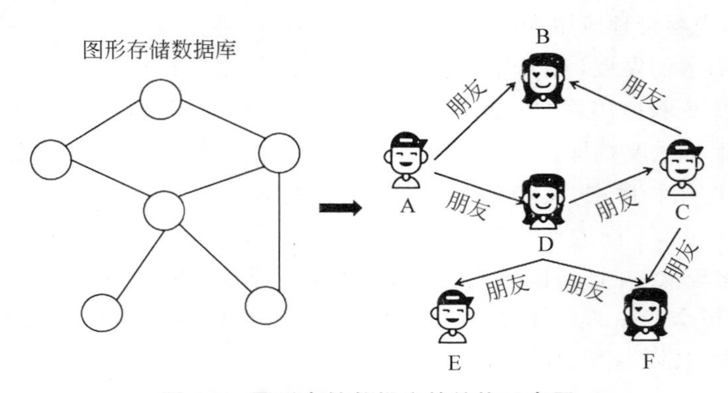


图 1-5 图形存储数据库的结构示意图

从图 1-5 中可以看出，利用图形存储数据库存储的数据，可以很清晰地知道两个实体之间的关系，即 A 和 D 是朋友，C 是 A 朋友的朋友。

常见的图形存储数据库有 Neo4j、FlockDB、AllegroGrap 以及 GraphDB 等数据库。图形存储数据库主要应用于欺诈检测、推荐应用等场景。

在欺诈检测中，图形存储数据库能够有效地防范复杂的欺诈行为。在现代欺诈及各种类型的金融犯罪中，例如银行欺诈、信用卡欺诈、电子商务欺诈以及保险欺诈等，欺诈者通过使用改变自己身份等的手段逃避风控规则，从而达到欺诈目的。尽管欺诈者可以改变所有涉及网络的关联关系，也可以在所有涉及网络的群体中同步执行相同操作来躲避风控，但我们可以通过图形存储数据库建立跟踪全局用户的跟踪视角，实时利用图形存储数据库来分析具有欺诈行为的离散数据，从而识别欺诈环节，这样的话，可以最大程度上快速有效地防范和解决欺诈行为。

在推荐应用中，我们可以借助图形存储数据库存储购物网站中客户的购买记录、客户兴趣等信息，然后根据客户当前浏览的商品结合已存储的购物信息，从而推荐相关的商品。

## 1.4.5 NoSQL 数据库的比较

在前面小节中，我们分别介绍了 NoSQL 数据库中的键值对存储数据库、文档存储数据库、列式存储数据库以及图形存储数据库，每一种类型的数据库都有其独到之处。接下来，我们通过一张表对 NoSQL 数据库的 4 种类型进行比较，具体如表 1-3 所示。

**表 1-3　NoSQL 数据库的比较**

| 数据库分类 | 数据类型 | 常见数据库 | 应用场景示例 |
| --- | --- | --- | --- |
| 键值对存储数据库 | Key 指向 Value 的键值对 | Redis、Tokyo Cabinet/Tyrant、Voldemort、Oracle BDB | 会话存储、网站购物车等 |
| 文档存储数据库 | BSON 类型（全称 Binary JSON，即二进制 JSON），也称为类 JSON | MongoDB、CouchDB、RavenDB | 内容管理应用程序、电子商务应用程序等 |
| 列式存储数据库 | 以列进行存储，将同列数据存储到一起 | HBase、Cassandra、Riak、HyperTable | 日志记录、博客网站等 |
| 图形存储数据库 | 图结构 | Neo4j、FlockDB、AllegroGrap、GraphDB | 欺诈检测、推荐应用等 |

## 1.5　本章小结

本章讲解了 NoSQL 数据库相关的知识，首先介绍大数据时代对数据存储的挑战，读者可以了解到 NoSQL 出现的原因；接着介绍 NoSQL 基础知识，读者可以掌握 NoSQL 的发展以及特点；然后介绍 NoSQL 基础理论，读者可以理解到 NoSQL 理论的基础为何是由 CAP 原则、BASE 理论以及最终一致性奠定的；最后介绍 NoSQL 数据库分类，读者可以掌握 NoSQL 数据库中 4 种类型的基本概念、存储结构以及常见应用场景。

## 1.6　课后习题

### 一、填空题

1. 大数据时代对数据存储的挑战包括高并发读写需求、________、高扩展性。

2. ________是 Not Only SQL 的缩写，它的含义为“不仅仅是 SQL”。

3. NoSQL 是一种________、分布式、不遵循 ACID、________功能的数据库。

4. NoSQL 理论的基础是由________、BASE 理论以及________奠定的。

5. NoSQL 数据库主要有四大类型，即________、文档存储数据库、________及图形存储数据库。

### 二、判断题

1. NoSQL 是关系数据库。　（　　）

2. 非关系数据库采用的是动态结构存储数据。　（　　）

3. CAP 原则包括一致性、可用性和分区容错性三大要素。　（　　）

4. CAP 理论的核心思想是即使无法保证系统的强一致性。　（　　）

5. 数据的一致性可根据强度分为强一致性和弱一致性两种。　（　　）

## 三、选择题

1. 下列数据库中，(　　)是最简单的NoSQL数据库。
   A. 键值对存储数据库　　B. 文档存储数据库
   C. 列式存储数据库　　D. 图形存储数据库
2. 下列说法中，关于文档存储数据库说法正确的是(　　)。
   A. 文档存储数据库是文档管理系统
   B. 文档存储数据库是用于存储和管理文档，其中文档是非结构化的数据
   C. 文档存储数据库存储的文档可以是不同结构的
   D. 文档存储数据库主要应用于会话存储和购物车等场景
3. 下列选项中，(　　)属于列式存储数据库。
   A. MongoDB　　B. Redis　　C. Neo4j　　D. HBase

## 四、简答题

1. 简述CAP原则的选择策略与应用场景。
2. 简述NoSQL数据库的4种类型。

# 第 2 章 文档存储数据库MongoDB

**学习目标**

- 了解 MongoDB 的发展历程
- 熟悉 MongoDB 的数据类型
- 掌握 MongoDB 的架构模式
- 熟悉 MongoDB 的使用规范

MongoDB 是 NoSQL 文档存储数据库的重要一员，是当前 NoSQL 数据库产品中最热门的一种，目前在数据库排行榜排名第五（前四名分别是 Oracle、MySQL、SQL Server 和 PostgreSQL）。本章将针对 MongoDB 数据库的相关内容进行详细讲解。

## 2.1 MongoDB 概述

MongoDB 是由 C++ 语言编写的非关系数据库，也是一个基于分布式文件存储的开源数据库系统。在种类繁多的非关系数据库中，MongoDB 数据库的功能最为丰富，且与关系数据库有着较高的相似度。本节，我们将对 MongoDB 的发展历程、简介以及优势进行讲解。

### 2.1.1 MongoDB 的发展历程

MongoDB 公司从一个名不见经传的科技创业公司，发展成为家喻户晓的知名数据库厂商；MongoDB 数据库从一个默默无闻的小透明数据库，成长为各大公司争相采用的数据库产品。下面，我们来回顾一下 MongoDB 的主要发展历程。

- 2007 年，Dwight Merriman、Eliot Horowitz 和 Kevin Ryan 成立 10gen 软件公司（MongoDB 公司的前身）。
- 2009 年，经过将近两年的开发，10gen 开发出了 MongoDB 1.0 的雏形，并将它开源并正式命名为 MongoDB，同时成立开源社区，通过社区运营 MongoDB，打破了关系数据库一统天下的局面。
- 2010 年，10gen 公司发布了 MongoDB 1.6 版本，这个版本最大的一个功能就是 Sharding（自动分片）。
- 2013 年，Dwight Merriman 和 Eliot Horowitz 等公司创始人决定将 10gen 公司改名为 MongoDB 公司。

- 2014 年，MongoDB 收购了 WiredTiger 存储引擎，将下一代存储引擎技术引入 MongoDB，大幅提升了 MongoDB 的写入性能并发布 MongoDB 企业版，丰富了 MongoDB 的产品。
- 2016 年，MongoDB 与公有云服务厂商（谷歌、微软 Azure）合作，推出了 Atlas 服务（MongoDB Atlas）。
- 2017 年，MongoDB 推出后端服务 Stitch。
- 2018 年，MongoDB 发布 4.0 版本，推出 ACID 事务支持使性能大幅提升，成为第一个支持强事务的 NoSQL 数据库。同年，MongoDB 将其开源授权修改为 SSPL。
- 2019 年，MongoDB 发布 4.2 版本。在 4.0 基础上增加了分布式事务，引入“字段级加密”的支持，实现对用户 JSON 文档的 Value 进行自动加密等功能。

### 2.1.2 MongoDB 的简介

MongoDB 是一种可扩展的敏捷 NoSQL 数据库，其中的 mongo 取自单词 humongous 的中间部分，意思是巨大无比的数据库，能够存储海量数据的数据库。MongoDB 最大的特点是支持的查询语言非常强大，其语法类似于面向对象的查询语言，几乎可以实现类似关系数据库单表查询的绝大部分功能，而且还支持对数据建立索引。MongoDB 是一个面向集合、模式自由的文档型数据库。关于面向集合和模式自由的介绍，具体如下：

所谓“面向集合”（collenction-oriented），意思是数据被分组存储在数据集中，被称为一个集合（collenction）。每个集合在数据库中都有一个唯一的标识名，并且可以包含无限数目的文档。集合的概念类似关系数据库（RDBMS）里的数据表（table），不同的是 MongoDB 不需要定义任何模式（schema）。

模式自由（schema-free），意味着对于存储在 MongoDB 数据库中的文件，我们不需要知道它的任何结构及定义。如果需要的话，完全可以把不同结构的文件存储在同一个数据库里。

### 2.1.3 MongoDB 的优势

MongoDB 是为快速开发互联网 Web 应用而设计的数据库系统，其数据模型和持久化策略就是为了构建高吞吐、易伸缩、可自动化的数据存储系统。无论系统需要一个或多个结点，MongoDB 均可提供高性能。MongoDB 还可以很好地避免关系数据库遇到的伸缩困境。

接下来，我们从易用性、高性能、高可用性、易扩展性以及支持多种存储引擎 5 个方面来介绍 MongoDB 成为最受欢迎的 NoSQL 数据库的原因。

- 易用性。

MongoDB 面向文档的数据库不再有“行（row）”的概念，取而代之的是更为灵活的“文档（document）”模型。通过在文档中嵌入文档和数组的方式，在一条记录中表现复杂的层级关系。另外，MongoDB 没有预定义模式（predefined schema），文档的键（key）和值（value）无须定义固定的类型和大小，这使得添加或删除字段变得更为容易，因此开发者能够进行快速迭代，加快开发进程。

- 高性能。

MongoDB 数据库对文档进行了动态填充，对数据文件进行了预分配，用空间来保证性能的稳定。MongoDB 的优化器会标记出查询效率最高的方式，以便生成高效的查询计划。MongoDB 提供高性能数据持久性可以减少数据库系统的 I/O 活动，也可以通过索引支持更快的查询。总之，MongoDB 主要将大部分的内存用作缓存（Cache）。MongoDB 充分考虑了各个方面的性能问题，以实现卓越的性能。

- 高可用性。

MongoDB 副本所组成的一个集群，称为副本集，它提供了自动故障转移和数据冗余功能，以防止数据丢失，从而提高数据的可用性。

- 易扩展性。

MongoDB 的设计采用水平扩展，可通过分片将数据分布在集群机器中。MongoDB 能够自动处理跨集群的数据和负载，自动重新分配文档，并将用户的请求路由到正确的机器上。

- 支持多种存储引擎。

MongoDB 支持多个存储引擎包括 WiredTiger 存储引擎、内存存储引擎（In-Memory）和 MMAPv1 存储引擎。

**注意**：MongoDB 从 3.2 版本开始，默认的存储引擎是 WiredTiger，3.2 版本之前的默认存储引擎是 MMAPv1，MongoDB4.x 版本不再支持 MMAPv1 存储引擎。

## 2.2　MongoDB 体系结构

MongoDB 的逻辑结构是体系结构的一种形式，它是一种层次结构，主要由文档（Document）、集合（Collection）、数据库（Database）三部分组成。MongoDB 的逻辑结构是面向用户的。下面，我们从用户的角度对 MongoDB 的体系结构进行讲解，具体如图 2-1 所示。

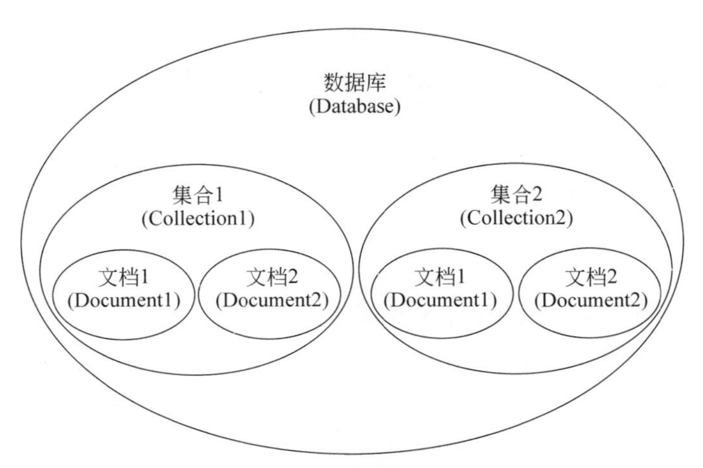


**图 2-1　MongoDB 体系结构**

从图 2-1 中可以很清楚地看出数据库、集合、文档三者之间的层级关系。为了便于更清晰地理解 MongoDB 体系结构。接下来，我们将 MongoDB 数据库的体系结构和 MySQL 数据库的体系结构进行对比，具体如表 2-1 所示。

**表 2-1 MongoDB 与 MySQL 体系结构的对比**

| 关系数据库 MySQL | 非关系数据库 MongoDB |
|---|---|
| 数据库<br>(Database) | 数据库<br>(Database) |
| Table(表)<br>name \| age<br>itcast \| 13<br>bozai \| 6 | Collection(集合)<br>{"name":"itcast","age":13}<br>{"name":"bozai","age":6} |
| Row(行)<br>itcast \| 13 | Document(文档)<br>{"name":"itcast","age":13} |

在表 2-1 中,我们列举了 MongoDB 数据库和 MySQL 数据库体系结构的不同之处,主要在于数据库、数据表(集合)、行(文档)三个方面,具体介绍如下。

### 1. 数据库

在 MongoDB 中,数据库存储着集合和文档。一个数据库可以创建多个集合,原则上我们通常将逻辑相近的集合都放在一个数据库中,不过出于性能和数据量的考虑,也可分开存储。MongoDB 默认提供 admin、local、config 以及 test 四个数据库,具体介绍如下:

- admin 数据库,主要存储数据库账号的相关信息。
- local 数据库,可以用于存储限于本地单台服务器的任意集合,如 oplog 日志就存储在 local 数据库中,该数据库的数据不会被复制到从结点上。
- config 数据库,用于存储分片集群中与分片相关的元数据信息。
- test 数据库,是 MongoDB 默认创建的一个测试库,当连接 mongod 服务时,如果不指定连接的具体数据库,默认就会连接到 test 数据库。

### 2. 集合

集合就是 MongoDB 的一组文档,分为一般集合和上限集合。一般集合类似于关系数据库中的数据表。集合是无模式或动态模式的,也就意味着集合没有固定的格式。在读写数据前,不需要创建集合模式就可使用,因此集合中的文档可以拥有不同的字段,也可以任意增减某个文档的字段。需要注意的是,通常插入集合的数据都具有一定的关联性。上限集合(capped collections)与一般集合的主要区别在于其可以限制集合的容量大小,在数据存满时,可以从头开始覆盖最开始的文档,从而进行循环写入。

### 3. 文档

文档以键值对的形式存储在集合中,其中,键用于唯一标识一个文档,为字符串类型,而值则可以是各种复杂的文件类型，我们称这种存储形式为 BSON(BSON 是类 JSON 的一种二进制形式的存储格式，简称 BinaryJSON，它和 JSON 一样，都支持内嵌的文档对象和数组对象，但是 BSON 有 JSON 没有的一些数据类型，如 Date 和 BinData 类型)。MongoDB 的文档不需要设置相同的字段，并且相同的字段不需要相同的数据类型，这是 MongoDB 与关系型数据库的巨大差异。

文档中不能有重复的键，每个文档都有一个默认的_id 键，它相当于关系数据库中的主键，这个键的值在同一个集合中必须是唯一的，_id 键值默认是 ObjectId 类型，在插入文档的时候，如果用户不设置文档的_id 值，MongoDB 会自动生成一个唯一的 ObjectId 值进行填充。文档的键是字符串类型，而值除字符串类型外，还可以为内嵌文档、数组、Date 等类型，文档内容具体如下：

```
{
    _id: ObjectId("5099803df3f4948bd2f98391"),
    name: { first: "Alan", last: "Turing" },
    birth: new Date('Jun 23, 1912'),
    death: new Date('Jun 07, 1954'),
    contribs: [ "Turing machine", "Turing test", "Turingery" ],
    views : NumberLong(1250000)
}
```

上述文档中，字段对应值的数据类型，具体如下：

- _id：该字段的值为 ObjectId 类型。
- name：该字段的值是由 first、last 字段组成的内嵌文档。
- birth 和 death：这两个字段对应的值均为 Date 类型。
- contribs：该字段的值为字符串数组类型。
- views：该字段的值为 NumberLong 类型。

**注意**：MongoDB 单个文档大小上限为 16MB，单个文档大小的限制有助于确保不会使用过多的内存(RAM)或在传输过程中占用过多的带宽。为了存储更大的文档，MongoDB 提供了 GridFS。关于 GridFS 的更多信息，我们会在后续的章节中进行介绍。

## 2.3　MongoDB 数据类型

MongoDB 支持不同数据类型作为文档中字段对应的值。接下来，我们通过一张表来介绍 MongoDB 的数据类型，具体如表 2-2 所示。

**表 2-2　MongoDB 数据类型及相关说明**

| 数据类型 | 相关说明 |
| --- | --- |
| Double | 双精度浮点型，用于存储浮点值 |
| String | 字符串，是常用的数据类型，MongoDB 仅支持 UTF-8 编码的字符串 |
| Object | 对象类型，存储嵌入式文档 |

续表

| 数据类型 | 相关说明 |
| --- | --- |
| Array | 数组类型,用于存储多个值 |
| Binary data | 二进制数据,用于存储二进制数据 |
| Undefined | 已弃用 |
| ObjectId | 对象ID类型,用于存储文档的ID |
| Boolean | 布尔类型,用于存储布尔(true/false)值 |
| Date | 日期类型,以UNIX时间格式存储标准时间的毫秒数,不存储时区 |
| Null | 空值类型,用于创建空值 |
| Regular Expression | 正则表达式类型,用于存储正则表达式 |
| DBPointer | 已弃用 |
| Code | 代码类型,用于将JavaScript代码存储到文档中 |
| Symbol | 已弃用 |
| Int32 | 整型,用于存储32位整型数值 |
| Timestamp | 时间戳类型,用于记录文档修改或添加的具体时间 |
| Int64 | 整型,用于存储64位整型数值 |
| Decimal128 | Decimal类型,用于记录、处理货币数据,例如财经数据、税率数据等 |
| Min key | 将一个值与BSON元素的最低值相对比 |
| Max key | 将一个值与BSON元素的最高值相对比 |

在表2-2中,我们列举了MongoDB支持的所有数据类型。下面,我们针对特殊的数据类型进行详细介绍。

### 1. 数字类型

MongoDB支持三种数字类型(即32位整数(Int32)、64位整数(Int64)和64位浮点数(Double))。一般情况下,我们通过mongo shell命令行交互界面和JavaScript命令两种方式来查看和操作MongoDB,通过这两种方式对数值进行存储/查看操作,数值被默认转为64位浮点数。若是通过Java等语言存储包含整数(32位和64位整型)的文档至MongoDB数据库中,该整数就被转换为浮点数,因此我们尽量不要在Shell下覆盖整个文档。

由于32位的整数都能用64位浮点数精确表示,所以通过mongo shell查看文档中的32位整数跟64位浮点数没什么区别。问题在于有些64位的整数并不能精确地表示为64位浮点数,因此,在mongo shell查看文档中的64位整数时,它会通过封装函数NumberLong()显示。若是通过Java语言在MongoDB数据库的bigdata集合中插入一个文档,其中age64键的值为Long类型(64位整数),age32键的值为Int类型(32位整数),在mongo shell中查看在bigdata集合中插入的这个文档,会发现age64键的值与age32键的值显示不同，具体内容如下：

```
{
    "_id":ObjectId("5e042c88b2275b76df53b302"),
    "age32":32,
    "age64":NumberLong(64)
}
```

在 MongoDB 中使用数字类型时，需要注意精度和极限值的问题，特别是金额等敏感数字需要使用 128 位的 Decimal 类型，128 位的 Decimal 类型不会因为精度丢失而造成数值变化。在 mongo shell 中，Decimal 类型的数值也会被当成浮点数类型，但是可通过函数 NumberDecimal("Number")进行插入/更新操作。

**注意**：mongo shell(MongoDB 客户端 Mongo 命令行交互界面)是 MongoDB 的交互式 JavaScript 接口，而 JavaScript 只有一种数字类型(64 位浮点数)，如果想要通过 mongo shell 插入/更新文档内的整数(32 位/64 位)类型数值，则可以通过函数 NumberInt("Number")和 NumberLong("Number")进行操作。

### 2. 日期类型

在 mongo shell 中创建包含日期类型数值的文档，类似于在 JavaScript 中创建日期的方式，我们需要使用 new Date(…)的方式。在 MongoDB 中，无论是通过 mongo shell 还是其他编程语言存储 Date 对象，MongoDB 都会自动保存成 ISODate 日期类型，并且还会将时间存储为标准时间的毫秒数。Date 类型文档的插入及查看操作如下：

```
>db.bigdata.insert({"time":new Date("2019-02-12 12:12:12")})
>db.bigdata.find()
{
    "_id":ObjectId("5de915201bc9accea9a23154"),
    "time":ISODate("2019-02-12T04:12:12Z")
}
```

从上述返回结果中可以看出，默认情况下 MongoDB 中存储的是标准的时间(GMT)，中国时间是东八区(GMT+8)，若是我们将当前时间存储至 MongoDB 中会发现减少了 8 个小时，因此要注意，在使用 MongoDB 时记得时区对日期类型造成的影响。不过有些编程语言已对此进行相关处理，例如 Java 读取时会自动加上时区 8 小时。

### 3. 数组类型

MongoDB 数组是一系列元素的集合，使用中括号[ ]表示数组。数组元素允许重复且位置固定，数组中可以存在不同数据类型的元素。在关系数据库中，数组的这种设计实现方式是不常见的。数组类型文档的结构如下：

```
{
    "_id":ObjectId("5de91c6f1bc9accea9a2315b"),
    "hobby":[
        "swim",
```

```
        "run",
        "sing",
        4.0,
        "sing"
    ]
}
```

### 4. ObjectId 类型

ObjectId 是一个 12 字节 BSON 类型，由一组十六进制的 24 位字符串构成，每个字节存储 2 位十六进制字符，总共使用了 12 字节的存储空间，具有格式如图 2-2 所示。

5de91c6f1bc9accea9a2315b

Time Machine PID INC

图 2-2 ObjectId

从图 2-2 中可以看出，ObjectId 由 4 部分组成，具体如下：

- Time：ObjectId 的前 4 个字节表示时间戳，即前 8 位字符 5de91c6f，通过十六进制转换成十进制内容为 1575558255，这个数字就是一个时间戳格式，通过时间戳的转换，可变换为常见的时间格式。
- Machine：在 Time 后的 3 个字节表示所在主机的唯一标识符，即 Time 之后的 6 位字符 1bc9ac，一般是机器主机名的 hash（散列）值，这样就确保了不同主机生成不同的机器 hash 值，可以防止在分布式操作中出现 ObjectId 相同的冲突情况，这就是在同一台机器生成的 ObjectId 中间字符串都相同的原因。
- PID：在 Machine 后的 2 个字节表示进程标识符，即 Machine 后的 4 位字符 cea9，可以确保在同一台机器不同的 MongoDB 进程不会出现相同的 ObjectId。
- INC：在 PID 后的 3 个字节是一个随机值，即 PID 之后的 6 位字符 a2315b。前面介绍的 9 个字节是为了保证 1 秒时间内不同机器不同进程生成的 ObjectId 不冲突，这 3 个字节生成的随机值是为了确保 1 秒时间内产生的 ObjectId 不发生冲突。

MongoDB 中存储的文档必须有一个 _id 键，该键的值可以是任何类型，但默认是 ObjectId 对象。在一个集合中，每个文档都有唯一的_id 值，以确保集合中的文档都能被唯一标识。MongoDB 采用 ObjectId 类型的值，而不是采用其他比较常规的方法（比如自增主键），这主要原因是在多个服务器上同步自增主键值非常耗费时间。

### 5. 内嵌文档

MongoDB 一大优势在于能够在一条文档中存储对象类型的数据，并适当增加冗余让数据库更便于使用。文档中一个对象类型的字段在 MongoDB 中被称为内嵌文档（Embedded），也是 MongoDB 推荐的存储格式。内嵌文档类型的文档格式（加粗部分），具体如下：

```
{
    "_id" : ObjectId("5de92bda1bc9accea9a2315e"),
```

```
    "name" : "mongo",
    "price" : 50.0,
    "size" : {
        "h" : 8.5,
        "w" : 11.0
    },
    "reading" : [
        "John",
        "Dave"
    ]
}
```

6. Code 类型

在 MongoDB 数据库的文档中，可以存储一些 JavaScript 方法，这些方法可以重复使用，Code 类型文档的格式如下：

```
{
    "_id" : ObjectId("5de92fdd1bc9accea9a23161"),
    "jscode" : function jsCode(a){b=a+2;return b;}
}
```

## 2.4 MongoDB 的使用规范

通过对前面内容的学习，我们对 MongoDB 数据库有了初步认识，为了后续在操作过程中更加合理地使用 MongoDB，接下来，我们将针对 MongoDB 中数据库、集合和文档的使用规范进行详细介绍。

1. 数据库使用规范

数据库通过名字标识。关于数据库的命名需要注意以下几点：

- 编码格式必须为 UTF-8 字符；
- 不可以出现空字符串，即""；
- 只能使用 ASCII 码表中的字母和数字，禁止使用除下画线(_)以外的特殊字符；
- 数据库名称区分大小写；
- 数据库名称长度限制为 64 个字节；
- 数据库名称不可与系统保留的数据库名称相同，即 admin、local 和 config 数据库。

上述我们从设计层面介绍了 MongoDB 数据库的命名规范。下面，我们从实际开发角度提出三条数据库命名的建议，具体如下：

- 数据库名称建议全部小写；
- 建议不要使用数字开头的数据库名称；
- 建议数据库命名规则为 db_xxxx，即见名知意的名称。

### 2. 集合使用规范

集合是通过名字来标识区分。关于集合的命名需要注意以下几点：

- 编码格式必须为UTF-8字符；
- 不可以出现空字符串，即""；
- 集合命名中不可含有\0字符，即空字符，这个字符表示集合名称的结尾；
- 不能出现以“system.”开头的集合名称，这是为系统集合保留的前缀；
- 集合命名不可包含字符$；
- 集合名称的长度限制为64个字节。

上面，我们从设计层面介绍了MongoDB集合的命名规范。下面，我们从实际开发角度提出5条集合命名的建议，具体如下：

- 建议不要使用除_(下画线)和.(点)以外的特殊字符；
- 建议集合名称全部小写；
- 建议不要使用数字开头的集合名称；
- 为了避免库级锁带来的问题，尽量对写入较大的集合使用“单库单集合”的结构，对于新增业务尽量创建新库，而不是在现有库中创建新集合；
- 建议集合命名规则为t_xxxx；
- 使用“.”来分隔不同命名空间的子集合，例如一个博客可能包含两个子集合，即blog.posts和blog.authors，而blog本身可以不存在。

### 3. 文档使用规范

文档中键的类型一般是字符串类型，键可以使用任意UTF-8字符。关于文档的命名需要注意以下几点：

- 文档中的键不能含有\0字符，即空字符；
- 文档中的键禁止使用任何除下画线_以外的特殊字符，并且开头不建议使用_；
- 文档中的键建议全部为小写；
- 文档中的键不建议以数字开头；
- 不建议自定义文档中_id的值；
- 尽量将相似类型的文档放在同一个集合中，将不同类型的文档分散在不同的集合中，这样可以提高索引的利用率；
- 建议不要存储过长的字符串，如果这个字段为查询条件，那么确保该字段的值不超过1KB，因为MongoDB索引仅支持1KB以内的字段；
- 建议若业务上对于存放数据大小写不敏感，则使用全部大写/小写存放(或增加一个统一大小写的辅助字段)；
- 建议尽量不要使用数组字段作为查询条件；
- 同一文档中，不可以存在相同名称的键。

## 2.5 本章小结

通过本章的学习,我们对 MongoDB 有了初步的认识,其中包括 MongoDB 的体系结构、支持的数据类型以及使用的规范和建议等内容。对于初次接触 MongoDB 数据库的读者,本章内容非常重要,为后续深入学习 MongoDB 奠定基石。

## 2.6 课后习题

### 一、填空题

1. 当前 NoSQL 数据库产品中最热门的一种数据库是________。
2. MongoDB 是由________语言编写的。
3. MongoDB 是一个________、模式自由的文档型数据库。
4. MongoDB 的设计采用________,可通过分片将数据分布在集群机器中。
5. MongoDB 的逻辑结构是________的一种形式。

### 二、判断题

1. 在 MongoDB 中,数据库存储着集合和数据表。 ( )
2. MongoDB 默认提供 admin、local、config 以及 test 数据库。 ( )
3. 集合就是 MongoDB 的一组文档,分为一般集合和下限集合。 ( )
4. 文档中不能有重复的键,每个文档都有一个默认的_id 键。 ( )
5. MongoDB 支持 3 种数字类型(32 位整数(Int32)、64 位整数(Int64)和 64 位浮点数(Double))。 ( )

### 三、选择题

1. 下列数据库中,( )不是 MongoDB 默认提供的。
   A. admin 数据库　　B. user 数据库
   C. config 数据库　　D. test 数据库
2. 下列说法中,关于 MongoDB 文档说法正确的是( )。
   A. MongoDB 单个文档大小上限为 64MB
   B. 文档的值只可以是字符串类型
   C. 文档中可以有重复的键
   D. 不建议自定义_id 键
3. 下列选项中,属于 MongoDB 支持的数据类型是( )。
   A. String　　B. Code　　C. Enum　　D. Null

### 四、简答题

简述 MongoDB 数据库的优势。

# 第 3 章 MongoDB数据库操作

思政案例

## 学习目标

- 掌握 MongoDB 的部署
- 熟悉数据库和集合操作
- 掌握文档的插入、更新、删除以及查询操作
- 掌握使用 Java 操作 MongoDB
- 掌握使用 Python 操作 MongoDB
- 掌握使用 Robo 3T 操作 MongoDB

如果说理论知识是宝库，那么开启这个宝库的钥匙是实践操作。如果想要深入学习和掌握 MongoDB 数据库，除了学习 MongoDB 数据库的理论知识之外，还应掌握 MongoDB 数据库的实践操作。本章将针对 MongoDB 数据库操作的相关知识进行详细讲解。

## 3.1 MongoDB 部署

MongoDB 是一个开源、跨平台的数据库，它可以运行在 Windows 和 Linux 等多个平台上，为我们提供数据库服务。在不同的操作系统平台上，部署 MongoDB 也会有所不同。本节，我们将详细讲解 MongoDB 数据库基于 Windows 平台和 Linux 平台的部署。

### 3.1.1 基于 Windows 平台

MongoDB 提供了可用于 32 位系统和 64 位系统的预编译二进制安装包，其中，32 位的安装包不允许数据库文件(累积总和)超过 2GB，一般用于在 32 位的系统/平台上部署测试和开发，不可用于实际生产环境；而 64 位的安装包对数据库文件没有限制，因此受到了开发人员的青睐，因此，本书选择使用 64 位的 MongoDB 安装包(注意：选择 MongoDB 安装包之前，需要确认操作系统的位数，即 32 位或 64 位，其中在 32 位的系统上只能安装 32 位的 MongoDB，在 64 位系统上既可以安装 32 位，也可以安装 64 位的 MongoDB)。基于 Windows 平台的 MongoDB 部署的具体步骤如下。

#### 1. 下载 MongoDB 安装包

通过访问 MongoDB 官网 https://www.mongodb.com/download-center/community 进入 MongoDB 下载页面，如图 3-1 所示。

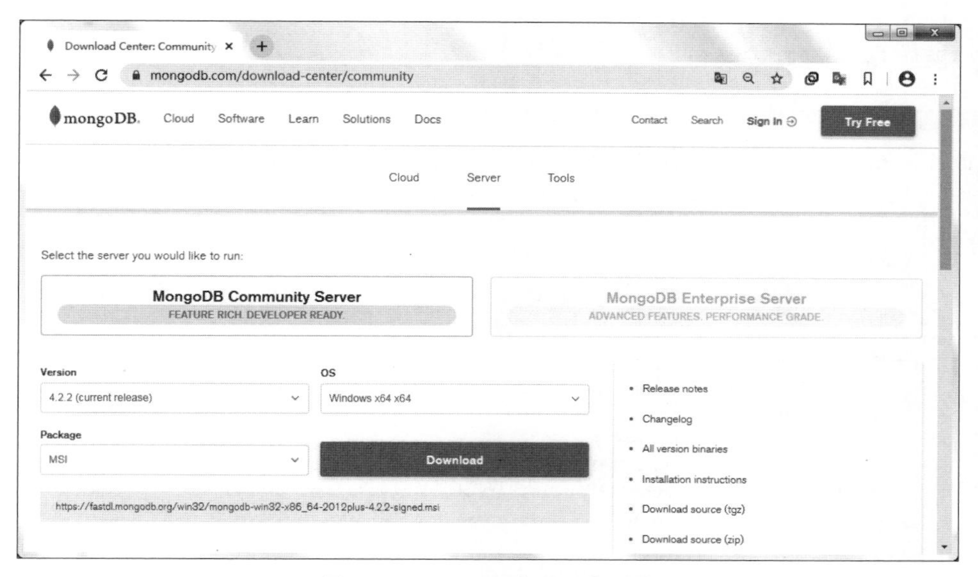


图 3-1　MongoDB 官网下载页面

在图 3-1 中，单击 Version 处的下拉框，选择需要安装的版本；单击 OS 处的下拉框选择要适配的系统或平台；单击 Package 处的下拉框，选择安装包的打包方式。关于 MongoDB 安装包版本、适配系统/平台以及打包方式的选择，具体介绍如下：

- Version 选择：MongoDB 的版本分为稳定版和开发版，其中，稳定版是经过充分测试的版本，具有稳定性和可靠性；而开发版是未得到充分测试的版本，不适合初学者使用。本书选择编写教材时的稳定版本 4.2.2。这里需要注意，稳定版和开发版的区别在于版本号(类似于 x.y.z)，版本号中的第一位数字是主版本号；第二位数字是用于区分是稳定版还是开发版，若该数字为偶数，则说明该版本为稳定版，反之则为开发版；第三位数字为修订号。
- OS 选择：由于我们是基于 Windows 平台，所以选择“Windows x64 x64”选项。
- Package 选择：基于 Windows 平台的安装包打包方式有两种，分别是 MSI 和 ZIP，其中 MSI 安装包需要进行安装，而 ZIP 安装包只需要解压安装包，即可使用，因此这里选择 ZIP 安装包。

单击图 3-1 中的 Download 按钮，下载选择的 MongoDB 安装包。下载好 MongoDB 安装包，如图 3-2 所示。

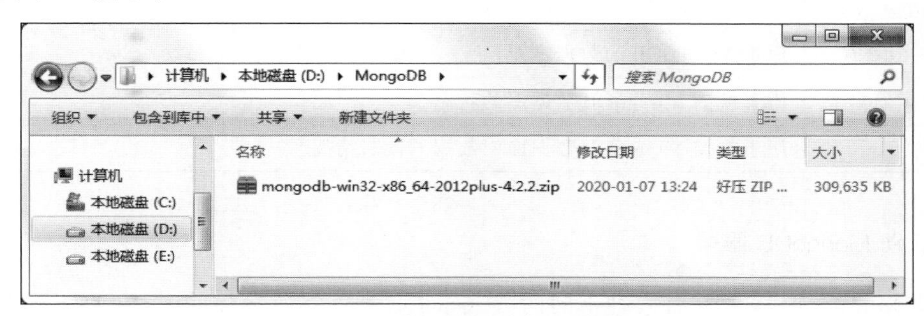


图 3-2　下载好的 MongoDB 安装包

#### 2. 解压 MongoDB 安装包

解压图 3-2 中的 MongoDB 安装包，解压完即可使用 MongoDB，读者也可以自行将文件夹重命名为 mongodb，然后再使用。解压后的 MongoDB，具体如图 3-3 所示。

图 3-3　解压后的 MongoDB

从图 3-3 中可以看出，解压后的 MongoDB 包含一个 bin 文件夹，该文件夹中存放了很多 MongoDB 程序。下面，我们通过表 3-1 来介绍一下 MongoDB 程序。

表 3-1　MongoDB 程序

| 程　　序 | 相 关 说 明 |
|---|---|
| mongo.exe | 用于启动 MongoDB Shell 客户端(Mongo Shell 命令行交互界面)，在客户端里可执行相关命令对数据库进行增删改查等操作 |
| mongod.exe | 用于启动 MongoDB 服务 |
| mongos.exe | 用于启动 MongoDB 分片路由服务，可以处理来自应用层的查询操作并且识别所请求的数据位于分片群集的位置 |
| bsondump.exe | 用于将 bson 格式的文件转储为 json 格式的数据 |
| mongodump.exe | 用于备份 MongoDB 数据库中的数据 |
| mongoexport.exe | 用于导出 MongoDB 数据库中的数据 |
| mongofiles.exe | 用于管理 GridFS |
| mongoimport.exe | 用于将数据导入 MongoDB 数据库中 |
| mongorestore.exe | 用于 MongoDB 的数据恢复 |
| mongostat.exe | 用于检测 MongoDB 数据库的状态 |
| mongotop.exe | 用于监控 MongoDB 数据库中数据的读写情况 |

#### 3. 启动 MongoDB 服务

启动 MongoDB 服务共有两种不同的方式，即使用命令行参数的方式和使用配置文件的方式，这两种启动方式的介绍如下。

（1）使用命令行参数的方式启动 MongoDB 服务。

在使用命令行参数的方式启动 MongoDB 服务之前，需要在 MongoDB 的解压文件夹下创建一个文件夹，用于存放数据库文件和日志文件，因此本书创建了 data 文件夹，如图 3-4 所示。并在 data 文件夹下创建 db 和 logs 子文件夹，其中 db 文件夹用于存储数据库文件，logs 文件夹用于存储日志文件(便于在日志文件中查看 MongoDB 相关使用信息，不然关闭命令行窗口后，将无法再次查看 MongoDB 的日志)，如图 3-5 所示。

**图 3-4　父文件夹 data**

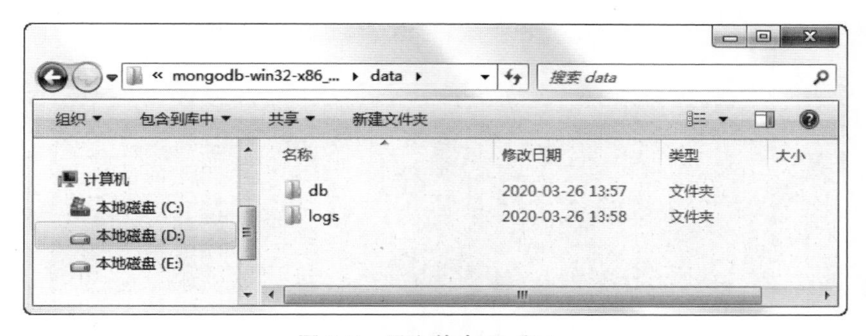


**图 3-5　子文件夹 db 和 log**

在 MongoDB 的 bin 文件夹下打开命令行窗口。进入 bin 文件夹，在目录栏中输入 cmd 提示符，如图 3-6 所示。

在图 3-6 中的目录栏处，按 Enter 键，在当前路径下打开命令行窗口，如图 3-7 所示。

在图 3-7 中，执行 mongod --dbpath D:\MongoDB\mongodb-win32-x86_64-2012plus-4.2.2\data\db --logpath D:\MongoDB\mongodb-win32-x86_64-2012plus-4.2.2\data\logs\mongodb.log --logappend 命令，启动 MongoDB 服务，命令行窗口的光标会一直闪动，效果如图 3-8 所示。然后查看日志文件 mongodb.log，若是日志文件中出现 MongoDB starting，则说明 MongoDB 服务启动成功，反之失败。日志文件 mongodb.log 的内容，如图 3-9 所示。

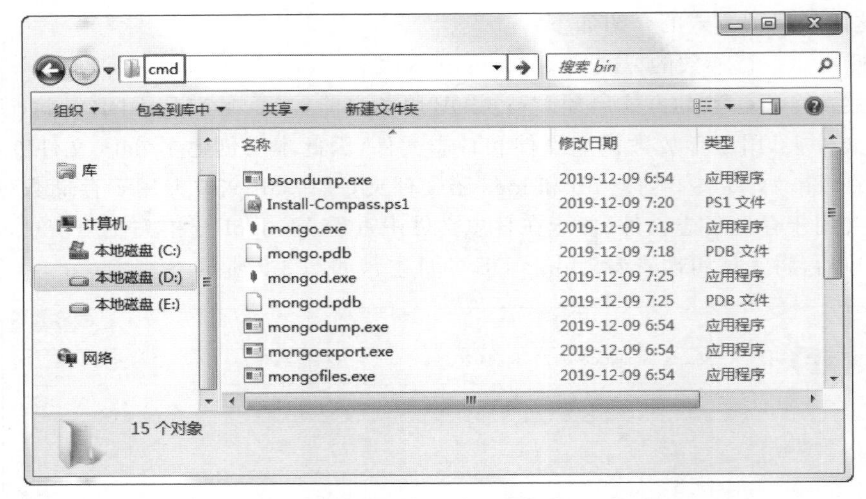


图 3-6 输入 cmd 提示符

图 3-7 命令行窗口

```
管理员: C:\Windows\System32\cmd.exe - mongod --dbpath D:\MongoDB\mongodb-win3...
Microsoft Windows [版本 6.1.7601]
版权所有 (c) 2009 Microsoft Corporation。保留所有权利。

D:\MongoDB\mongodb-win32-x86_64-2012plus-4.2.2\bin>mongod --dbpath D:\MongoDB\mo
ngodb-win32-x86_64-2012plus-4.2.2\data\db --logpath D:\MongoDB\mongodb-win32-x86
_64-2012plus-4.2.2\data\logs\mongodb.log --logappend
```

图 3-8 命令行窗口

```
mongodb.log - 记事本
文件(F) 编辑(E) 格式(O) 查看(V) 帮助(H)
2020-03-26T17:05:28.451+0800 I  CONTROL  [main] Automatically disabling TLS 1.0, to force-enable TLS
1.0 specify --sslDisabledProtocols 'none'
2020-03-26T17:05:28.454+0800 I  CONTROL  [initandlisten] MongoDB starting : pid=6664 port=27017
dbpath=D:\MongoDB\mongodb-win32-x86_64-2012plus-4.2.2\data\db 64-bit host=CZBK-20180828QK
2020-03-26T17:05:28.454+0800 I  CONTROL  [initandlisten] targetMinOS: Windows 7/Windows Server 2008 R2
2020-03-26T17:05:28.454+0800 I  CONTROL  [initandlisten] db version v4.2.2
2020-03-26T17:05:28.454+0800 I  CONTROL  [initandlisten] git version:
a0bbbff6ada159e19298d37946ac8dc4b497eadf
2020-03-26T17:05:28.454+0800 I  CONTROL  [initandlisten] allocator: tcmalloc
2020-03-26T17:05:28.454+0800 I  CONTROL  [initandlisten] modules: none
2020-03-26T17:05:28.454+0800 I  CONTROL  [initandlisten] build environment:
2020-03-26T17:05:28.454+0800 I  CONTROL  [initandlisten]     distmod: 2012plus
2020-03-26T17:05:28.454+0800 I  CONTROL  [initandlisten]     distarch: x86_64
2020-03-26T17:05:28.454+0800 I  CONTROL  [initandlisten]     target_arch: x86_64
2020-03-26T17:05:28.454+0800 I  CONTROL  [initandlisten] options: { storage: { dbPath: "D:\MongoDB
```

图 3-9 日志文件 mongodb.log 中的内容

从图 3-9 中可以看出，日志文件 mongodb.log 中出现了 MongoDB starting，因此说明我们成功启动了 MongoDB 服务。若是想要关闭 MongoDB 服务，只需要关闭命令行窗口即可。

（2）使用配置文件的方式启动 MongoDB 服务。

在使用配置文件的方式启动 MongoDB 服务之前，需要在 MongoDB 的解压文件夹下创建一个文件夹 conf，用于存放 MongoDB 数据库的配置文件，并在该文件夹下创建一个文件 mongod.conf，用于指定数据库文件的存储路径及 MongoDB 的相关配置信息，文件 mongod.conf 的内容如下所示：

```
storage:
 dbPath: D:\MongoDB\mongodb-win32-x86_64-2012plus-4.2.2\data\db
systemLog:
 destination: file
 path: D:\MongoDB\mongodb-win32-x86_64-2012plus-4.2.2\data\logs\mongodb.log
 logAppend: true
```

在图 3-7 所示的命令行窗口中，执行相关命令，启动 MongoDB 服务，具体命令如下：

```
mongod -f ..\conf\mongod.conf
```

或

```
mongod --config ..\conf\mongod.conf
```

执行上述两条命令中的任意一条均可以启动 MongoDB 服务，这里以执行第一条命令进行演示，启动 MongoDB 服务，命令行窗口的光标会一直闪动，效果如图 3-10 所示。然后查看日志文件 mongodb.log，若是日志文件中出现 MongoDB starting，则说明 MongoDB 服务启动成功，反之失败，日志文件 mongodb.log 中的内容，如图 3-11 所示。

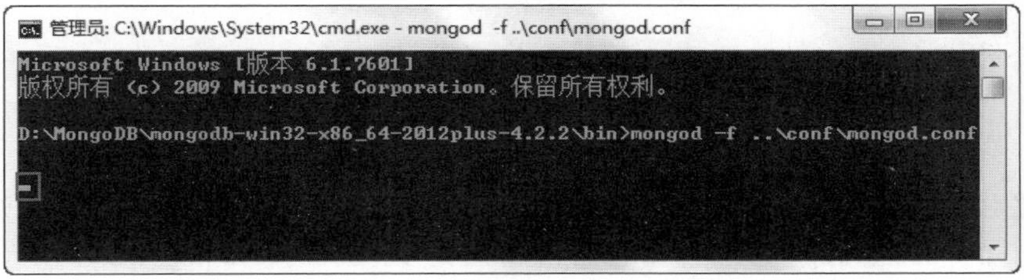

```
管理员: C:\Windows\System32\cmd.exe - mongod -f ..\conf\mongod.conf
Microsoft Windows [版本 6.1.7601]
版权所有 (c) 2009 Microsoft Corporation。保留所有权利。

D:\MongoDB\mongodb-win32-x86_64-2012plus-4.2.2\bin>mongod -f ..\conf\mongod.conf
```

图 3-10 命令行窗口

从图 3-11 中可以看出，日志文件 mongodb.log 中出现了 MongoDB starting，因此说明我们成功启动了 MongoDB 服务。若想关闭 MongoDB 服务，只需要关闭命令行窗口即可。

### 3.1.2 基于 Linux 平台

基于 Linux 平台部署 MongoDB 之前，我们需要搭建 Linux 平台，关于 Linux 平台的搭建步骤，请参考本书提供的环境配置文档（注意：为了便于后续章节的操作使用，读者需要

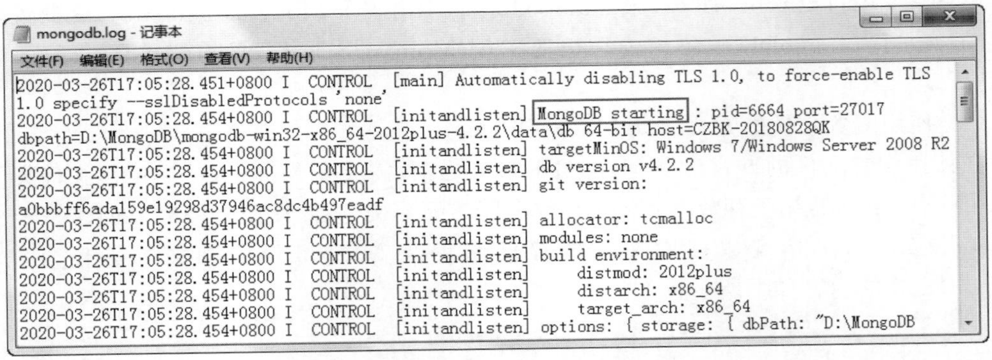

```
mongodb.log - 记事本
文件(F) 编辑(E) 格式(O) 查看(V) 帮助(H)
2020-03-26T17:05:28.451+0800 I  CONTROL  [main] Automatically disabling TLS 1.0, to force-enable TLS
1.0 specify --sslDisabledProtocols 'none'
2020-03-26T17:05:28.454+0800 I  CONTROL  [initandlisten] MongoDB starting : pid=6664 port=27017
dbpath=D:\MongoDB\mongodb-win32-x86_64-2012plus-4.2.2\data\db 64-bit host=CZBK-20180828QK
2020-03-26T17:05:28.454+0800 I  CONTROL  [initandlisten] targetMinOS: Windows 7/Windows Server 2008 R2
2020-03-26T17:05:28.454+0800 I  CONTROL  [initandlisten] db version v4.2.2
2020-03-26T17:05:28.454+0800 I  CONTROL  [initandlisten] git version:
a0bbbff6ada159e19298d37946ac8dc4b497eadf
2020-03-26T17:05:28.454+0800 I  CONTROL  [initandlisten] allocator: tcmalloc
2020-03-26T17:05:28.454+0800 I  CONTROL  [initandlisten] modules: none
2020-03-26T17:05:28.454+0800 I  CONTROL  [initandlisten] build environment:
2020-03-26T17:05:28.454+0800 I  CONTROL  [initandlisten]     distmod: 2012plus
2020-03-26T17:05:28.454+0800 I  CONTROL  [initandlisten]     distarch: x86_64
2020-03-26T17:05:28.454+0800 I  CONTROL  [initandlisten]     target_arch: x86_64
2020-03-26T17:05:28.454+0800 I  CONTROL  [initandlisten] options: { storage: { dbPath: "D:\MongoDB
```

图 3-11 日志文件 mongodb.log 中的内容

根据环境配置文档完成虚拟机 NoSQL_1、NoSQL_2、NoSQL_3 的创建和配置以及系统目录结构的创建操作)。本章,我们将在虚拟机 NoSQL_1(即 IP 地址为 192.168.121.134 的主机)中完成 MongoDB 数据库的部署和相关操作。

由于 root 用户拥有的权限很大,出于系统安全的考虑,需要新建一个普通用户操作 MongoDB 数据库,因此我们需要新建一个用户 user_mongo。下面,我们详细介绍如何新建用户 user_mongo。

### 1. 新建用户

打开 Linux 虚拟机并通过远程工具 Secure CRT 连接 Linux 平台,执行 useradd user_mongo 命令,新建用户 user_mongo;再执行 passwd user_mongo 命令,初始化新用户 user_mongo 的密码,具体如下:

```
[root@nosql01~]#useradd user_mongo
[root@nosql01~]#passwd user_mongo
Changing password for user user_mongo.
New password:
BAD PASSWORD: The password is shorter than 8 characters
Retype new password:
passwd: all authentication tokens updated successfully.
```

从上述返回结果 successfully 可以看出,所有的身份验证令牌已经成功更新,即用户 user_mongo 的密码初始化成功,这里设置的密码为 123456(New password 和 Retype new password 处均填密码 123456)。

### 2. 用户授权

首先执行 ls -l /etc/sudoers 命令,查看文件 sudoers 的操作权限,具体如下:

```
[root@nosql01 ~]#ls -l /etc/sudoers
-r--r-----. 1 root root 4188 Jul  7  2015 /etc/sudoers
```

从上述返回结果可以看出,文件 sudoers 的操作权限为只读,不可进行编辑操作。因此需要执行 chmod -v u+w /etc/sudoers 命令，将文件 sudoers 的权限修改为可编辑，然后执行查看 ls -l /etc/sudoers 命令，查看文件 sudoers 的权限是否变为可编辑，具体如下：

```
[root@nosql01 ~]#chmod -v u+w /etc/sudoers
mode of '/etc/sudoers' changed from 0440 (r--r-----) to 0640 (rw-r-----)
[root@nosql01 ~]#ls -l /etc/sudoers
-rw-r-----. 1 root root 4188 Jul  7  2015 /etc/sudoers
```

从上述返回结果可以看出，文件 sudoers 的操作权限为读写权限，说明我们已经成功将文件 sudoers 的操作权限修改为可编辑。需要注意，为了系统安全编辑完文件 sudoers 后，必须执行 chmod -v u-w /etc/sudoers 命令，将该文件的权限改为默认的只读权限。

执行 vi /etc/sudoers 命令，进入 sudoers 文件中，添加 user_mongo ALL=(ALL) ALL 内容，按 ESC 键，再执行：wq!命令，保存并退出 sudoers 文件。sudoers 文件添加的内容，具体如图 3-12 所示。

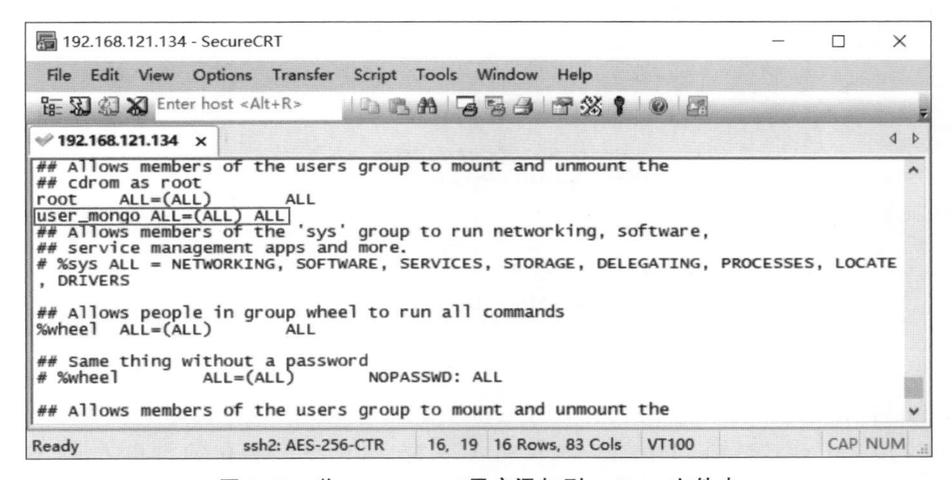


**图 3-12　将 user_mongo 用户添加到 sudoers 文件中**

执行 su user_mongo 命令，从 root 用户切换到 user_mongo 用户，效果如图 3-13 所示。

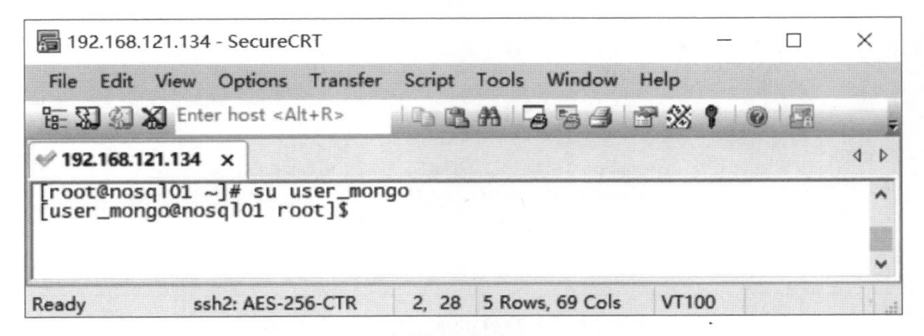


**图 3-13　切换到用户 user_mongo**

从图 3-13 中可以看出，我们成功切换到 user_mongo 用户。至此，我们完成了用户 user_mongo 的创建以及使用管理员命令的授权。

接下来，我们将详细讲解如何基于Linux平台部署MongoDB，具体部署步骤如下。

### 1. 下载MongoDB安装包

通过访问MongoDB官网https://www.mongodb.com/download-center/community进入MongoDB下载页面，如图3-14所示。

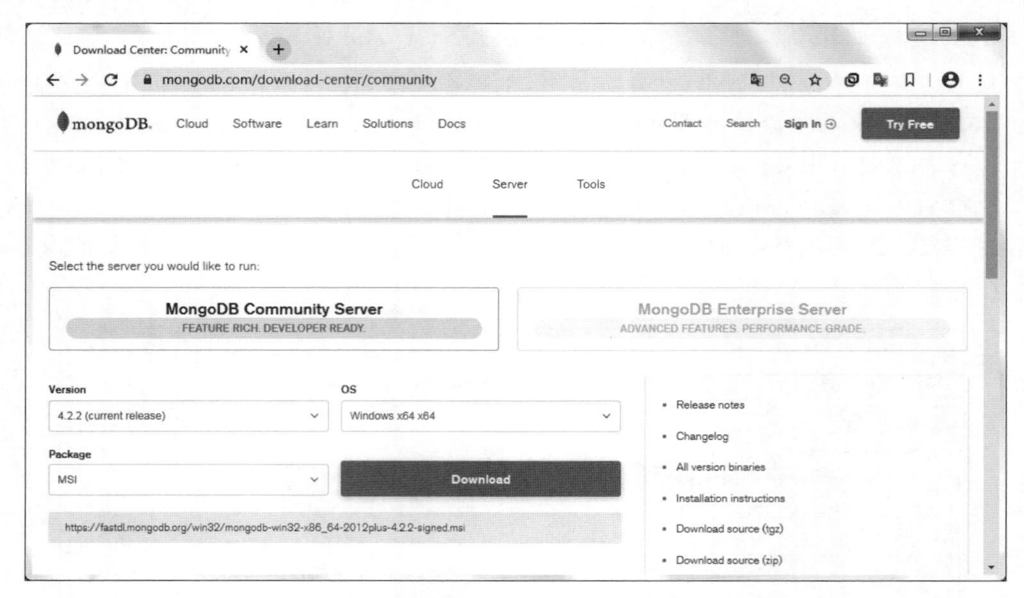


图3-14 MongoDB官网下载页面

在图3-14中，单击Version处的下拉框，选择需要安装的版本4.2.2；单击OS处的下拉框选择要适配的系统或平台，由于本书的Linux系统是CentOS 7 64位，因此选择“RHEL 7.0 Linux 64-bit x64”选项；单击Package处的下拉框，选择安装包的打包方式，这里选择TGZ方式。单击Download按钮，下载所选择的MongoDB安装包。下载的MongoDB安装包如图3-15所示。

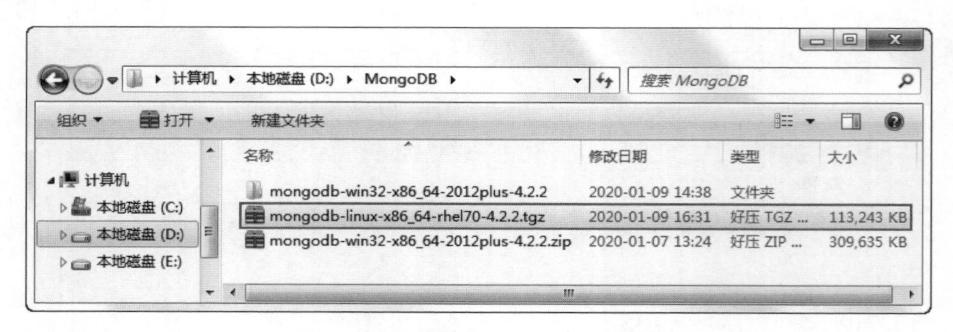


图3-15 下载好的MongoDB安装包

### 2. 解压MongoDB安装包

下载MongoDB安装包后，使用SecureCRT工具将MongoDB安装包上传至Linux平台的/opt/software 目录下(需提前进入/opt/software 目录下)。首先执行 sudo rz 上传文件命令(可以通过 sudo yum install lrzsz -y 指令安装 lrzsz 工具,实现 rz 上传和 sz 下载命令),弹出 Select Files to Send using Zmodem 对话框,然后选择要上传的 MongoDB 安装包,单击 Add 按钮,将其添加至 Files to send 文件框中,最后单击 OK 按钮,将 MongoDB 安装包上传至/opt/software 目录下,如图 3-16 所示。

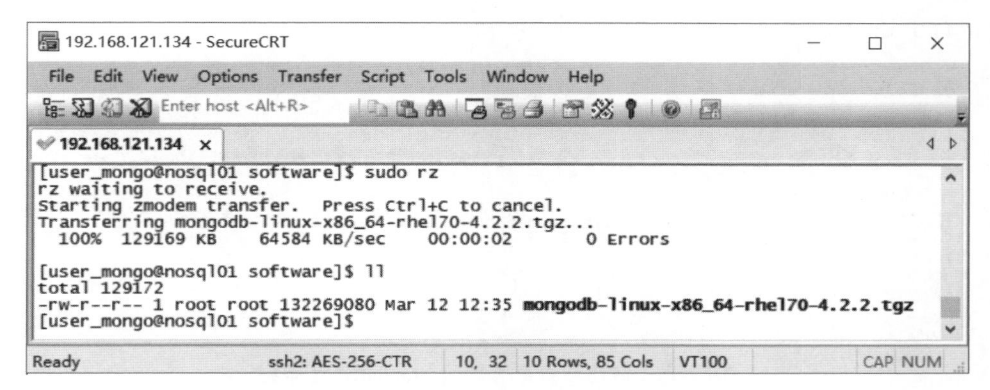


**图 3-16　上传到 Linux 平台的 MongoDB 安装包**

在图 3-16 中,首先将 MongoDB 安装包的用户和用户组权限修改为 user_mongo;然后将/opt/servers/目录下 mongodb_demo 目录的用户和用户组权限修改为 user_mongo;最后解压 MongoDB 安装包至/opt/servers/mongodb_demo 目录,具体命令如下:

```
#修改 MongoDB 安装包的用户和用户组权限
$sudo chown user_mongo:user_mongo mongodb-linux-x86_64-rhel70-4.2.2.tgz
#修改 mongodb_demo 文件夹的用户和用户组权限
$sudo chown -R user_mongo:user_mongo /opt/servers/mongodb_demo/
#解压安装包
$tar -zxvf mongodb-linux-x86_64-rhel70-4.2.2.tgz -C /opt/servers/mongodb_demo/
```

执行上述命令,将 MongoDB 安装包进行解压,具体如图 3-17 所示。

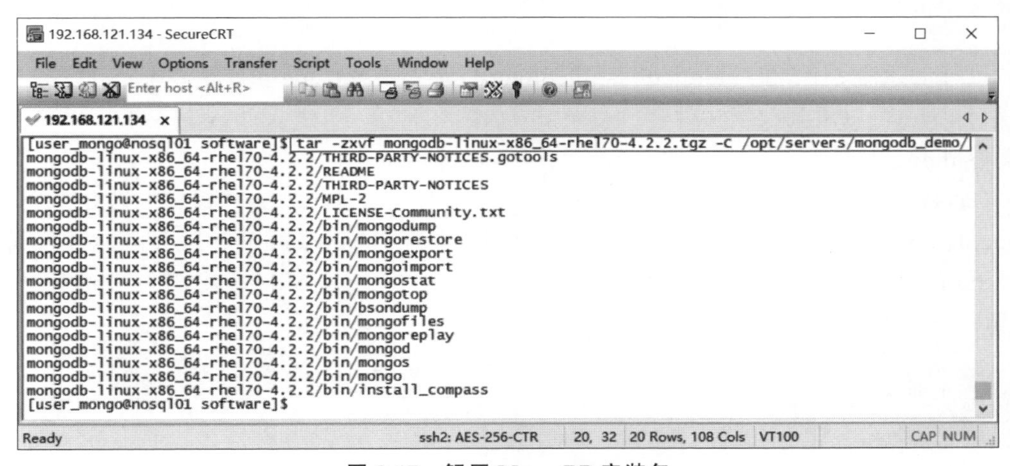


**图 3-17　解压 MongoDB 安装包**

在图 3-17 中，解压完 MongoDB 安装包后，进入到/opt/servers/mongodb_demo 目录，如果觉得解压后的文件名过长，可以对文件进行重命名，具体命令如下：

```
#重命名为 mongodb
$mv mongodb-linux-x86_64-rhel70-4.2.2 mongodb
```

执行上述命令后，查看修改名称后的 MongoDB 安装目录，具体如图 3-18 所示。

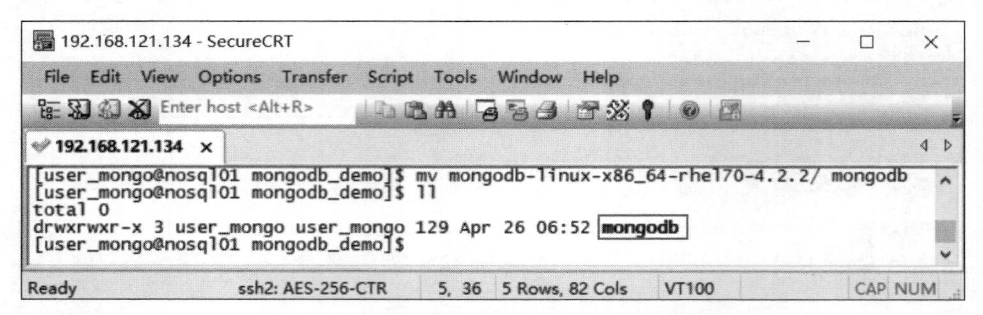


**图 3-18 解压并重命名后的 MongoDB 文件夹**

### 3. 配置 MongoDB

(1) 通常情况下，MongoDB 的数据文件存储在 data 目录的 db 目录下，日志文件存储在 logs 目录下，但是这两个目录在解压缩方式安装时不会自动创建。因此需要在 mongodb 目录下手动创建 data 目录和 logs 目录，并在 data 目录中创建 db 目录，在 logs 目录下创建一个 mongologs.log 日志文件，具体命令如下：

```
#创建数据文件存放目录
mkdir -p standalone/data/db/
#创建日志文件存放目录
mkdir standalone/logs/
#创建日志文件
touch standalone/logs/mongologs.log
```

执行上述命令后，在/mongodb/standalone 目录下出现了 data 目录和 logs 目录。进入 data 目录下，可以看到数据文件存放目录 db，如图 3-19 所示；进入 logs 目录下，可以看到日志文件 mongologs.log，具体如图 3-20 所示。

(2) 由于 MongoDB 的相关服务均存放在解压后/mongodb/bin 目录下，若是想要启动 MongoDB 服务，必须在 bin 目录下启动，因此为了避免启动 MongoDB 服务之前进入到 bin 目录下，我们需要配置用户环境变量，即执行 vi ～/.bash_profile 命令打开并编辑.bash_profile 文件，添加如下内容：

```
#配置用户环境变量
export PATH=/opt/servers/mongodb_demo/mongodb/bin:$PATH
```

添加上述内容后，执行:wq 命令，保存并关闭 bash_profile 文件，然后执行 source ～/.bash_

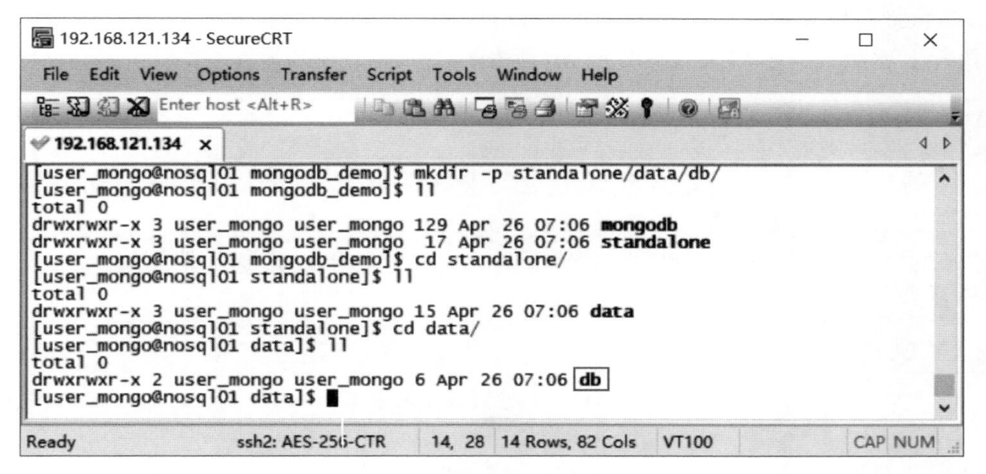


**图 3-19　db 目录**

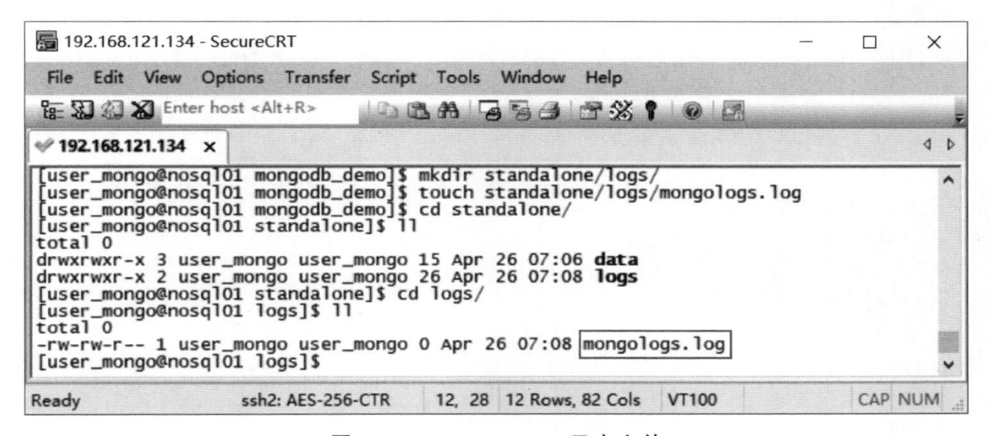


**图 3-20　mongologs.log 日志文件**

profile 命令，使得修改后的.bash_profile 文件生效。需要注意的是每次切换成 user_mongo 用户后，都需要执行 source ～/.bash_profile 命令初始化用户环境变量。

#### 4. 启动 MongoDB 服务

启动 MongoDB 服务共有两种不同的方式，即使用命令行参数的方式和使用配置文件的方式，这两种启动方式的介绍如下：

（1）使用命令行参数的方式启动 MongoDB 服务。

```
$mongod --dbpath=/opt/servers/mongodb_demo/standalone/data/db/
  --logpath=/opt/servers/mongodb_demo/standalone/logs/mongologs.log
  --logappend -fork
```

上述命令中，mongod 是 MongDB 服务；--dbpath 参数是指定数据文件存放的位置；--logpath 参数是指定日志文件的存放位置；--logappend 参数指定使用追加的方式写日志；

--fork 参数指定以守护进程的方式(即后台)运行 MongoDB 服务。

执行上述命令,启动 MongoDB 服务,具体效果如图 3-21 所示。

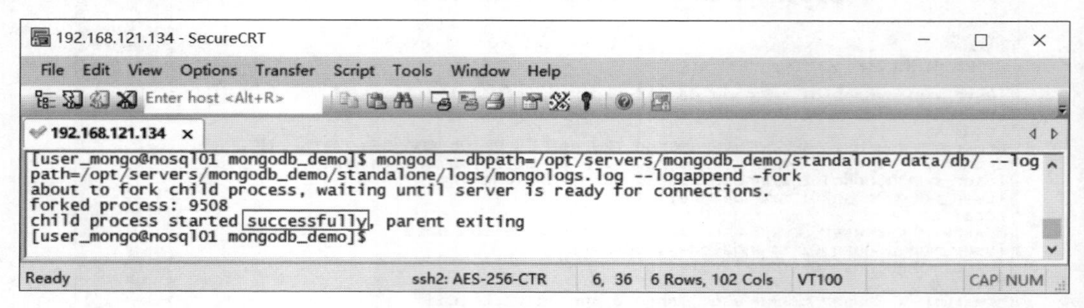


图 3-21 启动 MongoDB 服务

在图 3-21 中,出现了 successfully 单词,则说明我们成功启动了 MongoDB 服务。

(2) 使用配置文件的方式启动 MongoDB 服务。

在使用配置文件的方式启动 MongoDB 服务之前,需要在 mongodb 目录下创建一个 conf 目录,用于存放 MongoDB 数据库的配置文件,并在该目录下新建文件 mongod.conf,用于指定 MongoDB 服务启动所需要的一些参数。

创建 conf 目录,并在该目录下新建 mongod.conf 文件,具体命令如下:

```
#在 mongodb 目录下创建 conf 目录
$mkdir conf/
#在 conf 目录下新建 mongod.conf 文件
$touch mongod.conf
```

执行上述命令后,效果如图 3-22 所示。

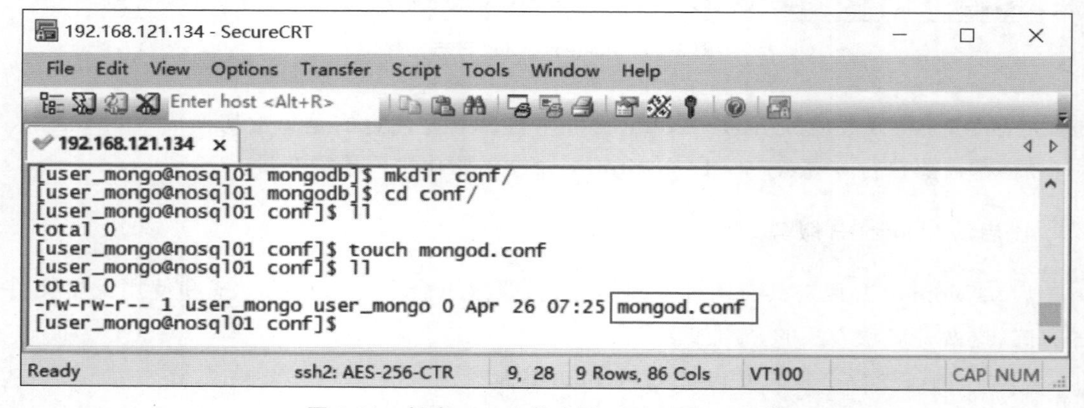


图 3-22 创建 conf 文件夹及 mongod.conf 文件

在图 3-22 中,即 mongodb 目录下执行 vi conf/mongod.conf 命令,打开并编辑 mongod.conf 文件,具体添加的内容如下:

```
systemLog:
  #MongoDB 发送所有日志输出的目标指定为文件
  #The Path of the log file to which mongos should send all diagnostic
  #logging information
  destination: file
  #mongod 发送所有诊断日志记录信息的日志文件的路径
  path: "/opt/servers/mongodb_demo/standalone/logs/mongologs.log"
  #当 mongod 重启时,mongod 会将新条目附加到现有日志文件的末尾
  logAppend: true
storage:
  #mongod 数据文件存储的目录
  dbPath: "/opt/servers/mongodb_demo/standalone/data/db/"
  journal:
    #启用或禁用持久性日志,以确保数据文件保持有效和可恢复
    enabled: true
processManagement:
  #启用在后台运行 mongod 进程的守护进程模式
  fork: true
```

编辑上述内容需要注意的是 MongoDB 3.0 及以上版本的配置文件均采用 YAML 格式,其结构类似于大纲的缩排方式,开头使用空格作为缩进,数据结构为 Map 结构,即“Key: Value”,若是“: ”之后有 Value,则后面必须增加一个空格;若是 Key 表示层级,则无须增加空格。按照层级结构,一级不需要空格缩进,二级缩进一或两个空格,三级缩进两个或四个空格,以此类推。

上述内容添加后,执行 mongod -f /opt/servers/mongodb_demo/mongodb/conf/mongod.conf 命令,启动 MongoDB 服务,具体效果如图 3-23 所示。

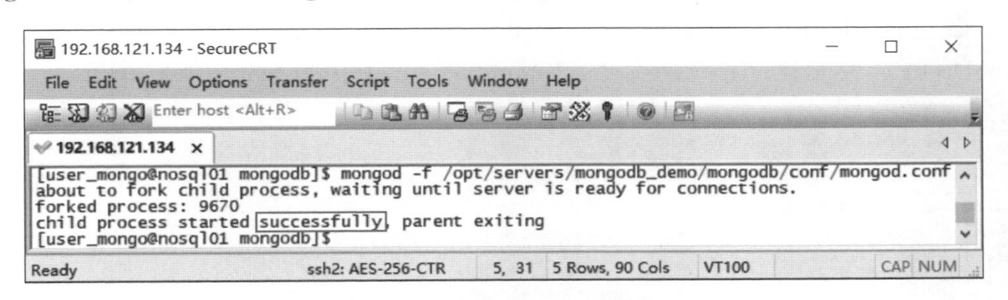


图 3-23　启动 MongoDB 服务

在图 3-23 中,出现了 successfully 单词,则说明我们成功启动 MongoDB 服务。若是想要关闭 MongoDB 服务,则先执行 ps -ef | grep mongod 命令,查看 MongoDB 的服务进程;然后执行 kill -2 9670 命令,结束 MongoDB 的服务进程(MongoDB 的服务进程每次都不同,因此若是想要结束该进程,则必须在命令中提供对应的 MongoDB 进程号);再执行 ps -ef | grep mongod 命令,查看 MongoDB 服务的进程是否存在,具体如图 3-24 所示。

从图 3-24 中可以看出,第二次执行 ps -ef | grep mongod 命令后,发现 MongoDB 的服务进程已经不存在了,因此说明我们成功关闭了 MongoDB 服务。

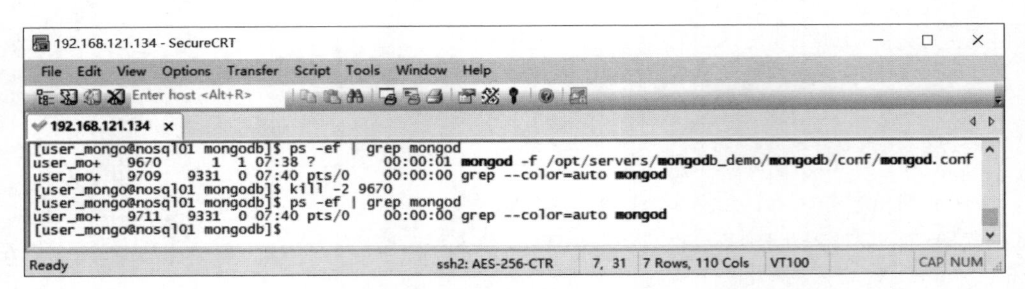


图 3-24 关闭 MongoDB 服务

## 3.2 数据库操作

MongoDB 提供了一个交互式 JavaScript 接口，即 mongo shell。mongo shell 主要用于操作 MongoDB，包括数据库、集合以及文档。本节将详细讲解如何使用 mongo shell 对 MongoDB 数据库进行新建、查看以及删除操作。

### 3.2.1 新建数据库

创建数据库，具体语法如下：

```
use DATABASE_NAME
```

上述语法中，use 是用于创建和切换数据库的命令，若指定的数据库不存在，则创建数据库，否则切换到指定数据库。DATABASE _NAME 是新建数据库或切换数据库的名称。

下面，我们来创建一个数据库 articledb，用于存放文章的评论数据。首先，启动 MongoDB 服务，然后执行 mongo 命令，进入 mongo shell 中，效果如图 3-25 所示。

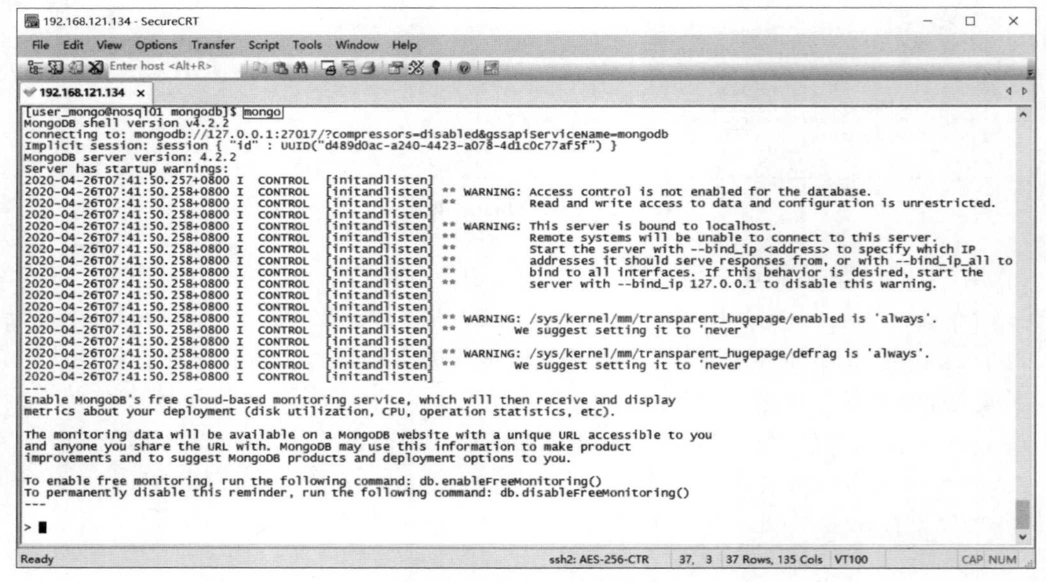


图 3-25 mongo shell 界面

在图 3-25 中，执行 use articledb 命令，创建数据库 articledb，具体如下：

```
>use articledb
switched to db articledb
```

从上述返回结果可以看出，数据库 articledb 已经创建完成。

### 3.2.2　查看数据库

查看数据库，分为查看所有数据库和查看当前数据库两种情况，具体语法如下：

```
#查看所有数据库
show dbs
#查看当前数据库
db
```

上述语法中，show 是用于查看所有数据库的名称和存储情况的命令。dbs 是 databases 的简称；db 表示当前数据库对象。

接下来，分别演示执行 show dbs 和 db 命令，查看所有数据库和当前数据库。首先执行 show dbs 命令，查看所有数据库，具体如下：

```
>show dbs
admin   0.000GB
config  0.000GB
local   0.000GB
```

从上述返回结果可以看出，列出的数据库中没有出现数据库 articledb，这是由于使用 use 命令创建的数据库 articledb 存储在内存中，并且数据库中没有任何数据，因此 show dbs 命令是查看不到的，但是我们可通过执行 db 命令来查看当前数据库 articledb。需要注意的是，MongoDB 中默认包含数据库 admin、config、local 及 test，但是数据库 test 存储在内存中，也无任何数据，因此通过执行 show dbs 命令也是查看不到的。

执行 db 命令，查看当前的数据库，具体如下：

```
>db
articledb
```

从上述返回结果可以看出，当前数据库为 articledb。

### 3.2.3　删除数据库

删除数据库，具体语法如下：

```
db.dropDatabase()
```

上述语法中，db 表示当前数据库对象；dropDatabase()是用于删除当前数据库的方法。执行 db.dropDatabase()命令，删除当前数据库 articledb，在执行删除数据库命令前，先确保已经切换到需要删除的数据库下，以免发生误删，具体如下：

```
>db
articledb
>db.dropDatabase()
{ "ok" : 1 }
```

从上述返回结果"ok"可以看出，数据库 articledb 已经删除完毕。需要注意的是在执行删除数据库命令前，先确保已经切换到需要删除的数据库下，以免发生误删。

## 3.3 集合操作

在前面章节中，我们使用 mongo shell 对数据库进行了基本的操作。本节将详细讲解如何使用 mongo shell 对集合进行创建和删除操作。

### 3.3.1 创建集合

创建集合有两种方式，即显式创建集合和隐式创建集合，具体语法如下：

```
#显式创建集合
db.createCollection(COLLECTION_NAME, [OPTIONS])
#隐式创建集合
db.COLLECTION_NAME.insert(DOCUMENT)
```

上述语法中，db 表示当前数据库对象（在创建集合前应确保处于对应数据库下）；createCollection(COLLECTION_NAME, [OPTIONS])是用于创建集合的方法，该方法中包含两个参数，参数 COLLECTION_NAME 表示要创建的集合名称；参数 OPTIONS 表示一个文档，用于指定集合的配置，该参数为可选参数。Insert(DOCUMENT)是用于往集合中插入文档的方法，该方法包含一个参数 DOCUMENT，该参数表示文档。

下面，通过执行 db.createCollection("myCollection")命令，演示如何显式创建集合 myCollection，并执行 show collections 命令，查看是否成功创建集合，具体如下：

```
>db.createCollection("myCollection")
{ "ok" : 1 }
>show collections
myCollection
```

从上述返回结果可以看出，集合 myCollection 创建成功了。关于隐式创建集合，这里先不作介绍，在 3.4 节中将进行详细介绍。

### 3.3.2 删除集合

删除集合的具体语法如下：

```
db.COLLECTION_NAME.drop()
```

上述语法中,db 表示当前数据库对象;COLLECTION_NAME 表示当前集合对象;drop()是用于删除集合的方法。

下面,通过执行 db.myCollection.drop()命令演示如何删除集合 myCollection,具体如下:

```
>db.myCollection.drop()
true
```

从上述返回结果 true 可以看出,集合 myCollection 已被成功删除。

# 3.4　文档的插入、更新与删除操作

在前面节中,我们使用 mongo shell 对数据库和集合进行了基本的操作。本节,我们将详细讲解如何使用 mongo shell 对文档进行插入、更新以及删除操作。

## 3.4.1　文档插入

文档插入可以分为单文档插入和多文档插入,具体语法如下:

```
#单文档插入
db.COLLECTION_NAME.insert(document)
```

或

```
db.COLLECTION_NAME.save(document)
#多文档插入
db.COLLECTION_NAME.insertMany([document1,document2,...])
```

上述语法中,对象、方法以及参数的详细介绍如下:

- db 表示当前数据库对象。
- COLLECTION_NAME 表示当前集合对象。
- insert()和 save()是用于插入文档的方法,这两个方法均包含参数 document,该参数表示插入一个文档至集合中。insert()和 save()方法的区别在于,若使用 insert()方法插入文档,且集合中已存在该文档,则会报 E11000 duplicate key error collection 错误,反之则写入;若使用 save()方法插入文档,且集合中已存在该文档,则会更新它,反之则写入。
- insertMany()是用于插入多个文档的方法,该方法包含参数[document1,document2,...],该参数是有多个文档组成的数组。

下面,演示执行插入单文档命令,先创建数据库 articledb,再隐式创建集合 comment,并在该集合中插入一个文档,具体命令如下:

```
>use articledb
switched to db articledb
```

```
>db.comment.insert(
    {"articleid":"100000","content":"今天天气真好,阳光明媚","userid":"1001",
    "nickname":"Rose","age":"20","phone":"18807141995","createdatetime":new Date(),
    "likenum":NumberInt(10),"state":null}
)
WriteResult({ "nInserted" : 1 })
```

从上述返回结果 WriteResult({ "nInserted" : 1 })可以看出,我们成功将一个文档插入集合 comment 中。需要注意的是,MongoDB 中的数字默认是 Double 类型的,若要存储整型,则需要使用函数“NumberInt(整型数字)”,否则查询就会出现问题;若集合中插入的文档没有指定_id,则会自动生成主键值 ObjectId,ObjectId 是使用 12 个字节的存储空间,由 24 个十六进制字符组成的字符串(每个字节可以存储两个十六进制字符),若某个键没有值,则可以赋值为 null 或者不写该键。执行 db.comment.find()命令,查看集合 comment 中的内容,具体如下:

```
>db.comment.find()
{ "_id" : ObjectId("5e175913ddb10619b13a001f"), "articleid" : "100000",
"content" : "今天天气真好,阳光明媚", "userid" : "1001", "nickname" : "Rose",
"age":"20","phone":"18807141995","createdatetime":ISODate("2020-01-09T16:47:15.897Z"),
"likenum" : 10, "state" : null }
```

从上述返回结果可以看出,集合 comment 中包含一个文档,该文档即为我们插入的文档。

接着,演示执行插入多文档命令,这里是往集合 comment 中插入 6 个文档,具体如下:

```
>db.comment.insertMany([
{"_id":"1","articleid":"100001","content":"清晨,我们不该把时间浪费在手机上,健康很重要,
喝一杯温水,幸福你我他。","userid":"1002","nickname":"相忘于江湖","age":"25",
"phone":{"homePhone":"82174911","mobilePhone":"13065840128"},
"createdatetime":new Date("2020-01-02 09:08:15"),"likenum":NumberInt(1000),"state":"1"},
{"_id":"2","articleid":"100001","content":"我夏天空腹喝凉开水,冬天喝温开水",
"userid":"1003","nickname":"伊人憔悴","age":"22","phone":"13442031624",
"createdatetime":new Date("2020-01-02 10:20:40"),"likenum":NumberInt(888),"state":"1"},
{"_id":"3","articleid":"100001","content":"夏天和冬天,我都喝凉开水","userid":"1004",
"nickname":"杰克船长","age":"28","phone":"13937163334","createdatetime":
new Date("2020-01-02 14:56:09"),"likenum":NumberInt(666),"state":null},
{"_id":"4","articleid":"100001","content":"专家说不能空腹喝冰水,影响健康","userid":"1005",
"nickname":"罗密欧","age":"18","phone":"15813134403","createdatetime":
new Date("2020-01-03 11:26:29"),"likenum":NumberInt(2000),"state":"1"},
{"_id":"5","articleid":"100001","content":"研究表明,刚烧开的水千万不要喝,因为烫嘴",
"userid":"1005","nickname":"罗密欧","age":"18","phone":"15813134403",
"createdatetime":new Date("2020-01-03 15:10:37"),"likenum":NumberInt(3000),"state":"1"},
{"_id":"6","articleid":"100001","content":"喝水是生命体通过口腔摄入水分的方式,
人体每天通过口腔摄入的液体大约有 2 升","userid":"1006","nickname":"爱德华","age":"30",
"phone":{"homePhone":"62771541","mobilePhone":"13262984142"},
"createdatetime":new Date("2020-01-03 15:10:37"),"likenum":NumberInt(3000),"state":"1"}
])
```

```
{
        "acknowledged" : true,
        "insertedIds" : [
                "1",
                "2",
                "3",
                "4",
                "5",
                "6"
        ]
}
```

从上述返回结果“"acknowledged" : true”可以看出，我们成功将 6 个文档插入集合 comment 中，insertedIds 表示插入多个文档的对应_id。执行 db.comment.find()命令，查看集合 comment 中的内容，具体如下：

```
>db.comment.find()
{ "_id" : ObjectId("5e162cca238207d6b5e1f585"), "articleid" : "100000",
"content":"今天天气真好,阳光明媚","userid":"1001","nickname":"Rose","age":"20",
"phone":"18807141995","createdatetime":ISODate("2020-01-08T19:26:02.544Z"),
"likenum":10,"state":null}
{"_id" :"1","articleid":"100001","content" : "清晨,我们不该把时间浪费在手机上,
健康很重要,喝一杯温水,幸福你我他。","userid":"1002","nickname":"相忘于江湖",
"age":"25","phone":{"homePhone":"82174911","mobilePhone":"13065840128"},
"createdatetime":ISODate("2020-01-02T01:08:15Z"),"likenum":1000,"state":"1"}
{"_id":"2","articleid":"100001","content":"我夏天空腹喝凉开水,冬天喝温开水",
"userid":"1003","nickname":"伊人憔悴","age":"22","phone":"13442031624",
"createdatetime":ISODate("2020-01-02T02:20:40Z"),"likenum":888,"state":"1"}
{"_id":"3","articleid":"100001","content":"夏天和冬天,我都喝凉开水","userid": "1004",
"nickname":"杰克船长","age":"28","phone":"13937163334","createdatetime":
ISODate("2020-01-02T06:56:09Z"),"likenum":666,"state":null}
{"_id":"4","articleid":"100001","content":"专家说不能空腹喝冰水,影响健康", "userid" : "1005",
"nickname":"罗密欧","age":"18","phone":"15813134403","createdatetime":
ISODate("2020-01-03T03:26:29Z"),"likenum": 2000, "state" : "1"}
{"_id":"5","articleid":"100001","content":"研究表明,刚烧开的水千万不要喝,因为烫嘴",
"userid":"1005","nickname":"罗密欧","age":"18","phone":"15813134403",
"createdatetime":ISODate("2020-01-03T07:10:37Z"),"likenum" : 3000, "state" : "1" }
{"_id":"6","articleid":"100001","content":"喝水是生命体通过口腔摄入水分的方式,
人体每天通过口腔摄入的液体大约有 2 升","userid":"1006","nickname":"爱德华",
"age":"30","phone":{"homePhone":"62771541","mobilePhone": "13262984142" },
"createdatetime":ISODate("2020-01-03T07:10:37Z"),"likenum":3000,"state":"1"}
```

从上述返回结果可以看出，集合 comment 中存在 7 个文档，包含第一次插入的单个文档和第二次插入的 6 个文档。

### 3.4.2 文档更新

更新文档的具体语法如下：

```
db.COLLECTION_NAME.update(criteria,objNew,upsert, multi)
```

上述语法中，db表示当前数据库对象；COLLECTION_NAME表示当前集合对象；update(criteria,objNew,upsert,multi)是用于更新文档的方法，该方法中包含4个参数，参数的介绍如下：

- criteria：该参数表示更新的查询条件，类似于sql更新查询中where后面的条件，主要用于匹配文档。
- objNew：该参数表示更新的对象和一些更新的操作符等，也可以理解为sql更新查询中set后面的条件。
- upsert：在不存在更新文档的情况下，该参数用于判断是否插入objNew，若为true则插入，默认为false，不插入。该参数为可选参数。
- multi：该参数默认为false，只更新找到的第一个文档；若这个参数为true，则将按条件查出来的多个文档都更新。该参数为可选参数。

下面，演示执行更新文档的命令，将评论者爱德华的评论内容content改为“喝水增加了尿量，能使有害物质及时排出体内”，具体命令如下：

```
>db.comment.update({"content":"喝水是生命体通过口腔摄入水分的方式,人体每天通过口
腔摄入的液体大约有2升"},{$set:{"content":"喝水增加了尿量,能使有害物质及时排出体内"}})
WriteResult({ "nMatched" : 1, "nUpserted" : 0, "nModified" : 1 })
```

从上述返回结果可以看出，匹配到一个文档，并进行更新操作。执行db.comment.find()命令，查看集合comment中的内容是否被更新，具体如下：

```
>db.comment.find()
{ "_id" : ObjectId("5e162cca238207d6b5e1f585"), ...}
{"_id" :"1",...}
{"_id":"2",...}
{"_id":"3",...}
{"_id":"4",...}
{"_id":"5",...}
{"_id":"6","articleid":"100001","content":"喝水增加了尿量,能使有害物质及时排出体内",
"userid":"1006","nickname":"爱德华","age":"30","phone":{"homePhone":"62771541",
"mobilePhone": "13262984142" },"createdatetime":ISODate("2020-01-03T07:10:37Z"),
"likenum" : 3000, "state" : "1" }
```

从上述返回结果可以看出，评论者爱德华的评论内容content已经成功更新为“喝水增加了尿量，能使有害物质及时排出体内”。

### 3.4.3 文档删除

删除文档的具体语法如下：

```
#删除单个文档
db.COLLECTION_NAME.remove(
  <query>,
  {
    justOne: <boolean>,
```

```
        writeConcern: <document>
    }
)
#删除所有文档
db.COLLECTION_NAME.remove({})
```

上述语法中，db 表示当前数据库对象；COLLECTION_NAME 表示当前集合对象；remove(<query>,{justOne: <boolean>,writeConcern: <document>})是用于删除文档的方法，该方法中包含两个参数，参数的介绍如下：

- <query>：该参数为可选参数，其表示删除文档的条件。
- {justOne: <boolean>, writeConcern: <document>}：该参数为可选参数，其中参数“justOne: <boolean>”中的<boolean>为 true 或者 1 时，表示查询到多个文档时只删除找到的第一个文档。参数“writeConcern: <document>”表示抛出异常的级别。

下面，演示执行删除单个文档的命令，将评论者爱德华的评论删除；再执行 db.comment.find()命令，查看集合 comment 中的评论者爱德华的评论是否被删除，具体如下：

```
>db.comment.remove({"nickname":"爱德华"})
writeResult({ "nRemoved" : 1 })
>db.comment.find()
{ "_id" : ObjectId("5e162cca238207d6b5e1f585"), ... ,"nickname":"Rose", ...}
{"_id" :"1", ...,"nickname":"相忘于江湖", ...}
{"_id":"2", ...,"nickname":"伊人憔悴", ...}
{"_id":"3", ...,"nickname":"杰克船长", ...}
{"_id":"4", ..."nickname":"罗密欧", ...}
{"_id":"5", ..."nickname":"罗密欧", ...}
```

从上述返回结果可以看出，集合 comment 中已经没有评论者爱德华的评论了，说明已经成功删除评论者爱德华的评论。

下面，演示执行删除全部文档的命令，将集合 comment 中的文档全部删除；再执行 db.comment.find()命令，查看集合 comment 中的文档是否全部被删除，具体如下：

```
>db.comment.remove({})
writeResult({ "nRemoved" : 6 })
>db.comment.find()
```

从上述返回结果“writeResult({ "nRemoved" : 6 })”可以看出，集合 comment 中共删除 6 个文档；当执行查看命令后，发现没有任何返回值，则说明已经成功将集合 comment 中的评论全部删除。

## 3.5　文档简单查询

文档的简单查询包括查询所有文档、按条件查询文档以及按特定类型查询文档等多种类型。下面，我们将详细讲解查询所有文档、按条件查询文档以及按特定类型查询文档的语法格式和操作步骤。

### 3.5.1 查询所有文档

查询所有文档的具体语法如下：

```
#查询所有文档
db.COLLECTION_NAME.find()
#查询所有文档，查询返回的结果以易读的方式来展示
db.COLLECTION_NAME.find().pretty()
```

上述语法中，db 表示当前数据库对象；COLLECTION_NAME 表示当前集合对象；find()是用于查询所有文档的方法；pretty()是用于格式化查询返回的结果，便于阅读。

下面，演示执行查询所有文档的命令，查询集合 comment 中的所有文档。由于在 3.4.3 节中演示了如何删除集合中的全部文档，导致集合 comment 中无文档，因此，需要先执行插入文档命令，然后再执行查询所有文档的命令，具体如下：

```
>db.comment.insertMany([
{"_id":"1","articleid":"100001","content":"清晨，我们不该把时间浪费在手机上，健康很重要，
喝一杯温水，幸福你我他。","userid":"1002","nickname":"相忘于江湖","age":"25",
"phone":{"homePhone":"82174911","mobilePhone":"13065840128"},"createdatetime":
new Date("2020-01-02 09:08:15"),"likenum":NumberInt(1000),"state":"1"},
{"_id":"2","articleid":"100001","content":"我夏天空腹喝凉开水，冬天喝温开水",
"userid":"1003","nickname":"伊人憔悴","age":"22","phone":"13442031624",
"createdatetime":new Date("2020-01-02 10:20:40"),"likenum":NumberInt(888),"state":"1"},
{"_id":"3","articleid":"100001","content":"夏天和冬天，我都喝凉开水","userid":"1004",
"nickname":"杰克船长","age":"28","phone":"13937163334","createdatetime":
new Date("2020-01-02 14:56:09"),"likenum":NumberInt(666),"state":null},
{"_id":"4","articleid":"100001","content":"专家说不能空腹喝冰水，影响健康","userid":"1005",
"nickname":"罗密欧","age":"18","phone":"15813134403","createdatetime":
new Date("2020-01-03 11:26:29"),"likenum":NumberInt(2000),"state":"1"},
{"_id":"5","articleid":"100001","content":"研究表明，刚烧开的水千万不要喝，因为烫嘴",
"userid":"1005","nickname":"罗密欧","age":"18","phone":"15813134403",
"createdatetime":new Date("2020-01-03 15:10:37"),"likenum":NumberInt(3000),"state":"1"},
{"_id":"6","articleid":"100001","content":"喝水是生命体通过口腔摄入水分的方式，
人体每天通过口腔摄入的液体大约有 2 升","userid":"1006","nickname":"爱德华","age":"30",
"phone":{"homePhone":"62771541","mobilePhone":"13262984142"},
"createdatetime":new Date("2020-01-03 15:10:37"),"likenum":NumberInt(3000),"state":"1"}
])
{
        "acknowledged" : true,
        "insertedIds" : [
                "1",
                "2",
                "3",
                "4",
                "5",
                "6"
        ]
}
```

```
>db.comment.find()
{"_id" :"1",...}
{"_id":"2",...}
{"_id":"3",...}
{"_id":"4",...}
{"_id":"5",...}
{"_id":"6",...}
>db.comment.find().pretty()
{
        "_id" : "1",
        ...
}
{
        "_id" : "2",
        ...
}
{
        "_id" : "3",
        ...
}
{
        "_id" : "4",
        ...
}
{
        "_id" : "5",
        ...
}
{
        "_id" : "6",
        ...
}
```

从上述返回结果可以看出,集合 comment 中共有 6 个文档。

### 3.5.2 按条件查询文档

按条件查询文档,主要分为逻辑操作符查询文档和比较操作符查询文档等。其中,逻辑操作符包含与、或等操作符;比较操作符包含大于、小于、大于等于、小于等于、不等于、包含、不包含等操作符。按条件查询文档的具体语法如下:

```
#与操作符$and
db.COLLECTION_NAME.find({$and:[{<key1>:<value1>,<key2>:<value2>}]}).pretty()
#或操作符($or)
db.COLLECTION_NAME.find({$or:[{<key1>:<value1>},{<key2>:<value2>}]}).pretty()
#大于操作符($gt)
db.COLLECTION_NAME.find({<key>:{$gt:<value>}}).pretty()
#小于操作符($lt)
db.COLLECTION_NAME.find({<key>:{$lt:<value>}}).pretty()
```

```
#大于等于操作符($gte)
db.COLLECTION_NAME.find({<key>:{$gte:<value>}}).pretty()
#小于等于操作符($lte)
db.COLLECTION_NAME.find({<key>:{$lte:<value>}}).pretty()
#不等于操作符($ne)
db.COLLECTION_NAME.find({<key>:{$ne:<value>}}).pretty()
# 包含操作符($in)
db.COLLECTION_NAME.find({<key>:{$in:[<values>]}}).pretty()
# 不包含操作符($nin)
db.COLLECTION_NAME.find({<key>:{$nin:[<values>]}}).pretty()
```

上述语法中,db 表示当前数据库对象;COLLECTION_NAME 表示当前集合对象;find()是用于查询所有文档的方法;pretty()是用于格式化查询返回的结果,便于阅读;与、或、大于、小于、大于等于、小于等于、不等于、包含、不包含等操作符分别为 $and、$or、$gt、$lt、$gte、$lte、$ne、$in、$nin。

下面,演示执行"与"操作符查询文档的命令,查询集合 comment 中同时满足 userid 为 1005 和 nickname 为"罗密欧"的文档,具体如下:

```
>db.comment.find({$and:[{"userid":"1005", "nickname":"罗密欧"}]}).pretty()
{
        "_id" : "4",
        ...
        "userid" : "1005",
        "nickname" : "罗密欧",
        ...
}
{
        "_id" : "5",
        ...
        "userid" : "1005",
        "nickname" : "罗密欧",
        ...
}
```

从上述返回结果可以看出,集合 comment 中有两个同时满足 userid 为 1005 和 nickname 为"罗密欧"的文档,即_id 分别为 4 和 5 的文档。

下面,演示执行"或"操作符查询文档的命令,查询集合 comment 中 userid 为 1002 或 userid 为 1003 的文档,具体如下:

```
>db.comment.find({$or:[{"userid":"1002"},{"userid":"1003"}]}).pretty()
{
        "_id" : "1",
        ...
        "userid" : "1002",
        ...
}
{
```

```
        "_id" : "2",
        ...
        "userid" : "1003",
        ...
}
```

从上述返回结果可以看出，集合 comment 中 userid 为 1002 或 1003 的文档都被查询出来了。

下面，演示执行“大于”操作符查询文档的命令，查询集合 comment 中 userid 大于 1005 的文档，具体如下：

```
>db.comment.find({"userid":{$gt:"1005"}}).pretty()
{
        "_id" : "6",
        ...
        "userid" : "1006",
        ...
}
```

从上述返回结果可以看出，集合 comment 中 userid 大于 1005 的文档只有一个，即_id 为 6 的文档。

下面，演示执行“小于”操作符查询文档的命令，查询集合 comment 中 userid 小于 1004 的文档，具体如下：

```
>db.comment.find({"userid":{$lt:"1004"}}).pretty()
{
        "_id" : "1",
        ...
        "userid" : "1002",
        ...
}
{
        "_id" : "2",
        ...
        "userid" : "1003",
        ...
}
```

从上述返回结果可以看出，集合 comment 中 userid 小于 1004 的文档有两个，即_id 分别为 1 和 2 的文档。

下面，演示执行“大于等于”操作符查询文档的命令，查询集合 comment 中 userid 大于等于 1005 的文档，具体如下：

```
>db.comment.find({"userid":{$gte:"1005"}}).pretty()
{
        "_id" : "4",
        ...
```

```
        "userid" : "1005",
        ...
}
{
        "_id" : "5",
        ...
        "userid" : "1005",
        ...
}
{
        "_id" : "6",
        ...
        "userid" : "1006",
        ...
}
```

从上述返回结果可以看出，集合 comment 中 userid 大于等于 1005 的文档有 3 个，即 _id 分别为 4、5、6 的文档。

下面，演示执行“小于等于”操作符查询文档的命令，查询集合 comment 中 userid 小于等于 1003 的文档，具体如下：

```
>db.comment.find({"userid":{$lte:"1003"}}).pretty()
{
        "_id" : "1",
        ...
        "userid" : "1002",
        ...
}
{
        "_id" : "2",
        ...
        "userid" : "1003",
        ...
}
```

从上述返回结果可以看出，集合 comment 中 userid 小于等于 1003 的文档有两个，即 _id 分别为 1 和 2 的文档。

下面，演示执行“不等于”操作符查询文档的命令，查询集合 comment 中 userid 不等于 1005 的文档，具体如下：

```
>db.comment.find({"userid":{$ne:"1005"}}).pretty()
{
        "_id" : "1",
        ...
        "userid" : "1002",
        ...
}
{
```

```
        "_id" : "2",
        ...
        "userid" : "1003",
        ...
}
{
        "_id" : "3",
        ...
        "userid" : "1004",
        ...
}
{
        "_id" : "6",
        ...
        "userid" : "1006",
        ...
}
```

从上述返回结果可以看出，集合 comment 中 userid 不等于 1005 的文档有 4 个，即_id 分别为 1、2、3、6 的文档。

下面，演示执行"包含"操作符查询文档的命令，查询集合 comment 中_id 包含 1、3 的文档，具体如下：

```
>db.comment.find({"_id":{$in:["1","3"]}}).pretty()
{
        "_id" : "1",
        ...
        "userid" : "1002",
        ...
}
{
        "_id" : "3",
        ...
        "userid" : "1003",
        ...
}
```

从上述返回结果可以看出，集合 comment 中_id 为 1 或 3 的文档有两个，即_id 分别为 1 和 3 的文档。

下面，演示执行"不包含"操作符查询文档的命令，查询集合 comment 中_id 不包含 1、3、5 的文档，具体如下：

```
>db.comment.find({"_id":{$nin:["1","3","5"]}}).pretty()
{
      "_id" : "2",
        ...
}
{
```

```
        "_id" : "4",
          ...
}
{
        "_id" : "6",
          ...
}
```

从上述返回结果可以看出，集合 comment 中_id 不包含 1、3 或 5 的文档有 3 个，即_id 分别为 2、4、6 的文档。

## 3.5.3 按特定类型查询文档

按特定类型查询文档，主要分为 Null 类型查询、正则表达式查询、嵌套文档查询和数组查询等。其中，嵌套文档查询包括精确匹配查询和点查询。按特定类型查询文档的具体语法如下：

```
#Null 类型查询,用于查询集合中字段值为 Null 的文档
db.COLLECTION_NAME.find({<key>:null}).pretty()
#正则表达式查询,用于查询集合中符合某个规则的文档
db.COLLECTION_NAME.find({<key>:/正则表达式/}).pretty()
#嵌套文档查询之精确匹配查询,用于在集合中指定子文档,查询符合条件的文档
db.COLLECTION_NAME.find({<key>:{<key1>:<value1>,<key2>:<value2>}}).pretty()
#嵌套文档查询之点查询,用于在集合中指定子文档中一个字段,查询包含该字段的文档
db.COLLECTION_NAME.find({<key>.<key1>:<value1>}).pretty()
```

上述语法中，db 表示当前数据库对象；COLLECTION_NAME 表示当前集合对象；find()是用于查询所有文档的方法；pretty()用于格式化查询返回的结果，便于阅读。

下面，演示执行按"Null 类型"查询文档的命令，查询集合 comment 中字段 state 为 null 的文档，具体如下：

```
>db.comment.find({"state":null}).pretty()
{
        "_id" : "3",
        ...
        "state" : null
}
```

从上述返回结果可以看出，集合 comment 中字段 state 为 null 的文档只有一个，即_id 为 3 的文档。

下面，演示执行按"正则表达式"查询文档的命令，查询集合 comment 中评论内容 content 值以"专家"开头的文档，具体如下：

```
>db.comment.find({"content":/^专家/}).pretty()
{
        "_id" : "4",
        ...
```

```
        "content" : "专家说不能空腹喝冰水,影响健康",
        ...
}
```

从上述返回结果可以看出，集合 comment 中评论内容 content 值以“专家”开头的文档只有一个，即_id 为 4 的文档。

下面，演示嵌套文档执行“精确”查询文档的命令，查询集合 comment 中包含子文档 homePhone 和 mobilePhone 且值分别为 62771541 和 13262984142 的文档，具体如下：

```
>db.comment.find({"phone":{"homePhone":"62771541","mobilePhone":"13262984142"}}).pretty()
{
        "_id" : "6",
        ...
        "phone" : {
                "homePhone" : "62771541",
                "mobilePhone" : "13262984142"
        },
        ...
}
```

从上述返回结果可以看出，集合 comment 中包含子文档 homePhone 和 mobilePhone 且值分别为 62771541、13262984142 的文档只有一个，即_id 为 6 的文档。

下面，演示嵌套文档执行“点”查询文档的命令，查询集合 comment 中包含子文档 homePhone 且值为 82174911 的文档，具体如下：

```
>db.comment.find({"phone.homePhone":"82174911"}).pretty()
{
        "_id" : "1",
        ...
        "phone" : {
                "homePhone" : "82174911",
                "mobilePhone" : "13065840128"
        },
        ...
}
```

从上述返回结果可以看出，查询集合 comment 中包含子文档 homePhone 且值为 82174911 的文档只有一个，即_id 为 1 的文档。

## 3.6　聚合操作

MongDB 的聚合操作包括聚合管道操作和 Map-Reduce 操作等。其中，聚合管道操作是将文档在一个管道处理完毕后，把处理的结果传递给下一个管道进行再次处理；Map-Reduce 操作是将集合中的批量文档进行分解处理，然后将处理后的各个结果进行合并输出。本节将针对聚合管道操作和 Map-Reduce 操作进行详细讲解。

### 3.6.1 聚合管道操作

聚合管道是使用不同的管道阶段操作器进行不同聚合操作。管道阶段操作器也称为管道操作符，管道操作符的类型有很多。下面，通过一张表来介绍常见管道操作符，具体如表 3-2 所示。

表 3-2　常见管道操作符及相关说明

| 常见管道操作符 | 相关说明 |
| --- | --- |
| $ group | 将集合中的文档进行分组，便于后续统计结果 |
| $ limit | 用于限制 MongoDB 聚合管道返回的文档数 |
| $ match | 用于过滤数据，只输出符合条件的文档 |
| $ sort | 将输入的文档先进行排序，再输出 |
| $ project | 用于修改输入文档的结构(增加、删除字段等)和名称 |
| $ skip | 在聚合管道中跳过指定数量的文档，并返回剩余的文档 |

在表 3-2 中，我们介绍了常见管道操作符及其作用。接下来，演示通过常见管道操作符命令来查询文档，具体语法如下：

```
#$group 操作符
db.COLLECTION_NAME.aggregate([{$group:{<key1>:"$<key2>"}}]).pretty()
#$limit 操作符
db.COLLECTION_NAME.aggregate({$limit:整型数字}).pretty()
#$match 操作符
db.COLLECTION_NAME.aggregate([{$match:{<key>:<value>}}]).pretty()
#$sort 操作符,-1 表示降序,1 表示升序
db.COLLECTION_NAME.aggregate([{$sort:{<key>:-1 或 1}}]).pretty()
#$project 操作符
db.COLLECTION_NAME.aggregate([{$project:{<key>:<value>}}]).pretty()
#$skip 操作符
db.COLLECTION_NAME.aggregate({$skip:整型数字}).pretty()
```

上述语法中，db 表示当前数据库对象；COLLECTION_NAME 表示当前集合对象；aggregate([{},{}...])是用于聚合查询所有文档的方法，该方法中的数据参数表示管道操作，数组中的每个文档都表示一种管道操作；pretty()用于格式化查询返回的结果，便于阅读。

下面，演示执行"$ group 操作符"命令，将集合 comment 中的文档按 userid 进行分组，具体如下：

```
>db.comment.aggregate([{$group:{"_id":"$userid"}}]).pretty()
{ "_id" : "1005" }
{ "_id" : "1002" }
{ "_id" : "1004" }
{ "_id" : "1003" }
{ "_id" : "1006" }
```

从上述返回结果可以看出，集合 comment 中的文档按 userid 分为 5 组，即 1005 组、1002 组、1004 组、1003 组以及 1006 组。

下面，演示执行“$ limit 操作符”命令，指定集合 comment 只展示前 3 个文档，具体如下：

```
>db.comment.aggregate({$limit:3}).pretty()
{
        "_id" : "1",
        ...
}
{
        "_id" : "2",
        ...
}
{
        "_id" : "3",
        ...
}
```

从上述返回结果可以看出，只展示集合 comment 中前 3 个文档，即_id 分别为 1、2、3 的文档。

下面，演示执行“$ match 操作符”命令，将集合 comment 中 nickname 为“罗密欧”的文档查询出来，具体如下：

```
>db.comment.aggregate([{$match:{"nickname":"罗密欧"}}]).pretty()
{
        "_id" : "4",
        ...
        "nickname" : "罗密欧",
        ...
}
{
        "_id" : "5",
        ...
        "nickname" : "罗密欧",
        ...
}
```

从上述返回结果可以看出，集合 comment 中 nickname 为“罗密欧”的文档有两个，即_id 分别为 4 和 5 的文档。

下面，演示执行“$ sort 操作符”命令，将集合 comment 中文档按 age 进行降序排序，具体如下：

```
>db.comment.aggregate([{$sort:{"age":-1}}]).pretty()
{
        "_id" : "6",
        ...
        "age" : "30",
```

```
        ...
}
{
        "_id" : "3",
        ...
        "age" : "28",
        ...
}
{
        "_id" : "1",
        ...
        "age" : "25",
        ...
}
{
        "_id" : "2",
        ...
        "age" : "22",
        ...
}
{
        "_id" : "4",
        ...
        "age" : "18",
        ...
}
{
        "_id" : "5",
        ...
        "age" : "18",
        ...
}
```

从上述返回结果可以看出，集合comment中的文档已经按年龄age的大小进行降序排序，如按照升序排序，可以将－1换为1。

下面，演示执行“$project操作符”命令，展示集合comment中的文档，并且文档均不包含字段_id，具体如下：

```
>db.comment.aggregate([{$project:{"_id":0}}]).pretty()
{
        "articleid" : "100001",
        ...
        "userid" : "1002",
        ...
}
{
        "articleid" : "100001",
        ...
```

```
        "userid" : "1003",
         ...
}
{
        "articleid" : "100001",
         ...
        "userid" : "1004",
         ...
}
{
        "articleid" : "100001",
         ...
        "userid" : "1005",
         ...
}
{
        "articleid" : "100001",
         ...
        "userid" : "1005",
         ...
}
{
        "articleid" : "100001",
         ...
        "userid" : "1006",
       ...
}
```

从上述返回结果可以看出，集合 comment 中的 6 个文档都展示出来了，均不包括字段_id。

下面，演示执行"$skip 操作符"命令，跳过集合 comment 中_id 为 4 之前的文档(包含 4)，只展示_id 为 4 之后的文档，具体如下：

```
>db.comment.aggregate({$skip:4}).pretty()
{
        "_id" : "5",
        ...
}
{
        "_id" : "6",
        ...
}
```

从上述返回结果可以看出，集合 comment 中_id 为 5 和 6 的文档已经展示出来了。

管道阶段操作器的值被称为管道表达式，并且每个管道表达式都是一个文档结构，由字段名称、字段值和管道表达式组成。由于管道表达式的种类和数量都有很多，因此这里通过一张表来介绍常见的管道表达式，具体如表 3-3 所示。

表 3-3 常见管道表达式及相关说明

| 常见管道表达式 | 相关说明 |
| --- | --- |
| $ sum | 计算总和 |
| $ avg | 计算平均值 |
| $ min | 获取集合中所有文档对应值的最小值 |
| $ max | 获取集合中所有文档对应值的最大值 |
| $ push | 在结果文档中插入值到一个数组中 |
| $ first | 获取分组文档中的第一个文档 |
| $ last | 获取分组文档中的最后一个文档 |

在表3-3中，我们介绍了常见管道表达式及其作用。接下来，演示如何执行常见管道表达式命令来查询文档，具体语法如下：

```
#$sum 表达式
db.COLLECTION_NAME.aggregate([{管道操作符:{<key1>:"$<key2>",<key3>:{$sum:$<key3>}}}])
.pretty()
#$avg 表达式
db.COLLECTION_NAME.aggregate([{管道操作符:{<key1>:"$<key2>",<key3>:{$avg:$<key3>}}}])
.pretty()
#$min 表达式
db.COLLECTION_NAME.aggregate([{管道操作符:{<key1>:"$<key2>",<key3>:{$min:$<key3>}}}])
.pretty()
#$max 表达式
db.COLLECTION_NAME.aggregate([{管道操作符:{<key1>:"$<key2>",<key3>:{$max:$<key3>}}}])
.pretty()
#$push 表达式
db.COLLECTION_NAME.aggregate([{管道操作符:{<key1>:"$<key2>",<key3>:{$push:$<key3>}}}])
.pretty()
#$first 表达式
db.COLLECTION_NAME.aggregate([{管道操作符:{<key1>:"$<key2>",<key3>:{$first:$<key4>}}}])
.pretty()
#$last 表达式
db.COLLECTION_NAME.aggregate([{管道操作符:{<key1>:"$<key2>",<key3>:{$last:$<key5>}}}])
.pretty()
```

上述语法中，db表示当前数据库对象；COLLECTION_NAME表示当前集合对象；aggregate([{},{}...])是用于聚合查询所有文档的方法，该方法中的数据参数表示管道操作，数组中的每个文档都表示一种管道操作；pretty()用于格式化查询返回的结果，便于阅读。

为了演示管道表达式操作，这里先创建一个集合product，并插入5个文档，具体操作如下：

```
>db.createCollection("product")
{ "ok" : 1 }
>show collections
comment
```

```
product
>db.product.insertMany([
{"_id":"1","name":"iPhone 8","price":3000,"type":"电子通信"},
{"_id":"2","name":"adidas neo","price":700,"type":"服装"},
{"_id":"3","name":"nike air max 90","price":760,"type":"服装"},
{"_id":"4","name":"HuaWei mate30","price":5000,"type":"电子通信"},
{"_id":"5","name":"vivo x27","price":2000,"type":"电子通信"},
])
{
        "acknowledged" : true,
        "insertedIds" : [
                "1",
                "2",
                "3",
                "4",
                "5"
        ]
}
```

从上述返回结果“"acknowledged" ：true”可以看出，我们成功将 5 个文档插入集合 product 中。

下面，演示执行“$sum 表达式”命令，将集合 product 中的文档按类型 type 进行分组，并计算各个分组的价格 price 总和，具体如下：

```
>db.product.aggregate([{$group:{"_id":"$type","price":{$sum:"$price"}}}]).pretty()
{ "_id" : "服装", "price" : 1460 }
{ "_id" : "电子通信", "price" : 10000 }
```

从上述返回结果可以看出，集合 product 中的文档按类型 type 进行分组，可以分为两组，分别是服装组和电子通信组，其中服装组的总价为 1460，电子通信组的总价为 10000。

下面，演示执行“$avg 表达式”命令，将集合 product 中的文档按类型 type 进行分组，并计算各个分组的价格 price 平均值，具体如下：

```
>db.product.aggregate([{$group:{"_id":"$type","price":{$avg:"$price"}}}]).pretty()
{ "_id" : "服装", "price" : 730 }
{ "_id" : "电子通信", "price" : 3333.3333333333335 }
```

从上述返回结果可以看出，集合 product 中的文档按类型 type 进行分组，可以分为两组，分别是服装组和电子通信组，其中服装组的平均价格为 730，电子通信组的平均价格为 3333.3333333333335。

下面，演示执行“$min 表达式”命令，将集合 product 中的文档按类型 type 进行分组，并计算各个分组中价格 price 最小值，具体如下：

```
>db.product.aggregate([{$group:{"_id":"$type","price":{$min:"$price"}}}]).pretty()
{ "_id" : "服装", "price" : 700 }
{ "_id" : "电子通信", "price" : 2000 }
```

从上述返回结果可以看出，集合 product 中的文档按类型 type 进行分组，可以分为两组，分别是服装组和电子通信组，其中服装组中价格最小值为 700，电子通信组中价格最小值为 2000。

下面，演示执行“＄max 表达式”命令，将集合 product 中的文档按类型 type 进行分组，并计算各个分组中价格 price 最大值，具体如下：

```
>db.product.aggregate([{$group:{"_id":"$type","price":{$max:"$price"}}}]).pretty()
{ "_id" : "服装", "price" : 760 }
{ "_id" : "电子通信", "price" : 5000 }
```

从上述返回结果可以看出，集合 product 中的文档按类型 type 进行分组，可以分为两组，分别是服装组和电子通信组，其中服装组价格最大值为 760，电子通信组价格最大值为 5000。

下面，演示执行“＄push 表达式”命令，将集合 product 中的文档按类型 type 进行分组，并将各个分组的产品插入到一个数组 tags 中，具体如下：

```
>db.product.aggregate([{$group:{"_id":"$type","tags":{$push:"$name"}}}]).pretty()
{ "_id" : "服装", "tags" : [ "adidas neo", "nike air max 90" ] }
{
        "_id" : "电子通信",
        "tags" : [
                "iPhone 8",
                "HuaWei mate30",
                "vivo x27"
        ]
}
```

从上述返回结果可以看出，集合 product 中的文档按类型 type 进行分组，可以分为两组，分别是服装组和电子通信组，其中服装组的 tags 中有两个产品，电子通信组的 tags 中有 3 个产品。

下面，演示执行“＄first 表达式”命令，将集合 product 中的文档按类型 type 进行分组，并获取各个分组中第一个产品，具体如下：

```
>db.product.aggregate([{$group:{"_id":"$type","product":{$first:"$name"}}}]).pretty()
{ "_id" : "服装", "product" : "adidas neo" }
{ "_id" : "电子通信", "product" : "iPhone 8" }
```

从上述返回结果可以看出，集合 product 中的文档按类型 type 进行分组，可以分为两组，分别是服装组和电子通信组，其中服装组中第一个产品是 adidas neo，电子通信组中第一个产品是 iPhone 8。

下面，演示执行“＄last 表达式”命令，将集合 product 中的文档按类型 type 进行分组，并获取各个分组中最后一个产品，具体如下：

```
>db.product.aggregate([{$group:{"_id":"$type","product":{$last:"$name"}}}]).pretty()
{ "_id" : "服装", "product" : "nike air max 90" }
{ "_id" : "电子通信", "product" : "vivo x27" }
```

从上述返回结果可以看出，集合 product 中的文档按类型 type 进行分组，可以分为两组，分别是服装组和电子通信组，其中服装组中最后一个产品是 nike air max 90，电子通信组中最后一个产品是 vivo x27。

## 3.6.2 Map-Reduce 操作

MongoDB 提供 Map-Reduce 来进行聚合操作。通常，Map-Reduce 操作有两个阶段，即 Map 阶段和 Reduce 阶段，其中 Map 阶段是对集合中的每个输入文档进行处理，处理结束后输出一个或多个结果，Reduce 阶段是将 Map 阶段输出的一个或多个结果进行合并输出。

为了便于理解 Map-Reduce 操作，这里我们通过一张图来介绍 MongoDB 中 Map-Reduce 的操作流程，具体如图 3-26 所示。

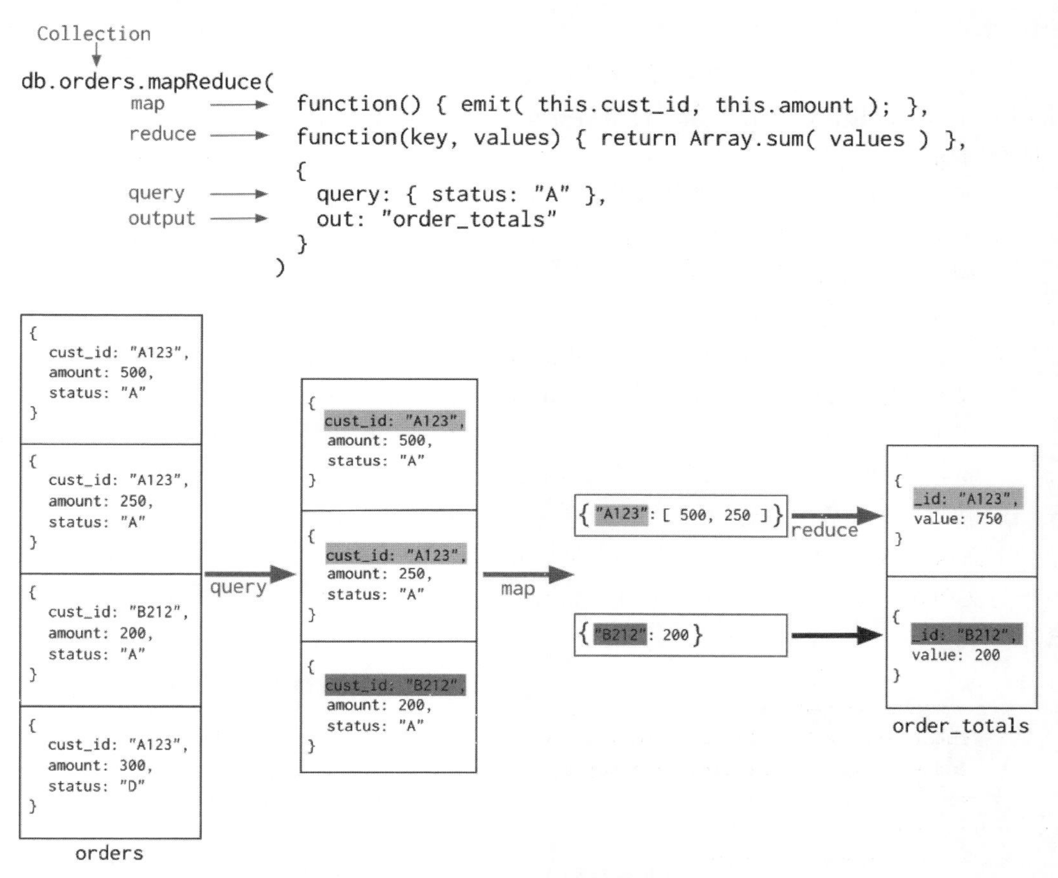


**图 3-26　Map-Reduce 的操作流程**

从图 3-26 中可以看出，Map-Reduce 操作先按条件进行查询操作，将集合中满足条件的文档查询出来，然后将这些满足条件的文档输入到 Map 阶段中，并按 key 进行分组，将 key 相同的文档的 value 存放到一个数组中，输出到 Reduce 阶段进行聚合处理。

这里是通过 Map-Reduce 操作对集合 orders 中的文档进行聚合操作，即先将集合 orders 中字段 status 为 A 的文档查询出来，然后按照字段 cust_id 进行分组，将字段 cust_id 相同的 amount 值放到一个数组中，然后通过执行函数 sum 对每组的 amount 值进行求和处理,最终结果输出到集合 order_totals 中。

Map-Reduce 操作的具体语法如下:

```
db.COLLECTION_NAME.mapReduce(
    function(){emit(key,value);},                          //map 函数
    function(key,values){return reduceFunction},           //reduce 函数
    {
        query:条件,
        out:New_COLLECTION_NAME,
        sort:条件,
        limit:number
    }
)
```

上述语法中,db 表示当前数据库对象;COLLECTION_NAME 表示当前集合对象;mapReduce()是用于对当前集合进行聚合操作的函数,该函数中包含两个函数和多个参数,具体介绍如下:

- 两个函数分别是 map 映射函数和 reduce 统计函数,其中 map 函数调用 emit(key,value)方法,遍历集合中的所有文档,返回 key-value 键值对,并将 key 和 value 输入到 reduce 函数中;reduce 函数主要是将 key-values 变成 key-value,即将 values 数组变成单一的值 value。
- 参数分别为 query、out、sort 以及 limit,其中 query 参数的值为条件,主要用于筛选文档,满足条件的文档才会调用 map 函数;out 参数的值为集合,用于存放聚合统计后的结果(若不指定集合则使用临时集合,客户端断开后自动删除);sort 参数为可选项,一般结合 limit 参数使用,在满足条件的文档输入 map 函数之前进行排序操作;limit 参数为可选项,用于限定输入 map 函数的文档数量。

下面执行 Map-Reduce 操作,将集合 comment 中的文档进行聚合操作,即将字段 state 为 1 的文档查询出来,然后按字段 nickname 进行分组,最后计算出每个评论者的评论条数,具体如下:

```
>db.comment.mapReduce(
    function(){emit(this.nickname,1);},
    function(key,values){return Array.sum(values)},
    {
        query:{state:"1"},
        out:"comment_total"
    }
  )
{
        "result" : "comment_total",
        "timeMillis" : 51,
        "counts" : {
                "input" : 5,
                "emit" : 5,
                "reduce" : 1,
```

```
            "output" : 4
        },
        "ok" : 1
}
```

从上述返回结果可以看出，集合 comment 中共有 5 个文档符合查询条件，在 map 函数中生成 5 个键值对文档，然后使用 reduce 函数将相同的键值分为 4 组，具体参数说明如下：

- result：存储结果集合。
- timeMillis：执行 Map-Reduce 操作所花费的时间，单位为毫秒(ms)。
- input：满足筛选条件被输入到 map 函数的文档个数。
- emit：在 map 函数中 emit()方法被调用的次数，也就是集合中满足条件的文档数量。
- output：结果集合中的文档个数。
- ok：判断执行 Map-Reduce 操作是否成功，若执行成功则显示 1，反之用 err 表示。

下面，执行查询所有文档的命令，查询结果集合 comment_total 中的结果数据，具体如下：

```
>db.comment_total.find()
{ "_id" : "伊人憔悴", "value" : 1 }
{ "_id" : "爱德华", "value" : 1 }
{ "_id" : "相忘于江湖", "value" : 1 }
{ "_id" : "罗密欧", "value" : 2 }
```

从上述返回结果可以看出，结果集合 comment_total 中共有 4 个评论者评论文章，其中 _id 为“伊人憔悴”的评论者评论文章的条数为 1；_id 为“爱德华”的评论者评论文章的条数为 1；_id 为“相忘于江湖”的评论者评论文章的条数为 1；_id 为“罗密欧”的评论者评论文章的条数为 2。

## 3.7　使用索引优化查询

在应用系统中，尤其在联机事务处理系统中，对数据查询及处理的速度已成为衡量应用系统成败的标准。而采用索引来加快查询数据的速度也成为广大数据库用户所接受的优化方法。在良好的数据库设计基础上，有效地使用索引是取得高性能的基础。本节将针对 MongoDB 的索引操作进行详细讲解。

### 3.7.1　索引概述

MongoDB 数据库提供了多样性的索引支持，因此可以提高查询集合中文档的效率。若是没有索引，MongoDB 数据库必须执行全集合扫描(即扫描集合中的每一个文档)，从而筛选出与查询条件相匹配的文档。这种扫描全集合的查询，其效率是非常低的，尤其是在处理海量数据时，执行查询操作需要花费几十秒甚至几分钟的时间，这无疑对网站的性能是非常致命的。若是执行查询操作时，集合中的文档存在适当的索引，MongoDB 就可以使用该索引限制必须检查的文档数量。

索引是一种特殊的数据结构，即采用 B-Tree 数据结构。索引是以易于遍历读取的形式存储着集合中文档的一小部分，文档的一小部分指文档中的特定字段或一组/多组字段，并且这些字段均按照字段的值进行排序。索引项的排序支持有效的等值匹配和基于范围的查询操作。此外，MongoDB 还可以使用索引中的排序返回排序的结果。

MongoDB 的索引可以分为 6 种，即单字段索引、复合索引、多键索引、地理空间索引、文本索引以及哈希索引，6 种索引的详细介绍如下。

### 1. 单字段索引

MongoDB 支持在文档的单个字段上创建用户定义的升序/降序索引，因此被称为单字段索引(Single Field Index)。默认情况下，MongoDB 中所有集合在_id 字段上都有一个索引，当然，用户也可以根据自己的需求添加额外索引来支持重要的查询和操作。由于 MongoDB 可以从任何方向遍历索引，因此对于单个字段索引和排序操作来说，索引项的排序顺序(即升序或降序)并不重要。

下面，我们通过一张图来介绍单字段索引，具体如图 3-27 所示。

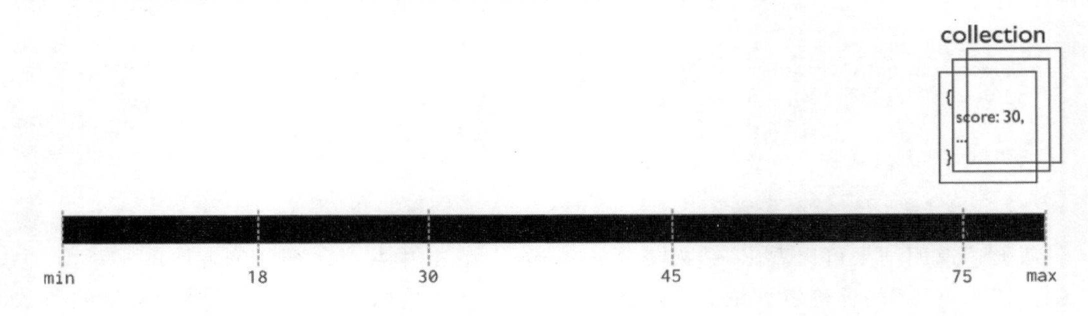


图 3-27 单字段索引

从图 3-27 中可以看出，在集合 collection 中的字段 score 上创建了一个索引，并指定其为有序。若是查询字段 score 为 30 的文档，则可以先在索引中找到 score 为 30 的索引，然后再从真实的集合 collection 中找到字段 score 为 30 的文档。因此，在单字段索引中，无论字段 score 为 1(升序)或者－1(降序)对文档的查询效率均无影响。

### 2. 复合索引

MongoDB 除了支持单字段索引外，还支持复合索引。所谓复合索引，就是包含多个字段的索引，一个复合索引最多可以包含 31 个字段。需要注意的是，若某字段属于哈希索引，则这时复合索引就不能包括该字段。

下面，我们通过一张图来介绍复合索引，具体如图 3-28 所示。

从图 3-28 中可以看出，复合索引是由{userid：1，score：－1}组成的，因此复合索引首先按字段 userid 进行升序排序，然后在每个字段 userid 的值内，按照 score 降序排序。

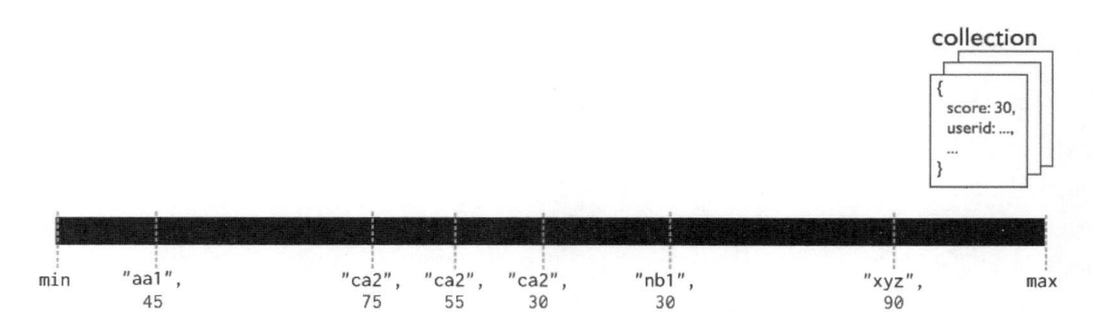


图 3-28　复合索引

3. 多键索引

若文档中的字段为数组类型，则每个字段都是数组中的一个元素，MongoDB 将会为数组中的每个元素创建索引，因此被称为多键索引（Multikey Index）。多键索引允许通过匹配数组的一个或多个元素来查询包含该数组的文档。如果索引字段包含数组值，则 MongoDB 会自动确定是否创建多键索引，而无须显式地指定创建多键索引。

下面，我们通过一张图来介绍多键索引，具体如图 3-29 所示。

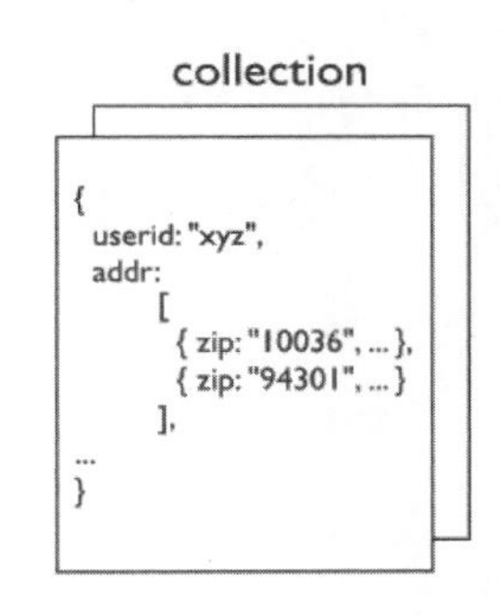

图 3-29　多键索引

从图 3-29 中可以看出，集合 collection 中文档字段 addr 是一个数组类型，数组值包含两个元素，分别是{zip："10036"，…}和{zip："94301"，…}。因此，MongoDB 会自动创建多键索引，即{"addr.zip"：1}。

#### 4. 地理空间索引

为了支持对地理空间坐标数据的有效查询，MongoDB提供了两种特殊的索引，即返回结果时使用平面几何的二维索引(2d索引)和返回结果时使用球面几何的二维球面索引(2dsphere索引)。其中，2d索引支持在欧几里得平面上的计算，也支持计算球面上的距离；2dsphere索引支持球面上几何计算的查询，包含查询(在一个指定多边形内的位置进行查询)、交集查询(查询指定几何相交的位置)和临近查询(如查询离另一个点最近的点)。我们可以通过将2d索引和2dsphere索引相结合，从而进行高效的地理空间查询。

#### 5. 文本索引

MongoDB提供了一种文本索引类型，支持在集合中搜索字符串内容，即进行文本检索查询。文本索引不存储特定语言的停止词，例如the、a以及or等词，而是将集合中的词作为词干，只存储根词。为了执行文本检索查询，集合上必须有一个text索引。一个集合只能拥有一个文本检索索引，但是这个索引可以覆盖多个字段。

#### 6. 哈希索引

为了支持基于哈希分片键进行分片，MongoDB提供了哈希索引类型。哈希索引是使用哈希函数来计算索引字段的哈希值，若该索引字段的哈希值在哈希索引的范围内，则分布得更加随机。需要注意的是，哈希索引只支持等值匹配，不支持基于范围的查询。

### 3.7.2 索引操作

索引操作主要包括查看索引、查看索引大小、创建索引以及删除索引，具体介绍如下。

#### 1. 查看索引

查看索引的语法如下：

```
#查看索引
db.COLLECTION_NAME.getIndexes()
```

上述语法中，db表示当前数据库对象；COLLECTION_NAME表示当前集合对象；getIndexes()是用于查看索引的方法。

下面，执行查询集合索引的命令，查询集合comment中的索引，具体如下：

```
>db.comment.getIndexes()
[
        {
                "v" : 2,
                "key" : {
                        "_id" : 1
                },
                "name" : "_id_",
```

```
            "ns" : "articledb.comment"
        }
]
```

从上述返回结果可以看出，集合 comment 中存在默认索引，也是唯一索引，即字段_id。返回结果中有 4 个字段，分别是 v、key、name 以及 ns，其中字段 v 表示索引引擎的版本号，值为 2 表示当前 MongoDB 索引引擎是第 2 个版本；字段 key 表示添加索引的字段，即默认在主键_id 上添加索引，值为 1 表示索引是按升序的方式排序；字段 name 表示索引的名称，也就是字段加上_，即_id_；字段 ns 表示索引存储的命名空间，即数据库 articledb 的集合 comment 中。

### 2. 查看索引大小

```
#查看索引的大小
db.COLLECTION_NAME.totalIndexSize()
```

上述语法中，db 表示当前数据库对象；COLLECTION_NAME 表示当前集合对象；totalIndexSize()是用于查看索引大小的方法。

下面，执行查询集合索引大小的命令，查询集合 comment 中索引的大小，具体如下：

```
>db.comment.totalIndexSize()
36864
```

从上述返回结果可以看出，集合 comment 中索引的大小为 36864 个字节。

### 3. 创建索引

创建索引的具体语法如下：

```
db.COLLECTION_NAME.createIndex(keys,options)
```

上述语法中，db 表示当前数据库对象；COLLECTION_NAME 表示当前集合对象；createIndex(keys,options)是用于创建索引的方法，其中包含两个参数，分别是 keys 和 options。keys 和 options 参数的具体介绍如下：

- keys：该参数的数据类型为文档类型，是包含字段和值的文档，其中字段是索引键，值为描述该字段的索引类型。若指定字段为升序索引，则指定值为 1，反之，则指定值为－1。
- options：该参数的数据类型为文档类型，其为可选项，包含一组控制索引创建的选项的文档。常见的选项有 unique 和 name，其中选项 unique 描述建立的索引是否唯一，若值为 true，则创建唯一索引，默认值为 false；选项 name 描述所创建索引的名称，若是未指定名称，MongoDB 则会通过连接索引的字段名和排序顺序生成一个索引名称。

下面，执行创建索引的命令，创建单字段索引和复合索引。首先是在集合 comment 中

的文档里创建单字段索引,即在文档中名称为 userid 的字段上创建索引,具体如下:

```
>db.comment.createIndex({userid:1})
{
        "createdCollectionAutomatically" : false,
        "numIndexesBefore" : 1,
        "numIndexesAfter" : 2,
        "ok" : 1
}
```

从上述返回结果“"ok":1”可以看出,索引创建成功。

下面,我们通过执行查看索引的命令,查看已创建的单字段索引,具体如下:

```
>db.comment.getIndexes()
[
        {
                "v" : 2,
                "key" : {
                        "_id" : 1
                },
                "name" : "_id_",
                "ns" : "articledb.comment"
        },
        {
                "v" : 2,
                "key" : {
                        "userid" : 1
                },
                "name" : "userid_1",
                "ns" : "articledb.comment"
        }
]
```

从上述返回结果可以看出,集合 comment 中的文档有两个索引,即索引_id_和索引 userid_1,其中索引_id_为默认的主键索引;索引 userid_1 是创建的单字段索引,其名称是由“字段+_+索引类型(排序的方式)”组成。

下面,执行创建复合索引的命令,在集合 comment 中的文档里创建复合索引,即在文档中名称为 userid 和 nickname 的字段上同时创建索引,具体如下:

```
>db.comment.createIndex({userid:1,nickname:-1})
{
        "createdCollectionAutomatically" : false,
        "numIndexesBefore" : 2,
        "numIndexesAfter" : 3,
        "ok" : 1
}
```

从上述返回结果“"ok":1”可以看出,复合索引创建成功。

下面，我们通过执行查看索引的命令，查看已创建的复合索引，具体如下：

```
>db.comment.getIndexes()
[
        {
                "v" : 2,
                "key" : {
                        "_id" : 1
                },
                "name" : "_id_",
                "ns" : "articledb.comment"
        },
        {
                "v" : 2,
                "key" : {
                        "userid" : 1
                },
                "name" : "userid_1",
                "ns" : "articledb.comment"
        },
        {
                "v" : 2,
                "key" : {
                        "userid" : 1,
                        "nickname" : -1
                },
                "name" : "userid_1_nickname_-1",
                "ns" : "articledb.comment"
        }
]
```

从上述返回结果可以看出，集合 comment 中的文档有 3 个索引，即索引_id_、索引 userid_1 以及索引 userid_1_nickname_－1，其中索引_id_为默认的主键索引；索引 userid_1 是创建的单字段索引；索引 userid_1_nickname_－1 是创建的复合索引，复合索引名称是由索引“userid_1＋_＋nickname_－1”组成。

### 4. 删除索引

删除索引，具体语法如下：

```
#删除单个索引
db.COLLECTION_NAME.dropIndex(index)
#删除所有索引
db.COLLECTION_NAME.dropIndexes()
```

上述语法中，db 表示当前数据库对象；COLLECTION_NAME 表示当前集合对象；dropIndex(index)是用于删除单个索引的方法，其中包含一个参数，即参数 index，其数据类型为字符串或文档，用于指定要删除的索引；dropIndexes()是用于删除所有索引的方法。

下面，执行删除单个索引的命令，删除集合 comment 中文档的单个索引，即删除文档中名称为 userid 字段上的索引，具体如下：

```
>db.comment.dropIndex({userid:1})
{ "nIndexesWas" : 3, "ok" : 1 }
```

从上述返回结果{"nIndexesWas"：3,"ok"：1}可以看出，集合 comment 中的文档有 3 个索引，并成功删除了索引 userid_1。

下面，我们通过执行查看索引的命令，查看集合 comment 中文档的索引，具体如下：

```
>db.comment.getIndexes()
[
        {
                "v" : 2,
                "key" : {
                        "_id" : 1
                },
                "name" : "_id_",
                "ns" : "articledb.comment"
        },
        {
                "v" : 2,
                "key" : {
                        "userid" : 1,
                        "nickname" : -1
                },
                "name" : "userid_1_nickname_-1",
                "ns" : "articledb.comment"
        }
]
```

从上述返回结果可以看出，集合 comment 中只剩下两个索引了，即默认的主键索引和复合索引。

下面，执行删除所有索引的命令，删除集合 comment 中文档的所有索引。为了便于查看效果，我们在执行删除所有索引命令之前，首先执行创建单个字段索引的命令，然后再执行删除所有索引的命令，具体如下：

```
>db.comment.createIndex({userid:1})
{
        "createdCollectionAutomatically" : false,
        "numIndexesBefore" : 2,
        "numIndexesAfter" : 3,
        "ok" : 1
}
>db.comment.dropIndexes()
{
        "nIndexesWas" : 3,
```

```
        "msg" : "non-_id indexes dropped for collection",
        "ok" : 1
}
```

从上述返回结果可以看出，集合 comment 中文档的所有索引均已删除，这里要注意的是索引_id_是默认的，无法删除，只能删除非字段_id 的索引。

下面，我们通过执行查看索引的命令，查看集合 comment 中文档的索引，具体如下：

```
>db.comment.getIndexes()
[
        {
                "v" : 2,
                "key" : {
                        "_id" : 1
                },
                "name" : "_id_",
                "ns" : "articledb.comment"
        }
]
```

从上述返回结果可以看出，集合 comment 中文档只剩下名称为_id_的索引了。

# 3.8　使用 Java 操作 MongoDB

## 3.8.1　搭建 Java 环境

目前 Java 的主流开发工具主要有两种，分别是 Eclipse 和 IDEA，我们可以用这两个开发工具编写 Java 代码来操作 MongoDB。由于 IDEA 工具可以自动识别代码错误和进行简单的修复功能，且 IDEA 工具内置了很多优秀的插件，所以现在大多数的 Java 开发程序员都会选择 IDEA 作为开发 Java 的工具。由于我们要在 IDEA 工具中创建一个 Maven 项目，并在该项目中编写 Java 代码来操作 MongoDB，因此我们要下载并安装 Java（即 JDK）、Maven 以及 IDEA，这些软件的下载安装步骤具体如下。

### 1. JDK 的下载安装

（1）访问 https://www.oracle.com/java/technologies/javase-downloads.html，下载 Windows 系统下的 JDK 安装包，本书下载的是 jdk 1.8 版本，即 jdk-8u202-windows-x64.exe 可执行程序。（注意：本书会提供 jdk-8u202-windows-x64.exe 可执行程序）。

（2）双击下载好的 jdk-8u202-windows-x64.exe 安装 JDK，并将 JDK 的安装路径（JAVA_HOME 和 JDK 安装目录下的 bin 目录 PATH）添加至系统环境变量中。

（3）在 Windows 的 DOS 窗口执行 java -version 命令，查看 JDK 是否安装成功，效果如图 3-30 所示。

从图 3-30 中可以看出，JDK 的版本号为 1.8.0_202，说明 JDK 安装成功了。

```
管理员: C:\Windows\system32\cmd.exe
Microsoft Windows [版本 10.0.17763.1039]
(c) 2018 Microsoft Corporation。保留所有权利。

C:\Users\Administrator>java -version
java version "1.8.0_202"
Java(TM) SE Runtime Environment (build 1.8.0_202-b08)
Java HotSpot(TM) 64-Bit Server VM (build 25.202-b08, mixed mode)

C:\Users\Administrator>
```

图 3-30　查看 JDK

### 2. Maven 工具的下载安装

(1) 访问 http://maven.apache.org/download.cgi，下载 Windows 系统下的 Maven 安装包，本书下载的是 maven 3.6.3 版本，即 apache-maven-3.6.3-bin.zip 安装包。(注意：本书会提供 apache-maven-3.6.3-bin.zip 安装包)。

(2) 解压下载好的 Maven 安装包，即完成 Maven 的安装。

(3) 打开 Maven 的安装路径下，即\apache-maven-3.6.3\conf 文件夹，修改配置文件 settings.xml，修改<localRepository></localRepository>标签内本地仓库路径，并且修改<mirrors><mirrors>标签内子标签<mirror><mirror>的远程仓库路径，如图 3-31 所示。

```
<!-- localRepository
 | The path to the local repository maven will use to store artifacts.
 |
 | Default: ${user.home}/.m2/repository  -->

<localRepository>E:\servers\windows\repository</localRepository>        本地仓库
<!-- mirror
 | Specifies a repository mirror site to use instead of a given repository. The repository that
 | this mirror serves has an ID that matches the mirrorOf element of this mirror. IDs are used
 | for inheritance and direct lookup purposes, and must be unique across the set of mirrors.
 | -->
<mirror>
  <id>alimaven</id>
  <mirrorOf>central</mirrorOf>
  <name>aliyun</name>                                                    远程仓库
  <url>http://maven.aliyun.com/nexus/content/groups/public/</url>
</mirror>
```

图 3-31　添加 Maven 仓库

需要注意的是，添加本地仓库路径之前，需要在指定目录下创建一个文件夹 repository，用于存放 Maven 项目所需要的依赖 Jar 包。

(4) 将 Maven 的安装路径添加至系统环境变量(PATH)中，这里添加的路径是 E:\servers\windows\apache-maven-3.6.3\bin。然后在 Windows 的 DOS 窗口执行 mvn -version 命令，查看 Maven 是否安装配置成功，效果如图 3-32 所示。

从图 3-32 中可以看出，Maven 的版本号为 3.6.3，说明 Maven 安装成功了。

### 3. IDEA 工具的下载安装

(1) 在 https://www.jetbrains.com/idea/download/#section=windows 上下载 IDEA

```
管理员: C:\Windows\system32\cmd.exe
Microsoft Windows [版本 10.0.17763.1039]
(c) 2018 Microsoft Corporation。保留所有权利。

C:\Users\Administrator>mvn --version
Apache Maven 3.6.3 (cecedd343002696d0abb50b32b541b8a6ba2883f)
Maven home: E:\servers\windows\apache-maven-3.6.3\bin\..
Java version: 1.8.0_202, vendor: Oracle Corporation, runtime: E:\servers\windows\Java\jdk\jre
Default locale: zh_CN, platform encoding: GBK
OS name: "windows 10", version: "10.0", arch: "amd64", family: "windows"

C:\Users\Administrator>
```

图 3-32　查看 Maven

工具，本书选择的是社区版本 ideaIC-2019.3.3（IDEA 只是编程工具，读者可以任意选择，本书会提供 ideaIC-2019.3.3.exe）。

（2）双击下载好的 ideaIC-2019.3.3.exe 进行安装。若是最终显示的效果如图 3-33 所示，则说明 IDEA 工具安装完成。

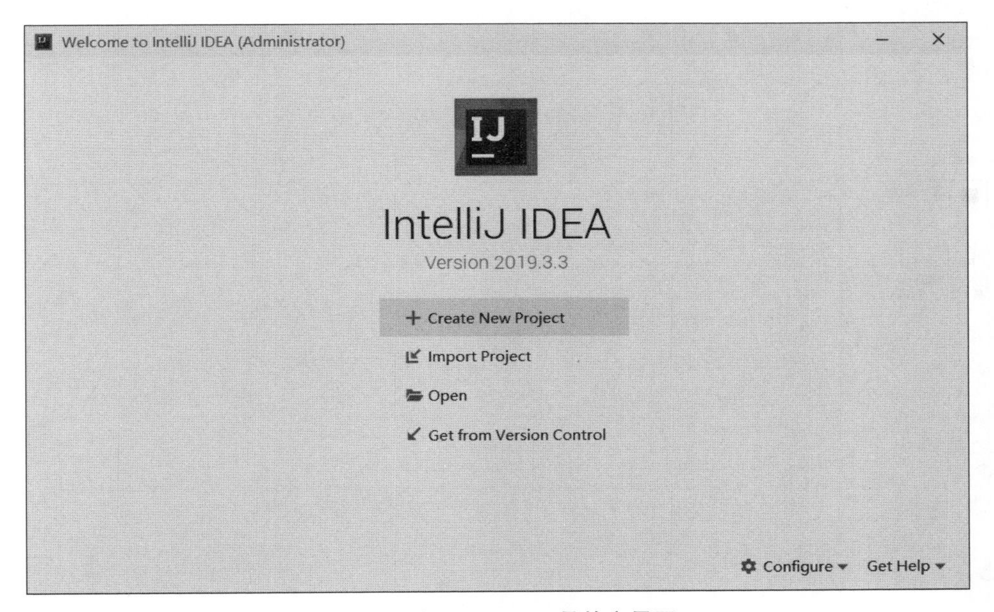


图 3-33　打开 IDEA 工具的主界面

（3）配置 IDEA 工具。在图 3-33 中，单击 Configure→Settings→Build，Execution，Deployment→Build Tools→Maven，将 Maven 添加至 IDEA 工具中，具体配置如图 3-34 所示。添加完毕后，单击 OK 按钮。

单击图 3-33 中的 Configure→Structure for New Projects→Project，将 jdk 添加至 IDEA 工具中，具体配置如图 3-35 所示。添加完毕后，单击 OK 按钮。

### 3.8.2　基于 Java API 操作 MongoDB

在前面小节中，我们搭建了用于操作 MongoDB 的 Java 环境。下面，我们将使用 Java 对 MongoDB 数据库中的集合进行创建、查看、删除，并对集合中的文档进行插入、更新、查

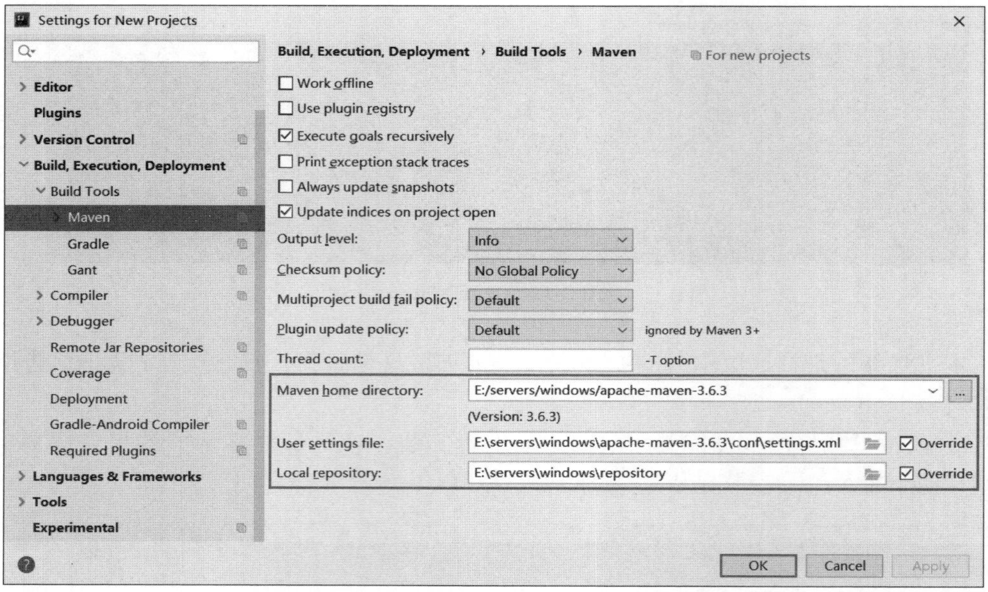

图 3-34　添加 Maven 至 IDEA 工具中

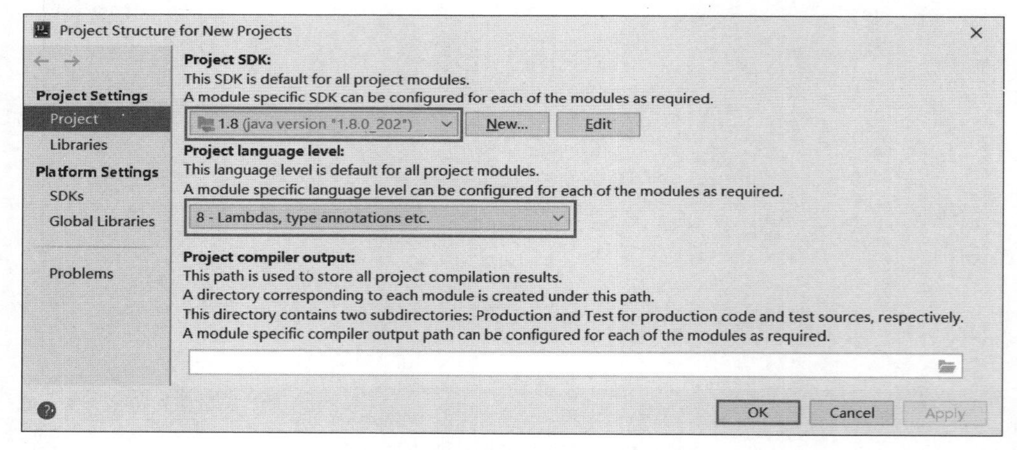


图 3-35　添加 JDK 至 IDEA 工具

询以及删除等操作。

### 1. 创建 Maven 项目

打开 IDEA 工具，单击 Create New Project→Maven，选择创建一个 Maven 项目，具体如图 3-36 所示。

在图 3-36 中，单击 Next 按钮，添加 Maven 项目的名称并指定项目的存储路径，具体如图 3-37 所示。

在图 3-37 中，单击 Finish 按钮，完成 Maven 项目的创建，效果如图 3-38 所示。

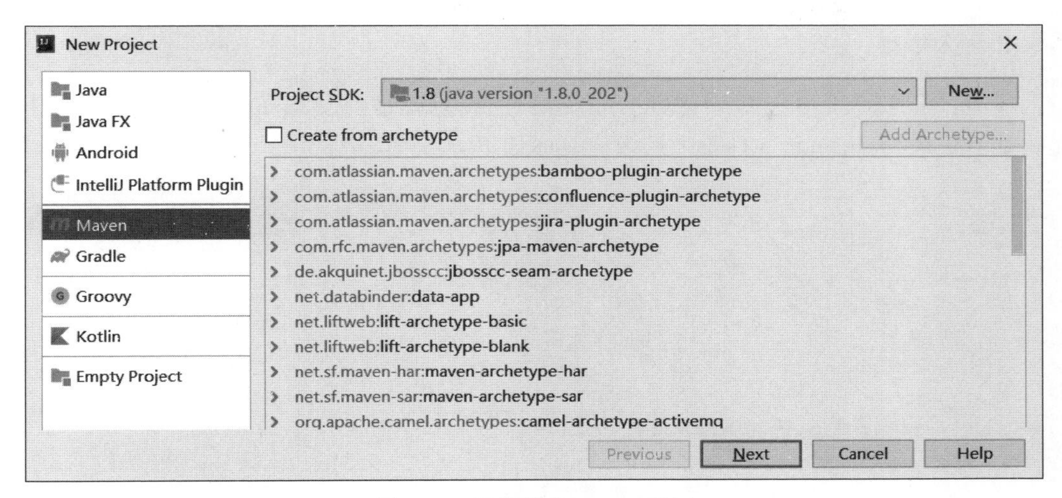


图 3-36　选择创建 Maven 项目

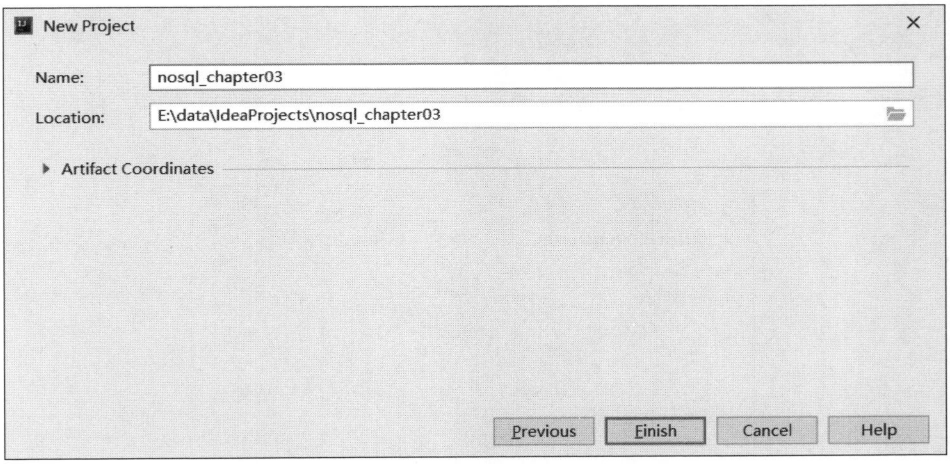

图 3-37　添加 Maven 项目的名称并指定项目的存储路径

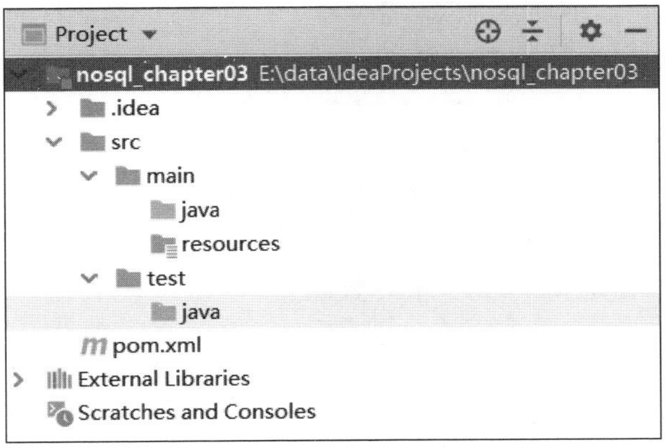

图 3-38　创建好的 Maven 项目

### 2. 导入依赖

在项目 nosql_chapter03 中配置 pom.xml 文件，也就是引入 MongoDB 相关的依赖和单元测试的依赖，pom.xml 文件添加的内容具体如下：

```
<dependencies>
    <!--单元测试依赖-->
    <dependency>
        <groupId>junit</groupId>
        <artifactId>junit</artifactId>
        <version>4.12</version>
    </dependency>
    <!--java 操作 mongoDB 的驱动依赖-->
    <dependency>
        <groupId>org.mongodb</groupId>
        <artifactId>mongo-java-driver</artifactId>
        <version>3.12.1</version>
    </dependency>
</dependencies>
```

当添加完相关依赖后，Maven 项目的相关 Jar 包就会自动下载，成功引入依赖，如图 3-39 所示。

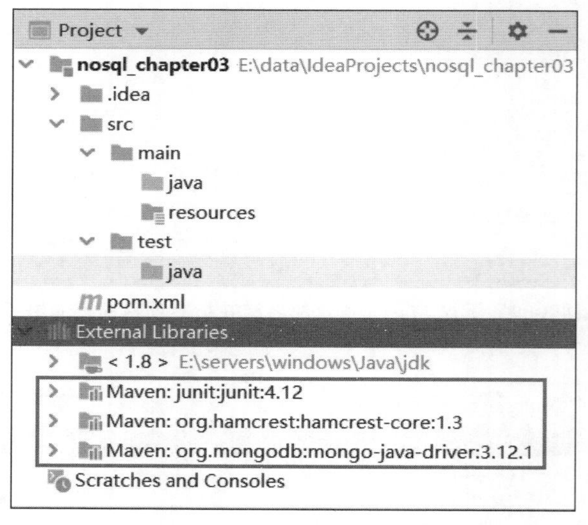


图 3-39 成功引入的 Jar 包

### 3. 创建资源文件，指定 MongoDB 相关参数

在项目 nosql_chapter03 的目录/src/main/resources 下创建一个名为 mongodb.properties 文件，该文件用于存储连接 MongoDB 数据库所需要的参数，具体内容如文件 3-1 所示。

**文件 3-1　mongodb.properties**

```
host=192.168.121.134
port=27017
dbname=articledb
```

上述文件包含 3 个参数，分别是 host、port 以及 dbname，其中 host 表示主机的 IP 地址；port 表示端口号；dbname 表示要操作的 MongoDB 数据库名称。注意：由于资源文件中配置了主机 IP 和端口号，因此我们需要在启动 MongoDB 服务的配置文件 mongod.conf 中，指定主机 IP 和端口号，配置文件 mongod.conf 中添加的内容(加粗部分)，具体如下：

```
systemLog:
  #MongoDB 发送所有日志输出的目标指定为文件
  #The Path of the log file to which mongos should send all diagnostic
logging information
  destination: file
  #mongod 发送所有诊断日志记录信息的日志文件的路径
  path: "/opt/servers/mongodb_demo/standalone/logs/mongologs.log"
  #当 mongod 重启时,mongod 会将新条目附加到现有日志文件的末尾
  logAppend: true
storage:
  #mongod 数据文件存储的目录
  dbPath: "/opt/servers/mongodb_demo/standalone/data/db/"
  journal:
    #启用或禁用持久性日志,以确保数据文件保持有效和可恢复
    enabled: true
processManagement:
  #启用在后台运行 mongod 进程的守护进程模式
  fork: true
net:
  bindIp: 192.168.121.134
  port: 27017
```

确保完成 mongod.conf 文件的配置后需要重启 MongoDB 服务使配置生效，并关闭 Linux 系统的防火墙，关闭防火墙的命令为 systemctl stop firewalld.service(此命令为临时关闭，系统重启后会恢复)。

#### 4. 创建 Java 工具类，配置 MongoDB 的相关参数

在项目 nosql_chapter03 目录/src/main/java 下创建一个名为 com.itcast.mongodb 包，并在该包下创建 MongoUtils.java 文件，该文件用于编写 Java 连接 MongoDB 数据库的工具类，具体代码如文件 3-2 所示。

**文件 3-2　MongoUtils.java**

```
1  import com.mongodb.MongoClient;
2  import com.mongodb.client.MongoClient;
3  import com.mongodb.client.MongoClients;
4  import com.mongodb.client.MongoDatabase;
5  import java.io.IOException;
```

```
6   import java.io.InputStream;
7   import java.util.Properties;
8   public class MongoUtils {
9       private static Properties properties;
10      private static MongoDatabase mongoDatabase;
11      private static InputStream stream =null;
12      private static String host;
13      private static int port;
14      private static String dbname;
15      //1.创建一个静态代码块,用于初始化工具类中的静态变量,该静态代码块在类加载过程中的初始化
16          阶段执行,并且只执行一次
17      static {
18          //判断 properties 集合对象是否为空,为空则创建一个集合对象
19          if (properties ==null) {
20              properties =new Properties();
21          }
22          /*
23          由于我们调用 load 方法,而 load 方法底层抛出了一个 IOException 异常,此异常为编译时期异常
24          所以,我们调用 load 方法时,需要处理底层抛过来的异常
25          */
26          try {
27              //创建一个 InputStream 字节输入流对象,用于接收 mongodb.properties 配置文件中的配置参数
28              stream =MongoUtils.class.getClassLoader().getResourceAsStream
29                                                      ("mongodb.properties");
30              //properties 集合对象调用 load()方法,将配置参数加载到 properties 集合中
31              properties.load(stream);
32          } catch (IOException e) {
33              e.printStackTrace();
34          }
35          //根据 mongodb.properties 配置文件中的 key,获取 value 值
36          host =properties.getProperty("host");
37          port =Integer.parseInt(properties.getProperty("port"));
38          dbname =properties.getProperty("dbname");
39      }
40      //2.定义一个 getMongoClient()方法,用于获取 MongoDB 数据库的连接对象
41      public static MongoClient getMongoClient(){
42          //由于 MongoClients 对象调用 create()方法,该方法的参数是一个字符串,因此这里将 host
43            和 port 拼接成字符串,再作为参数传入到该方法中
44          String addr ="mongodb://"+host+":"+port;
45          MongoClient mongoClient =MongoClients.create(addr);
46          return mongoClient;
47      }
48      //3.定义一个 getMongoConn()方法,用于实现连接指定的 MongoDB 数据库
49      public static MongoDatabase getMongoConn() {
50          MongoClient mongoClient =getMongoClient();
51          mongoDatabase =mongoClient.getDatabase(dbname);
52          return mongoDatabase;
53      }
54  }
```

上述代码中，第11～14行代码声明连接MongoDB所需要的成员对象和成员变量；第17～39行代码创建一个静态代码块，用于初始化工具类中的静态变量，该静态代码块在类加载过程中的初始化阶段执行，并且只执行一次；第41～46行代码定义一个getMongoClient()方法，用于获取MongoDB数据库的连接对象，即MongoClient；第49～52行代码定义一个getMongoConn()方法，用于连接指定的MongoDB数据库。

### 5. 创建Java测试类，连接MongoDB数据库

在项目nosql_chapter03目录/src/test/java下创建一个名为TestMongo.java的文件，该文件用于编写Java连接并操作MongoDB数据库的测试类，具体代码如文件3-3所示。

**文件3-3 TestMongo.java**

```
1  import com.itcast.mongodb.MongoUtils;
2  import com.mongodb.client.*;
3  import com.mongodb.client.model.Filters;
4  import org.bson.Document;
5  import org.junit.Test;
6  import java.util.Date;
7  public class TestMongo {
8      private static MongoDatabase mongoDatabase;
9      public static void main(String[] args) {
10         mongoDatabase=MongoUtils.getMongoConn();
11     }
12 }
```

上述代码中，第8行代码声明MongoDatabase成员对象；第9、10行代码是一个main()方法，即主程序入口，通过MongoUtils类对象调用getMongoConn()方法，实现连接指定的MongoDB数据库。

### 6. 查看数据库

在TestMongo.java中，定义一个getDBs()方法，用于查看MongoDB中的所有数据库，具体代码如下：

```
1  @Test
2  public void getDBs() {
3      MongoClient mongoClient =MongoUtils.getMongoClient();
4      MongoIterable<String>databaseNames =mongoClient.listDatabaseNames();
5      for (String databaseName : databaseNames) {
6          System.out.println(databaseName);
7      }
8  }
```

上述代码中，第3行代码通过MongoUtils类对象调用getMongoClient()方法，获取MongoDB的连接对象，即MongoClient；第4行代码通过MongoDB的连接对象调用listDatabaseNames()方法，将MongoDB中包含的所有数据库名称放入到迭代器databaseNames中；第5、6行代码通过一个高级for循环，遍历迭代器对象databaseNames

并打印输出 MongoDB 中的所有数据库名称。

运行 getDBs()方法，然后查看 IDEA 工具的控制台输出，效果如图 3-40 所示。

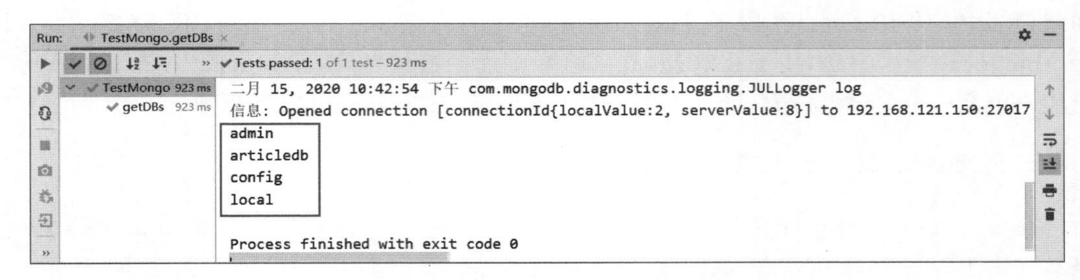


图 3-40 查看数据库的输出结果

从图 3-40 中可以看出，运行 getDBs()方法，控制台显示 4 个数据库，即 admin、articledb、config 及 local。（注意：数据库 test 没有显示的原因请参考 3.2.2 节的说明）。

### 7. 查看集合

在 TestMongo.java 中，定义一个 getCollection ()方法，用于查看数据库 articledb 中的集合，具体代码如下：

```
1  @Test
2  public void getCollection() {
3      mongoDatabase =MongoUtils.getMongoConn();
4      MongoIterable<String>listCollectionNames =mongoDatabase.listCollectionNames();
5      for (String collectionName : listCollectionNames) {
6          System.out.println(collectionName.toString());
7      }
8  }
```

上述代码中，第 3 行代码通过 MongoUtils 类对象调用 getMongoConn()方法，连接指定的 MongoDB 数据库 articledb；第 4 行代码通过 MongoDatabase 成员对象调用 listCollectionNames ()方法，从而获取数据库 articledb 中的集合列表；第 5、6 行代码通过一个高级 for 循环，遍历迭代器对象 listCollectionNames 并打印输出数据库 articledb 中的所有集合。

运行 getCollection ()方法，然后查看 IDEA 工具的控制台输出，效果如图 3-41 所示。

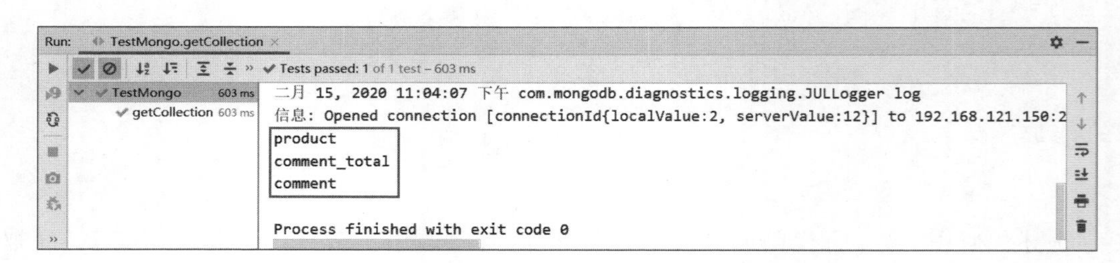


图 3-41 查看集合的输出结果

从图 3-41 中可以看出，运行 getCollection()方法，控制台显示三个集合，即 product、

comment_total 及 comment。

### 8. 创建集合

在 TestMongo.java 中，定义一个 createCollection()方法，用于创建集合 itcast，具体代码如下：

```
1  @Test
2  public void createCollection(){
3      mongoDatabase =MongoUtils.getMongoConn();
4      mongoDatabase.createCollection("itcast");
5  }
```

上述代码中，第 3 行代码通过 MongoUtils 类对象调用 getMongoConn()方法，连接指定的 MongoDB 数据库 articledb；第 4 行代码通过 MongoDatabase 成员对象调用 createCollection ()方法，从而创建集合 itcast。

运行 createCollection ()方法，实现创建集合操作；再运行 getCollection ()方法，查看数据库 articledb 中是否出现新创建的集合 itcast。IDEA 工具的控制台输出的效果如图 3-42 所示。

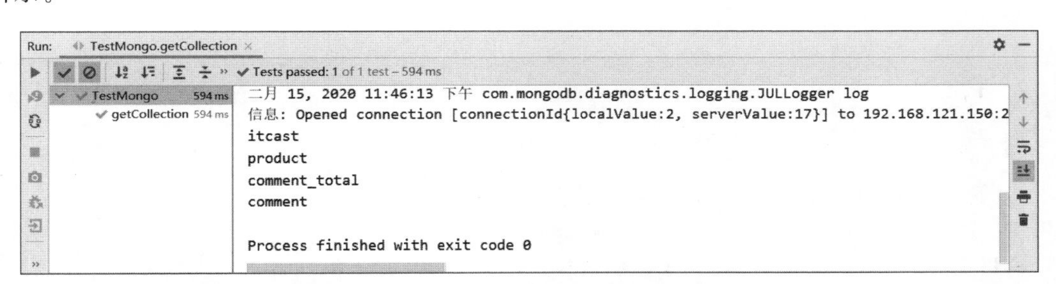


**图 3-42　查看数据库 articledb 中是否存在集合 itcast**

从图 3-42 中可以看出，运行 getCollection()方法查询数据库集合，控制台显示出集合 itcast，因此，说明我们成功创建集合 itcast。

### 9. 删除集合

在 TestMongo.java 中，定义一个 dropCollection()方法，用于删除集合 itcast，具体代码如下：

```
1  @Test
2  public void dropCollection(){
3      mongoDatabase =MongoUtils.getMongoConn();
4      MongoCollection<Document>itcast =mongoDatabase.getCollection("itcast");
5      itcast.drop();
6  }
```

上述代码中，第 3 行代码通过 MongoUtils 类对象调用 getMongoConn()方法，连接指定的 MongoDB 数据库 articledb；第 4 行代码通过 MongoDatabase 成员对象调用 getCollection ()方法，获取要删除的集合 itcast；第 5 行代码通过获取到的 itcast 对象调用

drop()方法，从而删除集合 itcast。

运行 dropCollection()方法，实现删除集合操作；再运行 getCollection()方法，查看数据库 articledb 中是否还存在集合 itcast。IDEA 工具的控制台输出的效果如图 3-43 所示。

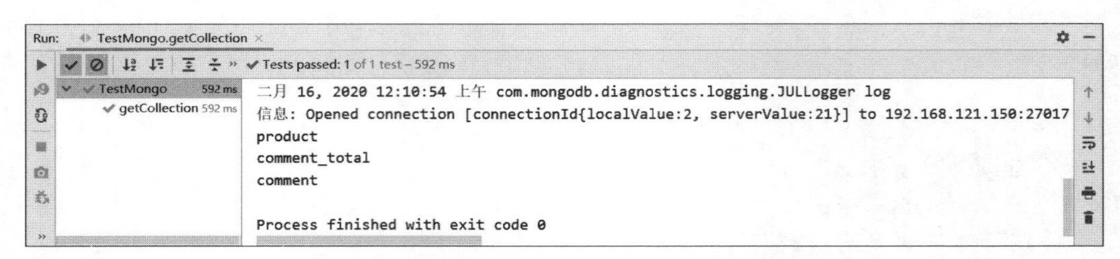


**图 3-43 查看数据库 articledb 中是否存在集合 itcast**

从图 3-43 中可以看出，运行 getCollection()方法，控制台没有显示集合 itcast，因此说明我们成功删除了集合 itcast。

### 10. 查看文档

在 TestMongo.java 中，定义一个 findDocument()方法，用于查看文档，即查看集合 comment 中的文档，具体代码如下：

```
1  @Test
2  public void findDocument(){
3      mongoDatabase =MongoUtils.getMongoConn();
4      MongoCollection<Document>comment =mongoDatabase.getCollection("comment");
5      FindIterable<Document>documents =comment.find();
6      for (Document document : documents) {
7          System.out.println(document);
8      }
9  }
```

上述代码中，第 3 行代码通过 MongoUtils 类对象调用 getMongoConn()方法，连接指定的 MongoDB 数据库 articledb；第 4 行代码通过 MongoDatabase 成员对象调用 getCollection ()方法，获取要查看文档的集合 comment；第 5 行代码通过获取到的 comment 对象调用 find()方法，查询集合 comment 所包含的文档；第 6、7 行代码通过一个高级 for 循环，遍历迭代器对象 documents 并打印输出集合 comment 中的所有文档。

运行 findDocument ()方法，实现查看文档的操作，然后在 IDEA 工具的控制台输出查看结果，效果如图 3-44 所示(因文档内容过长，这里只截取部分内容)。

```
Run: TestMongo.findDocument
Search for: ?   ed: 1 of 1 test – 603 ms
二月 16, 2020 12:27:04 上午 com.mongodb.diagnostics.logging.JULLogger log
信息: Opened connection [connectionId{localValue:2, serverValue:27}] to 192.168.121.150:27017
Document{{_id=1, articleid=100001, content=清晨，我们不该把时间浪费在手机上，健康很重要，喝一杯温水，幸福你我他。, userid=1002, nickname=相忘于江湖, age=25, phone=Doc
Document{{_id=2, articleid=100001, content=我夏天空腹喝凉开水，冬天喝温开水, userid=1003, nickname=伊人憔悴, age=22, phone=13442031624, createdatetime=Thu Jan 02
Document{{_id=3, articleid=100001, content=夏天和冬天，我都喝凉开水, userid=1004, nickname=杰克船长, age=28, phone=13937163334, createdatetime=Thu Jan 02 14:56:0
Document{{_id=4, articleid=100001, content=专家说不能空腹喝冰水，影响健康, userid=1005, nickname=罗密欧, age=18, phone=15813134403, createdatetime=Fri Jan 03 11:2
Document{{_id=5, articleid=100001, content=研究表明，刚烧开的水千万不要喝，因为烫嘴, userid=1005, nickname=罗密欧, age=18, phone=15813134403, createdatetime=Fri Ja
Document{{_id=6, articleid=100001, content=喝水是生命体通过口腔摄入水分的方式，人体每天通过口腔摄入的液体大约有2升, userid=1006, nickname=爱德华, age=30, phone=Docum

Process finished with exit code 0
```

**图 3-44 查看集合 comment 中的文档**

从图 3-44 中可以看出，运行 findDocument ()方法，控制台显示 6 个文档，分别是字段_id 为1、2、3、4、5、6 的文档。

### 11. 插入文档

在 TestMongo.java 中，定义一个 insertOneDocument()方法，用于插入单个文档，即在集合 comment 中插入一个文档，具体代码如下：

```
1   @Test
2   public void insertOneDocument(){
3       mongoDatabase =MongoUtils.getMongoConn();
4       MongoCollection<Document> comment =mongoDatabase.getCollection("comment");
5       Document document =new Document("_id", "7").append("articleid","100001")
6       .append("content","吃饭前,先喝杯水或一碗汤,可减少饭量,对控制体重有帮助")
7       .append("userid","1007").append("nickname","玛丽莲·梦露").append("age","18")
8       .append("phone"," 13937165554").append("createdatetime",new Date())
9       .append("likenum","8888").append("state","null");
10      comment.insertOne(document);
11  }
```

上述代码中，第 3 行代码通过 MongoUtils 类对象调用 getMongoConn()方法，连接指定的 MongoDB 数据库 articledb；第 4 行代码通过 MongoDatabase 成员对象调用 getCollection ()方法，获取要插入文档的集合 comment；第 5～9 行代码通过创建一个 Document 对象，创建一个新文档，并通过 append()方法添加文档内容；第 10 行代码通过集合对象 comment 调用 insertOne()方法，并将创建的文档作为参数传入，实现在集合 comment 中插入文档。

运行 insertOneDocument()方法，实现插入文档的操作，再运行 findDocument()方法，查看控制台是否显示插入的文档，效果如图 3-45 所示。

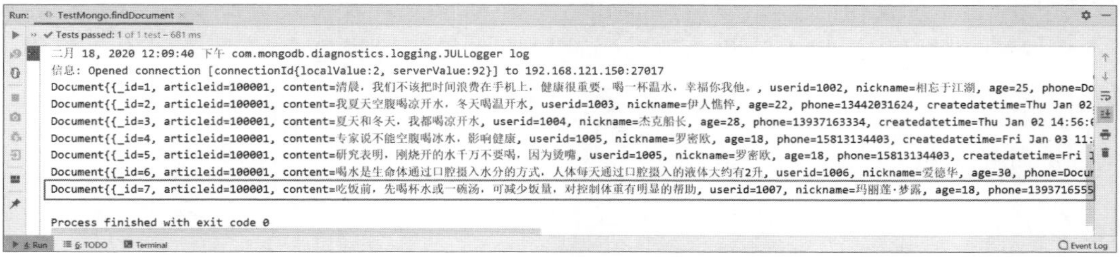

图 3-45　查看集合 comment 中是否插入文档

从图 3-45 中可以看出，控制台显示出 7 个文档，分别是字段_id 为 1、2、3、4、5、6、7 的文档，其中_id 为 7 的文档就是新插入的文档，因此说明我们成功向集合 comment 中插入了一个文档。

### 12. 更新文档

在 TestMongo.java 中，定义一个 updateDocument()方法，用于更新文档，即更新集合 comment 中的文档，具体代码如下：

```
1  @Test
2  public void updateDocument(){
3      mongoDatabase =MongoUtils.getMongoConn();
4      MongoCollection<Document> comment =mongoDatabase.getCollection("comment");
5      Document document =new Document("content","饭后半小时最好不要喝大量的水,
6                                   以免冲淡胃液,稀释胃酸,损害消化功能");
7      comment.updateOne(Filters.eq("content","吃饭前,先喝杯水或一碗汤,可减少饭量,
8                  对控制体重有明显的帮助"),new Document("$set",document));
9  }
```

上述代码中,第 3 行代码通过 MongoUtils 类对象调用 getMongoConn()方法,连接指定的 MongoDB 数据库 articledb;第 4 行代码通过 MongoDatabase 成员对象调用 getCollection()方法,获取要插入文档的集合 comment;第 5、6 行代码通过创建一个 Document 对象,创建一个新文档;第 7、8 行代码通过集合对象 comment 调用 updateOne () 方法,根据指定条件更新集合 comment 中的文档。

运行 updateDocument()方法,实现更新文档的操作;再运行 findDocument()方法,查看控制台是否更新文档,效果如图 3-46 所示。

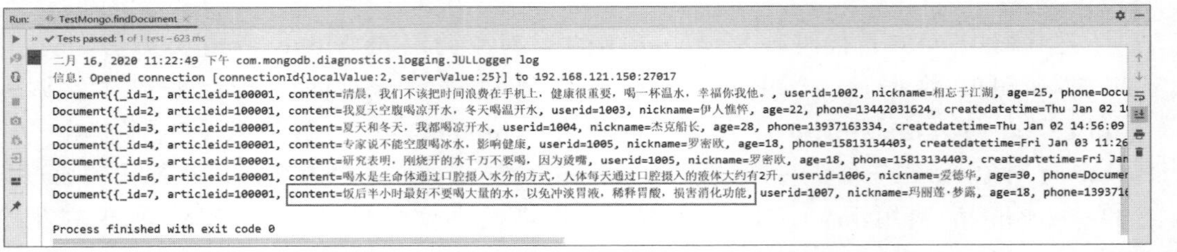

```
Run:  TestMongo.findDocument
✔ Tests passed: 1 of 1 test – 623 ms
二月 16, 2020 11:22:49 下午 com.mongodb.diagnostics.logging.JULLogger log
信息: Opened connection [connectionId{localValue:2, serverValue:25}] to 192.168.121.150:27017
Document{{_id=1, articleid=100001, content=清晨，我们不该把时间浪费在手机上，健康很重要，喝一杯温水，幸福你我他。, userid=1002, nickname=相忘于江湖, age=25, phone=Docu
Document{{_id=2, articleid=100001, content=我夏天空腹喝凉开水，冬天喝温开水, userid=1003, nickname=伊人憔悴, age=22, phone=13442031624, createdatetime=Thu Jan 02 1
Document{{_id=3, articleid=100001, content=夏天和冬天，我都喝凉开水, userid=1004, nickname=杰克船长, age=28, phone=13937163334, createdatetime=Thu Jan 02 14:56:09
Document{{_id=4, articleid=100001, content=专家说不能空腹喝冰水，影响健康, userid=1005, nickname=罗密欧, age=18, phone=15813134403, createdatetime=Fri Jan 03 11:26
Document{{_id=5, articleid=100001, content=研究表明，刚烧开的水千万不要喝，因为烫嘴, userid=1005, nickname=罗密欧, age=18, phone=15813134403, createdatetime=Fri Jan
Document{{_id=6, articleid=100001, content=喝水是生命体通过口腔摄入水分的方式，人体每天通过口腔摄入的液体大约有2升, userid=1006, nickname=爱德华, age=30, phone=Documer
Document{{_id=7, articleid=100001, content=饭后半小时最好不要喝大量的水，以免冲淡胃液，稀释胃酸，损害消化功能, userid=1007, nickname=玛丽莲·梦露, age=18, phone=139371

Process finished with exit code 0
```

图 3-46　查看集合 comment 中的文档是否更新

从图 3-46 中可以看出,控制台显示出 7 个文档,分别是字段_id 为 1、2、3、4、5、6、7 的文档,其中_id 为 7 的文档的字段 content 的内容更新为"饭后半小时最好不要喝大量的水,以免冲淡胃液,稀释胃酸,损害消化功能",因此说明我们成功将集合 comment 中文档进行更新。

### 13. 删除文档

在 TestMongo.java 中,定义一个 deleteDocument()方法,用于删除文档,即删除集合 comment 中的文档,具体代码如下:

```
1  @Test
2  public void deleteDocument(){
3      mongoDatabase =MongoUtils.getMongoConn();
4      MongoCollection<Document> comment =mongoDatabase.getCollection("comment");
5      comment.deleteOne(Filters.eq("_id","7"));
6  }
```

上述代码中,第 3 行代码通过 MongoUtils 类对象调用 getMongoConn()方法,连接指定的 MongoDB 数据库 articledb;第 4 行代码通过 MongoDatabase 成员对象调用

getCollection()方法，获取要插入文档的集合 comment；第 5 行代码通过集合对象 comment 调用 deleteDocument()方法，删除集合 comment 中_id 为 7 的文档。

运行 deleteDocument()方法，实现删除文档的操作；再运行 findDocument()方法，查看控制台是否删除_id 为 7 的文档，效果如图 3-47 所示。

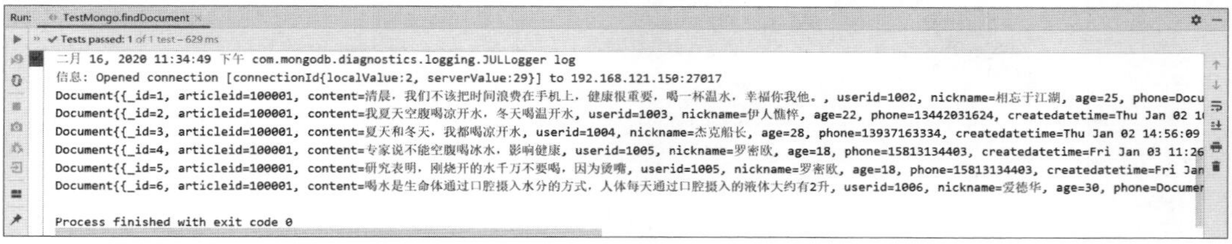

**图 3-47　查看集合 comment 中_id 为 7 的文档是否被删除**

从图 3-47 中可以看出，控制台显示 6 个文档，其中_id 为 7 的文档已经不存在，因此说明我们成功删除了_id 为 7 的文档。

# 3.9　使用 Python 操作 MongoDB

## 3.9.1　搭建 Python 环境

目前 Python 的主流开发工具有三种：Sublinme Text、PyCharm 以及 Eclipse 工具，我们可以在这三个开发工具中编写 Python 代码来操作 MongoDB。由于 PyCharm 具有智能代码补全、直观项目导航、错误检查和修复、遵循 PEP8 规范的代码质量检查以及智能重构等优势，所以现在大多数的 Python 开发程序员都会选择 PyCharm 作为开发 Python 的工具。因此，这里选择在 PyCharm 工具中编写 Python 代码来操作 MongoDB，在编写前需要下载并安装 Python 和 PyCharm 工具，它们的下载安装步骤具体如下。

### 1. Python 的下载安装

(1) 访问 https://www.python.org/downloads/，下载 Windows 系统下的 Python 安装包，本书下载的是 python-3.8.1 版本，即 python-3.8.1-amd64.exe 可执行程序。(注意：本书会提供 python-3.8.1-amd64.exe 可执行程序)。

(2) 双击下载的 python-3.8.1-amd64.exe 安装 Python，需要注意的是安装时一定要勾选 Add Python 3.8 to PATH 复选框，用于将 Python 的安装路径添加至系统环境变量中，具体如图 3-48 所示。

(3) 打开并进入 Python 的安装路径，复制 Python 的可执行程序(python.exe)并将其重命名为 python3.exe。

(4) 在 Windows 的 DOS 窗口执行 python3 命令，查看 Python 是否安装成功，效果如图 3-49 所示。

从图 3-49 中可以看出，Python 的版本号为 3.8.1，说明 Python 安装成功了。

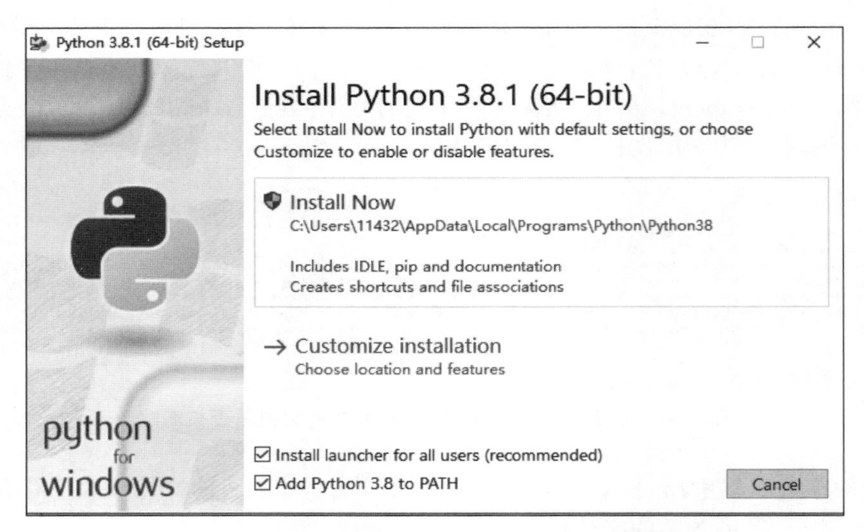


图 3-48　勾选 Add Python 3.8 to PATH 复选框

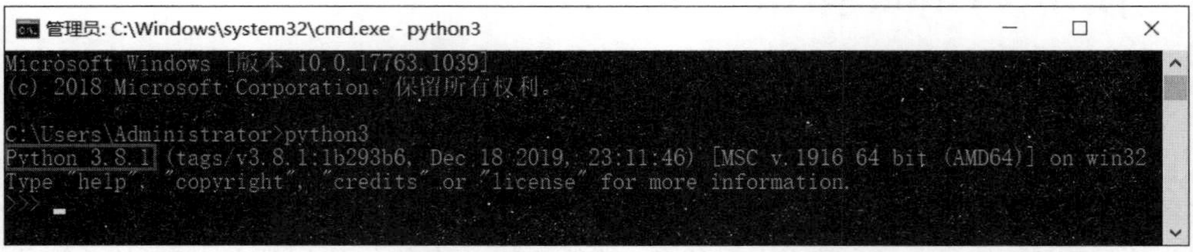

```
管理员: C:\Windows\system32\cmd.exe - python3
Microsoft Windows [版本 10.0.17763.1039]
(c) 2018 Microsoft Corporation。保留所有权利。

C:\Users\Administrator>python3
Python 3.8.1 (tags/v3.8.1:1b293b6, Dec 18 2019, 23:11:46) [MSC v.1916 64 bit (AMD64)] on win32
Type "help", "copyright", "credits" or "license" for more information.
>>>
```

图 3-49　查看 Python

### 2. PyCharm 的下载安装

（1）访问 https://www.jetbrains.com/pycharm/download/#section=windows，下载 PyCharm 工具，本书选用社区版本 pycharm-community-2019.3.3（本书会提供 pycharm-community-2019.3.3.exe）。

（2）双击下载的 pycharm-community-2019.3.3.exe 进行安装，直到安装结束。若最终显示的效果如图 3-50 所示，则说明 PyCharm 工具安装成功。

## 3.9.2　基于 Python API 操作 MongoDB

在前面小节中，我们搭建了用于操作 MongoDB 的 Python 环境。下面，我们将使用 Python 对 MongoDB 数据库中的集合进行创建、查看、删除并对集合中的文档进行插入、更新、查询以及删除操作。

### 1. 创建 Python 项目

打开 PyCharm 工具，单击 Create New Project 进入创建 Python 项目的界面，在该界面添加 Python 项目的名称（nosql_python）并指定项目的存储路径，具体如图 3-51 所示。

在图 3-51 中，单击 Create 按钮，完成 Python 项目的创建，效果如图 3-52 所示。

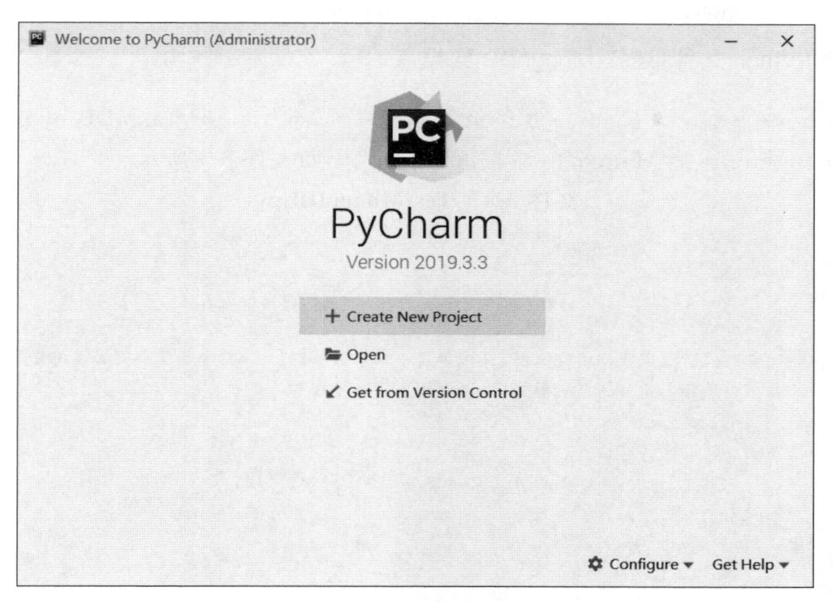


图 3-50　打开 PyCharm 工具的主界面

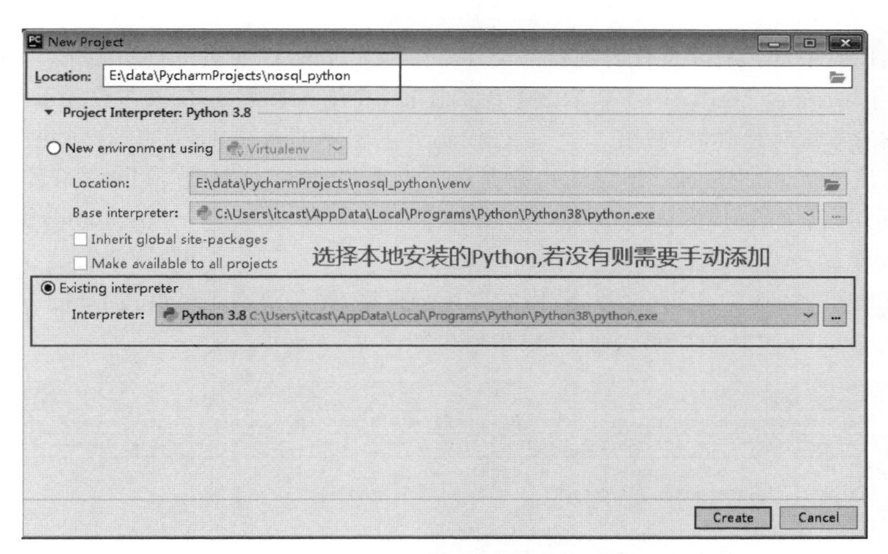


图 3-51　添加 Python 项目的名称并指定项目的存储路径

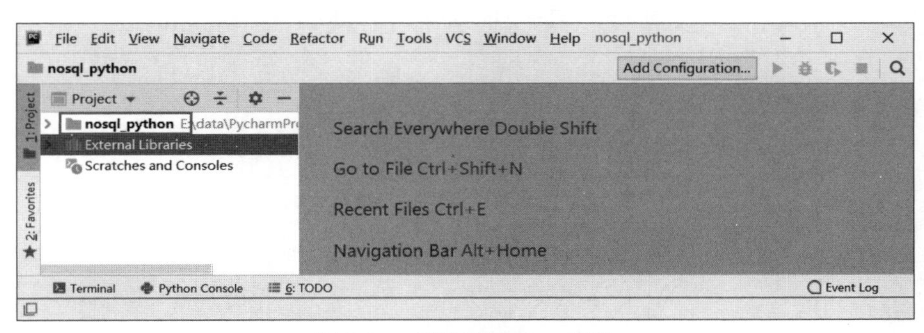


图 3-52　创建的 Python 项目

### 2. 创建 Python 文件，连接 MongoDB 数据库

在项目 nosql_python_chapter03 目录下创建一个名为 TestMongoDB.py 的文件，该文件用于编写 Python 连接 MongoDB 数据库，具体代码如文件 3-4 所示。

**文件 3-4 TestMongoDB.py**

```
1   from pymongo import MongoClient
2   #创建一个 Test 类
3   class Test:
4       #创建类的构造函数或初始化方法，其中包含一个参数 self，表示类的实例，self 在定义类
5        的方法时是必须要有的，在调用时可以不传入相应的参数
6       def __init__(self):
7           #获取数据库的连接
8           self.client=MongoClient('192.168.121.134', 27017)
9           print(self.client)
10  #主程序入口
11  if __name__=='__main__':
12      #创建类的实例对象
13      test=Test()
```

上述代码中，第 3～9 行代码创建一个 Test 类，并对该 Test 类进行初始化，即定义一个初始化方法__init__(self)，用于获取数据库的连接，并传入参数 self，该参数表示类的实例，在定义类的方法时是必需的；第 11～13 行代码为主程序的入口，即对 Test 类进行实例化，从而运行该项目，实现连接 MongoDB 数据库。需要注意，默认情况下 Python 库中不包含 pymongo 库，需要在 Windows 的 DOS 命令行窗口执行 pip install pymongo 命令，安装 pymongo 库。

运行文件 3-4 中的代码（注意，若用右键运行程序，则需要将光标放在 main 方法里），然后查看 PyCharm 工具的控制台输出，输出效果如图 3-53 所示。

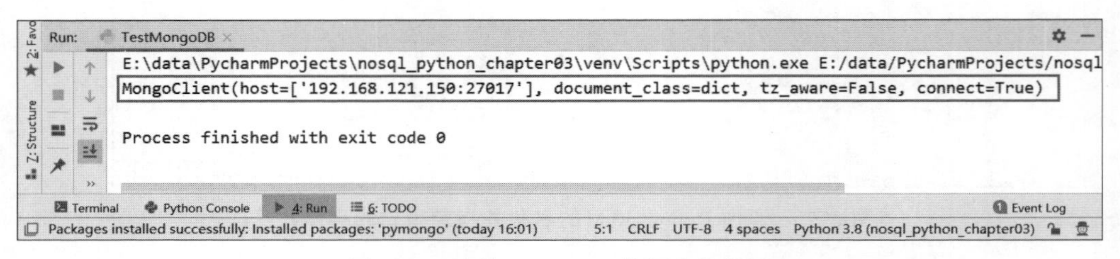


图 3-53 连接 MongoDB 数据库的效果

### 3. 查看数据库

在 TestMongoDB.py 中，定义一个 getDBs()方法，用于查看 MongoDB 中的所有数据库，具体代码如下：

```
1   from pymongo import MongoClient
2   class Test:
```

```
3     def __init__(self):
4         #用于获取数据库的连接
5         self.client=MongoClient('192.168.121.134', 27017)
6         #print(self.client)
7     def getDBs(self):
8         dbs=self.client.list_database_names()
9         for db in dbs:
10            print(db)
11 if __name__=='__main__':
12    test =Test()
13    test.getDBs()
```

上述代码中，第 7、8 行代码定义 getDBs()方法，通过 MongoClient 对象的实例调用 list_database_names()方法，获取 MongoDB 中的所有数据库；第 9、10 行代码通过一个高级 for 循环，遍历并打印 MongoDB 中的所有数据库；第 13 行代码通过 Test 类的实例化对象调用类中的 getDBs()方法，实现查看数据库操作。

运行上述代码，然后查看 PyCharm 工具的控制台输出，效果如图 3-54 所示。

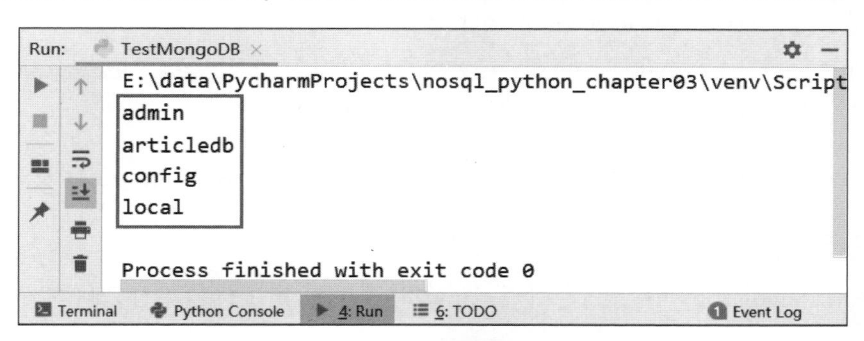


图 3-54 查看数据库

从图 3-54 中可以看出，控制台输出 4 个数据库，即 admin、articledb、config 以及 local。

### 4. 查看集合

在 TestMongoDB.py 中，定义一个 getColl ()方法，用于查看数据库 articledb 中的集合，具体代码如下：

```
1  from pymongo import MongoClient
2  class Test:
3      def __init__(self):
4          #用于获取数据库的连接
5          self.client=MongoClient('192.168.121.134', 27017)
6          #print(self.client)
7      def getColl(self):
8          articledb =self.client["articledb"]
9          collections=articledb.list_collection_names()
10         for collection in collections:
11             print(collection)
```

```
12 if __name__ == '__main__':
13     test = Test()
14     test.getColl()
```

上述代码中，第 7、8 行代码定义 getColl()方法，通过 MongoClient 对象的实例指定要查看集合的数据库，即 articledb；第 9 行代码通过集合对象实例 articledb 调用 list_collection_names()方法，获取数据库 articledb 中的集合；第 10、11 行代码通过一个高级 for 循环，遍历并打印数据库 articledb 中的所有集合；第 14 行代码通过 Test 类的实例化对象调用 getColl()方法，实现查看集合操作。

运行上述代码，然后查看 PyCharm 工具的控制台输出，效果如图 3-55 所示。

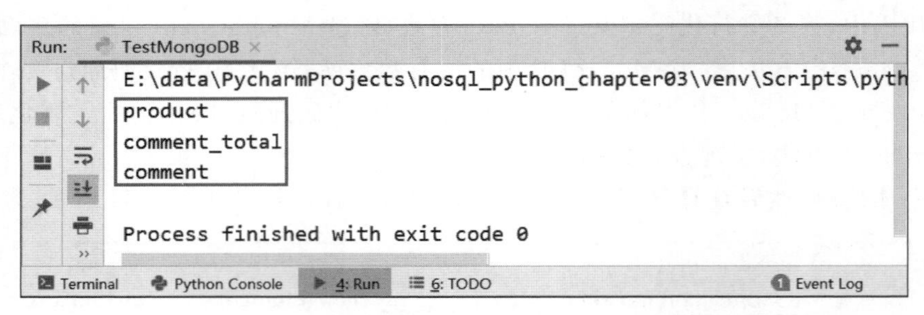


图 3-55　查看数据库 articledb 中的集合

从图 3-55 中可以看出，控制台输出三个集合，即 product、comment_total 及 comment。

5. 创建集合

在 TestMongoDB.py 中，定义一个 createColl()方法，用于创建集合，具体代码如下：

```
1  from pymongo import MongoClient
2  class Test:
3      def __init__(self):
4          #用于获取数据库的连接
5          self.client=MongoClient('192.168.121.134', 27017)
6          #print(self.client)
7      def createColl(self):
8          articledb = self.client["articledb"]
9          articledb.create_collection("itcast")
10 if __name__ == '__main__':
11     test = Test()
12     test.createColl()
```

上述代码中，第 7、8 行代码定义 createColl ()方法，通过 MongoClient 对象的实例指定要创建集合的数据库，即 articledb；第 9 行代码通过数据库对象实例 articledb 调用 create_collection ()方法，用于创建集合 itcast；第 12 行代码通过 Test 类的实例化对象调用 createColl ()方法，实现创建集合操作。

运行上述代码，实现创建集合操作；在主程序中再次调用查看集合的方法 getColl()，查看数据库 articledb 中是否出现新创建的集合 itcast。PyCharm 工具的控制台输出的效果如

图 3-56 所示。

图 3-56　查看数据库 articledb 中是否存在集合 itcast

从图 3-56 中可以看出，控制台显示了集合 itcast，因此，说明我们成功在数据库 articledb 中创建了集合 itcast。

### 6. 删除集合

在 TestMongoDB.py 中，定义一个 dropColl()方法，用于删除集合 itcast，具体代码如下：

```
1   from pymongo import MongoClient
2   class Test:
3       def __init__(self):
4           #用于获取数据库的连接
5           self.client=MongoClient('192.168.121.134', 27017)
6           #print(self.client)
7       def dropColl(self):
8           articledb =self.client["articledb"]
9           articledb.drop_collection("itcast")
10  if __name__=='__main__':
11      test =Test()
12      test.dropColl()
```

上述代码中，第 7、8 行代码定义 dropColl()方法，通过 MongoClient 对象的实例指定要删除集合的数据库 articledb；第 9 行代码通过数据库对象实例 articledb 调用 drop_collection ()方法，删除集合 itcast；第 12 行代码通过 Test 类的实例化对象调用 dropColl () 方法，实现删除集合操作。

运行上述代码，实现删除集合操作；在主程序中再次调用查看集合的方法 getColl()，查看数据库 articledb 中是否还存在集合 itcast。PyCharm 工具的控制台输出的效果如图 3-57 所示。

图 3-57　查看数据库 articledb 中是否存在集合 itcast

从图 3-57 中可以看出，控制台没有显示集合 itcast，说明我们成功删除了集合 itcast。

### 7. 查看文档

在 TestMongoDB.py 中，定义一个 findDoc() 方法，用于查看文档，即查看集合 comment 中的文档，具体代码如下：

```
1  from pymongo import MongoClient
2  class Test:
3      def __init__(self):
4          #用于获取数据库的连接
5          self.client=MongoClient('192.168.121.134', 27017)
6          #print(self.client)
7      def findDoc(self):
8          self.articledb =self.client["articledb"]
9          comment =self.articledb["comment"]
10         documents =comment.find()
11         for document in documents:
12             print(document)
13 if __name__=='__main__':
14     test =Test()
15     test.findDoc()
```

上述代码中，第 7、8 行代码定义 findDoc()方法，通过 MongoClient 对象的实例指定要查看集合的数据库 articledb；第 9 行代码通过数据库对象实例 articledb 指定要查看文档的集合 comment；第 10 行代码通过集合对象实例 comment 调用 find() 方法，查看集合 comment 中的文档；第 11、12 行代码通过一个高级 for 循环，遍历并打印输出集合 comment 中的所有文档；第 15 行代码通过 Test 类的实例化对象调用 findDoc()方法，实现查看文档操作。

运行上述代码，实现查看文档操作。PyCharm 工具的控制台输出的效果如图 3-58 所示(因文档内容过长，这里只截取部分内容)。

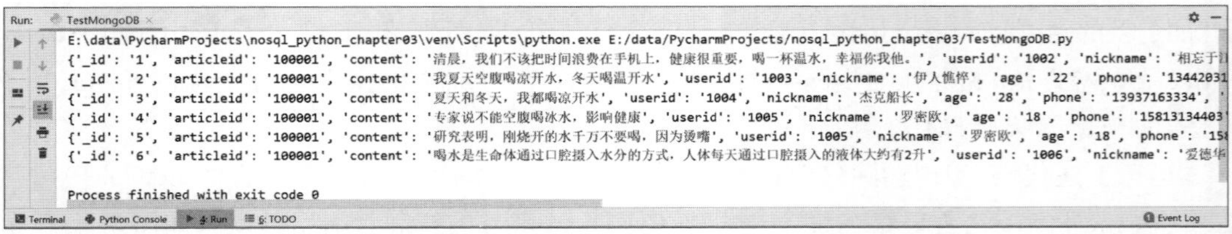

```
Run: TestMongoDB
E:\data\PycharmProjects\nosql_python_chapter03\venv\Scripts\python.exe E:/data/PycharmProjects/nosql_python_chapter03/TestMongoDB.py
{'_id': '1', 'articleid': '100001', 'content': '清晨，我们不该把时间浪费在手机上，健康很重要，喝一杯温水，幸福你我他。', 'userid': '1002', 'nickname': '相忘于江
{'_id': '2', 'articleid': '100001', 'content': '我夏天空腹喝凉开水，冬天喝温开水', 'userid': '1003', 'nickname': '伊人憔悴', 'age': '22', 'phone': '13442031
{'_id': '3', 'articleid': '100001', 'content': '夏天和冬天，我都喝凉开水', 'userid': '1004', 'nickname': '杰克船长', 'age': '28', 'phone': '13937163334', '
{'_id': '4', 'articleid': '100001', 'content': '专家说不能空腹喝冰水，影响健康', 'userid': '1005', 'nickname': '罗密欧', 'age': '18', 'phone': '15813134403'
{'_id': '5', 'articleid': '100001', 'content': '研究表明，刚烧开的水千万不要喝，因为烫嘴', 'userid': '1005', 'nickname': '罗密欧', 'age': '18', 'phone': '15
{'_id': '6', 'articleid': '100001', 'content': '喝水是生命体通过口腔摄入水分的方式，人体每天通过口腔摄入的液体大约有2升', 'userid': '1006', 'nickname': '爱德华

Process finished with exit code 0
Terminal  Python Console  4: Run  6: TODO  Event Log
```

图 3-58 查看集合 comment 中的文档

从图 3-58 中可以看出，控制台显示出 6 个文档，分别是字段_id 为 1、2、3、4、5、6 的文档。

### 8. 插入文档

在 TestMongoDB.py 中，定义一个 insertOneDoc()方法，主要用于演示插入文档，即在集合 comment 中插入文档，具体代码如下：

```
1  from pymongo import MongoClient
2  class Test:
3      def __init__(self):
4          #用于获取数据库的连接
5          self.client=MongoClient('192.168.121.134', 27017)
6          #print(self.client)
7      def insertOneDoc(self):
8          self.articledb =self.client["articledb"]
9          comment =self.articledb["comment"]
10         newDoc={
11             "_id":"7",
12             "articleid":"100001",
13             "content":"脱水会使人精疲力尽,而喝水可以使人精神饱满",
14             "userid":"1007",
15             "nickname":"咫尺天涯间",
16             "age":"25",
17             "phone":"13937165554",
18             "createdatetime":"new Date()",
19             "likenum":"999",
20             "state":"1"
21         }
22         comment.insert_one(newDoc)
23 if __name__=='__main__':
24     test =Test()
25     test.insertOneDoc()
```

上述代码中,第 7、8 行代码定义 insertOneDoc()方法,通过 MongoClient 对象的实例指定要查看集合的数据库,即 articledb;第 9 行代码通过数据库对象实例 articledb 指定要插入文档的集合 comment;第 10～21 行代码创建一个新文档 newDoc,并包括 10 个键值对参数;第 22 行代码通过集合对象实例 comment 调用 insert_one()方法,向集合 comment 中插入文档;第 25 行代码通过 Test 类的实例化对象调用 insertOneDoc()方法,实现插入文档操作。

运行上述代码,实现插入文档操作。在主程序中再次调用查看集合的方法 findDoc(),查看集合 comment 中是否插入了新的文档。PyCharm 工具的控制台输出的效果如图 3-59 所示(因文档内容过长,这里只截取部分内容)。

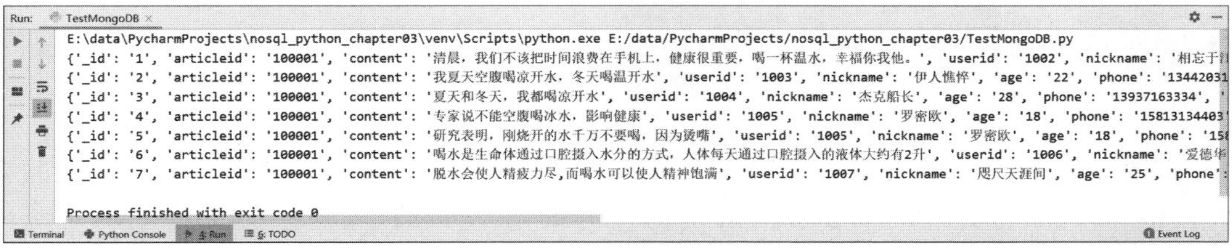

```
Run: TestMongoDB
E:\data\PycharmProjects\nosql_python_chapter03\venv\Scripts\python.exe E:/data/PycharmProjects/nosql_python_chapter03/TestMongoDB.py
{'_id': '1', 'articleid': '100001', 'content': '清晨，我们不该把时间浪费在手机上，健康很重要，喝一杯温水，幸福你我他。', 'userid': '1002', 'nickname': '相忘于江
{'_id': '2', 'articleid': '100001', 'content': '我夏天空腹喝凉开水，冬天喝温开水', 'userid': '1003', 'nickname': '伊人憔悴', 'age': '22', 'phone': '13442031
{'_id': '3', 'articleid': '100001', 'content': '夏天和冬天，我都喝凉开水', 'userid': '1004', 'nickname': '杰克船长', 'age': '28', 'phone': '13937163334', '
{'_id': '4', 'articleid': '100001', 'content': '专家说不能空腹喝冰水，影响健康', 'userid': '1005', 'nickname': '罗密欧', 'age': '18', 'phone': '15813134403'
{'_id': '5', 'articleid': '100001', 'content': '研究表明，刚烧开的水千万不要喝，因为烫嘴', 'userid': '1005', 'nickname': '罗密欧', 'age': '18', 'phone': '158
{'_id': '6', 'articleid': '100001', 'content': '喝水是生命体通过口腔摄入水分的方式，人体每天通过口腔摄入的液体大约有2升', 'userid': '1006', 'nickname': '爱德华
{'_id': '7', 'articleid': '100001', 'content': '脱水会使人精疲力尽,而喝水可以使人精神饱满', 'userid': '1007', 'nickname': '咫尺天涯间', 'age': '25', 'phone':

Process finished with exit code 0
Terminal  Python Console  4: Run  6: TODO  Event Log
```

**图 3-59　查看集合 comment 中的文档**

从图 3-59 中可以看出,控制台显示出 7 个文档,分别是字段_id 为 1、2、3、4、5、6、7 的文档,其中_id 为 7 的文档是新插入的文档,因此说明我们成功向集合 comment 中插入了

文档。

### 9. 更新文档

在 TestMongoDB.py 中，定义一个 updateDoc() 方法，用于更新文档，即更新集合 comment 中的文档，具体代码如下：

```
1  from pymongo import MongoClient
2  class Test:
3      def __init__(self):
4          #用于获取数据库的连接
5          self.client=MongoClient('192.168.121.134', 27017)
6          #print(self.client)
7      def updateDoc(self):
8          self.articledb =self.client["articledb"]
9          comment =self.articledb["comment"]
10         comment.update_one({"content":"脱水会使人精疲力尽,而喝水可以使人精神饱满"},
11         {"$set":{"content":"吃饭前,先喝杯水或一碗汤,可减少饭量,对控制体重有明显的帮助"}})
12 if __name__ =='__main__':
13     test =Test()
14     test.updateDoc()
```

上述代码中，第 7、8 行代码定义 updateDoc()方法，通过 MongoClient 对象的实例指定要查看集合的数据库，即 articledb；第 9 行代码通过数据库对象实例 articledb 指定要更新文档的集合 comment；第 10、11 行代码通过集合对象实例 comment 调用 update_one()方法，更新集合 comment 中的文档；第 14 行代码通过 Test 类的实例化对象调用 updateDoc()方法，实现更新文档操作。

运行上述代码，实现更新文档操作。在主程序中再次调用查看集合的方法 findDoc()，查看集合 comment 中的文档是否更新。PyCharm 工具控制台输出的效果如图 3-60 所示（因文档内容过长，这里只截取部分内容）。

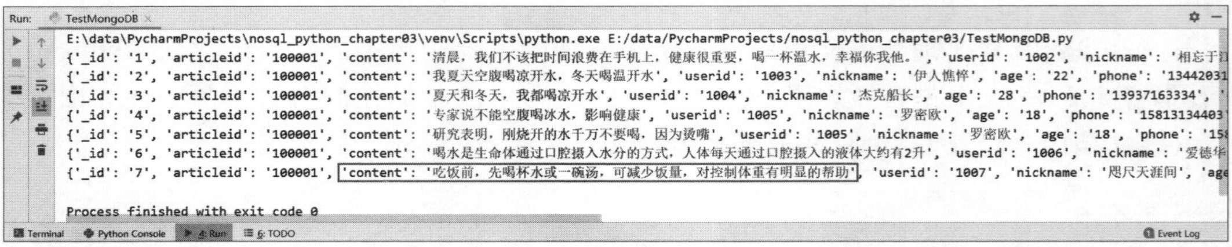

**图 3-60　查看集合 comment 中的文档**

从图 3-60 中可以看出，控制台显示出 7 个文档，分别是字段_id 为 1、2、3、4、5、6、7 的文档，其中_id 为 7 的文档中字段 content 的内容更新为“吃饭前，先喝杯水或一碗汤，可减少饭量，对控制体重有明显的帮助”，因此说明我们成功更新了集合 comment 中的文档。

### 10. 删除文档

在 TestMongoDB. py 中，定义一个 deleteDoc() 方法，用于删除文档，即删除集合

comment 中的单条文档，具体代码如下：

```
1   from pymongo import MongoClient
2   class Test:
3       def __init__(self):
4           #用于获取数据库的连接
5           self.client=MongoClient('192.168.121.134', 27017)
6           #print(self.client)
7       def deleteDoc(self):
8           self.articledb =self.client["articledb"]
9           comment =self.articledb["comment"]
10          comment.delete_one({"nickname":"咫尺天涯间"})
11  if __name__ =='__main__':
12      test =Test()
13      test.deleteDoc()
```

上述代码中，第 7、8 行代码定义 deleteDoc()方法，通过 MongoClient 对象的实例指定要查看集合的数据库，即 articledb；第 9 行代码通过数据库对象实例 articledb 指定要删除文档的集合 comment；第 10 行代码通过集合对象实例 comment 调用 delete_one()方法，根据指定条件删除集合 comment 中单条文档；第 13 行代码通过 Test 类的实例化对象调用 deleteDoc()方法，实现删除文档操作。

运行上述代码，实现删除文档操作。在主程序中再次调用查看集合的方法 findDoc()，查看集合 comment 中的文档是否发生变化。PyCharm 工具的控制台输出的效果如图 3-61 所示(因文档内容过长，这里只截取部分内容)。

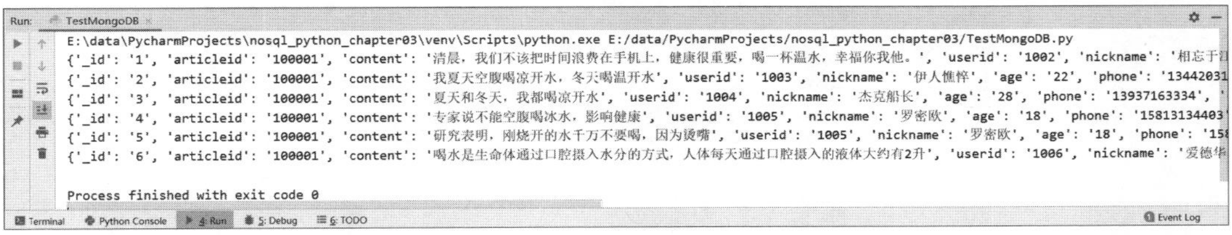

```
Run: TestMongoDB
E:\data\PycharmProjects\nosql_python_chapter03\venv\Scripts\python.exe E:/data/PycharmProjects/nosql_python_chapter03/TestMongoDB.py
{'_id': '1', 'articleid': '100001', 'content': '清晨，我们不该把时间浪费在手机上，健康很重要，喝一杯温水，幸福你我他。', 'userid': '1002', 'nickname': '相忘于
{'_id': '2', 'articleid': '100001', 'content': '我夏天空腹喝凉开水，冬天喝温开水', 'userid': '1003', 'nickname': '伊人憔悴', 'age': '22', 'phone': '13442031
{'_id': '3', 'articleid': '100001', 'content': '夏天和冬天，我都喝凉开水', 'userid': '1004', 'nickname': '杰克船长', 'age': '28', 'phone': '13937163334',
{'_id': '4', 'articleid': '100001', 'content': '专家说不能空腹喝冰水，影响健康', 'userid': '1005', 'nickname': '罗密欧', 'age': '18', 'phone': '15813134403
{'_id': '5', 'articleid': '100001', 'content': '研究表明，刚烧开的水千万不要喝，因为烫嘴', 'userid': '1005', 'nickname': '罗密欧', 'age': '18', 'phone': '15
{'_id': '6', 'articleid': '100001', 'content': '喝水是生命体通过口腔摄入水分的方式，人体每天通过口腔摄入的液体大约有2升', 'userid': '1006', 'nickname': '爱德华

Process finished with exit code 0
Terminal  Python Console  4: Run  5: Debug  6: TODO  Event Log
```

**图 3-61　查看集合 comment 中的文档**

从图 3-61 中可以看出，控制台显示出 6 个文档，其中_id 为 7 的文档已经不存在，因此说明我们成功删除了 nickname 为“咫尺天涯间”的文档。

## 3.10　使用 Robo 3T 操作 MongoDB

工欲善其事，必先利其器。当我们使用 MongoDB 数据库时，通常需要各种工具的支持来提高效率。而 Robo 3T 是一个跨平台的 MongoDB GUI 客户端管理工具，它以图形化的方式显示操作界面，让用户可以对 MongoDB 进行可视化操作，并且支持 Windows、Mac OS 和 Linux 系统，这里我们以 Windows 系统为例，详细讲解如何使用 Robo 3T 操作 MongoDB。

### 3.10.1　Robo 3T 工具的下载安装

由于我们要使用 Robo 3T 操作 MongoDB，因此我们需要下载并安装 Robo 3T，其下载、安装以及启动的步骤如下。

#### 1. 下载 Robo 3T

访问网页 https://robomongo.org/download/，下载 Windows 系统下的 Robo 3T 安装包，本书下载的是 robo3t-1.3.1 版本，即 robo3t-1.3.1-windows-x86_64-7419c406.exe 可执行程序。（注意：本书提供 robo3t-1.3.1-windows-x86_64-7419c406.exe 可执行程序）。

#### 2. 安装 Robo 3T

双击下载的 robo3t-1.3.1-windows-x86_64-7419c406.exe 安装 Robo 3T，直到出现完成界面为止。

#### 3. 启动 Robo 3T

打开 Robo 3T，出现 End-User License Agreement（最终用户许可协议）界面，单击 I agree 左侧的单选按钮，选择接受协议；单击 Next→Finish 按钮，启动 Robo 3T，启动成功的界面如图 3-62 所示。

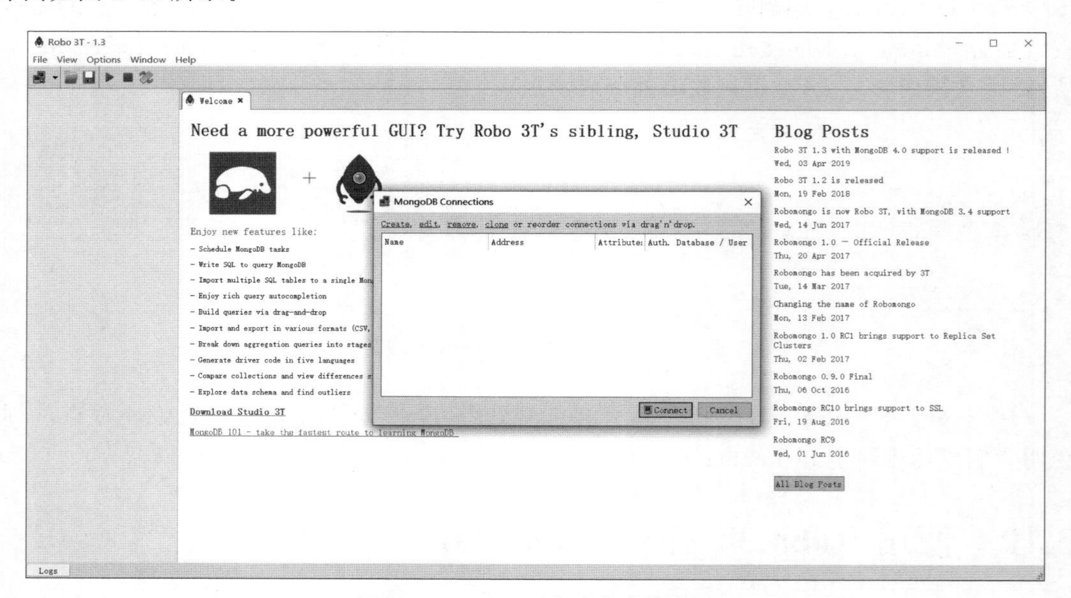


图 3-62　Robo 3T 启动成功的界面

### 3.10.2　基于 Robo 3T 操作 MongoDB

在前面小节中，我们下载安装并启动了用于操作 MongoDB 的 Robo 3T 工具。下面，我们将使用 Robo 3T 对 MongoDB 中数据库、集合进行创建、删除，并对集合中的文档进行插入、更新、查询以及删除等操作。

## 1. 连接 MongoDB

单击图 3-62 中的 Create 按钮，弹出 Connection Settings 对话框，添加要连接 MongoDB 的 IP 地址和端口号，如图 3-63 所示。

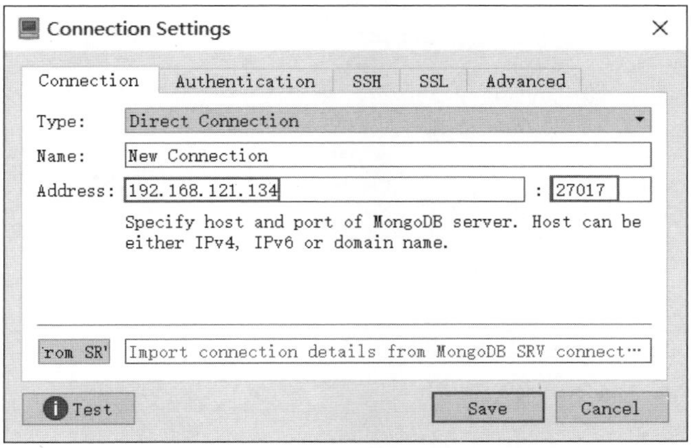

图 3-63 配置 MongoDB 连接

在图 3-63 中，单击 Save 按钮，完成 MongoDB 连接的配置，进入 MongoDB Connections 界面，单击 Connect 按钮，连接 MongoDB。成功连接 MongoDB 的效果如图 3-64 所示。

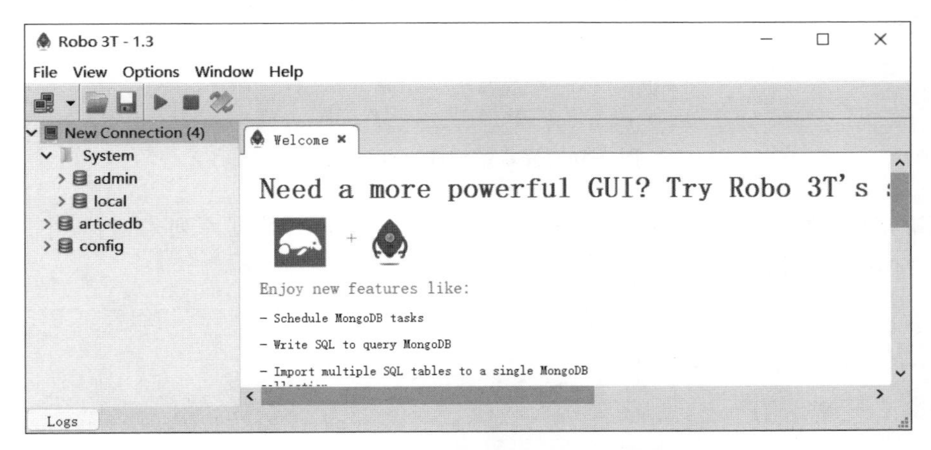


图 3-64 成功连接 MongoDB 的效果

## 2. 创建数据库

在图 3-64 中选中 New Connections，右击并选择 Create Database 选项，弹出 Create Database 对话框，添加数据库名称 itcast，单击 Create 按钮，创建数据库 itcast，具体步骤如图 3-65 所示。至此完成数据库 itcast 的创建，如图 3-66 所示。

## 3. 删除数据库

选中数据库 itcast，右击并选择 Drop Database 选项，弹出 Drop Database 对话框，单击

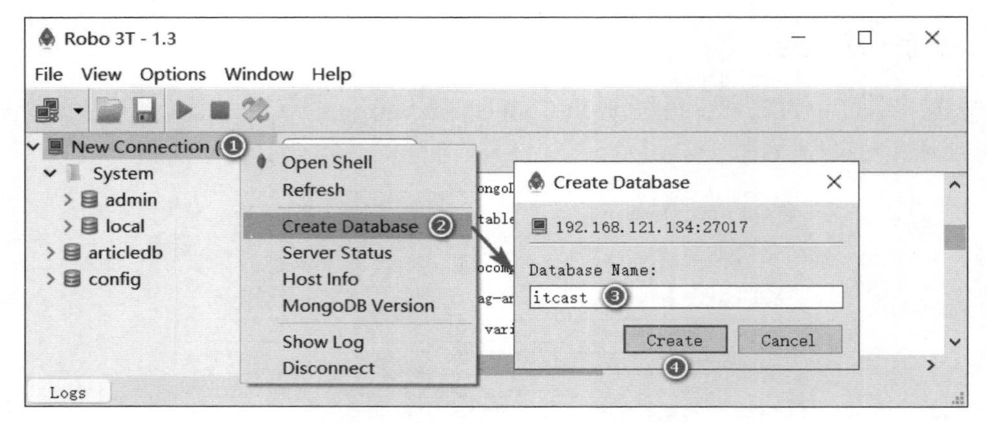


图 3-65 创建数据库 itcast 的步骤

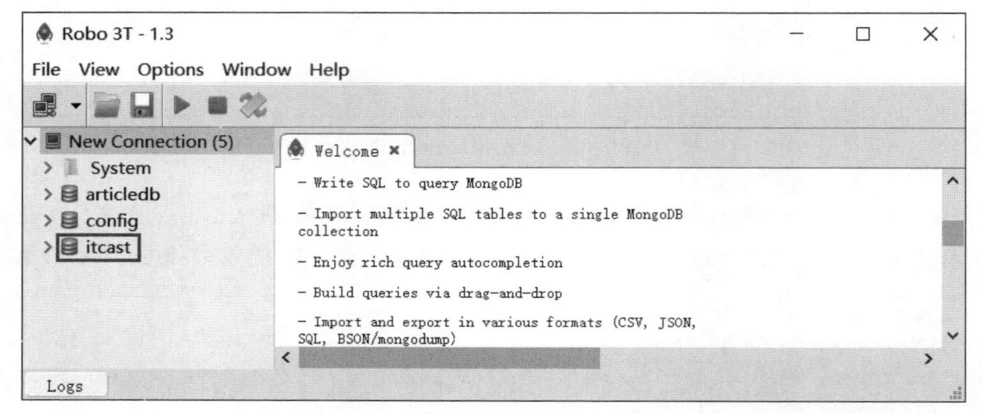


图 3-66 完成数据库 itcast 的创建

Yes 按钮，删除数据库 itcast，具体步骤如图 3-67 所示。查看数据库列表，列表中已不存在 itcast，则说明该数据库已被删除，效果如图 3-68 所示。

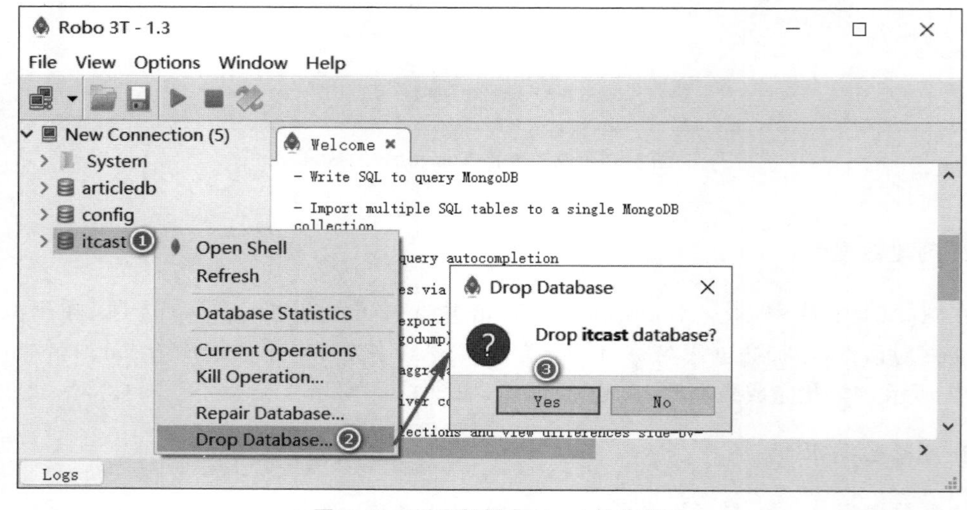


图 3-67 删除数据库 itcast 的步骤

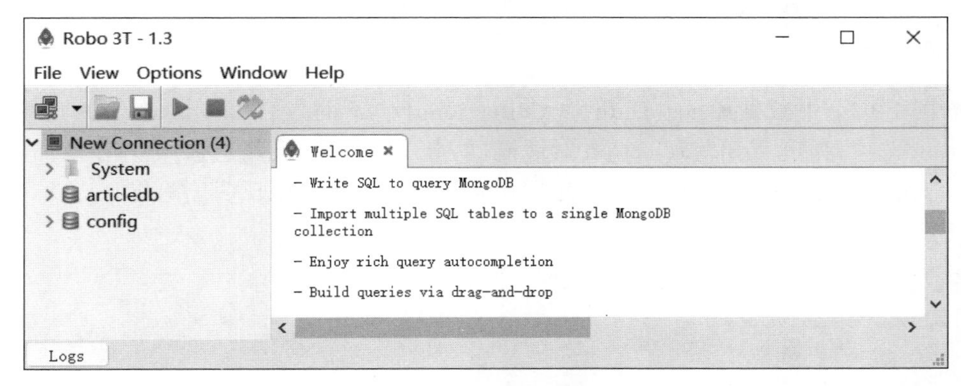


图 3-68 查看数据库列表

4. 创建集合

双击数据库 articledb，选中 Collections(3)，右击并选择 Create Collection 选项，弹出 Create Collection 对话框，添加集合名称 books，单击 Create 按钮，创建集合，具体步骤如图 3-69 所示。双击 Collections(4)，若集合列表中出现集合 books，则说明创建集合成功，效果如图 3-70 所示。

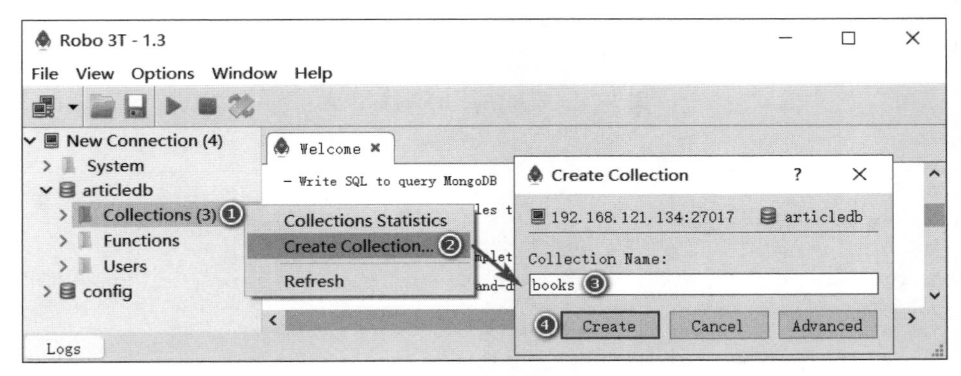


图 3-69 创建集合 books 的步骤

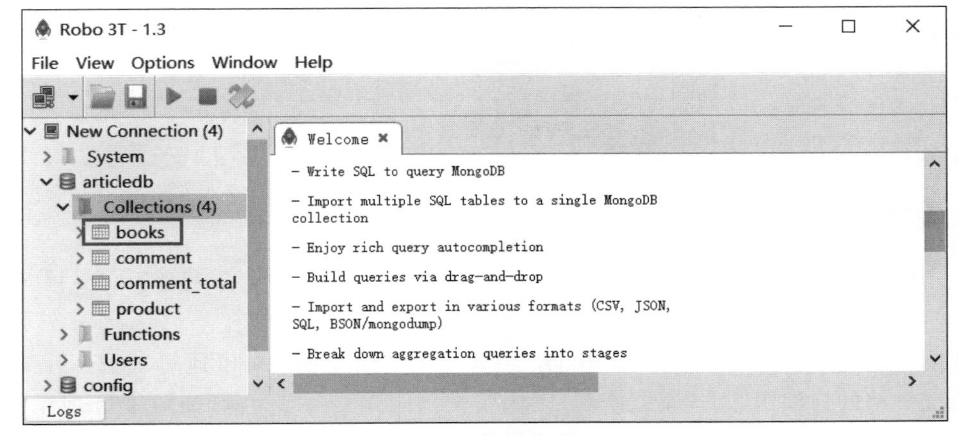


图 3-70 创建好的集合 books

## 5. 删除集合

选中图 3-70 中数据库 articledb 中 Collections(4)下的集合 books，右击并选择 Drop Collection 选项，弹出 Drop Collection 对话框，单击 Yes 按钮，删除集合，具体步骤如图 3-71 所示。双击 Collections(3)，若集合列表中不存在集合 books，则说明删除集合成功，效果如图 3-72 所示。

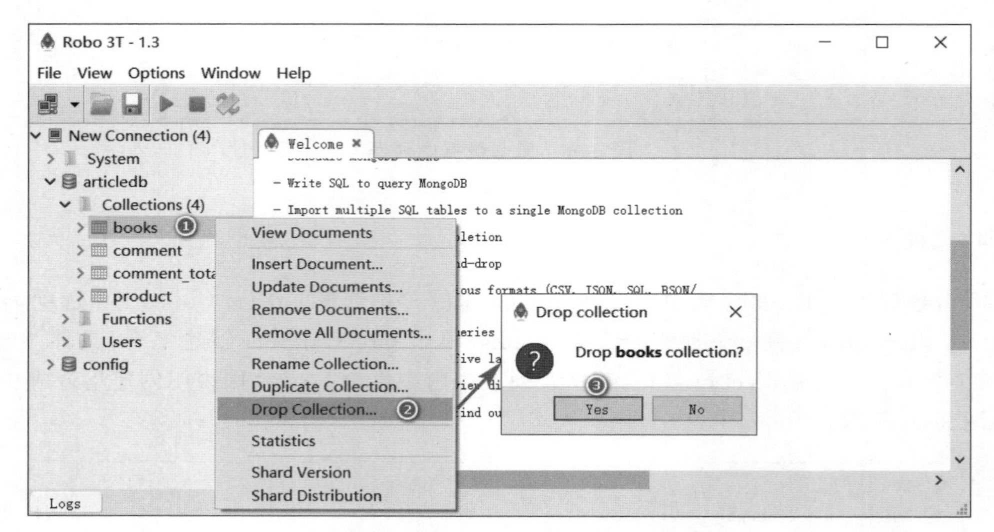


图 3-71　删除集合 books 的步骤

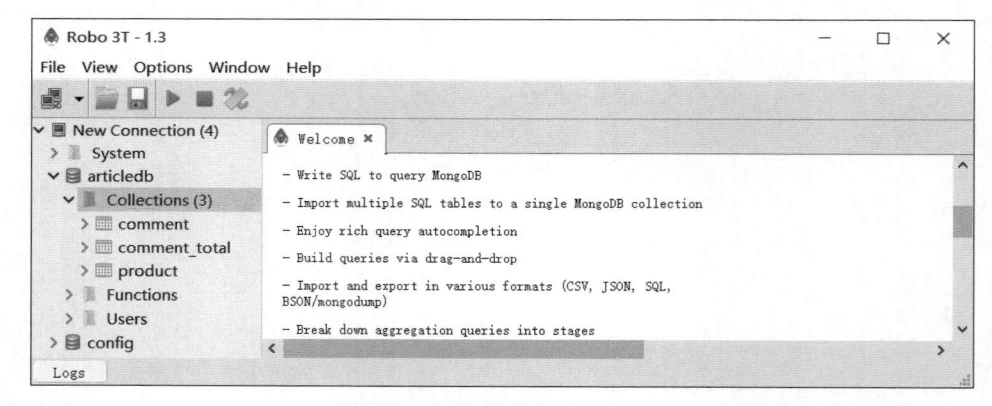


图 3-72　查看集合列表

## 6. 查看文档

双击图 3-72 中数据库 articledb 下的集合 comment，查看该集合中的所有文档，效果如图 3-73 所示。

从图 3-73 中可以看出，集合 comment 中有 6 个文档。我们可以通过双击打开文档，从而查看该文档的详细内容，这里以查看_id 为 1 文档的详细内容为例，如图 3-74 所示。

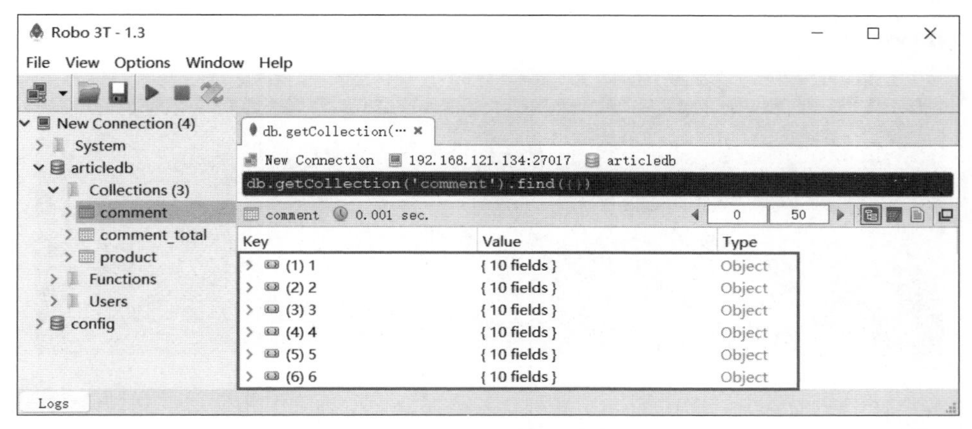


图 3-73　查看集合 comment 中的文档

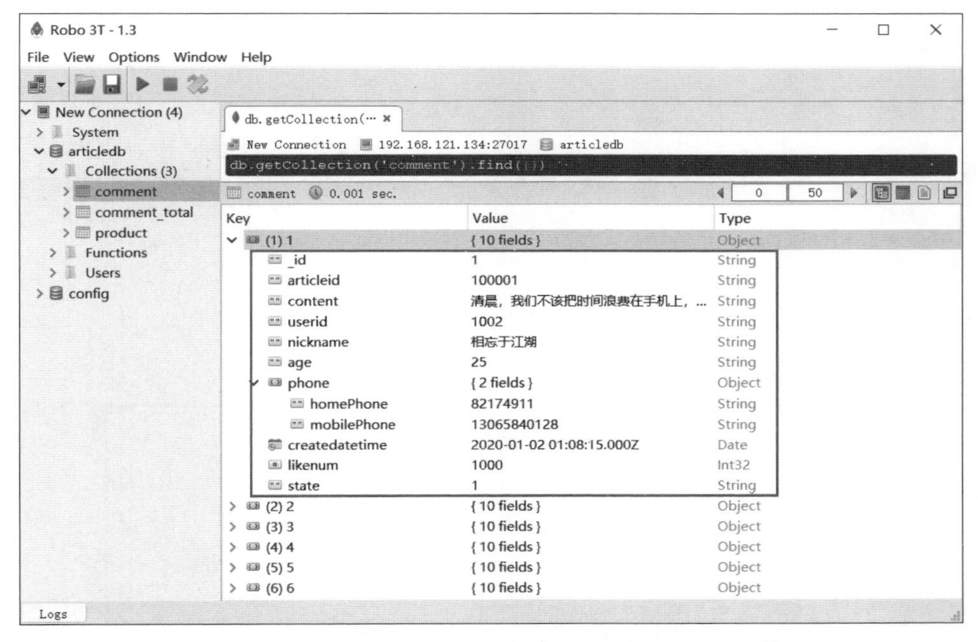


图 3-74　查看集合 comment 中_id 为 1 的文档的详细内容

### 7. 插入文档

选中数据库 articledb 下的集合 comment，右击并选择 Insert Document 选项，弹出 Insert Document 窗口，添加需要插入的文档，如图 3-75 所示。

在图 3-75 中，单击 Save 按钮，完成插入文档操作。通过双击数据库 articledb 下的集合 comment，查看该集合是否插入新文档，如图 3-76 所示。

从图 3-76 中可以看出，集合 comment 中有 7 个文档，分别是字段_id 为 1、2、3、4、5、6、7 的文档，其中_id 为 7 的文档是新插入的文档，因此说明我们成功往集合 comment 中插入了文档。

Insert Document

192.168.121.134:27017　articledb　comment

```
{
    "_id":"7",
    "articleid":"100001",
    "content":"下午两三点的时候，冲一杯绿茶给自己，即提神醒脑，又能抵抗辐射",
    "userid":"1007",
    "nickname":"超甜的布丁",
    "age":"20",
    "phone":"13837361114",
    "createdatetime":"new Date()",
    "likenum":"222",
    "state":"null"
}
```

Validate　Save　Cancel

图 3-75　添加要插入的文档

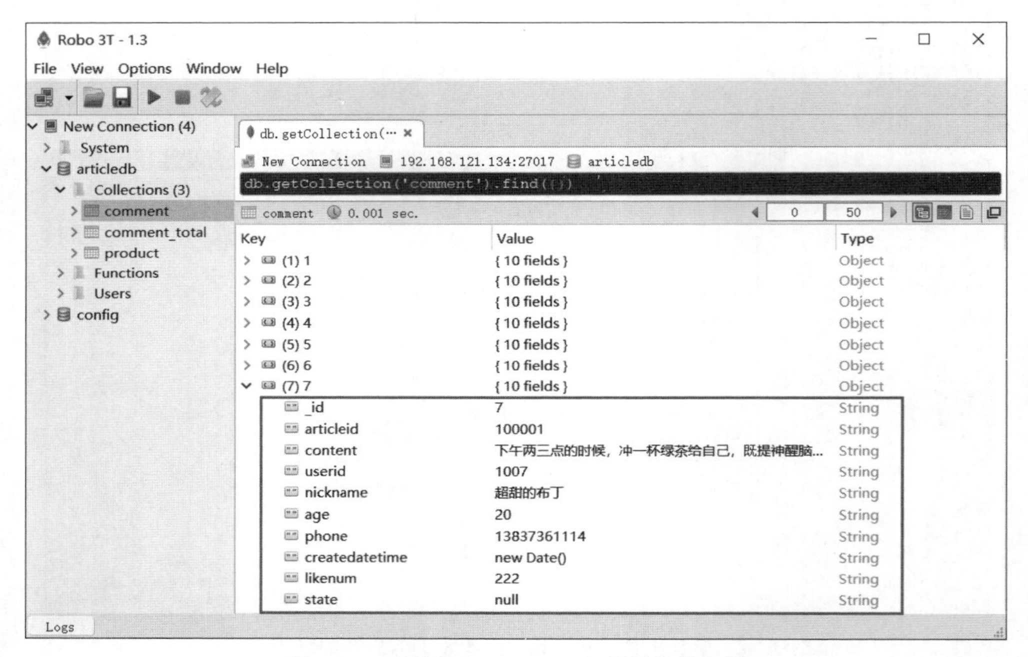


图 3-76　查看集合 comment 中新插入的文档

## 8. 更新文档

选中数据库 articledb 下的集合 comment，右击并选择 Update Documents 选项，弹出 New Shell 窗口，添加需要更新的文档内容，如图 3-77 所示。

选中并右击图 3-77 中的“db.getCollectio…”，单击 Re-execute Query 选项，执行查询并更新操作，控制台输出执行操作的日志内容，如图 3-78 所示。

在图 3-78 中，Updated 1 existing record(s)表示只有一个文档执行更新操作。通过双击数据库 articledb 下的集合 comment，发现该集合中的第 7 个文档中字段 content 中的值

```
db.getCollection('comment').update(
    // query
    {
        "content" : "下午两三点的时候，冲一杯绿茶给自己，既提神醒脑，又能抵抗辐射"
    },

    // update
    {
        $set:{"content":"吃饭前，先喝一杯水或一碗汤，可减少饭量，对控制体重有明显的帮助"}
    },

    // options
    {
        "multi" : false,  // update only one document
        "upsert" : false  // insert a new document, if no existing document match the query
    }
);
```

图 3-77　添加需要更新的文档

```
Updated 1 existing record(s) in 4ms
```

图 3-78　控制台输出的日志内容

发生了变化，由原来的内容“下午两三点的时候，冲一杯绿茶给自己，既提神醒脑，又能抵抗辐射”变成“吃饭前，先喝一杯水或一碗汤，可减少饭量，对控制体重有明显的帮助”，具体如图 3-79 所示。

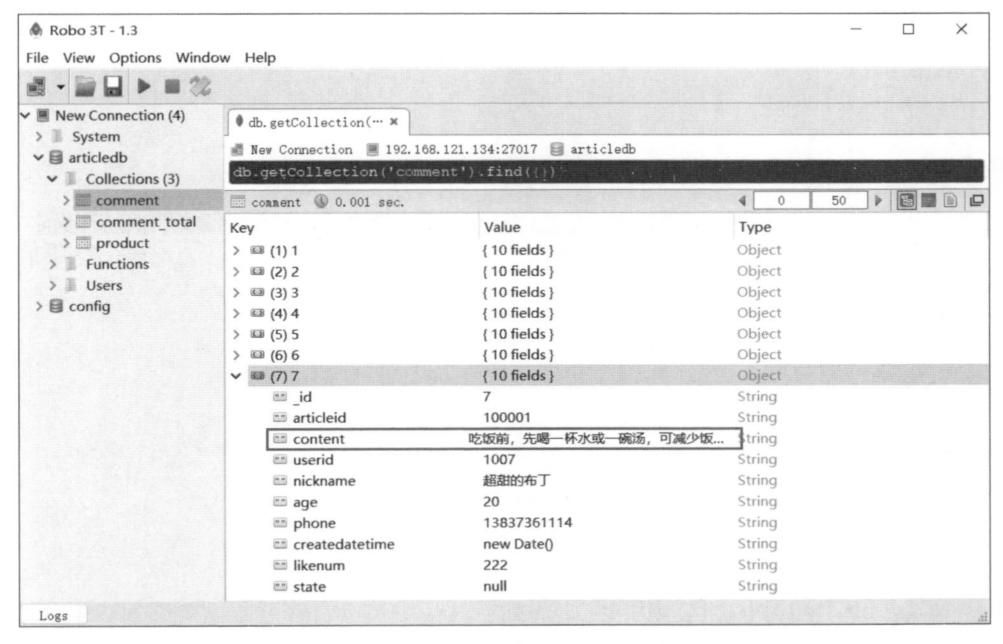


图 3-79　控制台输出的日志内容

### 9. 删除文档

选中数据库 articledb 中集合 comment 下的第 7 个文档，右击并选择 Delete Documents 选项，弹出 Delete Document 对话框；单击 Yes 按钮，删除集合 comment 中的_id 为 7 的文档，如图 3-80 所示。通过双击数据库 articledb 下的集合 comment，发现该集合中只有 6 个文档，则说明我们成功删除了文档，具体如图 3-81 所示。

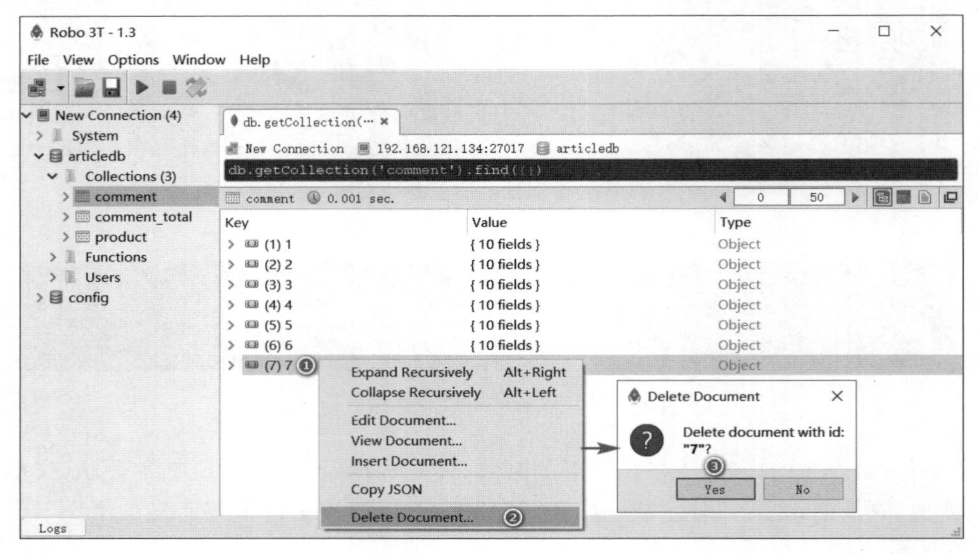


图 3-80　删除文档的步骤

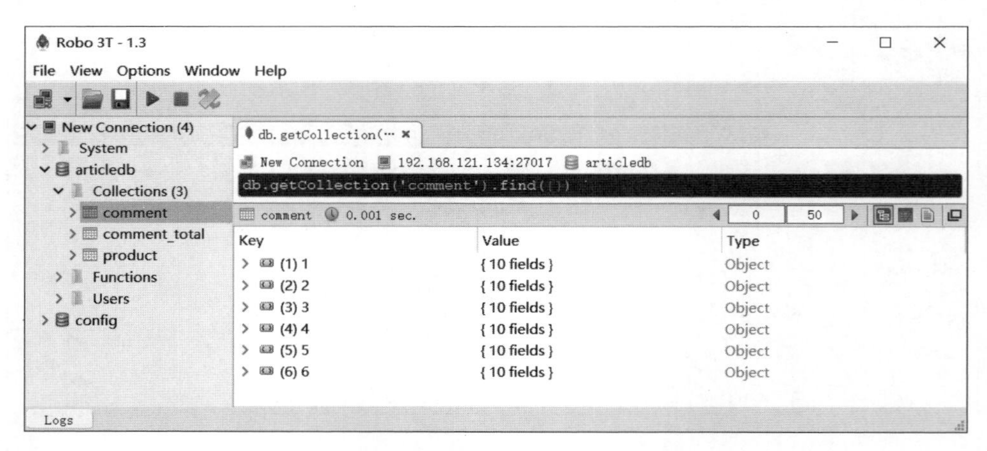


图 3-81　查看集合 comment 中的文档

## 3.11　安全与访问控制

默认情况下，MongoDB 服务启动运行时是没有启用用户访问权限控制的，也就是说，在 MongoDB 本机服务器上都可以随意连接 MongoDB，从而进行各种操作，并且 MongoDB

不会对连接的客户端进行用户验证，因此可以想象这是非常危险的。为了提高 MongoDB 数据库中数据的安全性，我们需要开启用户访问控制（即用户验证）。本节，我们将详细讲解如何开启用户访问控制。

## 3.11.1　用户访问控制

### 1. 创建管理员用户

启用用户访问控制之前，必须确保数据库 admin 中拥有 userAdmin 或 userAdminAnyDatabase 角色的用户（即管理员用户）。因此，我们需要先查看数据库 admin 中是否拥有 userAdmin 或 userAdminAnyDatabase 角色的用户。首先，执行 mongo 192.168.121.134：27017 命令（由于在启动 MongoDB 服务时指定了主机 IP 地址和端口号，因此登录 mongo shell 时需要在 mongo 后面加上主机 IP 和端口号）进入 mongo shell 界面；然后执行 use admin 命令切换到数据库 admin；执行 show users 命令查看数据库 admin 中的用户列表，具体如图 3-82 所示。

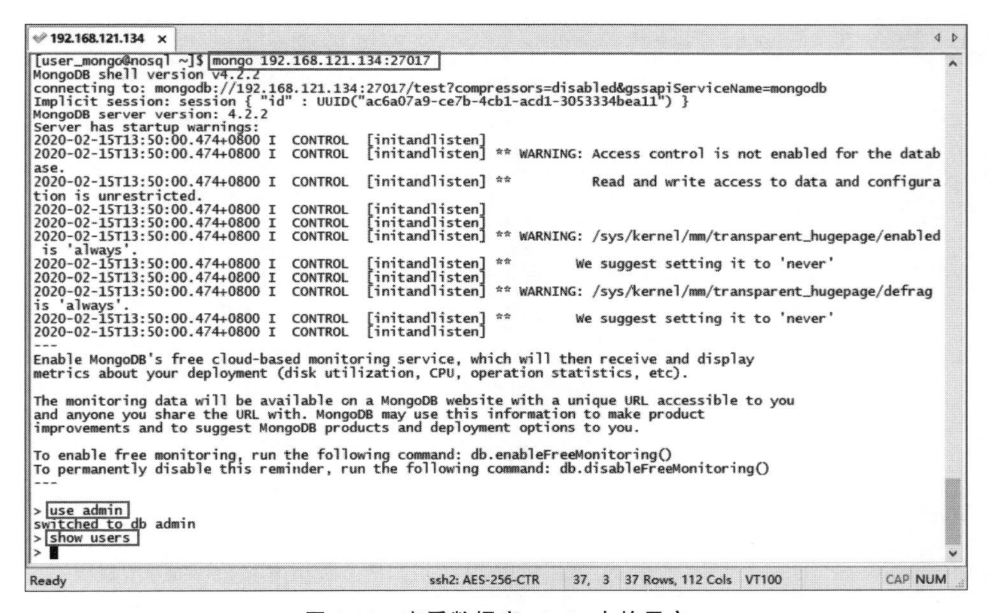


图 3-82　查看数据库 admin 中的用户

从图 3-82 中可以看出，执行 show users 命令后，没有返回结果，则说明数据库 admin 中没有任何用户。因此我们需要创建管理员用户 itcastAdmin，设置 userAdminAnyDatabase 角色，用于管理 MongoDB 数据库中所有用户和角色，通过执行 db.createUser()命令创建管理员用户，具体如下：

```
>db.createUser({user:"itcastAdmin",pwd:passwordPrompt(),roles:[{role:
        "userAdminAnyDatabase",db:"admin"}]})
Enter password:
Successfully added user: {
        "user" : "itcastAdmin",
```

```
        "roles" : [
                {
                        "role" : "userAdminAnyDatabase",
                        "db" : "admin"
                },
                "readWriteAnyDatabase"
        ]
}
```

从上述返回结果 Successfully added user 可以看出，已经成功添加了管理员用户 itcastAdmin（注意：执行上述命令时，须在“Enter Passwork:”处输入设置的密码）。

**多学一招**：MongoDB 数据库的内置角色及相关权限说明

MongoDB 提供了一系列的内置角色，下面，我们通过一张表来介绍 MongoDB 数据库的内置角色及相关权限，具体如表 3-4 所示。

**表 3-4 内置角色及其权限说明**

| 内置角色 | 权限说明 |
|---|---|
| root | 只可以用于 admin 数据库，该角色具有超级权限 |
| read | 可以读取指定数据库中任何数据 |
| readWrite | 可以读写指定数据库中任何数据，包括创建、重命名及删除集合 |
| readAnyDatabase | 可以读取所有数据库中任何数据（除数据库 config 和 local 外） |
| readWriteAnyDatabase | 可以读写所有数据库中任何数据（除数据库 config 和 local 外） |
| dbAdmin | 可以读取指定数据库以及对数据库进行清理、修改、压缩、获取统计信息、执行检查等操作 |
| dbAdminAnyDatabase | 可以读取任何数据库以及对数据库进行清理、修改、压缩、获取统计信息、执行检查等操作（除数据库 config 和 local 外） |
| clusterAdmin | 可以对整个集群或数据库系统进行管理操作 |
| userAdmin | 允许用户向 system.users 集合写入，可以对指定数据库进行创建、删除操作和管理用户 |
| userAdminAnyDatabase | 只用于 admin 数据库中，赋予用户所有数据库的 userAdmin 权限 |

### 2. 开启用户访问控制

MongoDB 使用基于角色的访问控制（Role-Based Access Control，RBAC）来管理用户对 MongoDB 服务的访问，即通过对用户授予一个或多个角色来控制用户访问数据库资源的权限和对数据库操作的权限。在 MongoDB 未对用户分配角色之前，用户是无法连接并访问 MongoDB 的。我们可以在 MongoDB 服务启动时，添加参数--auth，开启用户访问控制，也可以在启动 MongoDB 服务的配置文件中，添加参数“authorization: enabled”，开启用户访问控制。

本书演示在启动 MongoDB 服务的配置文件 mongod.conf 中，添加参数“authorization: enabled”开启用户访问控制（注意：添加之前需关闭 MongoDB 服务），具体内容如下：

```
systemLog:
  #MongoDB发送所有日志输出的目标指定为文件
  #The Path of the log file to which mongos should send all diagnostic
logging information
  destination: file
  #mongod发送所有诊断日志记录信息的日志文件的路径
  path: "/opt/servers/mongodb_demo/standalone/logs/mongologs.log"
  #当mongod重启时,mongod会将新条目附加到现有日志文件的末尾
  logAppend: true
storage:
  #mongod数据文件存储的目录
  dbPath: "/opt/servers/mongodb_demo/standalone/data/db/"
  journal:
    #启用或禁用持久性日志,以确保数据文件保持有效和可恢复
    enabled: true
processManagement:
  #启用在后台运行mongod进程的守护进程模式
  fork: true
net:
  bindIp: 192.168.121.134
  port: 27017
security:
  authorization: enabled
```

当在配置文件 mongod.conf 中添加完参数"authorization: enabled"后，首先重启MongoDB服务，然后执行 mongo 192.168.121.134:27017 命令进入 mongo shell，接着执行 use admin 命令切换到数据库 admin，再执行 db.auth("itcastAdmin", passwordPrompt()) 命令进行用户验证，输入密码 123456，若验证通过则返回 1，反之返回"Error: Authentication failed.0"，具体如下：

```
>mongo 192.168.121.134:27017
MongoDB shell version v4.2.2
connecting to:
mongodb://192.168.121.134:27017/test? compressors=
                                        disabled&gssapiServiceName=mongodb
Implicit session: session {"id" : UUID("f0a53048-d411-4352-938a-dc513c4a2ea2")}
MongoDB server version: 4.2.2
>use admin
switched to db admin
>db.auth("itcastAdmin", passwordPrompt())
Enter password:
1
```

从上述返回结果1可以看出，管理员用户 itcastAdmin 已成功通过验证。

### 3. 使用 Robo 3T 连接 MongoDB

双击 Robo 3T 工具，弹出 MongoDB Connection 窗口，单击 Connect 按钮，连接MongoDB，弹出 Error 报错窗口，如图 3-83 所示。

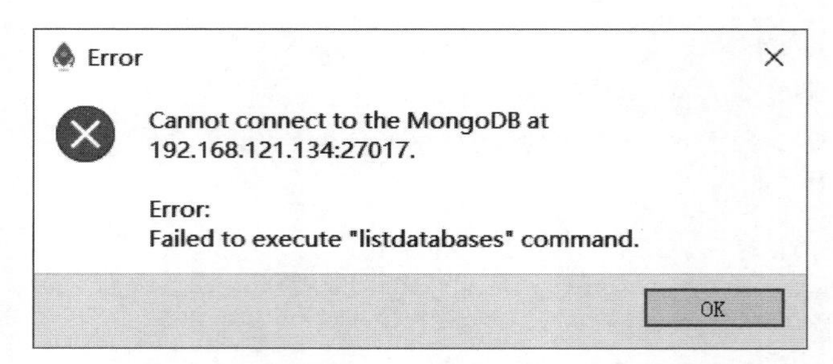


图 3-83 Robo 3T 连接 MongoDB 时报错

从图 3-83 中可以看出，Robo 3T 连接 MongoDB 时出现了错误，原因是我们开启了用户访问控制，连接 Mongo 需要通过验证才可进行。单击 OK 按钮，关闭报错窗口，返回 Connections Settings 对话框，在“Connection”选项卡下添加 IP 主机地址和端口号，如图 3-84 所示；单击 Authentication 选项卡标签，勾选“Perform authentication”复选框，在 Database 处添加数据库名称，User Name 处添加管理员的用户名，Password 处添加管理员的登录密码，具体配置如图 3-85 所示。

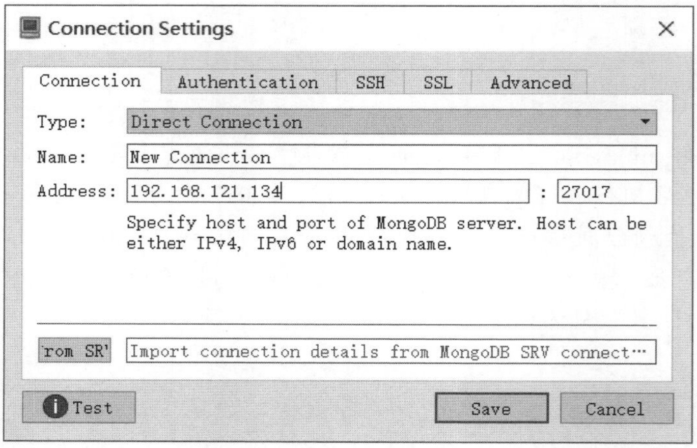

图 3-84 配置 MongoDB 连接

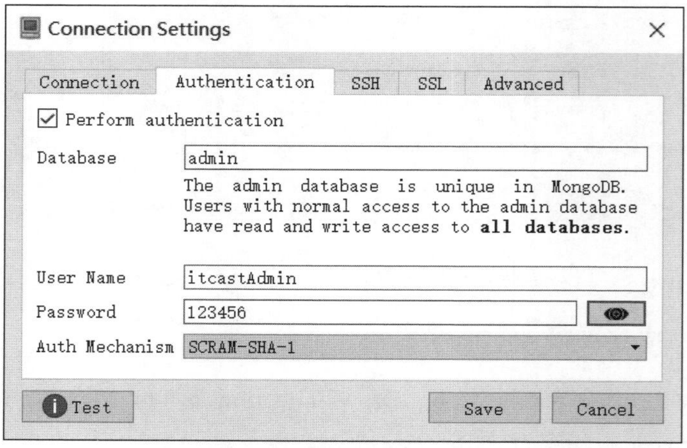

图 3-85 配置登录认证

单击图 3-85 中的 Save 按钮，返回 MongoDB Connections 窗口，MongoDB 连接的最终配置如图 3-86 所示。单击 Connect 按钮，连接 MongoDB，连接成功的界面如图 3-87 所示。

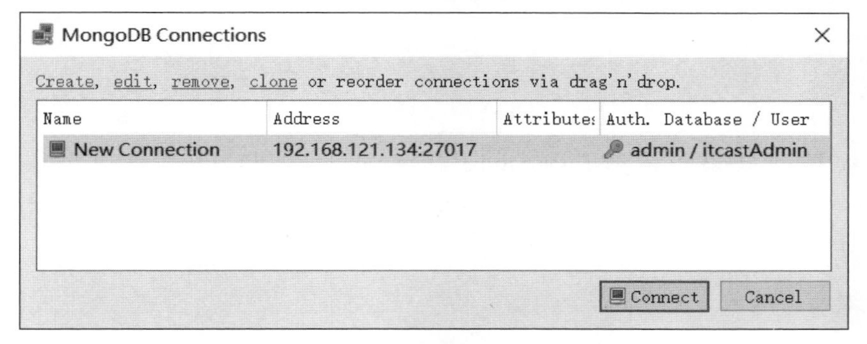


图 3-86　MongoDB 连接的最终配置

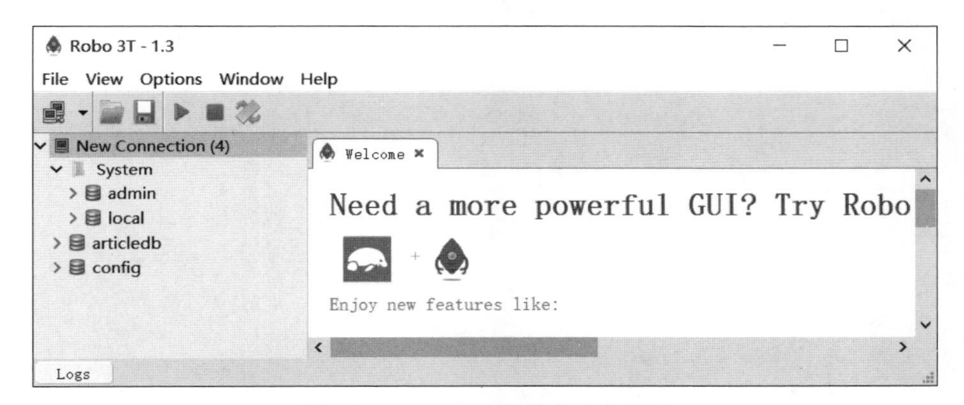


图 3-87　MongoDB 连接成功的界面

## 3.11.2　用户管理操作

在前面小节中，我们已经开启了 MongoDB 的用户访问控制。下面，我们将使用管理员用户来管理用户（普通用户）及其角色，例如，创建用户、查看用户信息、添加用户角色、修改用户信息、删除用户角色、修改用户密码以及删除用户等操作。

### 1. 创建用户

使用管理员用户 itcastAdmin 在数据库 admin 中创建一个基于角色 read 的用户 itcastUser，并且该用户只具有 admin 数据库的 read 权限，具体如下：

```
>db.createUser({user:"itcastUser",pwd:passwordPrompt(),roles:[{role:"read",
                                                        db:"admin"}]})
Enter password:
Successfully added user: {
        "user" : "itcastUser",
        "roles" : [
```

```
                {
                        "role" : "read",
                        "db" : "admin"
                }
        ]
}
```

从上述返回结果 Successfully added user 可以看出，已经成功添加普通用户 itcastUser，注意上面输入的密码是 123456，使用 passwordPrompt()方法与各种用户身份验证/管理/命令进行结合，使用提示来输入密码，从而提高密码的安全性。

### 2. 查看用户信息

使用管理员用户 itcastAdmin 查看普通用户 itcastUser 的信息，具体如下：

```
>db.getUser("itcastUser")
{
        "_id" : "admin.itcastUser",
        "userId" : UUID("2bd2c06d-5cd3-456b-b32c-c1a9b39d4a85"),
        "user" : "itcastUser",
        "db" : "admin",
        "roles" : [
                {
                        "role" : "read",
                        "db" : "admin"
                }
        ],
        "mechanisms" : [
                "SCRAM-SHA-1",
                "SCRAM-SHA-256"
        ]
}
```

从上述返回结果可以看出，执行查看用户信息命令，返回普通用户 itcastUser 的基本信息，其中，mechanisms 表示 MongoDB 使用的安全认证机制，这里使用的安全认证机制是 SCRAM-SHA-1 和 SCRAM-SHA-256。若要查看该用户的权限，则可以执行 db.getUser("itcastUser",{showPrivileges: true})命令，这里我们不做演示，读者可自行操作。

### 3. 添加用户角色

使用管理员用户 itcastAdmin 为普通用户 itcastUser 添加 readWrite 角色，并执行查看用户命令来检查添加角色是否成功，具体如下：

```
>db.grantRolesToUser("itcastUser",[{role:"readWrite",db:"admin"}])
>db.getUser("itcastUser")
{
        "_id" : "admin.itcastUser",
        "userId" : UUID("2bd2c06d-5cd3-456b-b32c-c1a9b39d4a85"),
```

```
        "user" : "itcastUser",
        "db" : "admin",
        "roles" : [
                {
                        "role" : "readWrite",
                        "db" : "admin"
                },
                {
                        "role" : "read",
                        "db" : "admin"
                }
        ],
        "mechanisms" : [
                "SCRAM-SHA-1",
                "SCRAM-SHA-256"
        ]
}
```

从上述返回结果可以看出,已经成功为普通用户 itcastUser 添加了 readWrite 角色。

**4. 修改用户信息**

使用管理员用户 itcastAdmin 将普通用户 itcastUser 的 readWrite 角色修改为 readAnyDatabase,并执行查看用户命令来检查角色是否修改成功,具体如下:

```
>db.updateUser("itcastUser",{roles:[{role:"read",db:"admin"},{role:"
                                        readAnyDatabase",db:"admin"}]})
>db.getUser("itcastUser")
{
        "_id" : "admin.itcastUser",
        "userId" : UUID("2bd2c06d-5cd3-456b-b32c-c1a9b39d4a85"),
        "user" : "itcastUser",
        "db" : "admin",
        "roles" : [
                {
                        "role" : "read",
                        "db" : "admin"
                },
                {
                        "role" : "readAnyDatabase",
                        "db" : "admin"
                }
        ],
        "mechanisms" : [
                "SCRAM-SHA-1",
                "SCRAM-SHA-256"
        ]
}
```

从上述返回结果可以看出,已经成功将普通用户 itcastUser 的 readWrite 角色修改为

readAnyDatabase角色。

5. **删除用户角色**

使用管理员用户itcastAdmin删除普通用户itcastUser中的readAnyDatabase角色，并执行查看用户命令来检查删除角色是否成功，具体如下：

```
>db.revokeRolesFromUser("itcastUser",[{role:"readAnyDatabase",db:"admin"}])
>db.getUser("itcastUser")
{
        "_id" : "admin.itcastUser",
        "userId" : UUID("2bd2c06d-5cd3-456b-b32c-c1a9b39d4a85"),
        "user" : "itcastUser",
        "db" : "admin",
        "roles" : [
                {
                        "role" : "read",
                        "db" : "admin"
                }
        ],
        "mechanisms" : [
                "SCRAM-SHA-1",
                "SCRAM-SHA-256"
        ]
}
```

从上述返回结果可以看出，已经成功删除了普通用户itcastUser的readAnyDatabase角色。

6. **修改用户密码**

使用管理员用户itcastAdmin修改普通用户itcastUser的密码，修改为itcastuser，并执行验证命令验证使用新密码是否可以通过验证，具体如下：

```
>db.changeUserPassword("itcastUser","itcastuser")
>db.auth("itcastUser", "itcastuser")
1
```

从上述返回结果1可以看出，已经成功将普通用户itcastUser的密码修改为itcastuser。

7. **删除用户**

使用管理员用户itcastAdmin删除普通用户itcastUser，并执行查看用户的命令查看用户itcastUser是否被删除（注意，要使用管理员用户itcastAdmin），具体如下：

```
>db.auth("itcastAdmin", passwordPrompt())
Enter password:
```

```
1
>db.dropUser("itcastUser")
true
>show users
{
        "_id" : "admin.itcastAdmin",
        "userId" : UUID("0a9aa86f-7219-41c6-ad81-b77f41278c46"),
        "user" : "itcastAdmin",
        "db" : "admin",
        "roles" : [
                {
                        "role" : "userAdminAnyDatabase",
                        "db" : "admin"
                },
                {
                        "role" : "readWriteAnyDatabase",
                        "db" : "admin"
                }
        ],
        "mechanisms" : [
                "SCRAM-SHA-1",
                "SCRAM-SHA-256"
        ]
}
```

从上述返回结果可以看出，已经成功删除普通用户 itcastUser。

## 3.12　本章小结

本章讲解了 MongoDB 数据库操作相关的知识。首先介绍 MongoDB 的部署，读者可以在 Windows 平台和 Linux 平台上部署 MongoDB；其次介绍 MongoDB 数据库、集合以及文档的相关操作，读者可以掌握如何操作 MongoDB 数据库、集合以及文档；接着介绍使用 Java、Python 语言以及 Robo 3T 工具来操作 MongoDB，读者可以掌握使用 Java、Python 语言以及 Robo 3T 工具来操作 MongoDB，从而可以灵活地使用编程语言或工具操作 MongoDB 数据库；最后介绍 MongoDB 的安全与访问控制，读者可以通过开启用户访问控制（即用户验证），提高 MongoDB 数据库中数据的安全性。

## 3.13　课后习题

### 一、填空题

1. MongoDB 是一个________、跨平台的数据库。
2. ________程序用于启动 MongoDB 服务器。
3. MongoDB 服务的端口号是________。
4. ________是使用不同的管道阶段操作器进行不同聚合操作。

5. MongoDB提供________操作来进行聚合操作。

## 二、判断题

1. 针对不同的操作系统平台，MongoDB的部署均相同。 ( )
2. MongoDB中管道操作符的类型单一。 ( )
3. Map-Reduce操作有两个阶段，即Map和Reduce阶段。 ( )
4. 默认情况下，MongoDB服务启动运行时是启用用户访问权限控制的。 ( )
5. Robo 3T是一个跨平台的MongoDB GUI客户端管理工具。 ( )

## 三、选择题

1. 下列命令中，( )可以用于创建MongoDB数据库。
   A. create　　B. show　　C. use　　D. db
2. 下列选项中，( )不属于管道操作符。
   A. $group　　B. $limit　　C. $match　　D. $and
3. 下列说法中，关于MongoDB索引说法正确的是( )。
   A. 索引存储着集合中全部的文档
   B. 索引项的排序支持有效的等值匹配和基于范围的查询操作
   C. 索引分为单字段索引和复合索引两种
   D. 索引是一种特殊的数据结构，即采用B-Tree数据结构

## 四、简答题

简述MongoDB索引的6种类型。

## 五、操作题

1. 通过MongoDB的Java API编程，实现以下操作：
(1) 创建集合。
(2) 查看集合。
(3) 在集合中插入文档。
(4) 查看集合中的文档。
(5) 删除集合中的指定文档。
2. 通过MongoDB GUI客户端管理工具，实现以下操作：
(1) 创建、删除数据库。
(2) 创建、查看、删除集合。
(3) 插入、查看、更新文档。

# 第4章 MongoDB副本集

## 学习目标

- 了解 MongoDB 副本集
- 熟悉 MongoDB 副本集成员
- 掌握 MongoDB 副本集部署
- 掌握 MongoDB 副本集操作
- 理解副本集机制

在之前的章节中，我们学习了 MongoDB 的基本概念，并通过一台服务器部署 MongoDB(独立模式)进行相关操作。独立模式可以简单且快速地构建 MongoDB 数据库系统，然而独立模式存在弊端，即一旦 MongoDB 发生宕机，将会面临数据丢失的风险，这在生产环境中是不允许发生的，此时我们可以利用 MongoDB 提供的高可用机制，即复制。MongoDB 支持两种复制类型：传统的主/从复制和副本集。副本集可以理解为传统主/从复制的一种复杂形式，支持自动故障恢复功能，拥有更高的可用性，是 MongoDB 部署中的一种推荐方法。因此，本章将针对 MongoDB 副本集进行详细介绍和部署。

## 4.1 副本集概述

副本集(replica set)是一组 MongoDB 实例保持其相同数据集的集群，由一个主(primary)服务器和多个副本(secondary)服务器构成。通过复制(replication)将数据的更新由主服务器推送到其他副本服务器上，在一定的延迟之后，达到每个 MongoDB 实例维护相同的数据集副本。

副本集通过维护冗余的数据库副本、读写分离和故障自动转移的功能，摆脱数据库在使用过程中出现的环境故障影响，是所有生产环境部署的基础。

接下来，我们针对副本集的功能进行详细讲解。

- 数据的冗余：副本集可以确保副本结点与主结点数据的更新，以防止单个数据库服务宕机造成数据丢失的问题。这些副本结点可以和主结点位于同一数据中心或出于安全考虑分布于其他数据中心。
- 自动故障转移：副本集没有固定的主结点，整个集群会选举出一个主结点，当这个主结点不能正常工作时，会选举出一个副本结点切换为主结点，客户端会连接到这个新的主结点，并且数据和应用程序都将保持可用。MongoDB 副本集实现这样的主/副本切换是自动的,因此副本集是保证 MongoDB 高可用的基础。

- 读写分离:副本集可以将读取请求分流到所有副本上,以减轻主结点的读写压力。

## 4.2 副本集成员

一般而言,副本集有三个主要成员主结点(primary)、副本结点(secondary)、仲裁结点(arbiter)。下面,我们通过一张图介绍副本集成员的架构,具体如图 4-1 所示。

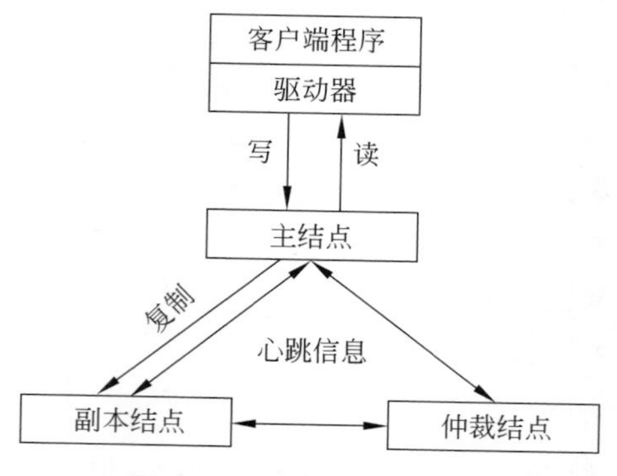


图 4-1 副本集成员的架构

从图 4-1 副本集成员架构可以看出,客户端程序(client application)通过驱动器(driver)连接副本集主结点(primary)进行读写操作,当主结点数据副本发生变化时,副本结点(secondary)通过复制(replication)同步主结点的数据副本,使副本集中副本结点与主结点存储相同数据副本。副本集中的各结点还会通过传递心跳信息(heartbeat)来检测各自的健康状态。当主结点故障时,拥有投票权的副本结点和仲裁结点(arbiter)会触发一次新的选举操作,并从副本结点中选举出新的主结点,以确保副本集正常运行。

接下来,我们对副本集中的三个主要成员做详细介绍。

### 1. 主结点

主结点是副本集中负责处理客户端请求和读写数据主要成员。主结点通过 oplog(操作日志)记录所有操作。副本集中有且只有一个主结点,如果当前主结点不可用,则会从副本结点中选举出新的主结点。

### 2. 副本结点

副本结点定期轮询主结点来获取 oplog 记录的操作内容,然后对自己的数据副本执行这些操作,从而保证副本结点的数据副本与主结点保持一致。副本集中可以有一个或多个副本结点。当主结点宕机时,副本集会根据副本结点的优先级进行选举,确定哪个副本结点成为新的主结点。

### 3. 仲裁结点

仲裁结点不会同步主结点的数据副本,也不会被选举为主结点,它主要是参与选举投票。由于仲裁结点没有访问压力，比较空闲，因此仲裁结点需要的资源很小。当副本集中成员个数为偶数时，建议添加一个仲裁结点，防止选举新的主结点过程中出现票数一致，导致无法选举出新的主结点，使副本集处于只读状态无法写入数据。

**📖多学一招**：MongoDB 副本集成员数与 oplog

MongoDB 官网建议当副本集成员个数大于 2 时，推荐副本集成员个数为奇数，而不使用仲裁结点。从 MongoDB 3.0 版本起，副本集可以多达五十名成员，最多 7 个参与主结点选举投票，并且其他成员不得拥有投票权。

oplog 是一个特殊的固定集合，它保存了副本集主结点中所有的数据变化记录，所有副本集成员（除仲裁结点）都在 local.oplog.rs 集合中包含一个 oplog 的副本，每个副本结点的 oplog 都会保持与主结点的 oplog 完全一致的状态（可能会有一些延迟）。

# 4.3　部署副本集

## 4.3.1　环境准备

按照官方推荐方案，我们搭建一个三成员的副本集，这个副本集由一个主结点和两个副本结点组成。在生产环境中我们会使用三台实体计算机进行部署，不过出于学习的角度，我们这里采用三台虚拟机进行部署（创建虚拟机的相关操作请参考本书资源中提供的环境配置文档），这样可以更加方便、快捷地实现副本集的部署，实体机与虚拟机中部署副本集的步骤是相同的。

开展副本集部署之前，我们先规划各服务器的基本信息及角色分配，具体如表 4-1 所示。

**表 4-1　服务器基本信息及角色分配**

| 虚拟机名称 | IP 地址 | 成员角色 | 主机名（hostname） |
|---|---|---|---|
| NoSQL_1 | 192.168.121.134 | 主结点 | nosql01 |
| NoSQL_2 | 192.168.121.135 | 副本结点 | nosql02 |
| NoSQL_3 | 192.168.121.136 | 副本结点 | nosql03 |

接下来，在实际部署 MongoDB 副本集时，我们将根据表 4-1 中各服务器的角色分配情况进行相关配置。

实现 MongoDB 副本集前，需参照本书资源中提供的环境配置文档完成环境的配置。

按照第 3.1.2 节介绍的方式，分别在三台服务器上创建 user_mongo 用户，并将目录 /opt/servers/mongodb_demo/更改为用户 user_mongo 的权限，后续我们将使用该用户进行 MongoDB 副本集安装与启动，具体效果如图 4-2、图 4-3 和图 4-4 所示。

从图 4-2、图 4-3 和图 4-4 中可以看出，三台服务器均已切换到 user_mongo 用户，并且 /opt/servers 目录下的 mongodb_demo 文件夹修改为用户 user_mongo 权限。

在三台服务器目录/opt/servers/mongodb_demo/下创建目录/replicaset/data/和目录 /replicaset/logs/，用于存放 MongoDB 副本集的数据和 MongoDB 副本集的日志文件，具体内容如下。

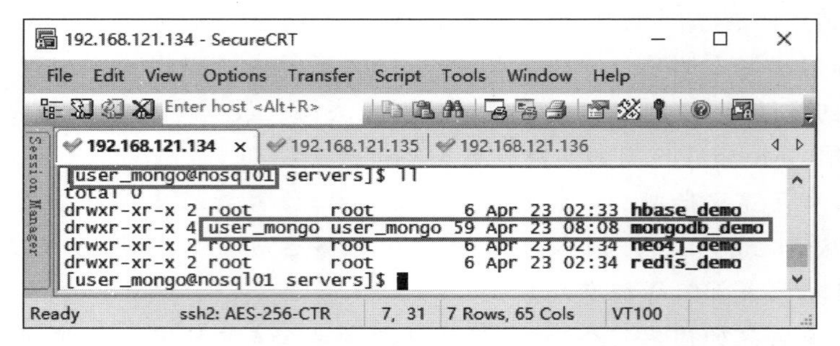


图 4-2 服务器 nosql01

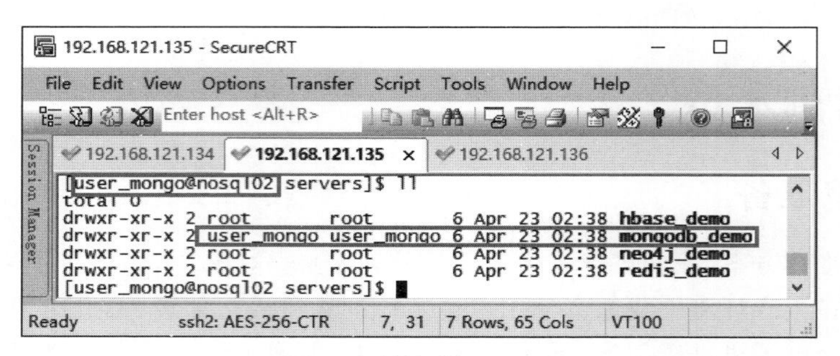


图 4-3 服务器 nosql02

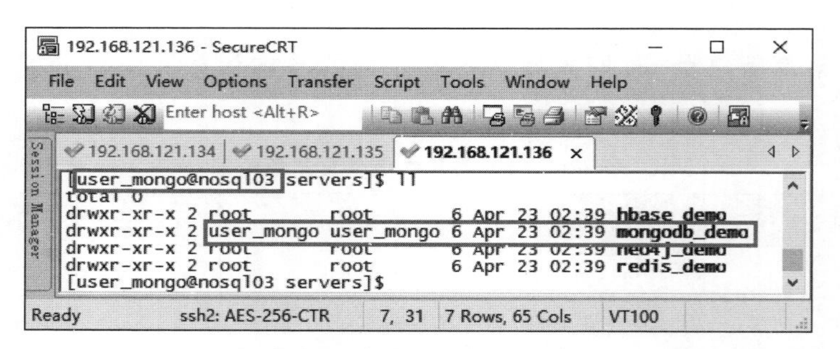


图 4-4 服务器 nosql03

(1) 创建存放 MongoDB 副本集数据的目录,具体命令如下:

```
$mkdir -p /opt/servers/mongodb_demo/replicaset/data/
```

(2) 创建存放 MongoDB 副本集日志的目录,具体命令如下:

```
$mkdir -p /opt/servers/mongodb_demo/replicaset/logs/
```

(3) 在 MongoDB 副本集日志的目录下创建日志文件,具体命令如下:

```
$touch /opt/servers/mongodb_demo/replicaset/logs/mongodb.log
```

至此,关于用户的创建、MongoDB 副本集数据的创建及日志文件的创建工作完成。

## 4.3.2　副本集的安装与启动

环境准备工作完成后，下面开始副本集的安装与启动，具体步骤如下。

### 1. 安装副本集

MongoDB 副本集由多个 MongoDB 的不同角色组建而来，因此部署 MongoDB 副本集的基础仍是部署 MongoDB。

将 MongoDB 安装包"mongodb-linux-x86_64-rhel70-4.2.2.tgz"通过"sudo rz"命令上传到服务器 nosql01 的/opt/software/目录下，并将安装包通过"sudo chown user_mongo:user_mongo /opt/software/mongodb-linux-x86_64-rhel70-4.2.2.tgz"命令修改为用户 user_mongo 权限，具体效果如图 4-5 所示。

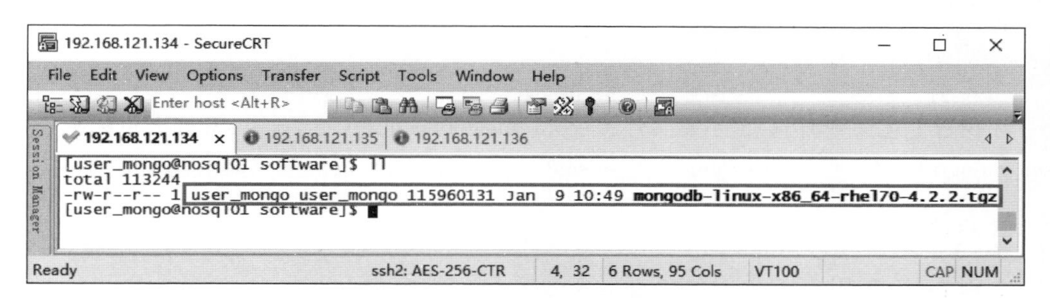


**图 4-5　上传 MongoDB 安装包**

从图 4-5 中可以看出，成功将 MongoDB 安装包上传到目录/opt/software/，并且修改 MongoDB 安装包的用户权限为 user_mongo。

通过解压 MongoDB 安装包的方式安装 MongoDB，将 MongoDB 安装包解压到目录/opt/servers/mongo_demo/replicaset/下，具体命令如下：

```
$tar -zxvf /opt/software/mongodb-linux-x86_64-rhel70-4.2.2.tgz -C
  /opt/servers/mongodb_demo/replicaset/
```

执行上述命令，完成对 MongoDB 安装包的解压，MongoDB 安装包解压后文件夹名称较长不便于使用，因此我们对 MongoDB 文件夹重命名，具体命令如下：

```
$mv mongodb-linux-x86_64-rhel70-4.2.2/ mongodb
```

需要注意的是，上述重命名命令必须在/opt/servers/mongodb_demo/replicaset/目录下进行操作。

至此，我们完成了服务器 nosql01 上 MongoDB 的安装，具体效果如图 4-6 所示。

从图 4-6 中可以看出，replicaset 目录下包含 data（数据）、logs（日志）和 mongodb（MongoDB 安装目录）文件夹，并且这些文件夹的用户权限都是 user_mongo。

将服务器 nosql01 中/opt/servers/mongodb_demo/replicaset/目录下的所有内容分发到服务器 nosql02 和服务器 nosql03 上，具体命令如下：

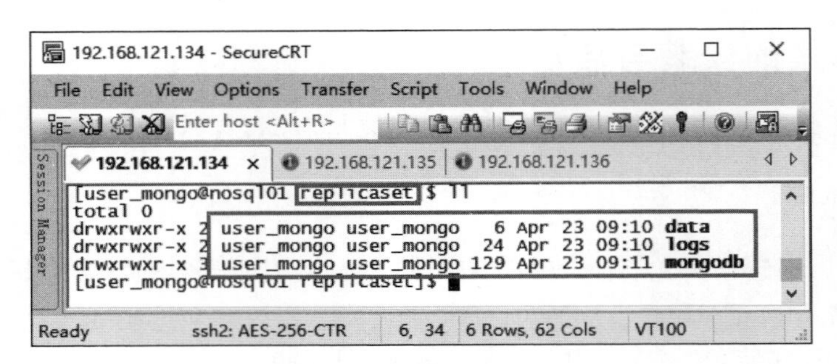


图 4-6　部署 MongoDB

```
$scp -r /opt/servers/mongodb_demo/replicaset/ user_mongo@nosql02:
  /opt/servers/mongodb_demo/
$scp -r /opt/servers/mongodb_demo/replicaset/ user_mongo@nosql03:
  /opt/servers/mongodb_demo/
```

在执行上述命令时，会提示是否连接(continue connecting (yes/no)?)和输入目标服务器中 user_mongo 用户的密码(user_mongo@nosql03's password：)，依次按照提示输入即可。

### 2. 启动副本集

分别在三台服务器 nosql01、nosql02 和 nosql03 的/opt/servers/mongodb_demo/replicaset/mongodb/bin 目录下以副本集模式启动 MongoDB，这里以服务器 nosql01 为例进行操作(如当前服务器的 MongoDB 已启动，需参照第 3.1.2 节结尾内容关闭 MongoDB)，具体命令如下：

```
#进入 MongoDB 的 bin 目录
$cd /opt/servers/mongodb_demo/replicaset/mongodb/bin
#以副本集模式启动 MongoDB
$./mongod --replSet itcast --dbpath=/opt/servers/mongodb_demo/replicaset
  /data/ --logpath=/opt/servers/mongodb_demo/replicaset/logs/mongodb.log
  --port 27017 --bind_ip nosql01 --logappend --fork
```

上述启动 MongoDB 命令中，参数 replSet 指定 MongoDB 副本集名称，同一副本集须指定相同名称；参数 dbpath 指定 MongoDB 副本集数据存放目录(不能与其他 MongoDB 服务冲突)；参数 logpath 指定 MongoDB 服务副本集日志目录；参数 port 指定 MongoDB 副本集启动占用的端口号(不能与其他 MongoDB 冲突)；参数 bind_ip 开启远程连接，使用当前服务器主机名；参数 logappend 指定以追加的方式写入日志；参数 fork 指定 MongoDB 后台启动。

执行完上述命令，便可成功以副本集模式启动 MongoDB 服务，具体效果如图 4-7 所示。

在图 4-7 中出现"child process started successfully"信息，证明在服务器 nosql01 中成功以副本集模式启动 MongoDB 服务。

至此，成功在服务器 nosql01 上以副本集模式启动了 MongoDB 目录。接下来，需重复上述命令依次在服务器 nosql02 和 nosql03 上分别以副本集模式启动 MongoDB，注意启动参数 bind_ip 要根据当前服务器主机名进行修改。

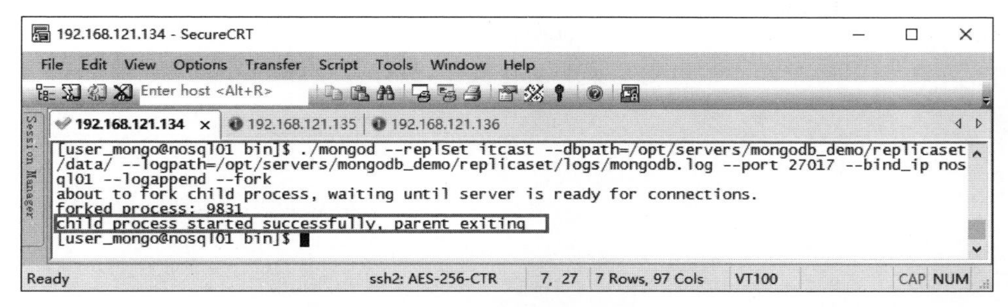


图 4-7　以副本集模式启动 MongoDB

## 4.3.3　副本集的初始化

因为本章规划的副本集主结点为服务器 nosql01，因此初始化副本集相关操作须在服务器 nosql01 的 MongoDB 客户端中执行，具体操作步骤如下。

登录服务器 nosql01 的 MongoDB 客户端，具体命令如下：

```
#进入 MongoDB 的 bin 目录
$cd /opt/servers/mongodb_demo/replicaset/mongodb/bin
#登录 MongoDB 客户端
$./mongo --host nosql01 --port 27017
```

上述登录 MongoDB 客户端命令中，参数 host 指定登录 MongoDB 客户端的 IP 地址（与启动参数 bind_ip 相对应）；参数 port 指定端口号（与启动参数 port 相对应）。

执行完上述命令，便可成功登录 MongoDB 客户端，具体效果如图 4-8 所示。

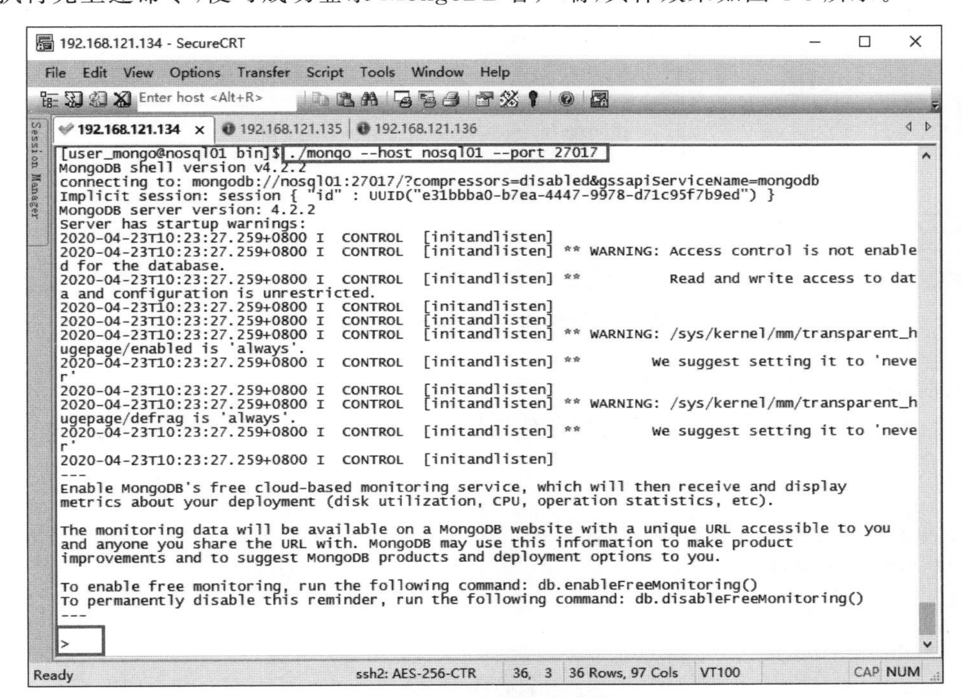


图 4-8　MongoDB 客户端

在图 4-8 中出现命令输入提示符>，证明在服务器 nosql01 中成功登录 MongoDB 客户端。在 MongoDB 客户端中执行副本集初始化操作，具体命令如下：

```
>rs.initiate()
{
	"info2" : "no configuration specified. Using a default configuration for the set",
	"me" : "nosql01:27017",
	"ok" : 1,
	"$clusterTime" : {
		"clusterTime" : Timestamp(1587610598, 1),
		"signature" : {
			"hash" : BinData(0,"AAAAAAAAAAAAAAAAAAAAAAAAAAA="),
			"keyId" : NumberLong(0)
		}
	},
	"operationTime" : Timestamp(1587610598, 1)
}
```

执行完上述命令，客户端会返回初始化信息，若信息中字段“OK”的值为 1，则说明成功初始化副本集。当执行完初始化命令后，当前结点默认处于“SECONDARY(副本结点)”状态，等待几秒钟后会自动选举自己成为“PRIMARY(主结点)”，具体效果如图 4-9 所示。

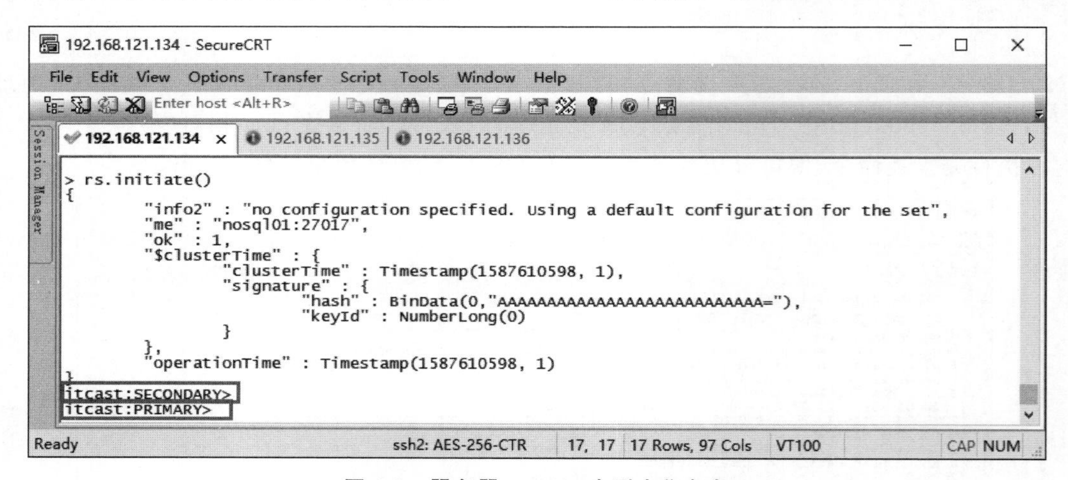


**图 4-9　服务器 nosql01 中副本集角色**

当前副本集只有一个成员角色，即主结点。接下来，我们将其他两台服务器 nosql02 和 nosql03 中的 MongoDB 以副本结点的角色添加到副本集中(添加结点的操作必须在主结点进行)，具体命令如下：

```
#将服务器 nosql02 的 MongoDB 添加到副本集
>rs.add("nosql02:27017")
{
	"ok" : 1,
	"$clusterTime" : {
		"clusterTime" : Timestamp(1587611474, 1),
```

```
            "signature" : {
                    "hash" : BinData(0,"AAAAAAAAAAAAAAAAAAAAAAAAAAA="),
                    "keyId" : NumberLong(0)
            }
    },
    "operationTime" : Timestamp(1587611474, 1)
}
#将服务器 nosql03 的 MongoDB 添加到副本集
>rs.add("nosql03:27017")
{
    "ok" : 1,
    "$clusterTime" : {
            "clusterTime" : Timestamp(1587611494, 1),
            "signature" : {
                    "hash" : BinData(0,"AAAAAAAAAAAAAAAAAAAAAAAAAAA="),
                    "keyId" : NumberLong(0)
            }
    },
    "operationTime" : Timestamp(1587611494, 1)
}
```

上述命令中使用 add()方法添加副本结点(如添加仲裁结点可使用 addArb()方法,用法与 add()方法一致),方法中包含两个参数:主机名和对应服务器下 MongoDB 服务的端口号。执行完添加副本结点命令后,客户端会返回添加的副本结点的相关信息,如信息中字段“OK”的值为 1,则证明副本结点添加成功。

此时,在服务器 nosql02 和 nosql03 上登录 MongoDB 客户端,查看当前服务器在副本集中的角色分配情况,具体效果如图 4-10 和图 4-11 所示。

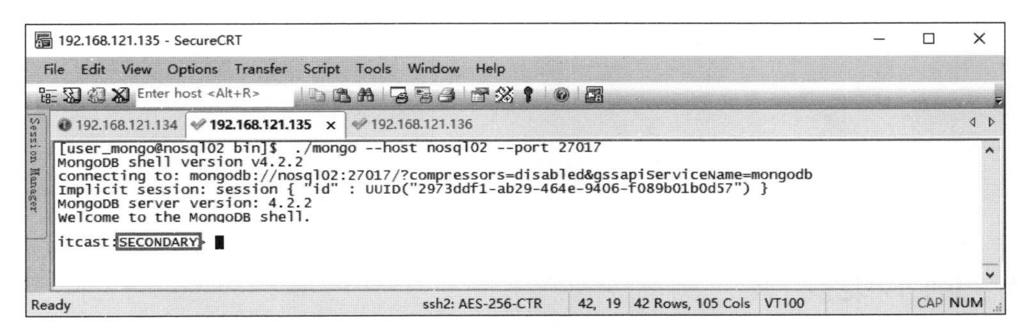


**图 4-10　服务器 nosql02 的副本集角色**

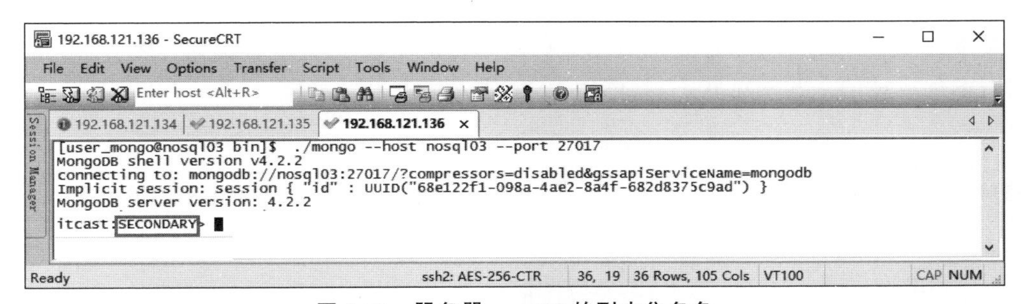


**图 4-11　服务器 nosql03 的副本集角色**

从图 4-10 和图 4-11 中可以看出，服务器 nosql02 和服务器 nosql03 上 MongoDB 的副本集角色为 SECONDARY(副本结点)。至此，我们完成了 MongoDB 副本集的部署。

**多学一招**：使用配置变量的方式进行副本集初始化操作

使用配置变量的好处是初始化副本集时可以带配置参数，例如配置结点优先级、成员角色等。例如，我们通过配置变量的方法创建一主一副本一仲裁结构的副本集，具体实现过程如下。

首先，同样需要在三台服务器以副本集模式启动 MongoDB，在任意一台服务器登录 MongoDB 客户端(没有进行过副本集初始化操作)。

然后，在 MongoDB 客户端声明变量 replset_conf，该变量中包含初始化副本集的相关参数，具体内容如下：

```
>replset_conf =
{
   _id : "itcast01",
   members: [
      { _id: 0, host: "nosql01:27017",priority: 4 },
      { _id: 1, host: " nosql02:27017" ,priority: 2},
      { _id: 2, host: " nosql03:27017",arbiterOnly: true }
   ]
}
```

上述配置变量中参数 priority 指定该成员优先级，优先级越高越会成为主结点；参数 arbiterOnly 为 true 则指定该成员为仲裁结点，想要了解更多的副本集配置参数内容，可参考 MongoDB 官网提供的内容，链接如下：

https://docs.mongodb.com/manual/reference/replica-configuration/#replsetgetconfig-output

最后，在初始化命令中指定配置变量完成副本集初始化操作，具体命令如下：

```
>rs.initiate(replset_conf)
```

## 4.4 副本集操作

### 4.4.1 查看副本集成员状态

副本集中各个成员会通过心跳信息将自己的当前状态告知其他成员。接下来，我们来介绍副本集成员的一些常见状态，具体如表 4-2 所示。

表 4-2 副本集成员状态

| 状态码 | 状态名称 | 状 态 介 绍 |
| --- | --- | --- |
| 0 | STARTUP | 成员刚启动时处于此状态 |
| 1 | PRIMARY | 成员处于主结点的状态 |

续表

| 状态码 | 状态名称 | 状 态 介 绍 |
| --- | --- | --- |
| 2 | SECONDARY | 成员处于副本结点的状态 |
| 3 | RECOVERING | 成员正在执行启动自检，数据回滚或同步过程结束时也会短暂处于该状态 |
| 5 | STARTUP2 | 成员处于初始化同步过程 |
| 6 | UNKNOWN | 成员处于未知状态、宕机或者存在网络访问问题 |
| 7 | ARBITER | 成员处于仲裁结点的状态 |
| 8 | DOWN | 副本集中其他成员无法访问该成员 |
| 9 | ROLLBACK | 该成员正在执行数据回滚，无法从该成员读取数据，从 4.2 版本开始，当成员进入该状态时，MongoDB 会终止所有正在进行的用户操作 |
| 10 | REMOVED | 该成员从副本集中移除 |

从表 4-2 中可以看出，副本集中各成员状态的详细介绍，我们可以通过成员状态信息判断该成员的运行是否正常。

接下来，我们将演示如何在 MongoDB 副本集主结点的 MongoDB 客户端查看各成员状态信息，具体命令如下：

```
#进入服务器 nosql01 中 MongoDB 的 bin 目录
$cd /opt/servers/mongodb_demo/replicaset/mongodb/bin
#登录 MongoDB 客户端
$./mongo --host nosql01 --port 27017
#查看副本集成员状态信息
itcast:PRIMARY>rs.status()
{
        "set" : "itcast",
        "date" : ISODate("2020-04-23T04:14:18.449Z"),
        "myState" : 1,
        ...
         "members" : [
                {
                        "_id" : 0,
                        "name" : "nosql01:27017",
                        "ip" : "192.168.121.134",
                        "health" : 1,
                        "state" : 1,
                        "stateStr" : "PRIMARY",
                        "uptime" : 6652,
                        "optime" : {
                                "ts" : Timestamp(1587615250, 1),
                                "t" : NumberLong(1)
                        },
                        "optimeDate" : ISODate("2020-04-23T04:14:10Z"),
                        "syncingTo" : "",
                        "syncSourceHost" : "",
```

```
                "syncSourceId" : -1,
                "infoMessage" : "",
                "electionTime" : Timestamp(1587610598, 2),
                "electionDate" : ISODate("2020-04-23T02:56:38Z"),
                "configVersion" : 3,
                "self" : true,
                "lastHeartbeatMessage" : ""
        },
        {
                "_id" : 1,
                "name" : "nosql02:27017",
                "ip" : "192.168.121.135",
                "health" : 1,
                "state" : 2,
                "stateStr" : "SECONDARY",
                "uptime" : 3783,
                "optime" : {
                        "ts" : Timestamp(1587615250, 1),
                        "t" : NumberLong(1)
                },
                "optimeDurable" : {
                        "ts" : Timestamp(1587615250, 1),
                        "t" : NumberLong(1)
                },
                "optimeDate" : ISODate("2020-04-23T04:14:10Z"),
                "optimeDurableDate" : ISODate("2020-04-23T04:14:10Z"),
                "lastHeartbeat" : ISODate("2020-04-23T04:14:17.429Z"),
                "lastHeartbeatRecv" : ISODate("2020-04-23T04:14:18.373Z"),
                "pingMs" : NumberLong(0),
                "lastHeartbeatMessage" : "",
                "syncingTo" : "nosql03:27017",
                "syncSourceHost" : "nosql03:27017",
                "syncSourceId" : 2,
                "infoMessage" : "",
                "configVersion" : 3
        },
        {
                "_id" : 2,
                "name" : "nosql03:27017",
                "ip" : "192.168.121.136",
                "health" : 1,
                "state" : 2,
                "stateStr" : "SECONDARY",
                "uptime" : 3764,
                "optime" : {
                        "ts" : Timestamp(1587615250, 1),
                        "t" : NumberLong(1)
                },
                "optimeDurable" : {
                        "ts" : Timestamp(1587615250, 1),
```

```
                "t" : NumberLong(1)
            },
            "optimeDate" : ISODate("2020-04-23T04:14:10Z"),
            "optimeDurableDate" : ISODate("2020-04-23T04:14:10Z"),
            "lastHeartbeat" : ISODate("2020-04-23T04:14:17.631Z"),
            "lastHeartbeatRecv" : ISODate("2020-04-23T04:14:18.017Z"),
            "pingMs" : NumberLong(0),
            "lastHeartbeatMessage" : "",
            "syncingTo" : "nosql01:27017",
            "syncSourceHost" : "nosql01:27017",
            "syncSourceId" : 0,
            "infoMessage" : "",
            "configVersion" : 3
        }
    ],
    ...
}
```

上述副本集成员状态信息中部分参数如下：

- members：包含副本集中所有成员信息。
- name：表示成员在副本集中的名称，默认以启动时指定的 bind_ip 和 port 参数组合命名。
- ip：表示成员的 ip 地址。
- _id：表示成员在副本集中的 id 值。
- health：表示成员健康值，1 为健康，0 为不健康。
- state：表示成员的状态码。
- stateStr：表示成员的状态名称。

**多学一招**：回滚(rollback)

回滚操作是 MongoDB 副本集发生一些异常主备切换后发生的现象，回滚操作会撤销在当前结点上已执行的一些修改操作。

触发回滚操作分为以下两种情况：

(1) 副本结点在同步源上没有查到比自身更新的 oplog，同步源默认为主结点。

(2) 同步源返回的的第一条 oplog 和副本结点自身最新 oplog 的 OpTime 和 hash 都不同。

## 4.4.2　同步副本文档

通过向 MongoDB 副本集主结点写入文档，验证其他副本结点是否成功同步主结点写入的文档内容，具体操作步骤如下。

(1) 在服务器 nosql01(副本集主结点)的 MongoDB 客户端写入一条文档，具体命令如下：

```
#进入服务器 nosql01 中 MongoDB 的 bin 目录
$cd /opt/servers/mongodb_demo/replicaset/mongodb/bin
```

```
#登录 MongoDB 客户端
$./mongo --host nosql01 --port 27017
#切换到 test 数据库
itcast:PRIMARY>use test
switched to db test
#创建集合 user 并插入一条文档
itcast:PRIMARY>db.user.insert({"name":"bozai"})
WriteResult({ "nInserted" : 1 })
#查看文档是否写入成功,具体命令如下。
itcast:PRIMARY>db.user.find()
{ "_id" : ObjectId("5ea1181efb74328a3231e8d1"), "name" : "bozai" }
```

通过上述操作,成功在副本集主结点的数据库 test 中创建集合 user 并插入一条文档。

(2) 在服务器 nosql02(副本结点)中登录 MongoDB 客户端,查看数据库 test 下的集合 user 中是否存在与主结点一致的文档内容,具体命令如下:

```
#进入服务器 nosql02 中 MongoDB 的 bin 目录
$cd /opt/servers/mongodb_demo/replicaset/mongodb/bin
#登录 MongoDB 客户端
$./mongo --host nosql02 --port 27017
#切换到 test 数据库
itcast:SECONDARY>use test
switched to db test
#查看集合 user 中文档
itcast:SECONDARY>db.user.find()
Error: error: {
        "operationTime" : Timestamp(1587615970, 1),
        "ok" : 0,
        "errmsg" : "not master and slaveOk=false",
        "code" : 13435,
        "codeName" : "NotMasterNoSlaveOk",
        "$clusterTime" : {
                "clusterTime" : Timestamp(1587615970, 1),
                "signature" : {
                        "hash" : BinData(0,"AAAAAAAAAAAAAAAAAAAAAAAAAAA="),
                        "keyId" : NumberLong(0)
                }
        }
}
```

执行查看集合中的文档命令时,客户端会返回 Error 的错误信息,这是因为默认情况下副本结点不能读取副本集中的内容,因此我们需要设置开启副本结点的读取权限,然后才可以查看副本集中的内容,具体命令如下:

```
itcast:SECONDARY>rs.slaveOk()
```

执行完上述命令后,在服务器 nosql02 中的 MongoDB 客户端再次查看 user 集合中的文档,如图 4-12 所示。

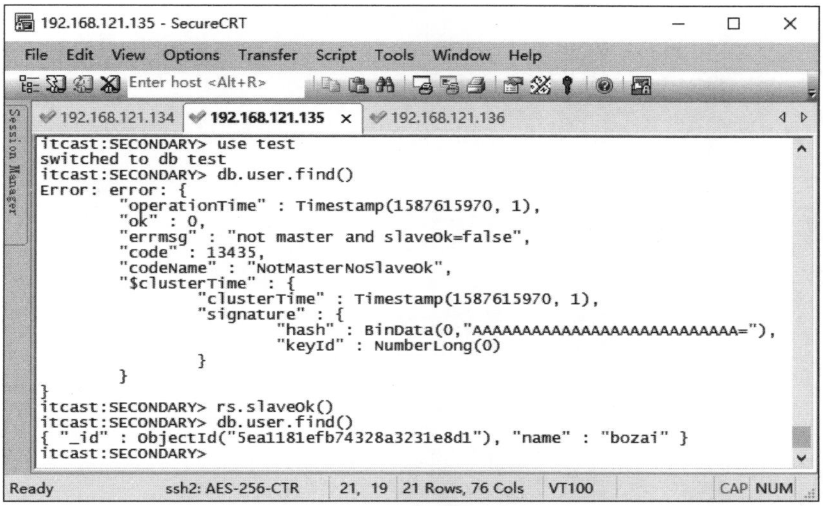
192.168.121.135 - SecureCRT
File Edit View Options Transfer Script Tools Window Help
Enter host <Alt+R>
192.168.121.134
192.168.121.135
192.168.121.136
Session Manager
itcast:SECONDARY> use test
switched to db test
itcast:SECONDARY> db.user.find()
Error: error: {
"operationTime" : Timestamp(1587615970, 1),
"ok" : 0,
"errmsg" : "not master and slaveOk=false",
"code" : 13435,
"codeName" : "NotMasterNoSlaveOk",
"$clusterTime" : {
"clusterTime" : Timestamp(1587615970, 1),
"signature" : {
"hash" : BinData(0,"AAAAAAAAAAAAAAAAAAAAAAAAAAA="),
"keyId" : NumberLong(0)
}
}
}
itcast:SECONDARY> rs.slaveOk()
itcast:SECONDARY> db.user.find()
{ "_id" : ObjectId("5ea1181efb74328a3231e8d1"), "name" : "bozai" }
itcast:SECONDARY>
Ready
ssh2: AES-256-CTR
21, 19
21 Rows, 76 Cols
VT100
CAP NUM

**图 4-12　成功同步数据**

从图 4-12 中可以看出，在副本结点中成功查询 user 集合中的文档，并且文档内容与主结点中插入集合 user 中的文档内容一致，说明副本集同步副本文档生效。

### 4.4.3　故障转移

通过手动关闭主结点的 MongoDB，观察副本集是否会从两个副本结点中选举出新的主结点，实现自动故障转移，具体实现步骤如下。

在服务器 nosql01 的 MongoDB 客户端中通过"exit"命令关闭客户端，通过查看 MongoDB 服务运行的进程 ID 关闭 MongoDB，具体命令如下：

```
#查看 MongoDB 运行的进程，MongoDB 的进程 ID 为 9831
$ps -ef | grep mongodb
user_mo+   9831     1  0 10:23 ?        00:01:26 ./mongod --replSet itcast --dbpath=/
opt/servers/mongodb_demo/replicaset/data/ --logpath=/opt/servers/mongodb_demo/
replicaset/logs/mongodb.log --port 27017 --bind_ip nosql01 --logappend --fork
#关闭 MongoDB 进程
$kill -2 9831
```

执行上述命令，关闭服务器 nosql01 中的 MongoDB。

分别登录服务器 nosql03 和服务器 nosql02 中的 MongoDB 客户端，验证副本集是否实现自动故障转移，从两个副本结点中选举出新的主结点。

此时我们会发现服务器 nosql02 中 MongoDB 客户端变更为主结点，在服务器 nosql02 的 MongoDB 客户端执行查看副本集成员状态命令，副本集成员的状态信息如下（这里只截取副本集成员信息的部分内容）：

```
"members" : [
        {
            "_id" : 0,
```

```
                "name" : "nosql01:27017",
                "ip" : "192.168.121.134",
                "health" : 0,
                "state" : 8,
                "stateStr" : "(not reachable/healthy)",
                "uptime" : 0,
                ...
        },
        {
                "_id" : 1,
                "name" : "nosql02:27017",
                "ip" : "192.168.121.135",
                "health" : 1,
                "state" : 1,
                "stateStr" : "PRIMARY",
                "uptime" : 7869,
                ...
        },
        {
                "_id" : 2,
                "name" : "nosql03:27017",
                "ip" : "192.168.121.136",
                "health" : 1,
                "state" : 2,
                "stateStr" : "SECONDARY",
                "uptime" : 5979,
                ...
        }
],
```

从 MongoDB 客户端返回的副本集成员状态信息可以看出，ip 为 192.168.121.134(服务器 nosql01)的副本集成员的健康状态(health)为 0，并且状态码为 8(失去连接)；ip 为 192.168.121.135(服务器 nosql02)的副本集成员的状态码为 1(主结点)；ip 为 192.168.121.136(服务器 nosql03)的副本集成员的状态码为 2(副本结点)。

通过上述测试，证明副本集的自动故障转移功能可以正常使用，此时 MongoDB 副本集的主结点变为服务器 nosql02，重新以副本集模式启动服务器 nosql01 上的 MongoDB，登录 MongoDB 客户端会发现该结点自动变为副本结点。

### 4.4.4 配置副本集成员

在实际使用过程中，随着需求的变化我们会对副本集成员的配置进行更改，例如修改成员优先级、选举权和成员角色等操作。接下来，我们将详细讲解如何修改副本集成员。

#### 1. 获取副本集成员配置信息

在修改副本集成员前，需要先获取副本集成员信息并赋值到变量中，通过被赋值的变量对指定成员进行修改，具体命令如下：

```
#进入服务器 nosql02 中 MongoDB 的 bin 目录
$cd /opt/servers/mongodb_demo/replicaset/mongodb/bin
#登录 MongoDB 客户端
$./mongo --host nosql02 --port 27017
#将副本集成员信息赋值到变量 cfg 中
itcast:PRIMARY>cfg=rs.conf()
{
        "_id" : "itcast",
        "version" : 3,
        "protocolVersion" : NumberLong(1),
        "writeConcernMajorityJournalDefault" : true,
        "members" : [
                {
                        "_id" : 0,
                        "host" : "nosql01:27017",
                        "arbiterOnly" : false,
                        "buildIndexes" : true,
                        "hidden" : false,
                        "priority" : 1,
                        "tags" : {
                        },
                        "slaveDelay" : NumberLong(0),
                        "votes" : 1
                },
                {
                        "_id" : 1,
                        "host" : "nosql02:27017",
                        "arbiterOnly" : false,
                        "buildIndexes" : true,
                        "hidden" : false,
                        "priority" : 1,
                        "tags" : {
                        },
                        "slaveDelay" : NumberLong(0),
                        "votes" : 1
                },
                {
                        "_id" : 2,
                        "host" : "nosql03:27017",
                        "arbiterOnly" : false,
                        "buildIndexes" : true,
                        "hidden" : false,
                        "priority" : 1,
                        "tags" : {
                        },
                        "slaveDelay" : NumberLong(0),
                        "votes" : 1
                }
        ],
        "settings" : {
```

```
                ...
        }
}
```

执行完上述命令后，变量 cfg 中会存储副本集成员信息，同时 MongoDB 客户端会返回副本集成员信息，信息中部分参数如下：

- _id：表示成员在副本集中的编号。
- host：表示成员的主机名及端口号。
- members：表示副本集中所有成员的信息。
- arbiterOnly：代表该成员是否为仲裁结点。
- hidden：代表该成员是否为隐藏结点。
- priority：表示成员的优先级。
- votes：代表成员是否有投票权，其中，1 代表有投票权，0 代表没有投票权。

### 2. 调整副本集成员的优先级

在 MongoDB 副本集中除了仲裁结点外，其他每一个成员都存在优先级，能够手动设置优先级来决定哪个成员会被选举成为 Primary（主结点）。副本集通过设置参数 priority 的值来决定结点优先级的大小，该值的范围是 0～100，值越大则优先级越高，当值为 0 时，该结点便不能成为 Primary。在资源不均衡的副本集环境中，可以指定资源较差的服务器中的成员不能成为 Primary。调整副本集成员优先级的操作步骤如下。

(1) 将_id 为 0 的副本结点（即服务器 nosql01）优先级值由 1 改为 2，具体命令如下：

```
itcast:PRIMARY>cfg.members[0].priority =2
2
```

上述命令中，members[0]中的 0 与副本集配置信息中的字段_id 的值没有直接关系，因为_id 的值是可以修改的，这里的 0 指该副本结点在副本集配置信息中的字段 members 中数组位置。

(2) 将调整副本集成员优先级的操作应用到副本集，具体命令如下：

```
itcast:PRIMARY>rs.reconfig(cfg)
{
        "ok" : 1,
        "$clusterTime" : {
                "clusterTime" : Timestamp(1587711115, 2),
                "signature" : {
                        "hash" : BinData(0,"8px3BeNSutd68qYwIF5u+K6iUc4="),
                        "keyId" : NumberLong("6818735601487970306")
                }
        },
        "operationTime" : Timestamp(1587711115, 2)
}
```

执行上述命令，在客户端返回的信息中可以看到字段 OK 的值为 1，证明成功将副本结点(服务器 nosql01)的优先级调整为 2,此时在服务器 nosql01 中登录 MongoDB 客户端会发现当前副本集角色变为主结点(PRIMARY),读者可自行操作,这里不再做演示。

### 3. 配置隐藏结点和延迟结点

隐藏结点是副本结点的一种表现形式,它不能被客户端引用,也就是说这个结点不能用于读写分离的场景。不过对于其他副本结点和主结点来说都是可见的,因此隐藏副本结点依然可以投票,依然可以同步主结点的数据副本,只不过客户端无法读取隐藏副本结点的数据,无法实现负载功能。

延迟结点是副本结点的另一种表现形式,它代表此结点的数据与主结点的数据有一定的延迟同步,通过设定一个延迟的属性来确定。实现延迟副本结点的前提是该结点为隐藏结点。由于延迟副本结点会延迟复制主结点的数据集,因此可以从人为的误操作中恢复数据。

接下来,我们将详细讲解如何在副本集中配置隐藏结点和延迟结点,需要在副本集主结点(服务器 nosql01)上进行相关操作。

配置隐藏结点需要将参数 priority 设置为 0,参数 hidden 设置为 true,具体命令如下:

```
#在服务器 nosql01 中 MongoDB 的 bin 目录下登录 MongoDB 客户端
$./mongo --host nosql01 --port 27017
#将副本集配置信息赋值到变量 cfg
itcast:PRIMARY>cfg =rs.conf()
#设置服务器 nosql02 中副本结点的优先级为 0
itcast:PRIMARY>cfg.members[1].priority =0
#设置服务器 nosql02 中副本结点为隐藏结点
itcast:PRIMARY>cfg.members[1].hidden =true
itcast:PRIMARY>rs.reconfig(cfg)
```

配置延迟结点同样需要将参数 priority 设置为 0,参数 hidden 设置为 true,只不过这里需要多配置一项参数 slaveDelay 设置延迟时间,具体命令如下:

```
#将副本集配置信息赋值到变量 cfg
itcast:PRIMARY>cfg =rs.conf()
#设置服务器 nosql03 中副本结点的优先级为 0
itcast:PRIMARY>cfg.members[2].priority =0
#设置服务器 nosql03 中副本结点为隐藏结点
itcast:PRIMARY>cfg.members[2].hidden =true
#设置延迟时间为 3600 秒
itcast:PRIMARY>cfg.members[2].slaveDelay =3600
itcast:PRIMARY>rs.reconfig(cfg)
```

上述配置隐藏结点和延迟结点的命令中,只针对特殊操作进行注解,对于客户端返回信息不再做展示,读者可在自行操作过程中进行查看。

### 4. 配置副本集成员投票权

副本集中允许有 7 个拥有投票权的成员,配置副本集成员拥有投票权需要修改参数

votes的值为1,如修改值为0则代表该成员不具备投票权,默认情况下在副本集中创建的成员都具备投票权,即votes的值为1。接下来,我们将服务器nosql02中的隐藏结点的投票权设置为0,具体命令如下:(这里需要注意的是,相关操作需要在副本集主结点进行,即服务器nosql01)。

```
#在服务器 nosql01 中 MongoDB 的 bin 目录下登录 MongoDB 客户端
$./mongo --host nosql01 --port 27017
#将副本集配置信息赋值到变量 cfg
itcast:PRIMARY>cfg =rs.conf()
#设置服务器 nosql02 中隐藏结点的投票权设置为 0,即不可投票
itcast:PRIMARY>cfg.members[1].votes =0
itcast:PRIMARY>rs.reconfig(cfg)
```

上述配置投票权的命令中,只针对特殊操作进行注解,对于客户端返回信息不再做展示,读者可在自行操作过程中进行查看。

#### 5. 将副本结点转为仲裁结点

首先,在副本集主结点(服务器nosql01)中移除副本集中要转换为仲裁结点的副本结点,这里以服务器nosql02中的隐藏结点为例,具体命令如下:

```
#在服务器 nosql01 中 MongoDB 的 bin 目录下登录 MongoDB 客户端
$./mongo --host nosql01 --port 27017
#将副本集配置信息赋值到变量 cfg
itcast:PRIMARY>cfg =rs.conf()
#移除服务器 nosql02 中的隐藏结点
itcast:PRIMARY>rs.remove("nosql02:27017")
```

接下来,在服务器nosql02上退出MongoDB客户端并关闭MongoDB进程,备份MongoDB数据存放目录,具体命令如下:

```
$mv /opt/servers/mongodb_demo/replicaset/data /opt/servers/mongodb_demo
  /replicaset/data-old
```

然后,在服务器nosql02上创建一个新的MongoDB数据存放目录,并以该目录为数据存放目录在MongoDB安装目录的bin目录下重新启动MongoDB,具体命令如下:

```
$mkdir /opt/servers/mongodb_demo/replicaset/data-new
$./mongod --replSet itcast --dbpath=/opt/servers/mongodb_demo/replicaset
  /data-new --logpath=/opt/servers/mongodb_demo/replicaset/logs/mongodb.log
  --port 27017 --bind_ip nosql02 --logappend --fork
```

最后,在副本集主结点(服务器nosql01)将该服务器nosql02中的MongoDB以仲裁结点的角色添加到副本集中,具体命令如下:

```
itcast:PRIMARY>rs.addArb("nosql02:27017")
```

至此，我们完成了将副本结点转换为仲裁结点的操作，可在副本集主结点运行命令“rs.conf()”验证是否转换成功，如输出的副本集成员配置信息中服务器 nosql02 结点的 arbiterOnly 参数变为 true，则证明转换成功。或登录服务器 nosql02 中 MongoDB 客户端，查看角色信息是否变更为 ARBITER。

### 4.4.5　安全认证

默认情况下部署的 MongoDB 副本集不会开启安全认证功能，这样会对副本集的安全带来一定影响，任何人都可以操作副本集，这在生产环境中是不允许发生的。MongoDB 副本集之间通信有两种安全认证机制，一种是通过 KeyFile，另外一种是通过证书 x.509。官网推荐使用证书的方式，不过我们这里搭建测试和开发环境没必要去弄证书，因此我们直接通过配置 KeyFile 就可以实现安全通信，不过在生产环境中推荐使用证书 x.509。

KeyFile 是 MongoDB 副本集安全认证的一种形式，该形式是通过一个密钥文件使副本集中各服务器进行内部通信使用，当作副本集内部的密码，这个密钥文件基本上是一个明文的文件，副本集中每个成员的密钥文件内容须保持一致。

密钥文件的使用需要注意以下几点：

- 内容至少包含 6 个字符，文件的大小不能超过 1024 字节；
- 文件中的空白字符在认证过程没有实际意义；
- 文件编码为 base64，但不能包含等于号；
- 密钥文件权限一定要等于或小于 600(rw 只有拥有者有读写权限)，否则会报出权限太高的错误。

MongoDB 副本集中的 KeyFile 安全认证可以理解为 MongoDB 单机模式下的 auth 认证功能，开启 KeyFile 安全认证，就不需要再使用 auth 认证(隐含就是开启了 auth)，这个时候登录 MongoDB 副本集的客户端就需要用户名和密码进行认证。KeyFile 认证不是必选项，不过副本集中一个成员开启了 KeyFile 认证的情况下，其他成员也必须开启 KeyFile 认证，否则将不会加入该副本集。

接下来，我们将详细讲解如何在 MongoDB 副本集中开启 KeyFile 安全认证功能，注意本节相关操作同样需要使用 user_mongo 用户，这里我们以服务器 nosql01 为例(副本集主结点)。

#### 1. 创建 KeyFile 文件

创建用于存放 KeyFile 文件的目录，具体命令如下：

```
$mkdir -p /opt/servers/mongodb_demo/replicaset/key
```

在/opt/servers/mongodb_demo/replicaset/key 目录下新建 KeyFile 文件并命名为 keyfile，具体命令如下：

```
$touch /opt/servers/mongodb_demo/replicaset/key/keyfile
```

#### 2. 向 KeyFile 文件写入密钥

通过 Linux 系统提供的密码工具集 openssl 生成符合 KeyFile 文件标准的密钥并写入，

具体命令如下：

```
$openssl rand -out /export/data/keyfile -base64 756
  /keyfile
```

执行完上述命令后，可执行 vi /opt/servers/mongodb_demo/replicaset/key/keyfile 命令，查看密钥是否成功写入 KeyFile 文件。

修改 KeyFile 文件权限为 600，即只有当前用户拥有可读写权限，具体命令如下：

```
$chmod 600 /opt/servers/mongodb_demo/replicaset/key/keyfile
```

**注意**：如不操作此步，后续则会因为 KeyFile 文件默认权限过大，无法启动安全认证的 MongDB 副本集。

### 3. 同步 KeyFile 文件

为了保证副本集中各结点的 KeyFile 文件保持一致，需要将 KeyFile 文件(keyfile)复制到其他结点，具体命令如下：

```
$scp -r /opt/servers/mongodb_demo/replicaset/key user_mongo@nosql02:
  /opt/servers/mongodb_demo/replicaset/
$scp -r /opt/servers/mongodb_demo/replicaset/key user_mongo@nosql03:
  /opt/servers/mongodb_demo/replicaset/
```

在执行上述命令时，会提示是否连接(continue connecting (yes/no)?)和输入目标服务器中 user_mongo 用户的密码(user_mongo@nosql03's password: )，依次按照提示输入即可。复制完成后须保证其他结点上的 KeyFile 文件权限为 600。

### 4. 创建全局管理用户

通过前几步的操作，确保了副本集各结点拥有符合 KeyFile 文件规则且内容一致的密钥文件，不过在启动 MongoDB 副本集安全认证前，还需要在副本集中创建全局管理用户。因为，开启安全认证后在不指定用户登录 MongoDB 客户端时，默认情况下我们是以访客身份登录而没有任何操作的权限，也无法创建用户，这会导致开启了安全认证的副本集无法正常使用。因此，需要在没有开启安全认证的 MongoDB 副本集中添加全局管理用户，具体实现步骤如下。

由于 4.4.4 节将服务器 nosql02 转换为仲裁结点，所以为了不影响副本集的正常使用，在创建全局管理用户之前，需要将服务器 nosql02 的仲裁结点转换为副本结点，具体内容如下。

首先，在服务器 nosql01 切换至 user_mongo 用户，登录 MongoDB 客户端(主结点)，并切换到数据库 admin，具体命令如下。

```
itcast:PRIMARY> use admin
switched to db admin
```

其次，移除服务器 nosql02 的仲裁结点，具体命令如下。

```
itcast:PRIMARY> rs.remove("nosql02:27017")
```

然后，在服务器 nosql02 上关闭 MongoDB 进程，并创建一个新的 MongoDB 数据存放目录 data_new_dir，具体命令如下。

```
$ mkdir /opt/servers/mongodb_demo/replicaset/data_new_dir
```

接着，在服务器 nosql02 通过新的 MongoDB 数据存放目录 data_new_dir 启动 MongoDB 进程，在 MongoDB 的 bin 目录执行如下命令。

```
$ ./mongod --replSet itcast --dbpath=/opt/servers/mongodb_demo/replicaset/data_new_dir
--logpath=/opt/servers/mongodb_demo/replicaset/logs/mongodb.log --port 27017 --bind_ip
nosql02 --logappend --fork
```

最后，在服务器 nosql01 登录 MongoDB 客户端（主结点）切换到数据库 admin，将服务器 nosql02 中的 MongoDB 以副本结点的角色添加到副本集中，具体命令如下。

```
itcast:PRIMARY> rs.add("nosql02:27017")
```

将服务器 nosql02 的仲裁结点转换为副本结点之后，我们便可以进行添加全局用户 itcastAdmin 的操作。

登录服务器 nosql01 的 MongoDB 客户端（主结点），切换到数据库 admin，添加全局用户 itcastAdmin，具体命令如下：

```
itcast:PRIMARY>use admin
switched to db admin
itcast:PRIMARY>db.createUser({user:"itcastAdmin",pwd:"123456",roles:
[{role:"userAdminAnyDatabase",db:"admin"},{role:"readWriteAnyDatabase",
db:"admin"},{role:"dbAdminAnyDatabase",db:"admin"}]})
Successfully added user: {
        "user" : "itcastAdmin",
        "roles" : [
                {
                        "role" : "userAdminAnyDatabase",
                        "db" : "admin"
                },
                {
                        "role" : "readWriteAnyDatabase",
                        "db" : "admin"
                },
                {
                        "role" : "dbAdminAnyDatabase",
                        "db" : "admin"
                }
        ]
}
```

通过执行上述命令，成功创建了全局管理用户 itcastAdmin，指定该用户密码为“123456”。配置该用户拥有全局用户管理（userAdminAnyDatabase）、全局数据库管理

(dbAdminAnyDatabase)及全局数据读写(readWriteAnyDatabase)这三种权限。

验证用户是否创建成功,具体命令如下:

```
itcast:PRIMARY>db.auth("itcastAdmin","123456")
1
```

执行完上述命令后客户端返回信息"1",则证明用户创建成功。

5. 启动安全认证

在启动安全认证前应确保 MongoDB 副本集处于关闭状态(需关闭三台服务器上的 MongoDB 服务,有关 MongoDB 服务的关闭操作可参考本章 4.4.3 节中故障转移操作内容,先关闭副本结点,再关闭主结点),开启副本集安全认证,需要在以副本集模式启动 MongoDB 命令的基础上添加 keyFile 参数,指定 KeyFile 文件的路径,具体命令如下:

```
#在服务器 nosql01 中 MongoDB 的 bin 目录下执行
$./mongod --replSet itcast --keyFile /opt/servers/mongodb_demo/replicaset/key
   /keyfile --dbpath=/opt/servers/mongodb_demo/replicaset/data --logpath=
   /opt/servers/mongodb_demo/replicaset/logs/mongodb.log --port 27017
   --bind_ip nosql01 --logappend --fork
#在服务器 nosql02 中 MongoDB 的 bin 目录下执行
$./mongod --replSet itcast --keyFile /opt/servers/mongodb_demo/replicaset/key
   /keyfile --dbpath=/opt/servers/mongodb_demo/replicaset/data --logpath=
   /opt/servers/mongodb_demo/replicaset/logs/mongodb.log --port 27017
   --bind_ip nosql02 --logappend --fork
#在服务器 nosql03 中 MongoDB 的 bin 目录下执行
$./mongod --replSet itcast --keyFile /opt/servers/mongodb_demo/replicaset/key
   /keyfile --dbpath=/opt/servers/mongodb_demo/replicaset/data --logpath=
   /opt/servers/mongodb_demo/replicaset/logs/mongodb.log --port 27017
   --bind_ip nosql03 --logappend --fork
```

执行上述命令,开启 MongoDB 副本集安全认证。在服务器 nosql01(主结点)中登录 MongoDB 客户端,验证安全认证是否成功启动。

在 4.4.2 节同步副本文档操作内容中,我们向数据库 test 的集合 user 中插入了一条文档。接下来,在不指定用户登录 MongoDB 客户端的情况下,是否可以查看集合 user 中的文档,具体命令如下:

```
#在服务器 nosql01 中 MongoDB 的 bin 目录下不指定用户登录 MongoDB 客户端
$./mongo --host nosql01 --port 27017
#切换到数据库 test
itcast:PRIMARY>use test
switched to db test
#查看集合 user 中的文档
itcast:PRIMARY>db.user.find()
Error: error: {
        "operationTime" : Timestamp(1587708735, 1),
        "ok" : 0,
        "errmsg" : "command find requires authentication",
        "code" : 13,
        "codeName" : "Unauthorized",
```

```
        "$clusterTime" : {
                "clusterTime" : Timestamp(1587708735, 1),
                "signature" : {
                        "hash" : BinData(0,"aqOvb0QgsBRTk18kGeNezqEOFkA="),
                        "keyId" : NumberLong("6818735601487970306")
                }
        }
}
#向集合 user 中插入文档
itcast:PRIMARY>db.user.insert({"name":"heima"})
WriteCommandError({
        "operationTime" : Timestamp(1587708745, 1),
        "ok" : 0,
        "errmsg" : "command insert requires authentication",
        "code" : 13,
        "codeName" : "Unauthorized",
        "$clusterTime" : {
                "clusterTime" : Timestamp(1587708745, 1),
                "signature" : {
                        "hash" : BinData(0,"+XSTTMwA18BqHYCyyBC/xWdgig0="),
                        "keyId" : NumberLong("6818735601487970306")
                }
        }
})
```

执行上述操作时，从客户端返回的信息可以看出，当不指定用户登录 MongoDB 客户端时，执行读取和写入操作时会出现类似“command xxx requires authentication（执行 xxx 命令需要身份认证）”的错误信息。

接下来，我们切换到数据库 admin，在该数据库下通过全局管理用户 itcastAdmin 进行身份验证，再次执行查看集合 user 中的文档并插入一条新的文档，具体命令如下：

```
#切换到 admin 数据库
itcast:PRIMARY>use admin
switched to db admin
#通过全局管理用户 itcastAdmin 进行身份验证
itcast:PRIMARY>db.auth("itcastAdmin","123456")
1
#切换到 test 数据库
itcast:PRIMARY>use test
switched to db test
#查看集合 user 中的文档
itcast:PRIMARY>db.user.find()
{ "_id" : ObjectId("5ea1181efb74328a3231e8d1"), "name" : "bozai" }
#向集合 user 中插入文档
itcast:PRIMARY>db.user.insert({"name":"heima"})
WriteResult({ "nInserted" : 1 })
```

执行上述操作时，从客户端返回的信息可以看出，全局管理用户 itcastAdmin 进行身份验证后，可以正常对集合进行读取和写入操作。因此，证明我们成功为副本集开启了安全认证。

**多学一招：开启权限认证后副本集操作**

如果副本集开启了安全认证，则需要切换到具有 root 权限的用户去配置副本集，添加 root 权限用户命令如下（这里以 MongoDB 副本集的主结点服务器 nosql01 进行操作）：

```
#登录 MongoDB 客户端，如以登录可跳过此行命令
$./mongo --host nosql01 --port 27017
#切换到 admin 数据库，通过用户 itcastAdmin 进行身份验证
itcast:PRIMARY>use admin
switched to db admin
itcast:PRIMARY>db.auth("itcastAdmin","123456")
1
#创建拥有 root 权限的用户 admin 并指定密码为 123456
itcast:PRIMARY>db.createUser({user:"admin",pwd:"123456",roles:[{role:
"root",db:"admin"}]})
Successfully added user: {
        "user" : "admin",
        "roles" : [
                {
                        "role" : "root",
                        "db" : "admin"
                }
        ]
}
#通过用户 admin 进行身份验证
itcast:PRIMARY>db.auth("admin","123456")
1
```

通过上述操作，成功创建了具有 root 权限的用户 admin。如已开启副本集安全认证，则需要使用该用户对副本集进行相关配置操作。

# 4.5 副本集机制

## 4.5.1 同步机制

为了保证副本集中各成员的数据副本一致，副本集的副本结点默认会以主结点作为同步源进行数据同步。MongoDB 使用两种形式完成数据同步过程，分别是完整同步和变化同步。关于这两种同步方式的相关介绍如下：

### 1. 完整同步

在副本集新增成员情况下，采用完整同步方式同步数据副本。具体步骤如下：

(1) 新增成员选择副本集中的主结点作为同步源。

(2) 扫描源数据库中的每个集合，并将这些集合中的所有文档插入到本地，此过程比较耗时。

(3) 通过主结点的 oplog 重建本地 oplog。

(4) 完成初始化同步，成为副本结点。

对于比较小的数据集和性能较好的服务器，初始化同步是个不错的选择，不过当数据集较大时，执行初始化同步，会强制将当前结点的所有数据分页加载到内存中，这会导致需要频繁访问的数据不能常驻内存，从而导致很多请求变慢。

### 2. 变化同步

在副本集主结点中数据副本发生变化的情况下，采用变化同步方式同步数据副本。具

体步骤如下：

（1）副本集主结点数据副本发生变化时，oplog 会记录变化内容。

（2）副本结点获取主结点 oplog 记录变化内容并执行相关操作。

（3）副本结点根据主结点 oplog 重建本地 oplog。

### 4.5.2 选举机制

如果副本集的主结点在使用过程中发生故障，导致无法使用，则其他拥有投票权的成员便会通过选举机制从副本集所有符合选举条件的成员中选出新的主结点。选举的过程可以由任意的非主结点成员发起，然后根据优先级和 Bully 算法（评判谁的数据最新）选举出主结点。在选举出主结点之前，整个集群服务是只读的，不能执行写入操作。非仲裁结点都有一个优先级的配置，范围为 0～100，值越大，则结点越优先成为主结点。默认情况下，优先级是 1；如果优先级是 0，则不能成为主结点。

Bully 算法是一种协调者（主结点）竞选算法，主要思想是集群的每个成员都可以声明它是主结点并通知其他成员。其他成员可以选择接受并投票给它或是拒绝并参与主结点竞争，拥有多数成员投票数的副本结点才能成为新的主结点。成员按照谁的数据比较新来判断把票投给谁。仲裁结点也会参与投票，避免出现僵局。

除此之外成员的优先级会直接影响选举结果，选举机制会尽最大的努力让优先级最高的成员成为主结点，即使副本集中已经选举出了比较稳定的、但优先级比较低的主结点。当副本集出现优先级比较高的成员时，副本集会发起新一轮选举，将优先级最高的成员选举成为主结点。

### 4.5.3 心跳检测机制

副本集的心跳检测机制是通过副本集每个成员每两秒钟 ping 一次其他所有成员来了解系统的健康状况，该机制发现故障后，会自动进行选举和故障转移，常见应用场景如下：

（1）某个结点失去了响应，副本集就会采取相应的措施。这时副本集会判断失去响应的是主结点还是副本结点，如果是多个副本结点中的某一个副本结点，则副本集不做任何处理，只需要等待副本结点重新上线。如果是主结点挂掉了，则副本集会开始选举，选出新的主结点。

（2）副本集中主结点突然失去了其他大多数结点的心跳，主结点会把自己降级为副本结点。这是为了防止网络原因使主结点和其他副本结点断开时，其他的副本结点中推举出了一个新的主结点，如此一来，一旦原来的主结点没有降级，那么网络恢复之后，副本集就会拥有两个主结点。如果客户端继续运行，就会对两个主结点都进行读写操作，导致副本集混乱。

## 4.6 本章小结

通过本章的学习，我们由浅入深对 MongoDB 副本集进行了学习，其中包括副本集概述、副本集成员、副本集部署、副本集操作以及副本集机制。希望读者可以掌握 MongoDB 副本集的部署与操作。

## 4.7　课后习题

### 一、填空题

1. MongoDB 副本集的成员包括________、副本结点和________。
2. MongoDB 官网推荐副本集成员个数为________个。
3. 副本集主要功能包括________、________、读写分离。
4. 开启安全认证时，密钥文件权限一定要等于或小于________。
5. 副本集成员配置信息中参数________表示优先级。

### 二、判断题

1. 推荐使用主/从复制方式实现 MongoDB 复制。（　　）
2. MongoDB 副本集通过同时存在多个主结点，实现故障自动转移。（　　）
3. 副本结点与主结点同步副本是异步同步。（　　）
4. 仲裁结点不会同步主结点的数据副本。（　　）
5. 配置副本集成员需要在主结点进行操作。（　　）

### 三、选择题

1. 下列选项中，（　　）不属于副本集成员状态。
   A. START　　B. DOWN
   C. RECOVERING　　D. UNKNOWN
2. 下列选项中，（　　）不属于副本集的功能。
   A. 冗余的数据　　B. 负载均衡　　C. 读写分离　　D. 自动故障转移
3. MongoDB 副本集中，副本结点是如何获得主结点数据？（　　）
   A. 自动拉取　　B. 心跳　　C. 自动推送　　D. 手动

### 四、简答题

请描述 MongoDB 的副本集时如何同步数据？

### 五、操作题

在开启安全认证的 MongoDB 副本集，实现以下的操作：

（1）将服务器 nosql02 由仲裁结点更改为副本结点。

（2）将服务器 nosql03 中延迟结点修改为正常的副本结点，即优先级为 1，非隐藏和延迟为 0 秒。

（3）在服务器 nosql03 创建新的数据目录和日志文件，以副本集模式启动新的 MongoDB，此 MongoDB 使用 27016 端口，并指定 keyFile 文件。

（4）在副本集主结点将服务器 nosql03 上新启动的 MongoDB 以副本结点的形式添加到副本集。

# 第5章 MongoDB分片

**学习目标**

- 了解 MongoDB 分片
- 理解 MongoDB 分片策略
- 熟悉 MongoDB 分片集群架构
- 掌握 MongoDB 分片集群的部署
- 熟悉 MongoDB 分片的基本操作

MongoDB 分片是 MongoDB 支持的另一种集群形式,它可以满足 MongoDB 数据量呈爆发式增长的需求。当 MongoDB 存储海量的数据时,一台机器可能无法满足数据存储的需求,也可能无法提供可接受的读写吞吐量,这时,我们就可以通过在多台机器上对海量数据进行划分(即分片),使得 MongoDB 数据库系统能够存储和处理更多的数据。因此,本章我们将针对 MongoDB 分片的相关知识进行详细讲解。

## 5.1 分片概述

分片(sharding)技术是开发人员用来提高数据存储和数据读写吞吐量常用的技术之一。简单来说,分片主要是将数据进行划分,然后将它们分别存放于不同机器上的过程。通过使用分片可以实现降低单个机器的压力和处理更大的数据负载功能。分片与副本集主要区别在于,分片是每个结点存储数据的不同片段,而副本集是每个结点存储数据的相同副本。

所有数据库都可以进行手动分片(manual sharding),因此,分片并不是 MongoDB 特有的。不同类型的数据均可以通过人为操作被分配到不同的数据库服务器上,然而,人工分片是需要编写相关代码来实现分片功能,并且不容易维护(如集群中结点发生变动的情况)。MongoDB 数据库可以实现自动分片,它内置了多种分片逻辑,使得 MongoDB 可以自动处理分片上数据的分布,也可以很容易地管理分片集群。

数据量太大,可能导致本地磁盘不足以存储;为了提高数据库性能,从而将海量数据存储在内存中,可能导致单个 MongoDB 数据库内存不足;若出现数据请求量太大,可能导致单 MongoDB 机器不能满足读写数据的性能。若是出现这三种情况,我们就可以使用 MongoDB 的分片技术来解决。

## 5.2 分片策略

MongoDB之所以能够实现自动分片,是因为其内置了分片策略。MongoDB通过分片键(shard key)将集合中的数据划分为多个块(chunk)(默认大小为64MB,每个块均表示集合中数据的一部分),然后MongoDB根据分片策略将划分的块分发到分片集群中。注意,分片键可以是集合文档中的一个或多个字段。

MongoDB的分片策略主要包括范围分片和哈希分片两种,具体介绍如下。

### 1. 范围分片(range sharding)

MongoDB根据分片键的值范围将数据划分为不同块,每个分片都包含了分片键在一定范围内的数据。这样的话,若有文档写入时,MongoDB会根据该文档的分片键,从而交由指定分片服务器去处理。下面,通过一张图来介绍范围分片策略,具体如图5-1所示。

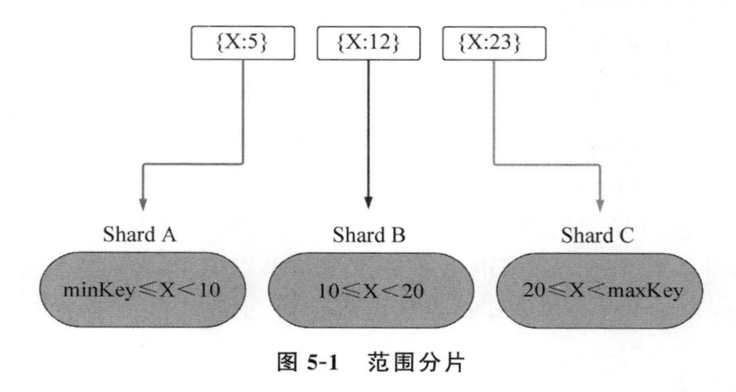


**图5-1 范围分片**

从图5-1中可以看出,若文档分片键的值范围在[minKey,10)中,则该文档需要交由分片服务器A进行相关处理;若文档分片键的值范围在[10,20)中,则该文档需要交由分片服务器B进行相关处理;若文档分片键的值范围在[20,maxKey)中,则该文档需要交由分片服务器C进行相关处理。

使用基于范围分片时,拥有相近分片键的文档会存储在同一个分片服务器中,从而提升范围查询的效率。但是,当插入批量文档时,分片键集中在一定范围内,就会导致数据分布不均匀,从而导致其中一个分片服务器负载过重。

### 2. 哈希分片(Hash sharding)

哈希分片类似于范围分片,二者的区别在于范围分片是MongoDB根据分片键的值直接进行范围划分,而哈希分片则先将分片键的值进行哈希计算,然后对这些哈希值进行范围划分,从而使得每个分片都包含了哈希值在一定范围内的数据;范围分片可以支持复合分片键,而哈希分片只支持单个字段作为分片键。哈希值的随机性,使得数据随机分布在分片集群中不同的分片服务器上。下面,通过一张图来介绍哈希分片策略,具体如图5-2所示。

从图5-2中可以看出,若文档分片键的哈希值为5,则该文档需要交由分片服务器A进行相关处理;若文档分片键的哈希值为12,则该文档需要交由分片服务器B进行相关处理;

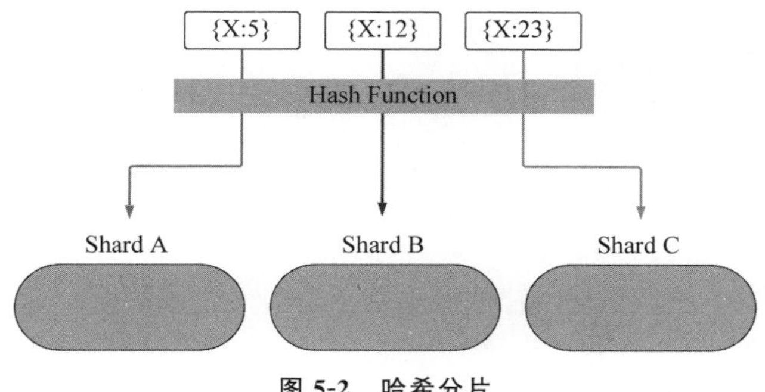


**图 5-2　哈希分片**

若文档分片键的哈希值为 23,则该文档需要交由分片服务器 C 进行相关处理。

使用基于哈希分片时,拥有"相近"分片键的文档不会存储在同一个分片服务器中,这样的话,数据的分离性会更好,可以保证分片集群中数据分布均衡。但是,由于数据是通过哈希计算进行随机存放的,因此会降低查询性能。

**注意:**

• 分片键

(1) 分片键一旦指定,后续则无法改变,并且只能拥有一个分片键。

(2) 不允许在已分片的集合文档上插入没有分片键的文档。

(3) 分片键的长度大小,不可超过 512 个字节。

(4) 用于作分片键的字段必须创建索引,索引可以是分片键开头的复合索引。

• 块(chunk)大小

(1) 小块可以均匀地分布数据,但会导致迁移很频繁,这样会增大路由服务器的开销。

(2) 大块触发的迁移较少,但会导致数据分布不均匀。

(3) 块的大小会影响要迁移块的最大文档数。

(4) 块的分片键值范围是(−∞,+∞),其中−∞表示最小值(minKey),+∞表示最大值(maxKey)。

## 5.3　分片集群架构

在 MongoDB 分片集群中,只有各组件间的协同工作,才可使得分片集群正常运行。在学习分片集群的操作之前,有必要先来学习一下分片集群架构。下面,通过一张图来介绍分片集群架构,具体如图 5-3 所示。

从图 5-3 中可以看出,分片集群中主要由三个部分组成,即分片服务器(Shard)、路由服务器(Mongos)以及配置服务器(Config Server)组成。其中,分片服务器有三个,即 Shard1、Shard2 和 Shard3;路由服务器有两个,即 Mongos1 和 Mongos2;配置服务器有三个,即主、副、副。下面,我们针对分片集群架构中的组成部分进行详细介绍,具体如下。

### 1. 分片服务器

分片服务器即 MongoDB 实例(即 mongod,用 Shard 表示)。分片服务器是实际存储数

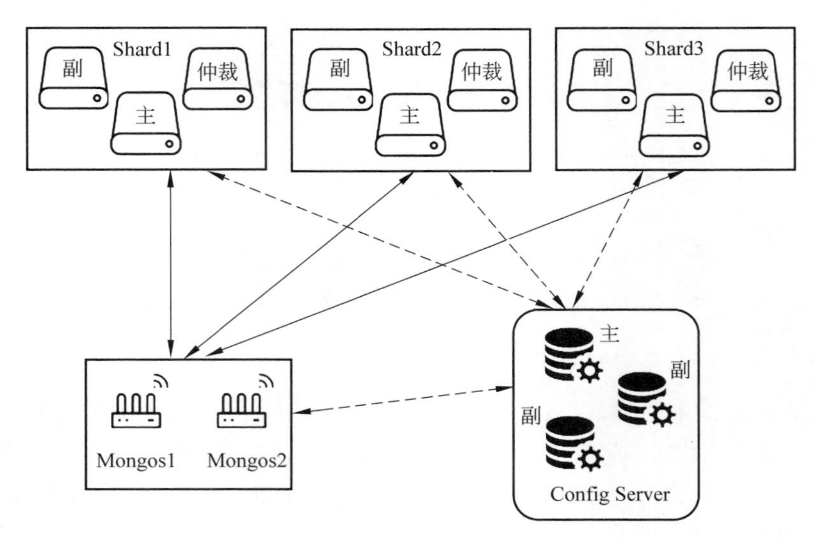


图 5-3 分片集群架构

据的组件,持有完整数据集中的一部分,每个分片服务器都可以是一个 MongoDB 实例,也可以是一组 MongoDB 实例组成的集群(副本集)。从 MongoDB 3.6 开始,必须将分片部署为副本集,这样具有更好的容错性。

**2. 路由服务器**

路由服务器即 mongos,主要提供客户端应用程序与分片集群交互的接口,所有请求都需要通过路由服务器进行协调工作。路由服务器实际上就是一个消息分发请求中心,它负责把客户端应用程序对应的数据请求转发到对应的分片服务器上。应用程序将查询、存储、更新等请求原封不动地发送给路由服务器。路由服务器询问配置服务器操作分片服务器需要获取哪些元数据,然后连接相应的分片服务器进行相关操作,最后将各个分片服务器的响应进行合并,返回给客户端应用程序。

生产环境中,一个分片集群通常会有多个路由服务器,一方面可以解决多个客户端同时请求,从而达到负载均衡的效果;另一方面可以解决当路由服务器宕机时导致整个分片集群无法使用的问题。

**3. 配置服务器**

配置服务器即 Config Server。在生产环境中,通常需要多个配置服务器,因为它存储了分片集群的元数据,并且这些数据是不允许丢失的。因此,需要配置多个配置服务器以防止数据丢失,即使其中一台配置服务器宕机,我们还有其他配置服务器,从而保证 MongoDB 分片集群依然能够正常工作。从 MongoDB 3.4 版本开始,配置服务器必须部署副本集,因此我们需要配置三个配置服务器组成的副本集。

配置服务器存储着分片集群的持久化元数据,而路由服务器存储着分片集群的非持久化元数据,这些数据均为内存缓存的数据。当路由服务器初次启动或关闭重启时,就会从配置服务器中加载分片集群的元数据。若是配置服务器的信息发生变化,则会通知所有路由服务器更新自己的状态，这样路由服务器就能继续准确地协调客户端与分片集群的交互工作。

## 5.4 部署分片集群

从 MongoDB 3.6 版本开始，部署分片集群时，必须结合副本集使用。由于本书介绍的 MongoDB 版本是 4.2，因此将采用分片和副本集结合的模式部署分片集群。

### 5.4.1 环境准备

由于分片集群最优部署需要 14 台服务器，这样部署成本太高，并且配置服务器和路由服务器本身不存储真实数据，因此我们将路由服务器和配置服务器与分片服务器共用同一台服务器，即通过不同的进程端口号区分(实际工作中，则不建议这样做)。

在第 4 章 MongoDB 副本集中创建了三台虚拟机，即虚拟机 NoSQL_1、NoSQL_2 和 NoSQL_3。下面，通过一张图来介绍 MongoDB 分片集群的具体规划，如图 5-4 所示。

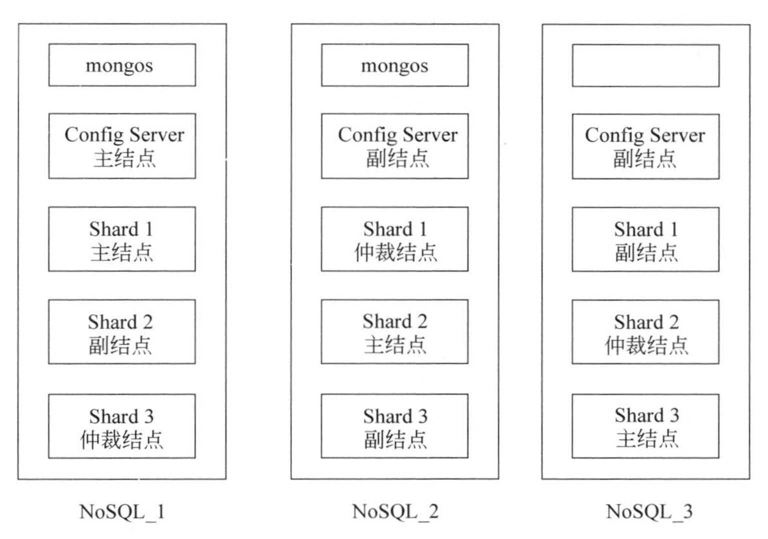


图 5-4 分片集群的规划情况

从图 5-4 中可以看出，为了保证不同虚拟机中资源的平均分配，我们在三台虚拟机中分别部署了副本集的不同结点，即虚拟机 NoSQL_1 中包含主结点 Shard1、副结点 shard2 和仲裁结点 Shard3，虚拟机 NoSQL_2 中包含仲裁结点 Shard1、主结点 Shard2 和副结点 Shard3，虚拟机 NoSQL_3 中包含副结点 Shard1、仲裁结点 Shard2 和主结点 Shard3。注意，若是在单台虚拟机中部署分片副本集的三个主结点或者三个仲裁结点，则会导致该台虚拟机负载过大或负载空闲。

由于部署分片集群时，每台虚拟机都要启动不同的服务进程，因此部署分片集群之前，需要清楚每台虚拟机已占用的端口号，从而避免出现端口冲突的情况。接下来，我们通过一张表来介绍分片集群中端口号的分配情况，如表 5-1 所示。

表 5-1 服务端口号的分配情况

| 虚拟机名称 | 服务器名称 | IP 地址 | Shard1 | Shard2 | Shard3 | mongos | Config Server |
|---|---|---|---|---|---|---|---|
| NoSQL_1 | nosql01 | 192.168.121.134 | 27018<br>主结点 | 27020<br>仲裁结点 | 27019<br>副结点 | 27021 | 27022<br>主结点 |
| NoSQL_2 | nosql02 | 192.168.121.135 | 27019<br>副结点 | 27018<br>主结点 | 27020<br>仲裁结点 | 27021 | 27022<br>副结点 |
| NoSQL_3 | nosql03 | 192.168.121.136 | 27020<br>仲裁结点 | 27019<br>副结点 | 27018<br>主结点 |  | 27022<br>副结点 |

为了规范 MongoDB 分片集群相关服务器的数据文件、配置文件以及日志文件，这里我们通过使用 user_mongo 用户分别在服务器 nosql01、nosql02 和 nosql03 的根目录下创建一些文件夹作为约定(若服务器不存在 user_mongo 用户，则参考第 3 章 3.1.2 节的内容，创建 user_mongo 用户，并授权；将目录/opt/servers/mongodb_demo/更改为用户 user_mongo 的权限)，通过 mkdir -p 命令创建如下目录结构。

(1) /opt/servers/mongodb_demo/shardcluster/：存放分片集群的相关配置文件目录、日志文件目录和数据目录等内容。

(2) /opt/servers/mongodb_demo/shardcluster/configServer/configFile：存放配置服务器的配置文件。

(3) /opt/servers/mongodb_demo/shardcluster/configServer/data：存放配置服务器的数据文件。

(4) /opt/servers/mongodb_demo/shardcluster/configServer/logs：存放配置服务器的日志文件。

(5) /opt/servers/mongodb_demo/shardcluster/shard/configFile：存放分片服务器的配置文件。

(6) /opt/servers/mongodb_demo/shardcluster/shard/shard1_data：存放分片服务器 1 的数据文件。

(7) /opt/servers/mongodb_demo/shardcluster/shard/shard2_data：存放分片服务器 2 的数据文件。

(8) /opt/servers/mongodb_demo/shardcluster/shard/shard3_data：存放分片服务器 3 的数据文件。

(9) /opt/servers/mongodb_demo/shardcluster/shard/logs：存放分片服务器的日志文件。

(10) /opt/servers/mongodb_demo/shardcluster/mongos/configFile：存放路由服务器的配置文件。

(11) /opt/servers/mongodb_demo/shardcluster/mongos/logs：存放路由服务器的日志文件。

接下来，我们需要分别在三台服务器(nosql01、nosql02 和 nosql03)的配置服务器、分片服务器以及路由服务器的日志目录下，创建对应的日志管理文件。这里我们以服务器 nosql01 为例，具体如下：

```
#配置服务器日志管理文件
$touch /opt/servers/mongodb_demo/shardcluster/configServer/logs/config_server.log
#分片服务器 1 的日志管理文件
$touch /opt/servers/mongodb_demo/shardcluster/shard/logs/shard1.log
#分片服务器 2 的日志管理文件
$touch /opt/servers/mongodb_demo/shardcluster/shard/logs/shard2.log
#分片服务器 3 的日志管理文件
$touch /opt/servers/mongodb_demo/shardcluster/shard/logs/shard3.log
#路由服务器日志管理文件
$touch /opt/servers/mongodb_demo/shardcluster/mongos/logs/mongos.log
```

执行上述命令后，查看是否成功创建配置服务器、分片服务器(1、2、3)、路由服务器的日志管理文件，这里以查看服务器 nosql01 上的配置服务器日志管理文件为例进行演示，具体效果如图 5-5 所示。

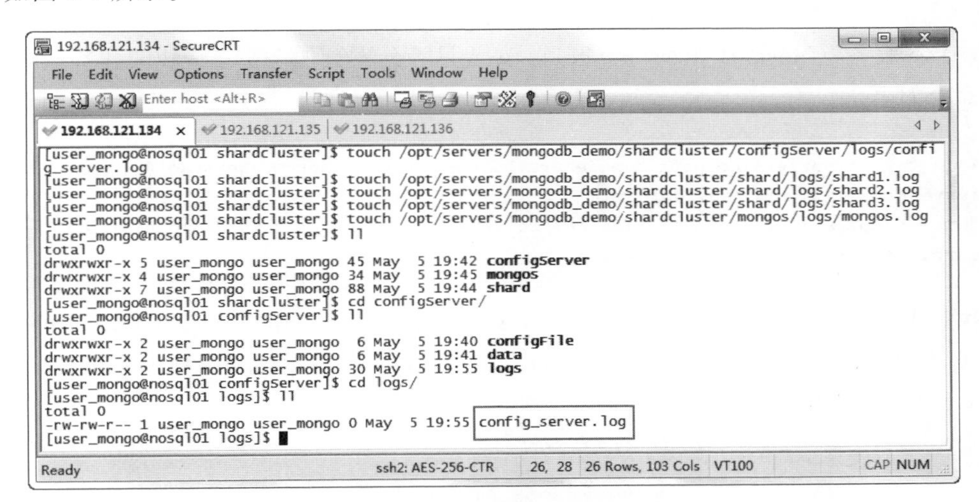

图 5-5 配置服务器的日志管理文件

从图 5-5 中可以看出，我们已经成功创建配置服务器的日志管理文件。(注：重复上述步骤，在服务器 nosql02 和服务器 nosql03 根目录下创建同样的目录结构以及日志管理文件，这里不再赘述)。至此，我们完成了 MongoDB 分片集群的环境准备工作。

**脚下留心**：查看端口占用情况

在分配端口号前，需要确保这些端口号不与系统中其他程序使用的端口号冲突，可在 Centos 中安装 netstat 工具查看端口占用情况，具体命令如下：

```
#安装 netstat 工具
$yum install net-tools -y
#查看端口号占用情况
$netstat -ant
```

## 5.4.2 部署 MongoDB

由于 MongoDB 分片集群是基于 MongoDB 的不同角色组建的，因此部署 MongoDB 分片集群的基础仍是部署 MongoDB。部署 MongoDB 的具体步骤如下：

（1）将 MongoDB 安装包上传到服务器 nosql01 的/opt/software/目录下。

（2）将 MongoDB 安装包的用户和用户组权限修改为 user_mongo。

（3）解压安装 MongoDB，将 MongoDB 安装包解压到目录/opt/servers/mongo_demo/shardcluster/下，具体命令如下：

```
$tar -zxvf /opt/software/mongodb-linux-x86_64-rhel70-4.2.2.tgz -C /opt/
servers/mongodb_demo/shardcluster/
```

（4）解压完 MongoDB 安装包后，进入到/opt/servers/mongodb_demo/shardcluster 目录，如果觉得解压后的文件名过长，可以对文件进行重命名，具体命令如下：

```
$mv mongodb-linux-x86_64-rhel70-4.2.2/ mongodb
```

（5）将服务器 nosql01 上的 mongoDB 安装目录分发到服务器 nosql02 和 nosql03 上，具体命令如下：

```
$scp -r /opt/servers/mongodb_demo/shardcluster/mongodb user_mongo@nosql02:/opt/
servers/mongodb_demo/shardcluster/
$scp -r /opt/servers/mongodb_demo/shardcluster/mongodb user_mongo@nosql03:/opt/
servers/mongodb_demo/shardcluster/
```

执行上述命令后，需要按照提示内容连接服务器并且输入用户 user_mongo 的密码，即 123456，按照提示输入后，实现服务器 nosql01 的 mongodb 目录会分发到服务器 nosql02 和 nosql03 上，具体如图 5-6、图 5-7 和图 5-8 所示。

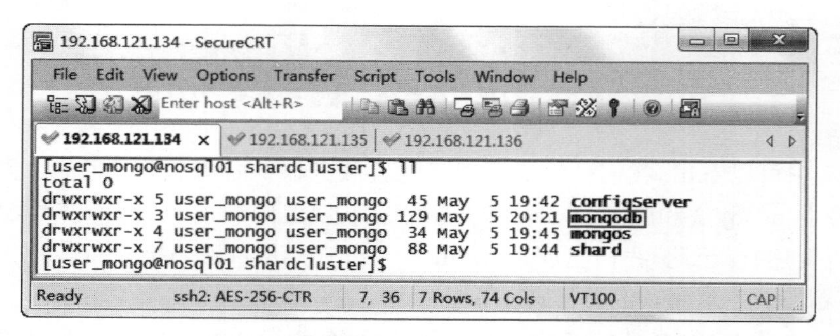


图 5-6 服务器 nosql01 的 mongodb 目录

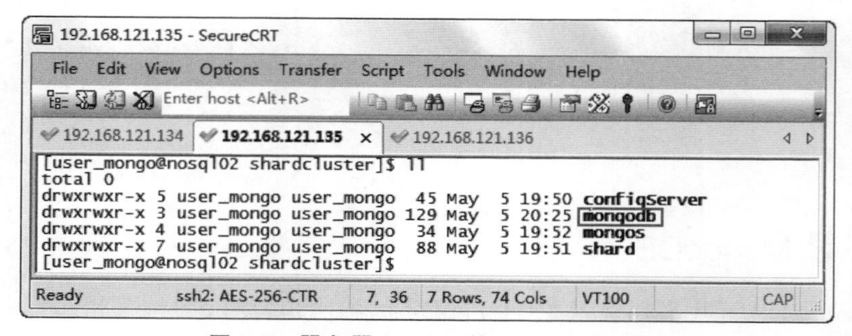


图 5-7 服务器 nosql02 的 mongodb 目录

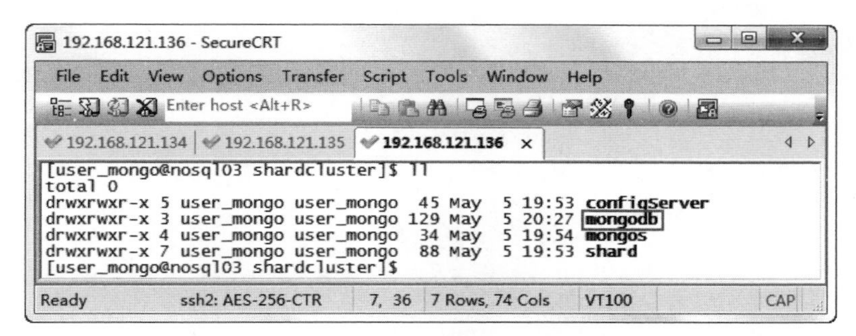


**图 5-8　服务器 nosql03 的 mongodb 目录**

## 5.4.3　部署 Config Server

上一小节完成了 MongoDB 的部署。本节我们将部署 Config Server，具体步骤如下。

### 1. 创建配置文件

首先，使用 user_mongo 用户在服务器 nosql01 的/configServer/configFile/目录下，创建配置文件 mongodb_config.conf，用于启动配置服务器(即 Config Server)，具体命令如下：

```
$touch /opt/servers/mongodb_demo/shardcluster/configServer/configFile/mongodb_config
.conf
```

然后，执行 vi mongodb_config.conf 命令编辑配置文件 mongodb_config.conf，添加配置服务器的相关参数，具体命令如下：

```
#数据文件存放位置
dbpath=/opt/servers/mongodb_demo/shardcluster/configServer/data
#日志文件
logpath=/opt/servers/mongodb_demo/shardcluster/configServer/logs/config_server.log
#端口号
port=27022
#绑定服务 IP
bind_ip=nosql01
#使用追加的方式写日志
logappend=true
#以守护进程的方式运行 MongoDB
fork=true
#最大同时连接数
maxConns=5000
#复制集名称
replSet=configs
#声明这是一个集群的 Config Server
configsvr=true
```

最后，将配置文件 mongodb_config.conf 通过 scp 命令分发到服务器 nosql02 和 nosql03 的目录 configFile 下，具体命令如下：

```
#分发到服务器 nosql02
$scp /opt/servers/mongodb_demo/shardcluster/configServer/configFile/mongodb_config.conf
user_mongo
@nosql02:/opt/servers/mongodb_demo/shardcluster/configServer/configFile/
#分发到服务器 nosql03
$scp /opt/servers/mongodb_demo/shardcluster/configServer/configFile/mongodb_config.conf
user_mongo
@nosql03:/opt/servers/mongodb_demo/shardcluster/configServer/configFile/
```

这里需要注意的是，参数 bind_ip 是根据当前服务器的 IP 地址或主机名进行修改的。执行上述命令后，我们必须修改服务器 nosql02 和 nosql03 配置文件 mongodb_config.conf 中的参数 bind_ip 的值，即将 bind_ip 的值修改为对应服务器的 IP 地址或主机名。

### 2. 启动 Config Server

分别在三台服务器(即 nosql01、nosql02 和 nosql03)MongoDB 安装目录的 bin 目录下通过配置文件方式启动 Config Server，具体命令如下：

```
$./mongod -f /opt/servers/mongodb_demo/shardcluster/configServer/configFile/mongodb_config.conf
```

执行上述命令后，控制台会输出 Config Server 服务启动信息，若出现 successfully，则说明 Config Server 启动成功，具体如图 5-9、图 5-10 和图 5-11 所示。

```
[user_mongo@nosql01 bin]$ ./mongod -f /opt/servers/mongodb_demo/shardcluster/configServer/configFile/mongodb_config.conf
about to fork child process, waiting until server is ready for connections.
forked process: 2509
child process started successfully, parent exiting
[user_mongo@nosql01 bin]$
```

图 5-9 服务器 nosql01 中 Config Server 启动信息

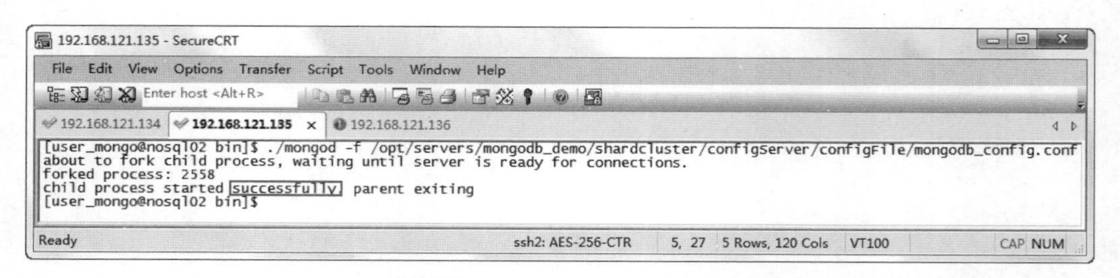


图 5-10 服务器 nosql02 中 Config Server 启动信息

从图 5-9、图 5-10 和图 5-11 中可以看出，我们已经成功启动副本集模式的 Config Server。

### 3. 配置 Config Server 副本集

待三台服务器的 Config Server 启动完成后，选择任意一台服务器通过 MongoDB 客户

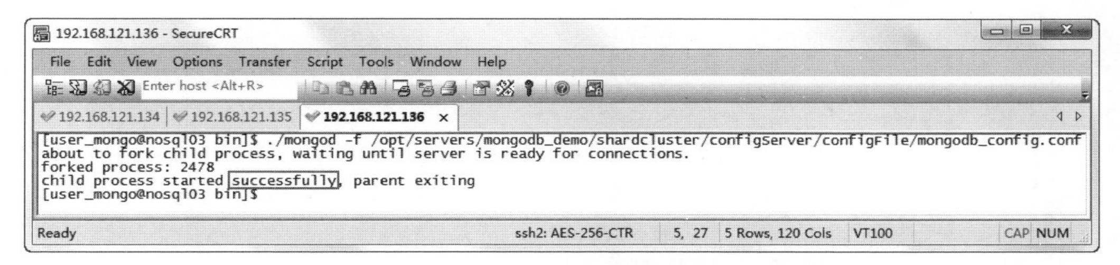


**图 5-11　服务器 nosql03 中 Config Server 启动信息**

端对 Config Server 进行初始化副本集的操作，这里以服务器 nosql01 为例，在 MongoDB 的 bin 目录下登录 MongoDB 客户端，具体命令如下：

```
$./mongo --host nosql01 --port 27022
```

执行上述命令后，成功登录 MongoDB 客户端，如图 5-12 所示。

```
[user_mongo@nosql01 bin]$ ./mongo --host nosql01 --port 27022
MongoDB shell version v4.2.2
connecting to: mongodb://nosql01:27022/?compressors=disabled&gssapiServiceName=mongodb
Implicit session: session { "id" : UUID("ba0ccc7b-a9f5-4c6b-abe0-a0f95775d3f2") }
MongoDB server version: 4.2.2
Server has startup warnings:
2020-05-05T22:28:28.920+0800 I  CONTROL  [initandlisten]
2020-05-05T22:28:28.921+0800 I  CONTROL  [initandlisten] ** WARNING: Access control is not enabled for the database.
2020-05-05T22:28:28.921+0800 I  CONTROL  [initandlisten] **          Read and write access to data and configuration is unrestricted.
2020-05-05T22:28:28.921+0800 I  CONTROL  [initandlisten]
2020-05-05T22:28:28.921+0800 I  CONTROL  [initandlisten]
2020-05-05T22:28:28.921+0800 I  CONTROL  [initandlisten] ** WARNING: /sys/kernel/mm/transparent_hugepage/enabled is 'always'.
2020-05-05T22:28:28.921+0800 I  CONTROL  [initandlisten] **        We suggest setting it to 'never'
2020-05-05T22:28:28.921+0800 I  CONTROL  [initandlisten]
2020-05-05T22:28:28.921+0800 I  CONTROL  [initandlisten] ** WARNING: /sys/kernel/mm/transparent_hugepage/defrag is 'always'.
2020-05-05T22:28:28.921+0800 I  CONTROL  [initandlisten] **        We suggest setting it to 'never'
2020-05-05T22:28:28.921+0800 I  CONTROL  [initandlisten]
---
Enable MongoDB's free cloud-based monitoring service, which will then receive and display
metrics about your deployment (disk utilization, CPU, operation statistics, etc).

The monitoring data will be available on a MongoDB website with a unique URL accessible to you
and anyone you share the URL with. MongoDB may use this information to make product
improvements and to suggest MongoDB products and deployment options to you.

To enable free monitoring, run the following command: db.enableFreeMonitoring()
To permanently disable this reminder, run the following command: db.disableFreeMonitoring()
---

>
```

**图 5-12　MongoDB 客户端**

在图 5-12 中，对副本集进行初始化操作，具体命令如下：

```
>rs.initiate()
configs:SECONDARY>rs.add('nosql02:27022')
configs:PRIMARY>rs.add('nosql03:27022')
```

执行上述命令后，查看控制台输出信息，如图 5-13、图 5-14 和图 5-15 所示。

在图 5-15 中，控制台输出的内容，详细介绍请参考第 4 章 4.3.3 节的内容，这里不作赘述。我们可以通过执行 rs.status()命令查看副本集状态，从而判断副本集是否部署成功，部署成功后的控制台输出信息请参考第 4 章 4.4.1 节的内容。

至此，完成分片集群中以副本集模式部署 Config Server。

```
> rs.initiate()
{
        "info2" : "no configuration specified. Using a default configuration for the set",
        "me" : "nosql01:27022",
        "ok" : 1,
        "$gleStats" : {
                "lastOpTime" : Timestamp(1588689453, 1),
                "electionId" : ObjectId("000000000000000000000000")
        },
        "lastCommittedOpTime" : Timestamp(0, 0),
        "$clusterTime" : {
                "clusterTime" : Timestamp(1588689453, 1),
                "signature" : {
                        "hash" : BinData(0,"AAAAAAAAAAAAAAAAAAAAAAAAAAA="),
                        "keyId" : NumberLong(0)
                }
        },
        "operationTime" : Timestamp(1588689453, 1)
}
configs:SECONDARY>
```

图 5-13　初始化副本集模式中的主结点

```
configs:SECONDARY> rs.add('nosql02:27022')
{
        "ok" : 1,
        "$gleStats" : {
                "lastOpTime" : {
                        "ts" : Timestamp(1588689489, 1),
                        "t" : NumberLong(1)
                },
                "electionId" : ObjectId("7fffffff0000000000000001")
        },
        "lastCommittedOpTime" : Timestamp(1588689478, 1),
        "$clusterTime" : {
                "clusterTime" : Timestamp(1588689489, 1),
                "signature" : {
                        "hash" : BinData(0,"AAAAAAAAAAAAAAAAAAAAAAAAAAA="),
                        "keyId" : NumberLong(0)
                }
        },
        "operationTime" : Timestamp(1588689489, 1)
}
configs:PRIMARY>
```

图 5-14　将服务器 nosql02 以副结点添加至副本集中

### 5.4.4　部署 Shard

上一小节完成了 Config Server 的部署。本节我们将部署 Shard，具体步骤如下。

#### 1. 创建配置文件

(1) 服务器 nosql01。

在服务器 nosql01 的/shard/configFile 目录下，创建三个配置文件 mongodb_shard1.conf、mongodb_shard2.conf 和 mongodb_shard3.conf，用于通过配置文件的方式启动副本集模式的 Shard，具体命令如下：

```
configs:PRIMARY> rs.add('nosql03:27022')
{
        "ok" : 1,
        "$gleStats" : {
                "lastOpTime" : {
                        "ts" : Timestamp(1588689499, 1),
                        "t" : NumberLong(1)
                },
                "electionId" : ObjectId("7fffffff0000000000000001")
        },
        "lastCommittedOpTime" : Timestamp(1588689489, 1),
        "$clusterTime" : {
                "clusterTime" : Timestamp(1588689499, 1),
                "signature" : {
                        "hash" : BinData(0,"AAAAAAAAAAAAAAAAAAAAAAAAAAA="),
                        "keyId" : NumberLong(0)
                }
        },
        "operationTime" : Timestamp(1588689499, 1)
}
configs:PRIMARY>
```

图 5-15　将服务器 nosql03 以副结点添加至副本集中

```
$touch /opt/servers/mongodb_demo/shardcluster/shard/configFile/mongodb_shard1.conf
$touch /opt/servers/mongodb_demo/shardcluster/shard/configFile/mongodb_shard2.conf
$touch /opt/servers/mongodb_demo/shardcluster/shard/configFile/mongodb_shard3.conf
```

执行上述命令后，再执行 ll 命令，查看三个配置文件是否创建成功，具体如图 5-16 所示。

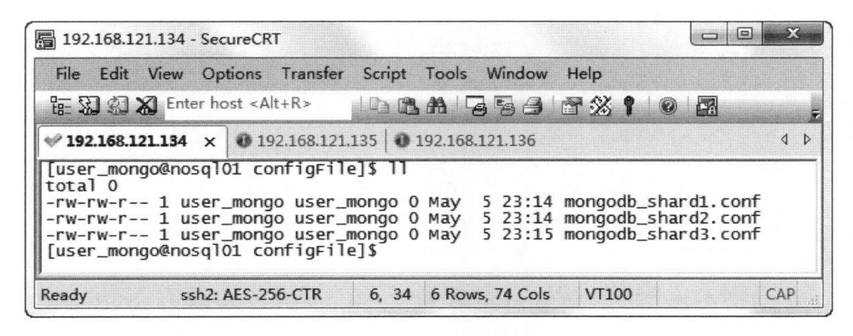


图 5-16　创建三个配置文件

从图 5-16 中可以看出，配置文件 mongodb_shard1.conf、mongodb_shard2.conf 和 mongodb_shard3.conf 已经创建成功。执行 vi 命令，在配置文件 mongodb_shard1.conf 中添加分片服务器 1 的相关参数，具体如下：

```
dbpath=/opt/servers/mongodb_demo/shardcluster/shard/shard1_data
logpath=/opt/servers/mongodb_demo/shardcluster/shard/logs/shard1.log
port=27018
logappend=true
fork=true
maxConns=5000
```

```
bind_ip=nosql01
#声明开启分片
shardsvr=true
#指定分片 shard1 的副本集名称
replSet=shard1
```

在配置文件 mongodb_shard1.conf 中添加完上述内容后，执行 vi 命令，在配置文件 mongodb_shard2.conf 中添加分片服务器 2 的相关参数，具体如下：

```
dbpath=/opt/servers/mongodb_demo/shardcluster/shard/shard2_data
logpath=/opt/servers/mongodb_demo/shardcluster/shard/logs/shard2.log
port=27020
logappend=true
fork=true
maxConns=5000
bind_ip=nosql01
shardsvr=true
#指定分片 shard2 的副本集名称
replSet=shard2
```

在配置文件 mongodb_shard2.conf 中添加完上述内容后，执行 vi 命令，在配置文件 mongodb_shard3.conf 中添加分片服务器 3 的相关参数，具体如下：

```
dbpath=/opt/servers/mongodb_demo/shardcluster/shard/shard3_data
logpath=/opt/servers/mongodb_demo/shardcluster/shard/logs/shard3.log
port=27019
logappend=true
fork=true
maxConns=5000
bind_ip=nosql01
shardsvr=true
#指定分片 shard3 的副本集名称
replSet=shard3
```

执行上述操作后，至此，我们完成对服务器 nosql01 中分片集群的 Shard 配置。

(2) 服务器 nosql02。

在服务器 nosql02 的/shard/configFile 目录下，创建三个配置文件 mongodb_shard1.conf、mongodb_shard2.conf 和 mongodb_shard3.conf，用于通过配置文件的方式启动副本集模式的 Shard，具体命令如下：

```
$touch /opt/servers/mongodb_demo/shardcluster/shard/configFile/mongodb_shard1.conf
$touch /opt/servers/mongodb_demo/shardcluster/shard/configFile/mongodb_shard2.conf
$touch /opt/servers/mongodb_demo/shardcluster/shard/configFile/mongodb_shard3.conf
```

执行上述命令后，再执行 ll 命令，查看三个配置文件是否创建成功，具体如图 5-17 所示。

从图 5-17 中可以看出，配置文件 mongodb_shard1.conf、mongodb_shard2.conf 和 mongodb_shard3.conf 已经创建成功。

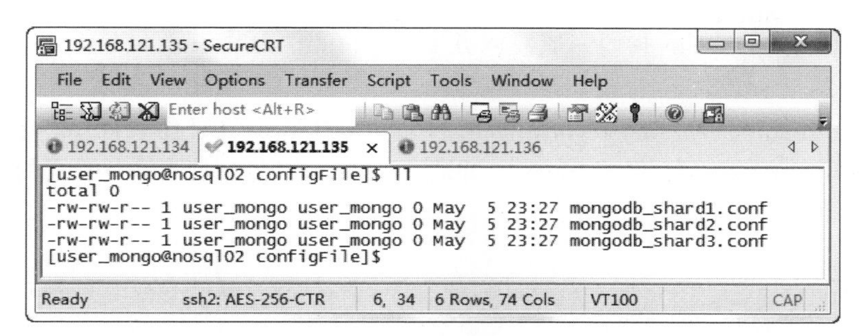


图 5-17　创建三个配置文件

执行 vi 命令，在配置文件 mongodb_shard1.conf 中添加分片服务器 1 的相关参数，具体如下：

```
dbpath=/opt/servers/mongodb_demo/shardcluster/shard/shard1_data
logpath=/opt/servers/mongodb_demo/shardcluster/shard/logs/shard1.log
port=27019
logappend=true
fork=true
maxConns=5000
bind_ip=nosql02
shardsvr=true
replSet=shard1
```

在配置文件 mongodb_shard1.conf 中添加完上述内容后，执行 vi 命令，在配置文件 mongodb_shard2.conf 中添加分片服务器 2 的相关参数，具体如下：

```
dbpath=/opt/servers/mongodb_demo/shardcluster/shard/shard2_data
logpath=/opt/servers/mongodb_demo/shardcluster/shard/logs/shard2.log
port=27018
logappend=true
fork=true
maxConns=5000
bind_ip=nosql02
shardsvr=true
replSet=shard2
```

在配置文件 mongodb_shard2.conf 中添加完上述内容后，执行 vi 命令，在配置文件 mongodb_shard3.conf 中添加分片服务器 3 的相关参数，具体如下：

```
dbpath=/opt/servers/mongodb_demo/shardcluster/shard/shard3_data
logpath=/opt/servers/mongodb_demo/shardcluster/shard/logs/shard3.log
port=27020
logappend=true
fork=true
maxConns=5000
bind_ip=nosql02
shardsvr=true
replSet=shard3
```

执行上述操作后，至此，我们完成对服务器 nosql02 中分片集群的 Shard 配置。

(3) 服务器 nosql03。

在服务器 nosql03 的/shard/configFile 目录下，创建三个配置文件 mongodb_shard1.conf、mongodb_shard2.conf 和 mongodb_shard3.conf，用于启动副本集模式的 Shard，具体命令如下：

```
$touch /opt/servers/mongodb_demo/shardcluster/shard/configFile/mongodb_shard1.conf
$touch /opt/servers/mongodb_demo/shardcluster/shard/configFile/mongodb_shard2.conf
$touch /opt/servers/mongodb_demo/shardcluster/shard/configFile/mongodb_shard3.conf
```

执行上述命令后，再执行 ll 命令，查看三个配置文件是否创建成功，具体如图 5-18 所示。

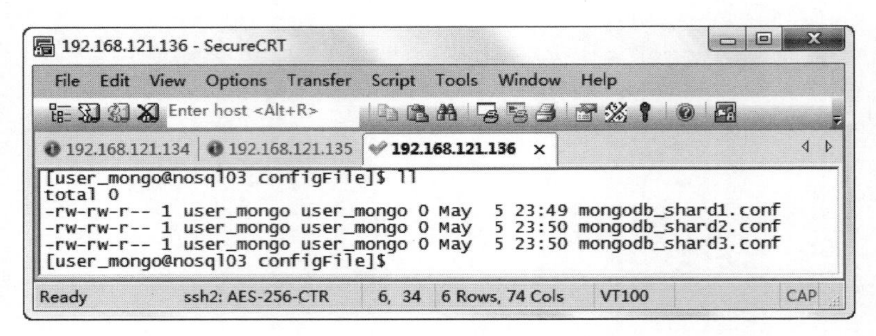


图 5-18 创建三个配置文件

从图 5-18 中可以看出，配置文件 mongodb_shard1.conf、mongodb_shard2.conf 和 mongodb_shard3.conf 已经创建成功。执行 vi 命令，在配置文件 mongodb_shard1.conf 中添加分片服务器 1 的相关参数，具体如下：

```
dbpath=/opt/servers/mongodb_demo/shardcluster/shard/shard1_data
logpath=/opt/servers/mongodb_demo/shardcluster/shard/logs/shard1.log
port=27020
logappend=true
fork=true
maxConns=5000
bind_ip=nosql03
shardsvr=true
replSet=shard1
```

在配置文件 mongodb_shard1.conf 中添加上述内容后，执行 vi 命令，在配置文件 mongodb_shard2.conf 中添加分片服务器 2 的相关参数，具体如下：

```
dbpath=/opt/servers/mongodb_demo/shardcluster/shard/shard2_data
logpath=/opt/servers/mongodb_demo/shardcluster/shard/logs/shard2.log
port=27019
logappend=true
fork=true
maxConns=5000
```

```
bind_ip=nosql03
shardsvr=true
replSet=shard2
```

在配置文件 mongodb_shard2.conf 中添加完上述内容后，执行 vi 命令，在配置文件 mongodb_shard3.conf 中添加分片服务器 3 的相关参数，具体如下：

```
dbpath=/opt/servers/mongodb_demo/shardcluster/shard/shard3_data
logpath=/opt/servers/mongodb_demo/shardcluster/shard/logs/shard3.log
port=27018
logappend=true
fork=true
maxConns=5000
bind_ip=nosql03
shardsvr=true
replSet=shard3
```

执行上述操作后，我们完成对服务器 nosql03 中分片集群的 Shard 配置。

### 2. 启动 Shard

分别在三台服务器（nosql01、nosql02 和 nosql03）中 MongoDB 安装目录的 bin 目录下启动 Shard，具体命令如下：

```
$./mongod -f /opt/servers/mongodb_demo/shardcluster/shard/configFile/mongodb_shard1.conf
$./mongod -f /opt/servers/mongodb_demo/shardcluster/shard/configFile/mongodb_shard2.conf
$./mongod -f /opt/servers/mongodb_demo/shardcluster/shard/configFile/mongodb_shard3.conf
```

执行上述命令后，查看控制台输出 Shard 启动的信息，具体如图 5-19、图 5-20 和图 5-21 所示。

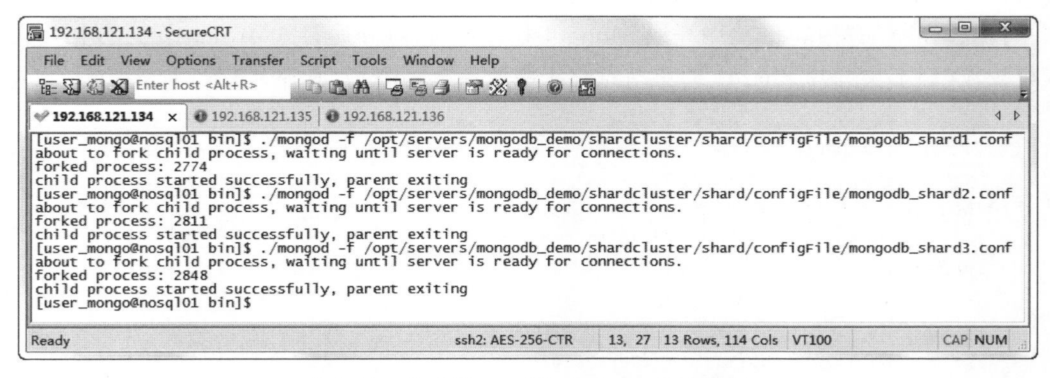


图 5-19 服务器 nosql01 中 Shard 启动信息

从图 5-19、图 5-20 和图 5-21 中可以看出，三台服务器启动 Shard 时，控制台均输出“child process started successfully”的信息，因此说明我们成功启动 Shard。

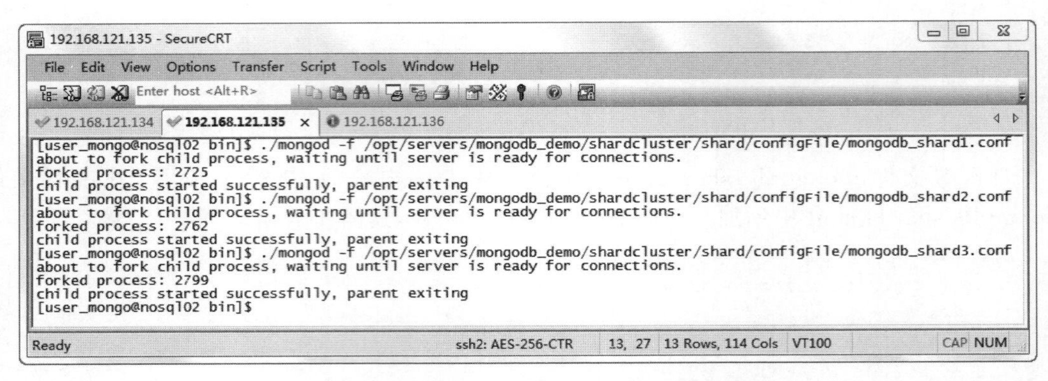


图 5-20 服务器 nosql02 中 Shard 启动信息

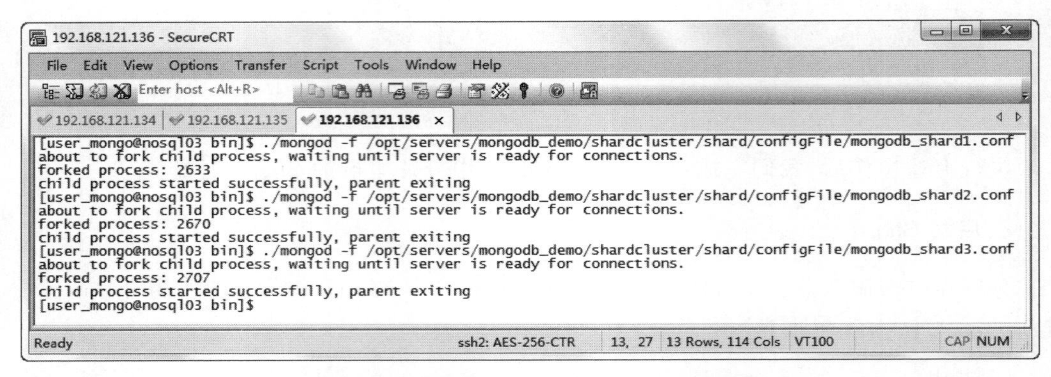


图 5-21 服务器 nosql03 中 Shard 启动信息

### 3. 配置 Shard 副本集

三台虚拟机的 Shard 启动完成后，通过 MongoDB 客户端分别对三台服务器中的分片进行初始化副本集的操作，具体步骤如下。

首先，在服务器 nosql01 中登录 MongoDB 客户端，对分片服务器 Shard1 进行初始化副本集操作(副本集分片 Shard1 的主结点位于服务器 nosql01)，具体命令如下：

```
#在 MongoDB 的 bin 目录下执行
$./mongo --host nosql01 --port 27018
#初始化，设置本机为副本集主结点
>rs.initiate()
#添加副结点
shard1:SECONDARY>rs.add('nosql02:27019')
#添加仲裁结点
shard1:PRIMARY>rs.addArb('nosql03:27020')
```

执行上述命令后，我们就完成了分片服务器 Shard1 中副本集的初始化配置。

**注意**：我们可通过执行 rs.status()命令查看副本集状态。

然后，在服务器 nosql02 中登录 MongoDB 客户端，对分片服务器 Shard2 进行初始化副本集操作(副本集分片 Shard2 的主结点位于服务器 nosql02)，具体命令如下：

```
#在 MongoDB 的 bin 目录下执行
$./mongo --host nosql02 --port 27018
#初始化,设置本机为副本集主结点
>rs.initiate()
#添加副结点
shard2:SECONDARY>rs.add('nosql03:27019')
#添加仲裁结点
shard2:PRIMARY>rs.addArb('nosql01:27020')
```

执行上述命令后，我们就完成了分片服务器 Shard2 中副本集的初始化配置。

最后，在服务器 nosql03 中登录 MongoDB 客户端，对分片服务器 Shard3 进行初始化副本集操作(副本集分片 Shard3 的主结点位于服务器 nosql03)，具体命令如下：

```
#在 MongoDB 的 bin 目录下执行
$./mongo --host nosql03 --port 27018
#初始化,设置本机为副本集主结点
>rs.initiate()
#添加副结点
shard3:SECONDARY>rs.add('nosql01:27019')
#添加仲裁结点
shard3:PRIMARY>rs.addArb('nosql02:27020')
```

执行上述命令后，我们就完成了分片服务器 Shard3 中副本集的初始化配置。

至此，我们完成了分片集群中三个 Shard 的部署，并且每个 Shard 以副本集模式运行。

## 5.4.5　部署 mongos

上一小节完成了 Shard 的部署。本节我们将部署 mongos，具体步骤如下。

### 1. 创建配置文件

在服务器 nosql01 的/mongos/configFile 目录下，创建配置文件 mongodb_mongos.conf，用于启动 mongos，具体命令如下：

```
$touch /opt/servers/mongodb_demo/shardcluster/mongos/configFile/mongodb_mongos.conf
```

执行上述命令后，再执行 ll 命令，查看配置文件 mongodb_mongos.conf 是否创建成功，具体如图 5-22 所示。

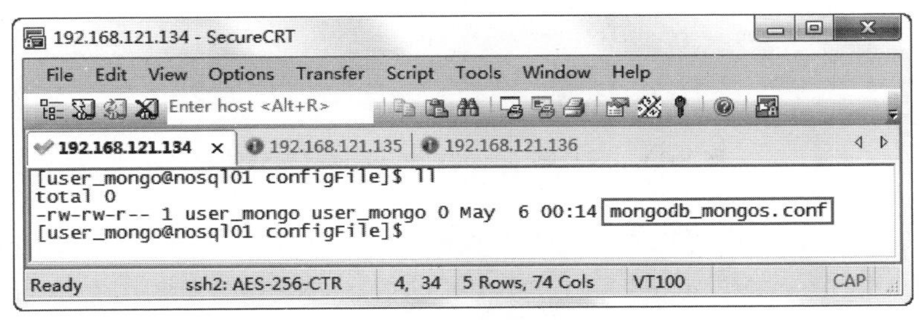


图 5-22　创建配置文件 mongodb_mongos.conf

从图 5-22 中可以看出，配置文件 mongodb_mongos.conf 已经创建成功。执行 vi 命令，在配置文件 mongodb_mongos.conf 中添加路由服务器的相关参数，具体如下：

```
logpath=/opt/servers/mongodb_demo/shardcluster/mongos/logs/mongos.log
logappend =true
port =27021
bind_ip=nosql01
fork =true
#指定配置服务器(Config Server)地址
configdb =configs/nosql01:27022,nosql02:27022,nosql03:27022
maxConns=20000
```

上述内容中，我们没有设置参数 dbpath，这是因为路由服务器不需要存储数据目录，因此不需要设置参数 dbpath。

由于在分片集群中规划了两个 mongos，因此，需要将配置文件 mongodb_mongos.conf 通过 scp 命令分发至服务器 nosql02 的目录/mongos/configFile 下，具体命令如下：

```
$scp /opt/servers/mongodb_demo/shardcluster/mongos/configFile/mongodb_mongos.conf user_
mongo@nosql02:/opt/servers/mongodb_demo/shardcluster/mongos/configFile/
```

执行上述命令后，我们需要修改服务器 nosql02 的配置文件 mongodb_mongos.conf 中参数 bind_ip 的值，即将值修改为当前服务器的 IP 地址或主机名(即 nosql02)。

### 2. 启动 mongos 服务

分别在两台服务器(nosql01 和 nosql02)中 MongoDB 安装目录的 bin 目录下启动 mongos，具体命令如下：

```
$ ./mongos - f /opt/servers/mongodb _ demo/shardcluster/mongos/configFile/mongodb _
mongos.conf
```

执行上述命令后，查看控制台输出 mongos 启动的信息，具体如图 5-23 和图 5-24 所示。

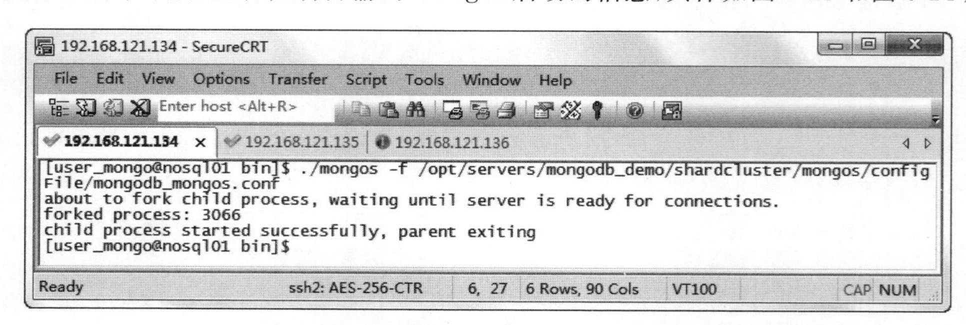


图 5-23 服务器 nosql01 中 mongos 启动信息

从图 5-23 和图 5-24 中可以看出，两台服务器(nosql01 和 nosql02)启动 mongos 时，控制台均输出“child process started successfully”的信息，说明我们成功启动 mongos，从而确保分片集群中至少包含两个 mongos。

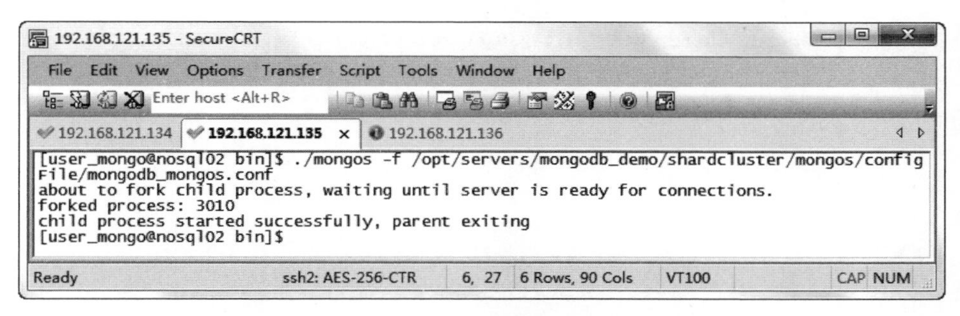


图 5-24　服务器 nosql02 中 mongos 启动信息

**注意**：启动 mongos 使用的是 mongos 命令，而不是 mongod 命令。

## 5.4.6　启动分片功能

分片集群部署完成后，还需要启动分片功能。下面，我们来启动分片集群的分片功能，具体步骤如下。

(1) 在服务器 nosql01 中登录 mongos 的 MongoDB 客户端(需要通过 mongos 操作分片集群)，具体命令如下：

```
#在 MongoDB 的 bin 目录下执行
$./mongo --host nosql01 --port 27021
```

执行上述命令后，查看控制台输出的信息，具体如图 5-25 所示。

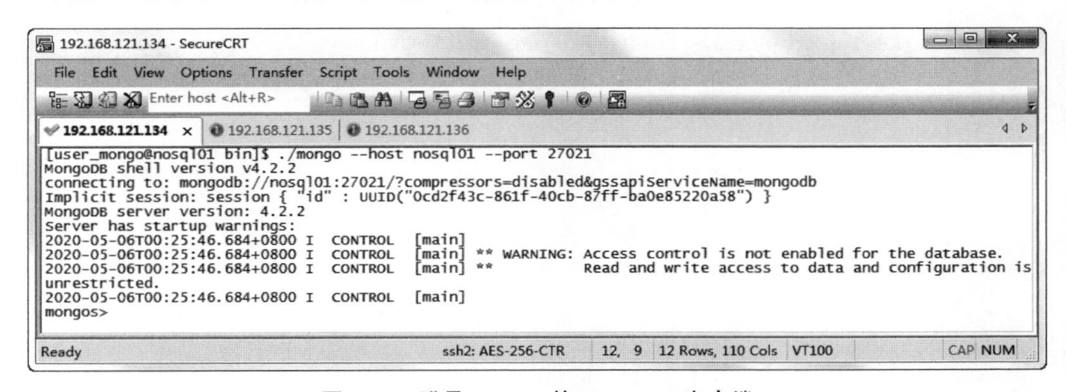


图 5-25　登录 mongos 的 MongoDB 客户端

从图 5-25 中可以看出，我们已经成功登录到 mongoDB 的客户端。

(2) 切换到数据库 gateway，具体命令如下：

```
mongos>use gateway
switched to db gateway
```

(3) 向分片集群中添加三个 Shard 分别为 shard1、shard2 和 shard3，具体命令如下：

```
mongos>sh.addShard("shard1/nosql01:27018,nosql02:27019,nosql03:27020")
{
        "shardAdded" : "shard1",
        "ok" : 1,
        "operationTime" : Timestamp(1587779256, 5),
        "$clusterTime" : {
                "clusterTime" : Timestamp(1587779256, 5),
                "signature" : {
                        "hash" : BinData(0,"AAAAAAAAAAAAAAAAAAAAAAAAAAA="),
                        "keyId" : NumberLong(0)
                }
        }
}
mongos>sh.addShard("shard2/nosql01:27020,nosql02:27018,nosql03:27019")
{
        "shardAdded" : "shard2",
        "ok" : 1,
        "operationTime" : Timestamp(1587779294, 5),
        "$clusterTime" : {
                "clusterTime" : Timestamp(1587779294, 5),
                "signature" : {
                        "hash" : BinData(0,"AAAAAAAAAAAAAAAAAAAAAAAAAAA="),
                        "keyId" : NumberLong(0)
                }
        }
}
mongos>sh.addShard("shard3/nosql01:27019,nosql02:27020,nosql03:27018")
{
        "shardAdded" : "shard3",
        "ok" : 1,
        "operationTime" : Timestamp(1587779309, 4),
        "$clusterTime" : {
                "clusterTime" : Timestamp(1587779309, 4),
                "signature" : {
                        "hash" : BinData(0,"AAAAAAAAAAAAAAAAAAAAAAAAAAA="),
                        "keyId" : NumberLong(0)
                }
        }
}
```

执行上述命令后，控制台会返回当前添加Shard操作是否成功的信息，若信息中出现字段“OK”的值为1，则说明当前Shard添加成功。

**注意**：三个Shard添加完成后，可以在数据库gateway中执行sh.status()命令查看分片集群状态。

**📖多学一招**：删除MongoDB分片集群中的Shard

若是想要删除MongoDB分片集群中添加的Shard，则可以执行如下命令：

```
mongos>  use admin
switched to db admin
mongos>db.adminCommand( { removeShard: "shard3" } )
{
    "msg" : "draining started successfully",
    "state" : "started",
    "shard" : "shard3",
    "note" : "you need to drop or movePrimary these databases",
    "dbsToMove" : [ ],
    "ok" : 1,
    "$clusterTime" : {
        "clusterTime" : Timestamp(1532426167, 3),
        "signature" : {
            "hash" : BinData(0,"tp0QX4bjy1hJ4Xt29XDYOKoxwuQ="),
            "keyId" : NumberLong("6581372726341009427")
        }
    },
    "operationTime" : Timestamp(1532426167, 3)
}
```

上述命令中，shard3 代表要删除的 Shard 名称。若是开启了安全认证，则需要使用 root 用户权限操作。

**注意**：在删除分片前，需要先删除分片集群中的数据，即分片的数据库和集合，否则重新添加分片集群时，该分片将无法使用。一般我们不建议删除分片。

## 5.5　分片的基本操作

通过上一节操作，我们启动了分片集群的分片功能。若此时向分片集群添加数据库和集合时，默认情况下这些集合和数据库是没有实现分片功能的。接下来，我们将详细讲解如何实现对数据库和集合进行分片操作，具体步骤如下。

### 1. 登录 MongoDB 客户端

在服务器 nosql01 中登录 mongos 的 MongoDB 客户端，具体命令如下：

```
在 MongoDB 的 bin 目录下执行
$./mongo --host nosql01 --port 27021
```

### 2. 设置 chunk

为了便于展示分片操作，将分片 chunk(块)设置为 1M，使得插入少量数据就可体现出分片的效果，具体命令如下：

```
#切换到数据库 config
mongos>use config
switched to db config
```

```
#设置块大小为 1M
mongos>db.settings.save({"_id":"chunksize","value":1})
WriteResult({ "nMatched" : 0, "nUpserted" : 1, "nModified" : 0, "_id" : "chunksize" })
```

### 3. 模拟写入数据

在分片集群中，创建数据库 school，并向数据库中添加集合 user，然后模拟向集合中写入 5 万条文档，具体命令如下：

```
#切换(创建)数据库 school
mongos>use school
switched to db school
#向集合 user 中添加 5 万条文档
mongos>for(i=1;i<=50000;i++){db.user.insert({"id":i,"name":"jack"+i})}
WriteResult({ "nInserted" : 1 })
```

### 4. 对数据库进行分片操作

在开启集合分片前，需要先开启数据库的分片功能，具体命令如下：

```
#切换到数据库 gateway
mongos>use gateway
switched to db gateway
#实现数据库 school 分片功能
mongos>sh.enableSharding("school")
{
        "ok" : 1,
        "operationTime" : Timestamp(1585143637, 2),
        "$clusterTime" : {
                "clusterTime" : Timestamp(1585143637, 2),
                "signature" : {
                        "hash" : BinData(0,"80H/QbeGJGDT4r6/PvrkzdlTgpA="),
                        "keyId" : NumberLong("6799903114787815454")
                }
        }
}
```

执行上述命令后，若是控制台返回"ok：1"，则说明我们成功开启数据库分片功能，即成功对数据库进行分片操作。

**注意**：我们需要在数据库 gateway 下进行数据库分片操作。

### 5. 对集合进行分片操作

对集合进行分片操作前，需要为集合 user 创建索引，具体命令如下：

```
#切换到数据库 school
mongos>use school
switched to db school
```

```
#以"id"作为索引
mongos>db.user.createIndex({"id":1})
{
        "raw" : {
                "shard1/nosql01:27018,nosql02:27019" : {
                        "createdCollectionAutomatically" : false,
                        "numIndexesBefore" : 1,
                        "numIndexesAfter" : 2,
                        "ok" : 1
                }
        },
        "ok" : 1,
        "operationTime" : Timestamp(1587780967, 4),
        "$clusterTime" : {
                "clusterTime" : Timestamp(1587780967, 4),
                "signature" : {
                        "hash" : BinData(0,"AAAAAAAAAAAAAAAAAAAAAAAAAAA="),
                        "keyId" : NumberLong(0)
                }
        }
}
```

执行上述命令后，我们成功为集合 user 创建索引。接下来，我们将以索引“id”作为分片键，对集合 user 进行分片操作，具体如下：

```
#切换到数据库 gateway
mongos>use gateway
#以"id"作为分片键对集合 user 进行分片
mongos>sh.shardCollection("school.user",{"id":1})
{
        "collectionsharded" : "school.user",
        "collectionUUID" : UUID("6532133f-0e07-4c26-8d18-101bc3f5c00b"),
        "ok" : 1,
        "operationTime" : Timestamp(1587781203, 15),
        "$clusterTime" : {
                "clusterTime" : Timestamp(1587781203, 15),
                "signature" : {
                        "hash" : BinData(0,"AAAAAAAAAAAAAAAAAAAAAAAAAAA="),
                        "keyId" : NumberLong(0)
                }
        }
}
```

从上述返回结果“ok：1”可以看出，我们成功为数据库 school 下的集合 user 开启分片功能。

### 6. 查看分片信息

在数据库 gateway 下，执行 sh.status()命令，查看数据库 school 中集合 user 的分片信息，具体如下：

```
mongos>sh.status()
---Sharding Status ---
  sharding version: {
        "_id" : 1,
        "minCompatibleVersion" : 5,
        "currentVersion" : 6,
        "clusterId" : ObjectId("5eb17a2f8bc0d79a0e1af3e4")
  }
  shards:
        {  "_id" : "shard1",  "host" : "shard1/nosql01:27018,nosql02:27019",  "state" : 1 }
        {  "_id" : "shard2",  "host" : "shard2/nosql02:27018,nosql03:27019",  "state" : 1 }
        {  "_id" : "shard3",  "host" : "shard3/nosql01:27019,nosql03:27018",  "state" : 1 }
  active mongoses:
        "4.2.2" : 2
  autosplit:
        Currently enabled: yes
  balancer:
        Currently enabled:  yes
        Currently running:  no
        Failed balancer rounds in last 5 attempts:  0
        Migration Results for the last 24 hours:
                4 : Success
  databases:
        {  "_id" : "config",  "primary" : "config",  "partitioned" : true }
                config.system.sessions
                        shard key: { "_id" : 1 }
                        unique: false
                        balancing: true
                        chunks:
                                shard1  1
                         {"_id":{ "$minKey":1}} -->>{"_id":{ "$maxKey" :1}} on : shard1
Timestamp(1, 0)
       {"_id":"school","primary":"shard2","partitioned":true,"version":{"uuid":UUID("
4cbcc453-5170-4dfb-865c-863b368e574d"),
                           "lastMod" : 1 } }
                school.user
                        shard key: { "id" : 1 }
                        unique: false
                        balancing: true
                        chunks:
                                shard1  2
                                shard2  2
                                shard3  2
                        { "id":{"$minKey":1}}-->>{ "id" : 9893 } on : shard3 Timestamp(2, 0)
                        { "id":9893 } -->>{ "id" : 19786 } on : shard1 Timestamp(3, 0)
                        { "id" : 19786 } -->>{ "id" : 29679 } on : shard1 Timestamp(4, 0)
                        { "id" : 29679 } -->>{ "id" : 39572 } on : shard3 Timestamp(5, 0)
                        { "id" : 39572 } -->>{ "id" : 49465 } on : shard2 Timestamp(5, 1)
                        { "id" : 49465 }-->>{ "id" : {"$maxKey":1}}on: shard2 Timestamp(1, 5)
```

从上述返回结果可以看出，school.user（即数据库 school 下的集合 user）的分片键（shard key）为 id；参数“chunks”中各 Shard 的分布信息为“shard1 2，shard2 2，shard3 2”，说明 shard1、shard2 和 shard3 中分别存在两个 chunk。

### 7. 开启安全认证

MongoDB 默认没有开启安全认证，在第 4 章中我们已有所了解，分片集群与副本集开启安全认证的方式基本一致，同样是使用 KeyFile 安全认证的方式，具体步骤如下。

（1）创建并同步 KeyFile 文件。

关于创建并同步 KeyFile 文件，读者可参考第 4 章 4.4.5 节的内容进行操作，这里不再赘述。若已完成了副本集部署，也创建了 KeyFile 文件，则可以不用再次创建 KeyFile 文件，直接使用即可。

（2）创建全局管理用户。

通过登录 mongos 的 MongoDB 客户端，用于创建全局管理用户，从而操作分片集群。这里以服务器 nosql01 为例演示分片集群操作。

① 登录 mongos 的 MongoDB 客户端，具体命令如下：

```
#在服务器 nosql01 中 MongoDB 的 bin 目录下执行
$./mongo --host nosql01 --port 27021
```

② 切换数据库至 admin，添加全局用户 itcastAdmin，具体如下：

```
mongos>use admin
switched to db admin
mongos>db.createUser({user:"itcastAdmin",pwd:"123456",roles:[{role: "userAdminAnyDatabase",
db:"admin"},{role:"readWriteAnyDatabase",db:"admin"},{role:"dbAdminAnyDatabase",db:
"admin"}]})
Successfully added user: {
        "user" : "itcastAdmin",
        "roles" : [
                {
                        "role" : "userAdminAnyDatabase",
                        "db" : "admin"
                },
                {
                        "role" : "readWriteAnyDatabase",
                        "db" : "admin"
                },
                {
                        "role" : "dbAdminAnyDatabase",
                        "db" : "admin"
                }
        ]
}
```

从上述返回结果 Successfully 可以看出，我们成功添加全局用户 itcastAdmin。

(3) 关闭分片集群。

关闭所有服务器中分片集群的 Shard、Config Server 和 mongos 进程，这里以服务器 nosql01 为例，具体步骤如下。

① 在关闭分片集群前，需要关闭平衡器(即 Balancer，用于管理 Chunk 迁移的后台进程，若各 Shard 之间的 Chunk 数量差值超过了系统默认阈值，则 Balancer 开始在分片集群中迁移 Chunk 以确保数据的均匀分布)，停止块的迁移和划分，具体如下：

```
#在 MongoDB 的 bin 目录下登录 mongos 的 MongoDB 客户端
$./mongo --host nosql01 --port 27021
mongos>use gateway
switched to db gateway
mongos>sh.stopBalancer()
{
        "ok" : 1,
        "operationTime" : Timestamp(1587783605, 2),
        "$clusterTime" : {
                "clusterTime" : Timestamp(1587783605, 2),
                "signature" : {
                        "hash" : BinData(0,"AAAAAAAAAAAAAAAAAAAAAAAAAAA="),
                        "keyId" : NumberLong(0)
                }
        }
}
```

从上述返回结果"ok:1"可以看出，我们成功关闭分片集群的平衡器。

② 关闭 mongos。

在服务器 nosql01 中，执行 ps -ef | grep mongos 命令，查看 Mongos 进程，效果如图 5-26 所示。

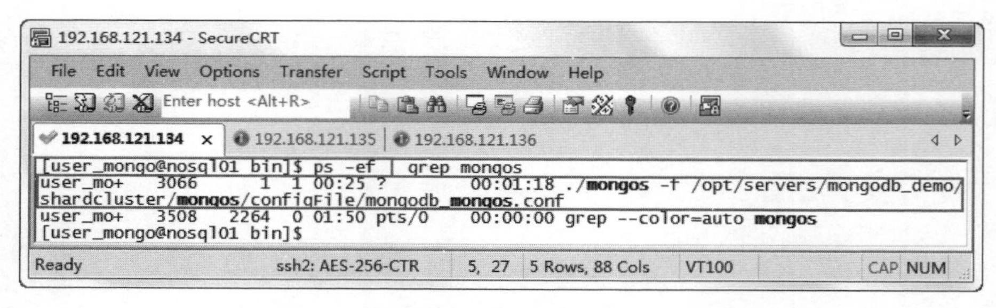


图 5-26 服务器 nosql01 中的 Mongos 进程

从图 5-26 中可以看出，进程 Mongos 的进程 id 为 3066。执行 kill -2 3066 命令，关闭 mongos 进程；再执行 ps -ef | grep mongos 命令，查看 Mongos 进程是否成功关闭，效果如图 5-27 所示。

从图 5-27 中可以看出，服务器 nosql01 中的 Mongos 进程已经成功关闭。

**注意**：重复上述步骤，关闭服务器 nosql02 中的 Mongos 进程，这里不再赘述。

③ 关闭 Shard。

在服务器 nosql01 中，执行 ps -ef | grep mongodb_shard 命令，查看 Shard 进程，效果如

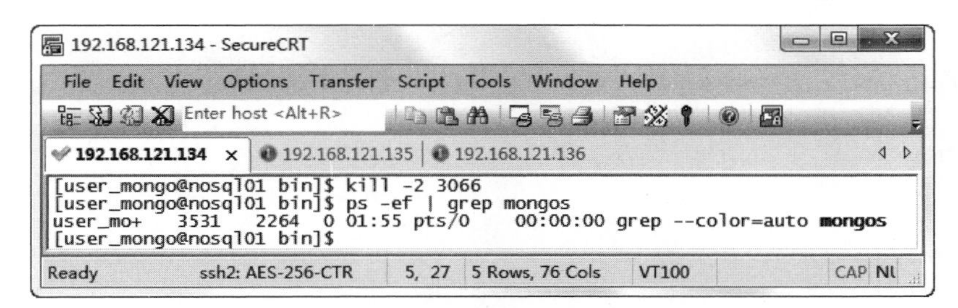


图 5-27　关闭服务器 nosql01 中 Mongos 进程

图 5-28 所示。

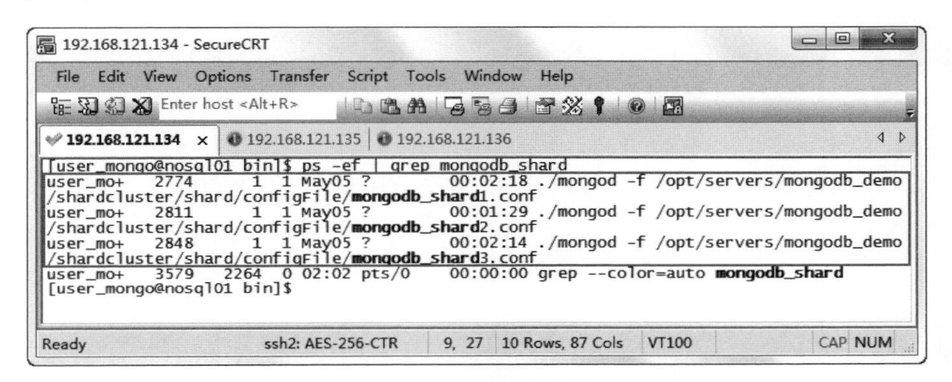


图 5-28　查看服务器 nosql01 中的 Shard 进程

从图 5-28 中可以看出，进程 Shard 的进程 id 分别为 2774、2811 和 2848(由于分片集群中有三个 Shard,并且每个 Shard 都是副本集模式,因此三台服务器均会包含三个 Shard 进程)。执行 kill -2 2774 2811 2848 命令,关闭 Shard 进程;再执行 ps -ef | grep mongodb_shard 命令,查看 Shard 进程是否成功关闭,效果如图 5-29 所示。

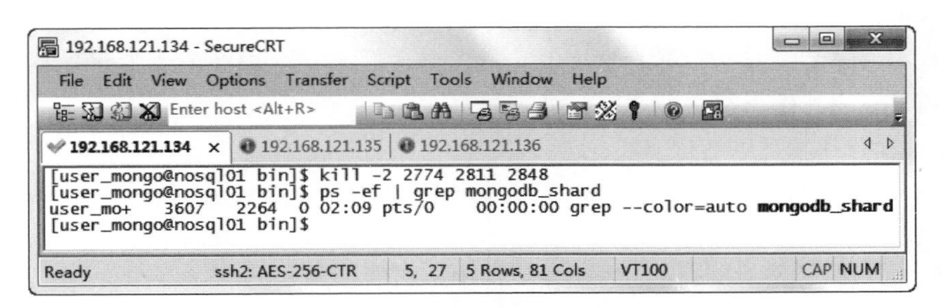


图 5-29　关闭服务器 nosql01 中 Shard 进程

从图 5-29 中可以看出,服务器 nosql01 中的 Shard 进程已经成功关闭。

**注意**:重复上述步骤,关闭服务器 nosql02 和 nosql03 中的 Shard 进程,这里不再赘述。

④ 关闭 Config Server。

在服务器 nosql01 中,执行 ps -ef | grep config 命令,查看 Config Server 进程,效果如图 5-30 所示。

从图 5-30 中可以看出,进程 Config Server 的进程 id 为 2509。执行 kill -2 2509 命令,

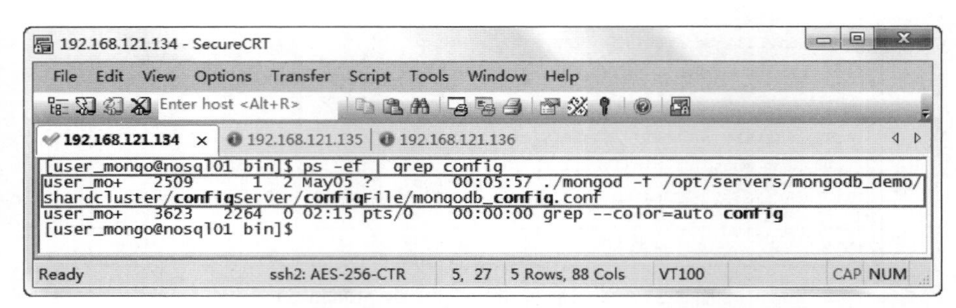


图 5-30 查看服务器 nosql01 中 Config Server 进程

关闭 Config Server 进程;再执行 ps -ef | grep config 命令,查看 Config Server 进程是否成功关闭,效果如图 5-31 所示。

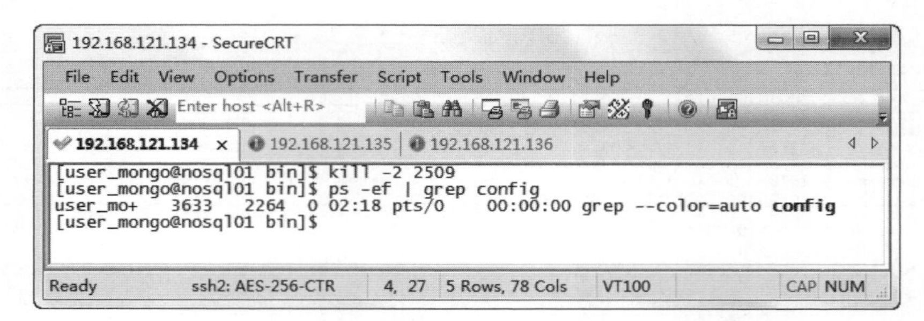


图 5-31 关闭服务器 nosql01 中 Config Server 进程

从图 5-31 中可以看出,服务器 nosql01 中的 Config Server 进程已经成功关闭。

**注意**:重复上述步骤,关闭服务器 nosql02 和 nosql03 中的 Config Server 进程,这里不再赘述。

至此,我们完成对分片集群的关闭操作。需要注意,关闭分片集群中,需要按照 Mongos、Shard 和 Config Server 的顺序依次关闭,由于 Config Server 记录着整个分片集群的元数据,而 mongos 和 Shard 都需要与 Config Server 交互,因此 Config Server 必须是最后关闭,而 mongos 作为客户端交互组件可以最先关闭。

(4) 修改分片集群中各服务器的配置文件。

分别在三台服务器(nosql01、nosql02、nosql03)中 Config Server、Shard、Mongos 的配置文件中添加 keyFile 参数和 auth 参数,用于指定 KeyFile 文件和开启安全认证(这里以服务器 nosql01 为例)(注意:Mongos 的配置文件中不需要添加 auth 参数)。

进入/opt/servers/mongodb_demo/shardcluster/configServer/configFile 目录,在 Config Server 配置文件 mongodb_config.conf 中添加参数 keyFile 和 auth(加粗部分),具体如下:

```
#数据文件存放位置
dbpath=/opt/servers/mongodb_demo/shardcluster/configServer/data
#日志文件
logpath=/opt/servers/mongodb_demo/shardcluster/configServer/logs/config_server.log
#端口号
port=27022
```

```
#绑定服务 IP
bind_ip=nosql01
#使用追加的方式写日志
logappend=true
#以守护进程的方式运行 MongoDB
fork=true
#最大同时连接数
maxConns=5000
#复制集名称
replSet=configs
#声明这是一个集群的 Config Server
configsvr=true
#指定 KeyFile 文件,这里我们使用部署副本集时创建的 KeyFile 文件
keyFile=/opt/servers/mongodb_demo/replicaset/key/keyfile
#开启安全认证
auth=true
```

重复上述步骤,在服务器 nosql02 和 nosql03 的配置文件 mongodb_config.conf 中添加参数 keyFile 和 auth,这里不作赘述。

进入/opt/servers/mongodb_demo/shardcluster/shard/configFile 目录,分别在 Shard 的配置文件 mongodb_shard1.conf、mongodb_shard2.conf 和 mongodb_shard3.conf 中添加参数 keyFile 和 auth(加粗部分),具体如文件 5-1、文件 5-2 和文件 5-3 所示。

**文件 5-1　mongodb_shard1.conf**

```
dbpath=/opt/servers/mongodb_demo/shardcluster/shard/shard1_data
logpath=/opt/servers/mongodb_demo/shardcluster/shard/logs/shard1.log
port=27018
logappend=true
fork=true
maxConns=5000
bind_ip=nosql01
#声明开启分片
shardsvr=true
#指定分片 shard1 的副本集名称
replSet=shard1
#指定 KeyFile 文件,这里我们使用部署副本集时创建的 KeyFile 文件
keyFile=/opt/servers/mongodb_demo/replicaset/key/keyfile
#开启安全认证
auth=true
```

**文件 5-2　mongodb_shard2.conf**

```
dbpath=/opt/servers/mongodb_demo/shardcluster/shard/shard2_data
logpath=/opt/servers/mongodb_demo/shardcluster/shard/logs/shard2.log
port=27020
logappend=true
fork=true
maxConns=5000
```

```
bind_ip=nosql01
shardsvr=true
#指定分片 shard2 的副本集名称
replSet=shard2
#指定 KeyFile 文件,这里我们使用部署副本集时创建的 KeyFile 文件
keyFile=/opt/servers/mongodb_demo/replicaset/key/keyfile
#开启安全认证
auth=true
```

**文件 5-3 mongodb_shard3.conf**

```
dbpath=/opt/servers/mongodb_demo/shardcluster/shard/shard3_data
logpath=/opt/servers/mongodb_demo/shardcluster/shard/logs/shard3.log
port=27019
logappend=true
fork=true
maxConns=5000
bind_ip=nosql01
shardsvr=true
#指定分片 shard3 的副本集名称
replSet=shard3
#指定 KeyFile 文件,这里我们使用部署副本集时创建的 KeyFile 文件
keyFile=/opt/servers/mongodb_demo/replicaset/key/keyfile
#开启安全认证
auth=true
```

重复上述步骤,在服务器 nosql02 和 nosql03 的配置文件 mongodb_shard1.conf、mongodb_shard2.conf 和 mongodb_shard3.conf 中添加参数 keyFile 和 auth,这里不作赘述。

进入/opt/servers/mongodb_demo/shardcluster/mongos/configFile 目录,在 Mongos 的配置文件 mongodb_mongos.conf 中添加参数 keyFile(加粗部分),具体如下:

```
logpath=/opt/servers/mongodb_demo/shardcluster/mongos/logs/mongos.log
logappend =true
port =27021
bind_ip=nosql01
fork =true
#指定配置服务器(Config Server)地址
configdb =configs/nosql01:27022,nosql02:27022,nosql03:27022
maxConns=20000
#指定 KeyFile 文件,这里我们使用部署副本集时创建的 KeyFile 文件
keyFile=/opt/servers/mongodb_demo/replicaset/key/keyfile
```

重复上述步骤,在服务器 nosql02 的配置文件 mongodb_mongos.conf 中添加参数 keyFile,这里不作赘述。

至此,我们完成了分片集群中各服务器配置文件的修改操作。

(5) 启动分片集群。

分别在三台服务器(nosql01、nosql02 和 nosql03)中启动分片集群的相关进程,按照 Config Server、Shard 和 mongos 的顺序启动分片集群。首先,在服务器 nosql01、nosql02 和 nosql03 中启动 Config Server;然后,在服务器 nosql01、nosql02 和 nosql03 中启动 Shard;最后,在 nosql01 和 nosql02 中启动 Mongos,效果如图 5-32、图 5-33 和图 5-34 所示。

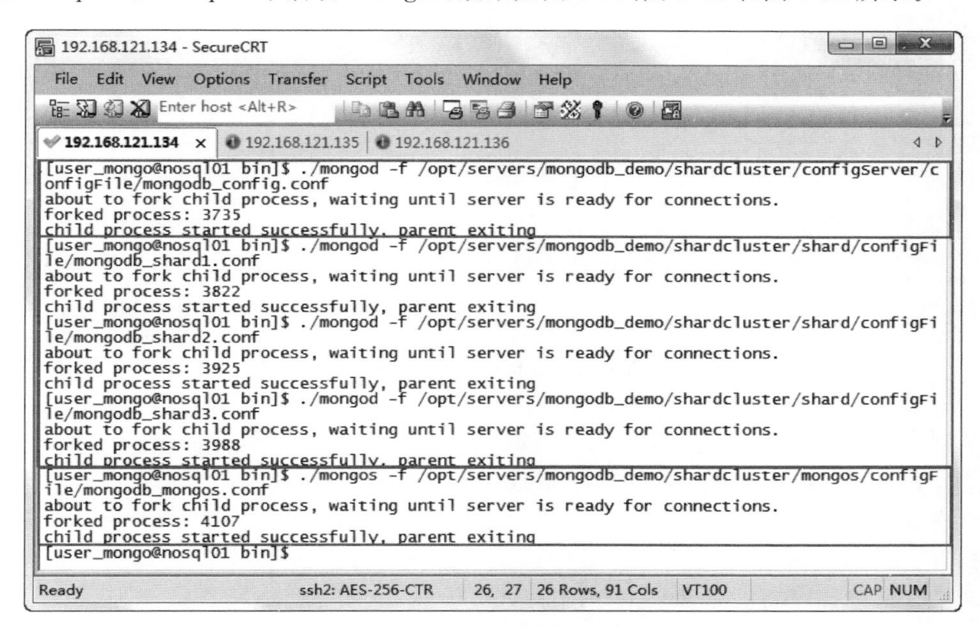


图 5-32 服务器 nosql01 启动分片集群相关进程

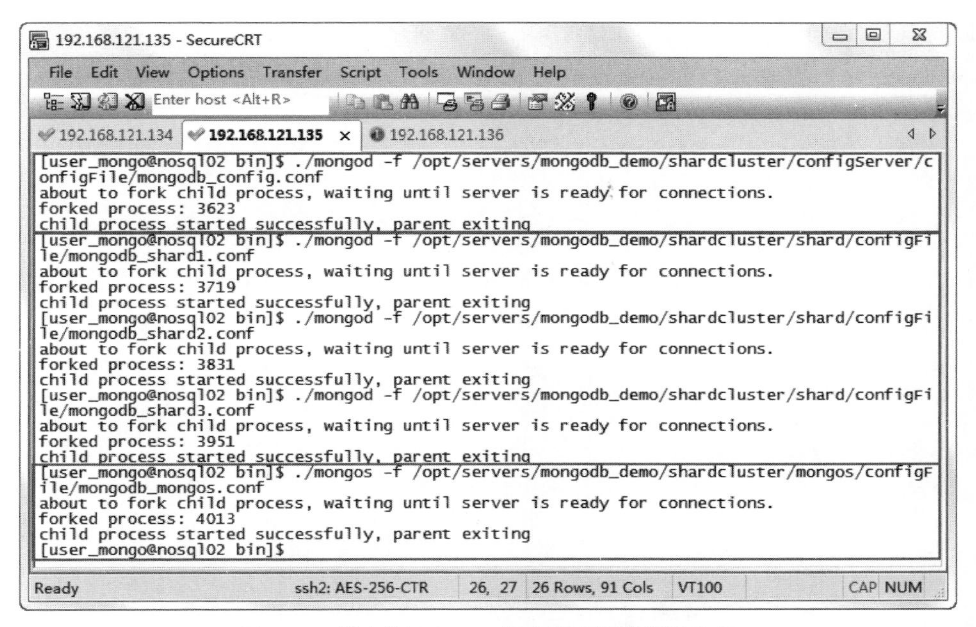


图 5-33 服务器 nosql02 启动分片集群相关进程

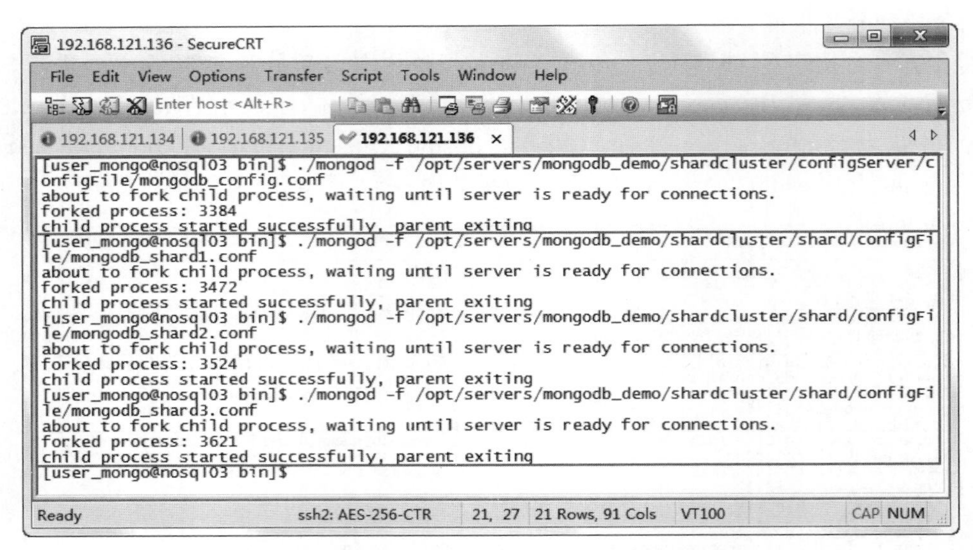


**图 5-34 服务器 nosql03 启动分片集群相关进程**

从图 5-32、图 5-33 和图 5-34 中可以看出，我们成功地在三台服务器中以安全认证模式启动了分片集群。由于关闭分片集群前我们关闭了平衡器，因此重新启动分片集群时需要在数据库 gateway 下执行 sh.startBalancer()命令开启平衡器(注意：开启安全认证后需要使用拥有 root 权限的用户进行认证后才可以进行开启平衡器的操作，root 权限用户的认证请参考第 4 章 4.4.5 节的“多学一招”)。

### 8. 验证安全认证

以安全认证模式启动分片集群后，我们通过不指定用户的方式登录 mongos 的 MongoDB 客户端，验证是否可以正常读取分片集群中的文档，这里以服务器 nosql01 为例，具体命令如下：

```
#在服务器 nosql01 中 MongoDB 的 bin 目录下执行
$./mongo --host nosql01 --port 27021
```

执行上述命令后，再依次执行 user school 和 db.user.find().limit(10)命令，查看集合 user 中前 10 条文档，具体如下：

```
mongos>use school
switched to db school
mongos>db.user.find().limit(10)
Error: error: {
        "ok" : 0,
        "errmsg" : "command find requires authentication",
        "code" : 13,
        "codeName" : "Unauthorized",
        "operationTime" : Timestamp(1587789362, 1),
        "$clusterTime" : {
```

```
                "clusterTime" : Timestamp(1587789362, 1),
                "signature" : {
                        "hash" : BinData(0,"yCfTSgwCSUTOO9pQecK6cTh9fyg="),
                        "keyId" : NumberLong("6819335986376343582")
                }
        }
}
```

从上述返回结果 command find requires authentication 可以看出，查看文档操作需要用户认证后才能查看。

下面，我们以全局用户进行身份验证后，再进行查看文档操作，具体如下：

```
mongos>use admin
switched to db admin
mongos>db.auth("itcastAdmin","123456")
1
mongos>use school
switched to db school>db.user.find().limit(10)
mongos>db.user.find().limit(10)
{ "_id" : ObjectId("5ea39c6880746d2c7247f55f"), "id" : 1, "name" : "jack1" }
{ "_id" : ObjectId("5ea39c6880746d2c7247f574"), "id" : 22, "name" : "jack22" }
{ "_id" : ObjectId("5ea39c6880746d2c7247f575"), "id" : 23, "name" : "jack23" }
{ "_id" : ObjectId("5ea39c6880746d2c7247f56a"), "id" : 12, "name" : "jack12" }
{ "_id" : ObjectId("5ea39c6880746d2c7247f572"), "id" : 20, "name" : "jack20" }
{ "_id" : ObjectId("5ea39c6880746d2c7247f561"), "id" : 3, "name" : "jack3" }
{ "_id" : ObjectId("5ea39c6880746d2c7247f573"), "id" : 21, "name" : "jack21" }
{ "_id" : ObjectId("5ea39c6880746d2c7247f567"), "id" : 9, "name" : "jack9" }
{ "_id" : ObjectId("5ea39c6880746d2c7247f56e"), "id" : 16, "name" : "jack16" }
{ "_id" : ObjectId("5ea39c6880746d2c7247f587"), "id" : 41, "name" : "jack41" }
```

从上述返回结果可以看出，客户端成功展示了集合 user 中的前 10 条文档内容，因此可以说明我们成功开启了分片集群的安全认证。

## 5.6 本章小结

本章讲解了 MongoDB 分片的相关知识，首先介绍分片，让读者可以认识 MongoDB 分片；其次介绍分片策略，使得读者理解分片策略；接着介绍分片集群架构，希望读者熟悉分片集群的架构；再次介绍部署分片集群，希望读者务必要亲手实践并牢记分片集群的部署；最后介绍分片的基本操作，读者可以掌握对数据库和集合的分片操作，并实现分片安全认证功能。

## 5.7 课后习题

### 一、填空题

1. ________是 MongoDB 支持的另一种集群形式。

2. 分片技术是开发人员用来提高________和数据读写吞吐量常用的技术之一。
3. 分片主要是将数据进行________后，将它们分别存放于不同机器上的过程。
4. MongoDB 之所以能够实现自动分片，这是因为其内置了________。
5. MongoDB 的分片策略主要包括范围分片和________两种。

## 二、判断题

1. 分片与副本集主要区别在于分片是每个结点存储数据的不同片段，而副本集是每个结点存储数据的相同副本。（ ）
2. 块(chunk)的默认大小为 128MB。（ ）
3. 分片键只能是集合文档中的一个字段。（ ）
4. 分片服务器是实际存储数据的组件。（ ）
5. 生产环境中，路由服务器存储了分片集群的元数据。（ ）

## 三、选择题

1. 下列服务器中，（ ）不是服务器分片集群的组成部分。
   A. Shard　　B. Mongos
   C. Config Server　　D. Mongod
2. 下列选项中，关于块的说法正确的是（ ）。
   A. 块的默认大小为 64MB
   B. 大块触发的迁移较多
   C. 块的大小不会影响要迁移块的最大文档数
   D. 大块可以均匀地分布数据
3. 下列说法中，关于分片键说法错误的是（ ）。
   A. 分片键一旦指定，后续则无法改变
   B. 分片键的长度大小，可超过 512 个字节
   C. 用于作分片键的字段必须创建索引
   D. 不允许在已分片的集合文档上插入没有分片键的文档

## 四、简答题

简述分片集群的架构。

## 五、操作题

动手实践部署分片集群。

# 第 6 章 MongoDB GridFS

### 学习目标

- 了解 GridFS 概念及应用场景
- 熟悉 GridFS 存储结构
- 掌握使用 Shell 操作 GridFS
- 掌握使用 Java 操作 GridFS
- 掌握使用 Python 操作 GridFS

在前几章的学习中,我们学习了 MongoDB 存储数据的形式并通过实际操作完成数据的存储。默认情况下,MongoDB 受 BSON 文件大小的限制,存储的文件大小不可超过 16MB,但是在实际系统开发中,上传的图片或者文件会很大。为了满足这种需求,MongoDB 提供了 GridFS 框架,而 GridFS 框架可以更好地存储大于 16M 的文件。因此,本章将针对 GridFS 框架相关的知识及使用进行详细讲解。

## 6.1 GridFS 概述

GridFS 是 MongoDB 的一个子模块,使用 GridFS 可以基于 MongoDB 来持久化文件,并且支持分布式应用(即文件分布存储和读取)。

GridFS 也是文件存储的一种方式,它不会将文件存储在单个文档中,而是将文件分为多个块(chunk),并将每个块存储为单独的文档。默认情况下,GridFS 使用的块大小为 255 KB。也就是说,GridFS 将文件分成多个大小为 255KB 的块(最后一个块除外,最后一个块的大小由实际剩余情况而定)。

当查询 GridFS 文件时,GridFS 驱动程序将根据查询需求重新组装块,形成完整文件。在查询时还可以指定查询范围,访问文件中的任意部分信息,例如跳转到视频或音频的某个时间点查看。

在某些情况下, MongoDB 数据库中存储大型文件可能比系统级文件系统(如 Windows 系统、Linux 系统)存储效率更高。下面举例列出一些 GridFS 常见的应用场景:

- 文件系统限制了一个目录可包含的文件数,可以使用 GridFS 存储任意数量的文件。
- 希望文件和元数据自动同步,并使用 MongoDB 副本集将文件存储到多个系统中。
- 可以使用 GridFS 获取文件的部分内容加载到内存中来查看想要的信息,而不需要加载整个大文件到内存中去查找。

这里需要注意的是，如果文件大小小于16 MB的限制，那么使用单个文档存储文件即可，最好不要使用GridFS。可以在文档中使用BinData数据类型存储二进制数据。

## 6.2 GridFS存储结构

GridFS将上传的文件存储在两个集合中。下面，通过一张图介绍一下GridFS存储结构，具体如图6-1所示。

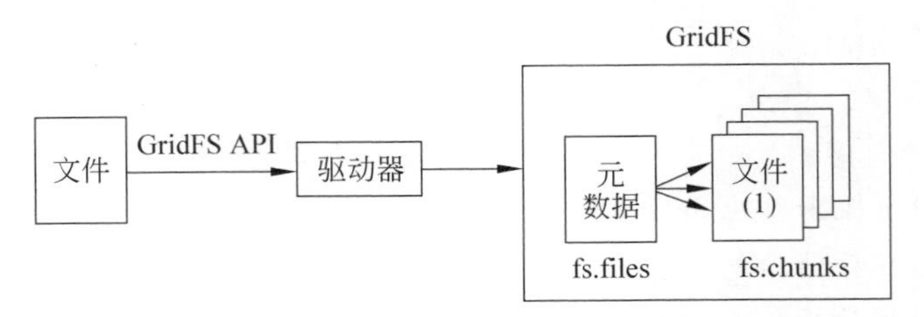


**图6-1 GridFS存储结构**

从图6-1中可以看出，文件通过GridFS驱动上传到GridFS中进行存储，GridFS将文件分别存储到集合fs.chunks和fs.files中。下面，针对GridFS中存储文件的两个集合进行详细介绍，具体如下：

- fs.chunks：GridFS将文件切分为多个大小为255 KB的二进制数据块(即文件原始数据)，将这些数据块存储在fs.chunks集合中。
- fs.files：存储文件的元数据(meta data)，元数据是关于数据的组织、数据域及其关系的信息。简言之，元数据就是描述文件信息的数据，可以说是一种电子目录，用来记录文件名、文件大小、文件块存储位置等数据。

GridFS规范定义了一些fs.files中文档必需的键：

- _id：文件唯一的id，默认使用ObjectId对象，用户也可以自定义其类型。与fs.chunks集合中数据块的files_id键相对应。
- Length：文件大小，以字节为单位。
- chunkSize：每块的大小，以字节为单位。默认是261120b(255kb)，必要时可以调整。
- uploadDate：文件上传时间。
- filename：文件名称。
- metadata：文件的其他信息，默认内容为空，用户可以自己定义。

GridFS规范定义了一些fs.chunks中文档必需的键：

- _id：和其他MongoDB文档一样，块也有自己唯一的标记，默认使用ObjectId对象，用户也可以自定义其类型。
- files_id：文件id，对应fs.files集合中文件元数据中的_id键。
- n：表示块编号，也就是这个块在原文件中的顺序编号。
- data：数据块中的二进制数据。

当客户端在GridFS中查询文件时，MongoDB将首先从集合fs.files中获取该文件的元数据信息，然后根据获取的元数据信息在集合 fs.chunks 查找符合要求的块（即 files_id 与元数据中_id 相同的块），最后将这些块重新组装后返回给客户端。

# 6.3　GridFS 基本操作

操作 MongoDB GridFS 前需要先部署 MongoDB，MongoDB 的模式可以是单结点、副本集或者分片集群，MongoDB 这三种模式的部署方式可参照本书第 3 章、第 4 章和第 5 章进行操作，这里就不再做演示。

## 6.3.1　使用 Shell 操作 MongoDB GridFS

MongoDB 提供了与 GridFS 交互的命令行工具 mongofiles，通过 Shell 命令可以很方便地操作 GridFS，例如上传文件、下载文件和查询文件等相关操作。下面，介绍 mongofiles 工具的语法，具体代码如下：

```
mongofiles <options><commands><filename>
```

上述语法中，mongofiles 表示使用 mongofiles 命令行工具；options 用于指定连接 MongoDB 数据库的选项信息；commands 用于指定操作 GridFS 的命令；filename 用于指定本地文件系统上的文件名或 GridFS 中存储的文件对象。

下面，通过两张表来分别介绍 mongofiles 工具常用的 options 选项和 commands 命令及其相关说明，具体如表 6-1 和表 6-2 所示。

**表 6-1　mongofiles 工具常用的 options 选项及相关说明**

| options | 相关说明 |
| --- | --- |
| --help | 返回有关 mongofiles 中所有 options 的用法信息 |
| --host=<hostname><：port> | 指定 MongoDB 数据库的主机名（或 IP）和端口号，默认情况下，mongofiles 尝试连接 localhost：27017 的主机名和端口号 |
| --port=<port> | 指定 MongoDB 数据库的端口号（如果--host 中没有指定端口号） |
| --username=<username>或 -u=<username> | 指定用户名，主要用于 MongoDB 数据库开启了权限认证 |
| --password=<password>或 -p=<password> | 指定密码（用于 MongoDB 数据库开启了权限认证） |
| --db=<database>或-d=<database> | 指定 GridFS 存储数据库名称，默认使用 MongoDB 中 test 数据库。如数据库名称不存在则创建 |
| --local=<filename>或 -l=<filename> | 指定用于获取和存储操作的文件名称 |
| --replace，-r | 替换 GridFS 中已存在的对象（文件名相同），与 put 用法类似，区别是 put 不会覆盖已存在的对象 |
| --authenticationDatabase=<dbname> | 指定 GridFS 存储的身份认证数据库名称（用于开启了权限认证的 MongoDB 数据库） |

表 6-2 mongofiles 工具常用的 commands 命令及相关说明

| commands | 相关说明 |
| --- | --- |
| list <prefix> | 列出 GridFS 存储中的所有文件。prefix 为指定的字符串,这样返回的文件列表限制为以该字符串开头的所有文件,为可选参数 |
| search <string> | 列出 GridFS 存储中名称与指定字符串 string 匹配的文件 |
| put <filename> | 将指定的文件从本地文件系统复制到 GridFS 存储中。可以和--local 选项一起使用以获取指定路径下的文件,如 local 指定的文件名为 a.txt,在 put 中可重命名为 b.txt |
| get <filename> | 将指定的文件从 GridFS 存储复制到本地文件系统。如果将获取的文件重命名存储在本地或者指定文件的存储路径,可以和--local 选项一起使用 |
| delete <filename> | 从 GridFS 存储中删除指定的文件 |
| get_id "<_id>" | 将指定_id 的文件从 GridFS 存储复制到本地文件系统 |
| delete_id "<_id>" | 从 GridFS 存储中删除指定_id 的文件 |

表 6-1 和表 6-2 介绍了 mongofiles 工具常用的 options 选项和 commands 命令。接下来,我们将通过具体示例讲解如何使用 mongofiles 工具来操作 GridFS(注意:本节 Sehll 相关操作使用 user_mongo 用户操作)。

本章针对 GridFS 的操作以开启权限认证的 MongoDB 副本集为环境基础(第 4 章部署的 MongoDB 副本集环境,如操作了配置延迟结点操作,需将该结点恢复为正常的副本结点(延迟时间设置为 0,是否为隐藏设置为 false,优先级设置为 1)),且副本集的主结点为服务器 nosql01。如果读者使用 MongoDB 分片集群为环境基础操作 GridFS,则需要设置 fs.chunks 集合开启分片功能(通常情况下 fs.files 集合较小,不需要进行分片处理)。

在执行 mongofiles 命令行工具前,确保使用 user_mongo 用户启动 MongoDB 副本集,如系统中没有 user_mongo 用户可参照第 3 章内容进行创建。

### 1. 上传本地系统文件到 GridFS

通过 SecureCRT 远程连接工具连接服务器 nosql01,创建/opt/servers/mongo_demo/gridfs/datafile/目录,用于存放要上传到 GridFS 中的文件,具体命令如下(注意:确保 mongodb_demo/目录为 user_mongo 用户权限):

```
$mkdir -p /opt/servers/mongodb_demo/gridfs/datafile
```

执行命令 cd /opt/servers/mongodb_demo/gridfs/datafile 进入该目录后通过执行 rz 命令(可以通过 sudo yum install lrzsz -y 指令安装 lrzsz 工具实现的 rz 上传和 sz 下载命令),将文件从 Windows 系统上传到服务器 nosql01 中的/opt/servers/mongodb_demo/gridfs/datafile 目录下,如图 6-2 所示。

待文件上传完成后,可在/opt/servers/mongodb_demo/gridfs/datafile 目录下执行 ll 命令验证文件是否上传成功,如图 6-3 所示。

通过 mongofiles 命令行工具将文件 data-final.csv 从 Linux 本地文件系统上传到 MongoDB GridFS 存储系统中,具体命令如下(需在 MongoDB 的 bin 目录下执行,即/opt/

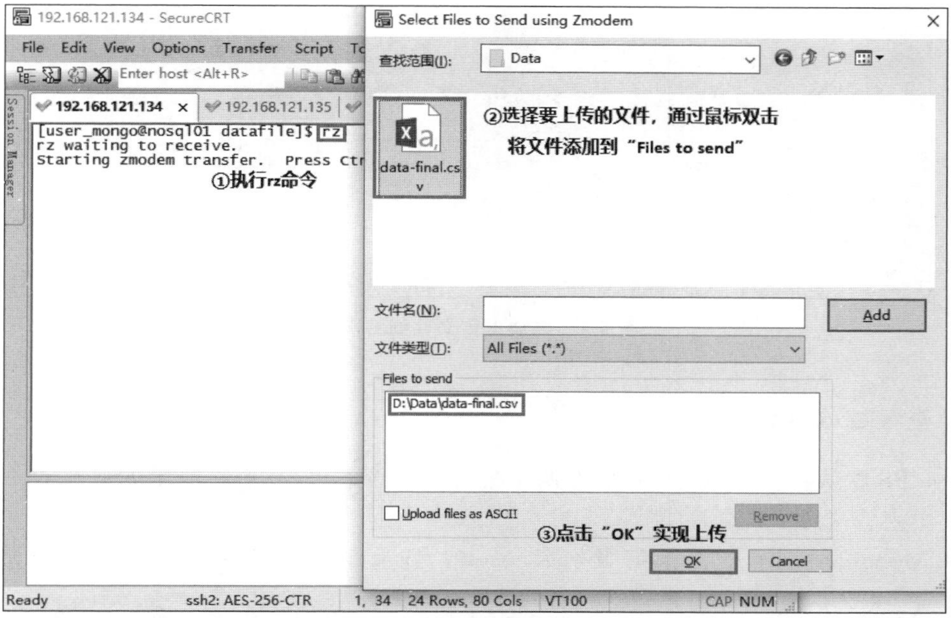

图 6-2　上传文件

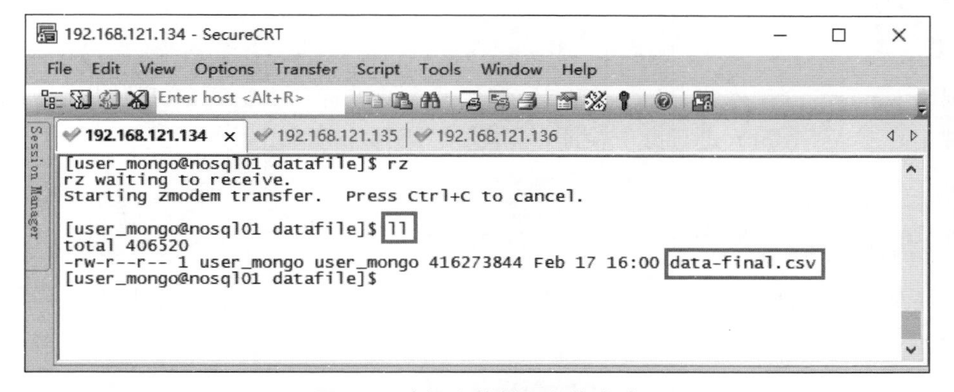


图 6-3　验证文件是否上传成功

servers/mongodb_demo/replicaset/mongodb/bin)。

```
$./mongofiles --host=nosql01:27017 -u itcastAdmin -p 123456 --authenticationDatabase=
admin -d
testfiles -l /opt/servers/mongodb_demo/gridfs/datafile/data-final.csv put datafile.csv
```

上述命令中，通过指定用户名、密码及认证数据库登录副本集主结点服务器 nosql01，将/opt/servers/mongodb_demo/gridfs/datafile/目录下的 data-final.csv 文件上传到 MongoDB 副本集中 GridFS 下的 testfiles 数据库中，并指定上传到 GridFS 中文件的名称为 datafile.csv。

待文件上传完成后，查看控制台返回的信息，若出现“added gridFile: datafile.csv”信息，则说明我们成功将文件上传至 GridFS 中，具体如图 6-4 所示。

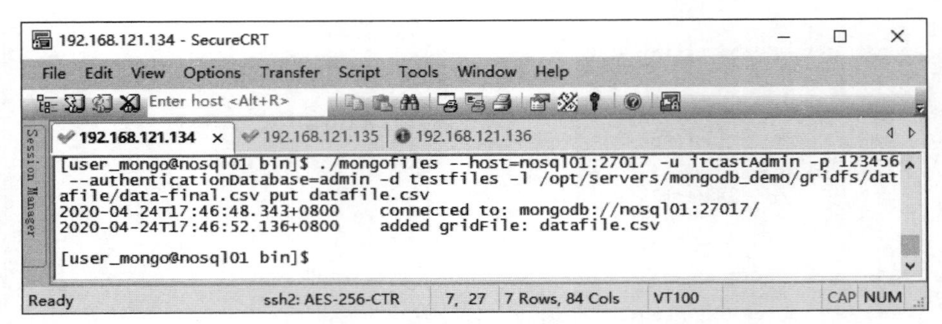


图 6-4 成功上传文件到 GridFS

### 2. 查看 GridFS 集合

GridFS 默认将上传的文件存储在两个集合中。接下来，我们将演示如何在 MongoDB 副本集中查看这两个集合。

在 MongoDB 副本集主结点(服务器 nosql01)登录 MongoDB 客户端，具体命令如下：

```
#进入服务器 nosql01 中 MongoDB 的 bin 目录下
$cd /opt/servers/mongodb_demo/replicaset/mongodb/bin
#登录 MongoDB 客户端
$./mongo --host nosql01 --port 27017
```

因为 MongoDB 副本集开启了安全认证，因此需要进行身份验证，这里使用已创建的全局管理用户 itcastAdmin 进行身份验证，具体命令如下：

```
itcast:PRIMARY>use admin
itcast:PRIMARY>db.auth("itcastAdmin","123456")
```

切换到上传文件时指定的 GridFS 数据库 testfiles，查看当前数据库下的所有集合，具体命令如下：

```
itcast:PRIMARY>use testfiles
#查看所有集合
itcast:PRIMARY>show collections
fs.chunks
fs.files
```

执行完查看所有集合的命令后，从客户端返回的信息中可以看出数据库 testfiles 下包含两个集合，它们分别为 fs.chunks 和 fs.files。

下面演示如何查看集合 fs.files 中文件的元数据信息，具体命令如下：

```
itcast:PRIMARY>use testfiles
#查看 GridFS 中文件的元数据信息
itcast:PRIMARY>db.getCollection('fs.files').find().pretty()
{
        "_id" : ObjectId("5ea2b588b0cf4bbe34e2c422"),
```

```
        "length" : NumberLong(94027354),
        "chunkSize" : 261120,
        "uploadDate" : ISODate("2020-04-24T09:46:52.089Z"),
        "filename" : "datafile.csv",
        "metadata" : {
        }
}
```

执行查看 GridFS 中文件的元数据信息命令后，从客户端返回的信息中可以看出，GridFS 中包含一个文件的元数据信息，即已上传的文件 datafile.csv 的元数据信息，元信息中各字段已经在 6.2 节中介绍，因此这里不再做赘述。

下面演示如何查看文件 datafile.csv 被分割后存储在集合 fs.chunks 中的总块数，具体命令如下：

```
itcast:PRIMARY>use testfiles
itcast:PRIMARY>db.getCollection('fs.chunks').find({files_id:{$in:[ObjectId
("5e69092379066e24064be650")]}}).
count()
361
```

上述命令中，统计在集合 fs.chunks 中 datafile.csv 的总块数，通过在 find()方法中指定 files_id 为 ObjectId("5e69092379066e24064be650")(在 6.2 节中有所说明，文件块中的 files_id 与文件元数据信息中的_id 相对应)，查询出集合 fs.chunks 中文件 datafile.csv 的总块数为 361。

下面演示如何查看集合 fs.chunks 中文件 datafile.csv 的数据块内容，这里以文件 datafile.csv 的其中一个数据块为例，因为每个数据块都包含文件的部分二进制数据，且内容非常多，如果通过 MongoDB 客户端查看的话非常不方便，所以我们这里使用 3.10 节讲述的 Robo 3T 工具进行查看，Robo 3T 的使用方法可参照 3.10 节和 3.11 节，这里就不再做演示。Robo 3T 工具连接成功后的界面(这里需要连接副本集的主结点，且需要身份验证)如图 6-5 所示。

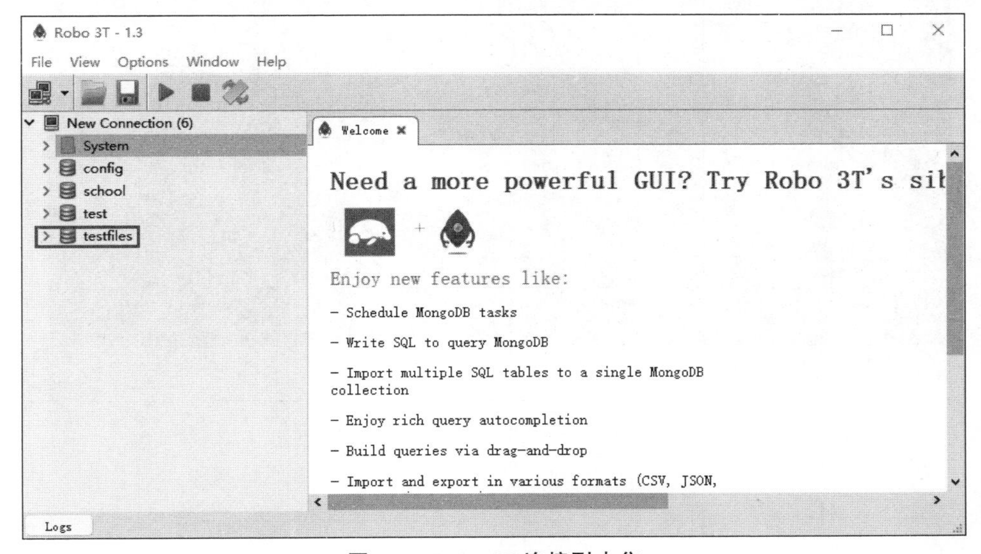


图 6-5 Robo 3T 连接副本集

双击图 6-5 中数据库 testfiles 的集合 fs.chunks，查看该集合中的文档（数据块），选中第一个文档（文件被切分后的第一个块）后，右击“view Document…”查看该文档的详细内容，如图 6-6 和图 6-7 所示。

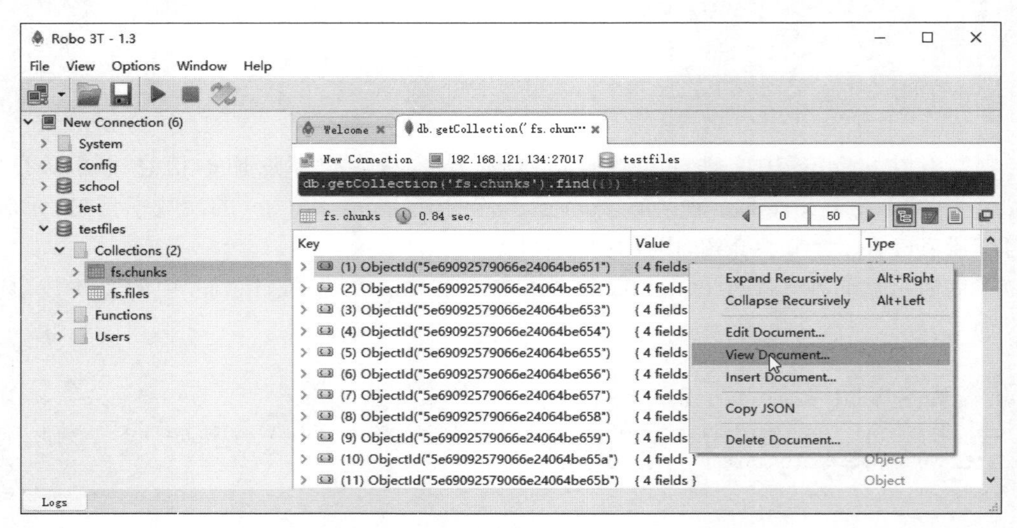


图 6-6　查看第一个文档

图 6-7　第一个文档的详细信息

### 3. 查看 GridFS 中的文件

查看 GridFS 中数据库为 testfiles 下的所有文件，在 MongoDB 的 bin 目录下执行如下命令：

```
$ ./mongofiles --host=192.168.121.134:27017 -u itcastAdmin -p 123456 -d testfiles
-authenticationDatabase
  =admin list
  connected to: mongodb://192.168.121.134:27017/
  datafile.csv    94027354
```

上述命令中，list 表示查看 GridFS 中的所有文件，执行完上述命令后，会返回有关文件的基本信息，即文件名 datafile.csv 和文件大小 94027354。

条件查询 GridFS 中数据库为 testfiles 下的指定文件，在 MongoDB 的 bin 目录下执行如下命令：

```
$ ./mongofiles --host=192.168.121.134:27017 -u itcastAdmin -p 123456 -d testfiles
-authenticationDatabase
  =admin search "data"
  connected to: mongodb://192.168.121.134:27017/
  datafile.csv    94027354
```

上述命令中，"search "data""表示检索数据库中文件名包含 data 的文件，执行完上述命令后，会返回符合检索条件文件的基本信息，即文件名 datafile.csv 和文件大小 94027354。

### 4. 下载 GridFS 中的文件

将 GridFS 中存储的文件下载到本地文件系统中，在 MongoDB 的 bin 目录下执行如下命令：

```
$ ./mongofiles --host=192.168.121.134:27017 -u itcastAdmin -p 123456
-authenticationDatabase
  =admin -d testfiles get datafile.csv -l /opt/servers/mongodb_demo/gridfs/datafile/
local_datafile.csv
  connected to: mongodb://192.168.121.134:27017/
  finished writing to /opt/servers/mongodb_demo/gridfs/datafile/local_datafile.csv
```

上述命令中，get 参数用于指定要下载 GridFS 中的文件名；-l 参数用于指定将文件下载到本地文件系统的目录并将文件名修改为 local_datafile.csv。如不指定"-l"选项则默认将文件保存到当前目录下，并且名称不变。

执行完上述命令后，会返回文件下载后存储在本地文件系统的目录信息，即"finished writing to……"。

### 5. 删除 GridFS 中的文件

通过指定 GridFS 中的文件名删除对应文件，在 MongoDB 的 bin 目录下执行如下命令：

```
$ ./mongofiles - - host = 192. 168. 121. 134: 27017 - u itcastAdmin - p 123456
-authenticationDatabase
  =admin -d testfiles delete datafile.csv
  connected to: mongodb://192.168.121.134:27017/
  successfully deleted all instances of 'datafile.csv' from GridFS
```

上述命令中，deleted 参数用于通过文件名删除 GridFS 中的文件，执行完上述命令后，会返回是否成功删除文件的信息，如信息中包含“successfully deleted…..”，则说明文件删除成功。

**📖多学一招**：参数 authenticationDatabase 的使用

mongofiles 命令行工具中参数 authenticationDatabase 用于指定当前用户拥有哪个数据库的权限，因为我们在第 4 章创建的 itcastAdmin 用户为全局管理用户，因此这里使用 admin 数据库作为用户验证数据库，在-d 中指定的数据库可以为 MongoDB 中任意数据库或者创建新的数据库。

如在创建用户时指定拥有权限的数据库不是 admin 或者该用户只是一个普通用户（该普通用户至少拥有读写权限），例如在主结点的 mongo 客户端使用如下命令创建用户：

```
#首先切换到全局管理用户
itcast:PRIMARY>use admin
itcast:PRIMARY>db.auth("itcastAdmin","123456")
1
#在 school 数据库下创建只有管理该数据库权限的用户，并赋予读写权限
itcast:PRIMARY>use school
itcast:PRIMARY>db.createUser({user:"itcastUser",pwd:"123456",roles:[{role:"readWrite",
db:"school"}]})
Successfully added user: {
        "user" : "itcastUser",
        "roles" : [
                {
                        "role" : "readWrite",
                        "db" : "school"
                }
        ]
}
```

上述命令中，在 school 数据库下创建了一个用户 itcastUser，该用户只拥有 school 数据库的读写权限，并且仅限于数据库 school。

如果我们使用上述创建的用户 itcastUser 将本地文件系统上的文件 datafile.csv 上传到 GridFS 存储系统中，命令修改为如下：

```
$mongofiles --host=192.168.121.134:27017 -u itcastUser -p 123456 --authenticationDatabase
=school
  -d school -l /data/mongodb/datafile/datafile.csv put new_datafile.csv
```

上述命令中，-d 选项只能指定为 school，因为该用户只有数据库 school 的读写权限（不

可以不指定或者指定其他数据库，因为 itcastUser 为普通用户，不具备在 MongoDB 数据库中创建数据库使用默认 test 数据库的权限)，并且--authenticationDatabase 选项同样需要填写 school 作为用户认证数据库。

## 6.3.2　使用 Java 操作 MongoDB GridFS

### 1. 创建 Maven 项目

打开 IDEA 工具，单击 Create New Project→Maven，选择创建一个 Maven 项目，命名为 nosql_chapter06。（注意：关于 IDEA 工具的配置和项目的创建可参照 3.8 节，这里就不作演示）。

### 2. 导入依赖

在项目 nosql_chapter06 中配置 pom.xml 文件，也就是引入 MongoDB 相关的依赖和单元测试的依赖，pom.xml 文件添加的内容如下：

```
<dependencies>
    <!--单元测试依赖-->
    <dependency>
        <groupId>junit</groupId>
        <artifactId>junit</artifactId>
        <version>4.12</version>
    </dependency>
    <!--java 操作 mongoDB 的驱动依赖-->
    <dependency>
        <groupId>org.mongodb</groupId>
        <artifactId>mongo-java-driver</artifactId>
        <version>3.12.1</version>
    </dependency>
</dependencies>
```

当添加完相关依赖后，Maven 会自动下载相关 jar 包，成功引入依赖后，项目结构如图 6-8 所示。

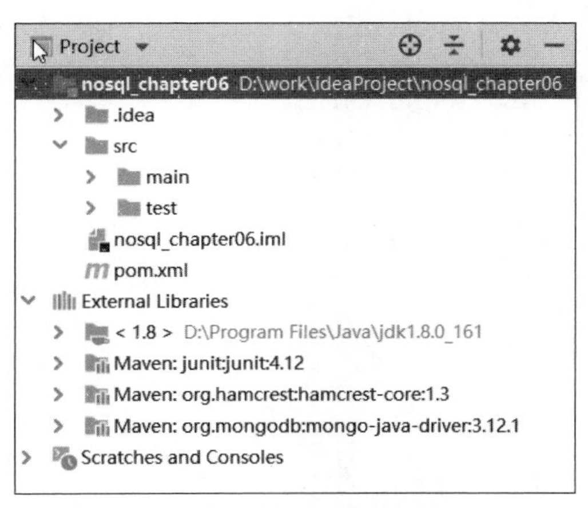


图 6-8　创建好的 Maven 项目

### 3. 创建资源文件,指定 MongoDB 相关参数

在项目 nosql_chapter06 的目录/src/main/resources 下创建一个名为 mongodb.properties 文件,该文件用于存储连接 MongoDB 副本集中 GridFS 所需要的参数,具体内容如文件 6-1 所示。

**文件 6-1 mongodb.properties**

```
host1=192.168.121.134
host2=192.168.121.135
host3=192.168.121.136
port=27017
username=itcastAdmin
password=123456
source=admin
dbname=testfiles
```

上述文件包含 8 个参数,分别是 host1、host2、host3、port、username、password、source 以及 dbname,其中 host1、host2 和 host3 表示主机的 IP 地址(因为我们使用的是 MongoDB 副本集,并且副本集是由主/副/副三个结点构成,如果副本集是由主/副/仲裁三个结点构成,则只需添加主/副结点即可);port 表示端口号;username 表示 MongoDB 数据库的用户名称(若未开启安全认证,则不需要该参数);password 表示 MongoDB 数据库的密码(若是未开启安全认证,则不需要该参数);source 表示用户认证数据库(用户创建时 db 参数中指定的数据库);dbname 表示要操作的数据库名称。

### 4. 创建 Java 工具类,连接 MongoDB 副本集中的 GridFS

在项目 nosql_chapter06 目录/src/main/java 下创建一个名为 com.itcast.mongodb 包,并在该包下创建 MongoUtils.java 文件,该文件用于编写 Java 连接 MongoDB 副本集中 GridFS 的工具类,具体代码如文件 6-2 所示。

**文件 6-2 MongoUtils.java**

```
1  import com.mongodb.MongoClientSettings;
2  import com.mongodb.MongoCredential;
3  import com.mongodb.ServerAddress;
4  import com.mongodb.client.MongoClient;
5  import com.mongodb.client.MongoClients;
6  import com.mongodb.client.MongoDatabase;
7  import com.mongodb.client.gridfs.GridFSBucket;
8  import com.mongodb.client.gridfs.GridFSBuckets;
9  import java.io.IOException;
10 import java.io.InputStream;
11 import java.util.Arrays;
12 import java.util.Properties;
13 public class MongoUtils {
14     private static Properties properties;
15     private static InputStream stream =null;
```

```
16      private static String host1;
17      private static String host2;
18      private static String host3;
19      private static String port;
20      private static String dbname;
21      private static String username;
22      private static String password;
23      private static String source;
24  /* 1.创建一个静态代码块,用于获取配置文件中连接 MongoDB 副本集中 GridFS 的配置信息,并将
25  这些配置信息赋值给对应的成员变量。该静态代码块在类加载过程中的初始化阶段执行,并且只执行一
26  次。
27  */
28      static {
29          //判断 properties 集合对象是否为空,为空则创建一个集合对象
30          if (properties ==null) {
31              properties =new Properties();
32          }
33          /* 由于我们调用 load 方法,而 load 方法底层抛出了一个 IOException 异常,此异常
34             为编译时期异常所以,我们调用 load 方法时,需要处理底层抛过来的异常
35          */
36          try {
37              //创建一个 InputStream 字节输入流对象,用于接收 mongodb.properties 配置
38                文件中的配置参数
39              stream =MongoUtils.class.getClassLoader().getResourceAsStream
40                      ("mongodb.properties");
41              //properties 集合对象调用 load()方法,将配置参数加载到 properties 集合中
42              properties.load(stream);
43          } catch (IOException e) {
44              e.printStackTrace();
45          }
46          //根据 mongodb.properties 配置文件中的 key,获取 value 值,(即 MongoDB 副本
47            集中 GridFS 的连接信息)
48          host1 =properties.getProperty("host1");
49          host2 =properties.getProperty("host2");
50          host3 =properties.getProperty("host3");
51          port =properties.getProperty("port");
52          dbname =properties.getProperty("dbname");
53          source =properties.getProperty("source");
54          username =properties.getProperty("username");
55          password =properties.getProperty("password");
56      }
57      //2.定义一个 getMongoClient()方法,用于获取 MongoDB 副本集的连接对象
58      public static MongoClient getMongoClient() {
59          //指定用户名、用户认证书库、密码进行身份验证
60          MongoCredential credential =MongoCredential
61                  .createCredential(username, source, password.toCharArray());
62          //连接 mongodb 副本集
63          MongoClient mongoClient =MongoClients.create(
64                  MongoClientSettings.builder()
65                          .applyToClusterSettings(builder ->
```

```
66                          builder.hosts(
67                                  Arrays.asList(
68                              new ServerAddress(host1.port),
69                              new ServerAddress(host2.port),
70                              new ServerAddress(host3.port)
71                                  )))
72                      .credential(credential)
73                      .build());
74          return mongoClient;
75      }
76      //3.定义一个 getGridFSConn()方法,用于实现连接 GridFS 中指定的数据库
77      public static GridFSBucket getGridFSConn(){
78          MongoClient mongoClient =getMongoClient();
79          MongoDatabase mongoDatabase =mongoClient.getDatabase(dbname);
80          //创建 GridFS 中数据库连接
81          GridFSBucket gridFSBucket =GridFSBuckets.create(mongoDatabase);
82          return gridFSBucket;
83      }
84  }
```

在上述代码中,第 16～23 行代码声明连接 MongoDB 副本集中 GridFS 所需要的成员对象和成员变量;第 28～56 行代码创建一个静态代码块,用于获取配置文件中连接 MongoDB 副本集中 GridFS 的配置信息,并将这些配置信息赋值给对应的成员变量,该静态代码块在类加载过程中的初始化阶段执行,并且只执行一次;第 58～75 行代码定义一个 getMongoClient()方法,用于获取 MongoDB 副本集的连接对象;第 77～83 行代码定义一个 getGridFSConn()方法,用于实现连接 GridFS 中指定的数据库。

### 5. 创建 Java 测试类,操作 GridFS

在项目 nosql_chapter06 目录/src/test/java 下创建一个名为 TestGridFS.java 的文件,具体代码如文件 6-3 所示。

**文件 6-3 TestGridFS.java**

```
1  public class TestGridfs {
2  }
```

### 6. 上传文件

在 TestGridFS.java 中,定义一个 uploadFile()方法,主要用于演示将本地文件系统中的文件上传到 GridFS 中数据库 testfiles 中,具体代码如下:

```
1  @Test
2  public void uploadFile(){
3      GridFSBucket gridFSBucket =MongoUtils.getGridFSConn();
4      try {
5          //配置上传文件的参数
```

```
6          GridFSUploadOptions options =new GridFSUploadOptions()
7                  .chunkSizeBytes(358400);          //定义块大小
8          //创建上传文件流对象,并指定配置参数和文件在 GridFS 上显示的名称
9          GridFSUploadStream uploadStream =
10                     gridFSBucket.openUploadStream("Redis.avi", options);
11         //一次性读取文件,将文件转为 Byte[]包含文件内容的字节数组
12         byte[] data =Files.readAllBytes(
13                 new File("D:\\MongoDB\\Data\\Redis 介绍.avi").toPath());
14         //以字节数组形式上传文件流到 GridFS
15         uploadStream.write(data);
16         //关闭流
17         uploadStream.close();
18         System.out.println("文件 id 为: "
19                         +uploadStream.getObjectId().toHexString());
20     } catch(IOException e){
21         // handle exception
22     }
23 }
```

在上述代码中，第 1 行代码添加@Test 注解用于测试；第 3 行代码通过调用工具类 MongoUtils 中的 getGridFSConn()方法创建连接 GridFS 的对象 gridFSBucket；第 6、7 行代码配置上传文件的参数；第 9～15 行代码实现读取本地系统文件上传到 GridFS 中，GridFSUploadStream 对象 uploadStream 会将上传的数据流读取到内存中，当读取数据流的大小到达 chunkSizeBytes 设置的大小，则将数据流以块的形式插入到 fs.chunks 集合中，当完成最后的块插入后，会将文件的元数据插入到 fs.files 集合中；第 18、19 行代码打印文件上传完成后返回文件在 GridFs 中的 id。

运行 uploadFile ()方法，然后查看 IDEA 工具的控制台输出，效果如图 6-9 所示。

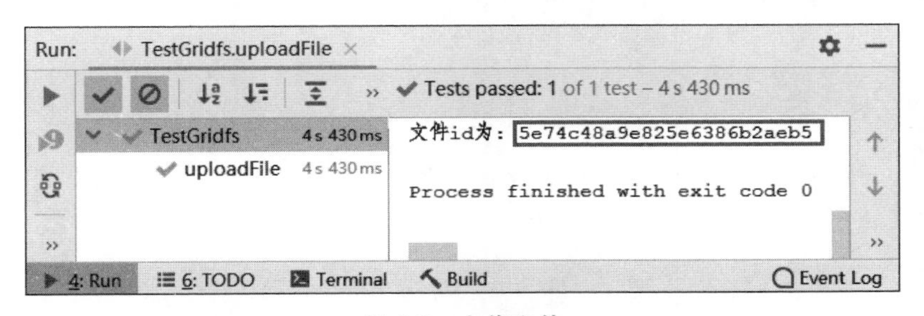


图 6-9　上传文件

从图 6-9 中可以看出，运行 uploadFile()方法，控制台显示出文件的 id。

### 7. 查看文件

在 TestGridFS.java 中，定义一个 getFiles()方法，主要用于演示查看 GridFS 中数据库 testfiles 下的所有文件，具体代码如下：

```
1  @Test
2  public void getFiles(){
```

```
3       GridFSBucket gridFSBucket =MongoUtils.getGridFSConn();
4       gridFSBucket.find().forEach(
5               new Block<GridFSFile>() {
6                   public void apply(final GridFSFile gridFSFile) {
7                       System.out.println(
8                               "文件名:"+gridFSFile.getFilename()+" "
9                               +"文件大小:"+gridFSFile.getLength()+" "
10                              +"文件 id:"+gridFSFile.getId());
11                  }
12              });
13  }
```

在上述代码中,第 1 行代码添加@Test 注解用于测试;第 3 行代码通过调用工具类 MongoUtils 中的 getGridFSConn()方法创建连接 GridFS 的对象 gridFSBucket;第 4～12 行代码调用对象 gridFSBucket 中的 find()方法获取 GridFS 中数据库 testfiles 下的所有文件,通过 forEach 遍历每个文件。gridFSFile 对象中包含每个文件的元数据信息。

运行 getFiles ()方法,然后查看 IDEA 工具的控制台输出,效果如图 6-10 所示。

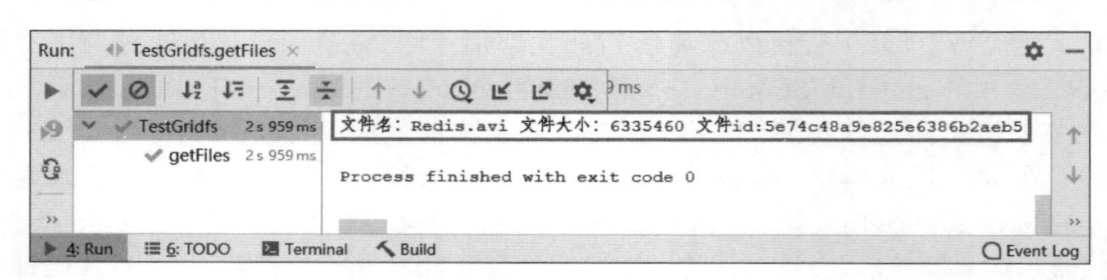


**图 6-10 查看文件**

从图 6-10 中可以看出,运行 getFiles()方法,控制台显示出文件的文件名、文件大小及文件 id 三个信息。

### 8. 下载文件

在 TestGridFS.java 中,定义一个 downloadFile()方法,主要用于演示下载 GridFS 中数据库 testfiles 下的指定文件,具体代码如下:

```
1   @Test
2   public void downloadFile(){
3       GridFSBucket gridFSBucket =MongoUtils.getGridFSConn();
4       try {
5           //创建文件输出流对象 streamToDownloadTo,指定下载的本地路径及文件名
6           FileOutputStream streamToDownloadTo =
7               new FileOutputStream("D:\\MongoDB\\Data\\down_Redis.avi");
8           /**
9            * 通过 GridFS 中的文件名称下载文件,如果有重名文件则默认下载最新版
10           *   GridFSDownloadOptions downloadOptions =
11           *               new GridFSDownloadOptions().revision(0);
12           * gridFSBucket.downloadToStream("Reids.avi",
```

```
13              *                   streamToDownloadTo,downloadOptions);
14              */
15              //通过 GridFS 中的文件 id 以数据流的形式下载文件,并将数据流传给输出流对象
16              //streamToDownloadTo,这里的 ObjectId 须根据实际情况进行更改
17              gridFSBucket.downloadToStream(
18                new ObjectId("5e74c48a9e825e6386b2aeb5"),streamToDownloadTo);
19              //关闭流
20              streamToDownloadTo.close();
21          } catch (IOException e) {
22              // handle exception
23          }
24  }
```

在上述代码中,我们在对应的代码处进行了相应的注解,这里就不再做描述。运行 downloadFile()方法,在 D:\\MongoDB\\Data\\目录下查看下载的文件,效果如图 6-11 所示。

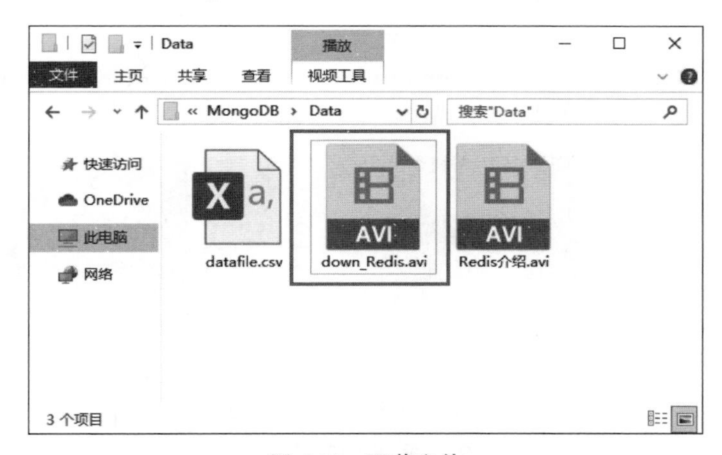


**图 6-11　下载文件**

从图 6-11 中可以看出,运行 downloadFile()方法,文件被成功下载到本地文件系统的 D:\\MongoDB\\Data\\目录下。

### 9. 重命名文件

在 TestGridFS.java 中,定义一个 renameFile()方法,主要用于演示重命名 GridFS 中数据库 testfiles 下的指定文件,具体代码如下:

```
1   @Test
2   public void renameFile(){
3       GridFSBucket gridFSBucket =MongoUtils.getGridFSConn();
4       gridFSBucket.rename(
5               new ObjectId("5e74c48a9e825e6386b2aeb5"),"Redis_new.avi");
6   }
```

在上述代码中,第 3 行代码通过调用工具类 MongoUtils 中的 getGridFSConn()方法创建连接 GridFS 的对象 gridFSBucket;第 4 和第 5 行代码通过在 rename 方法中指定文件 id 和重命

名的名称实现 GridFS 中文件的重命名。注意：这里的文件 id 须根据实际情况进行更改。

运行 renameFile()方法后，再次运 getFiles()方法，然后查看 IDEA 工具的控制台输出，效果如图 6-12 所示。

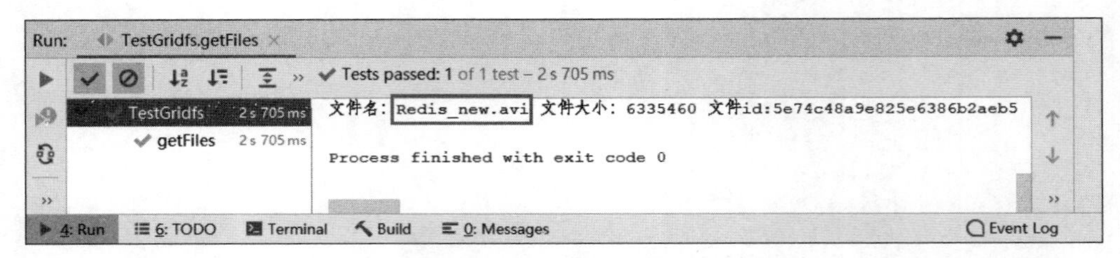


图 6-12 重命名文件

从图 6-12 中可以看出，运行 getFiles()方法，文件名由 Redis.avi 变更为 Redis_new.avi。

### 10. 删除文件

在 TestGridFS.java 中，定义一个 delFile()方法，主要用于演示删除 GridFS 中数据库 testfiles 下的指定文件，具体代码如下：

```
1  @Test
2      public void delFile(){
3          GridFSBucket gridFSBucket =MongoUtils.getGridFSConn();
4          gridFSBucket.delete(new ObjectId("5e74c48a9e825e6386b2aeb5"));
5      }
```

在上述代码中，第 3 行代码通过调用工具类 MongoUtils 中的 getGridFSConn()方法创建连接 GridFS 的对象 gridFSBucket；第 4 行代码通过在 delete 方法中指定文件 id 实现 GridFS 中文件的删除。注意：这里的文件 id 须根据实际情况进行更改。

运行 delFile()方法后再次运行 getFiles()方法，然后查看 IDEA 工具的控制台输出，效果如图 6-13 所示。

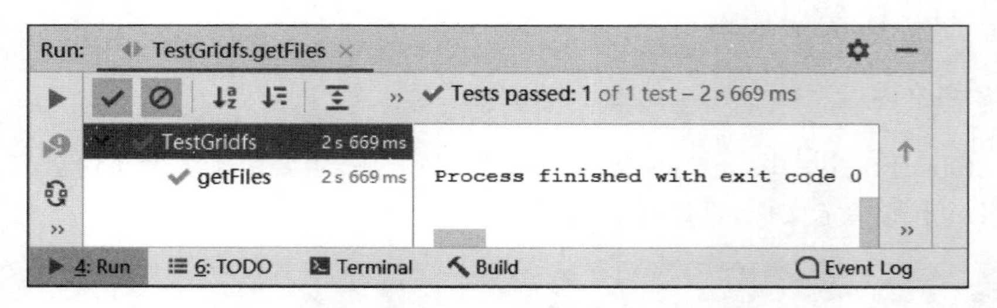


图 6-13 删除文件

从图 6-13 中可以看出，运行 getFiles()方法，GridFS 中数据库 testfiles 下已经没有了文件。

**脚下留心**：编写程序过程中 IDEA 有可能会报如下错误"lambda expressions are not supported at this language level"，解决步骤如下。

(1) 在 IDEA 中选择 File→Project Stucture，打开 Project Stucture 页面，在该页面中单击 Modules 选项，将 Language level 改为如图 6-14 所示方框中的内容。

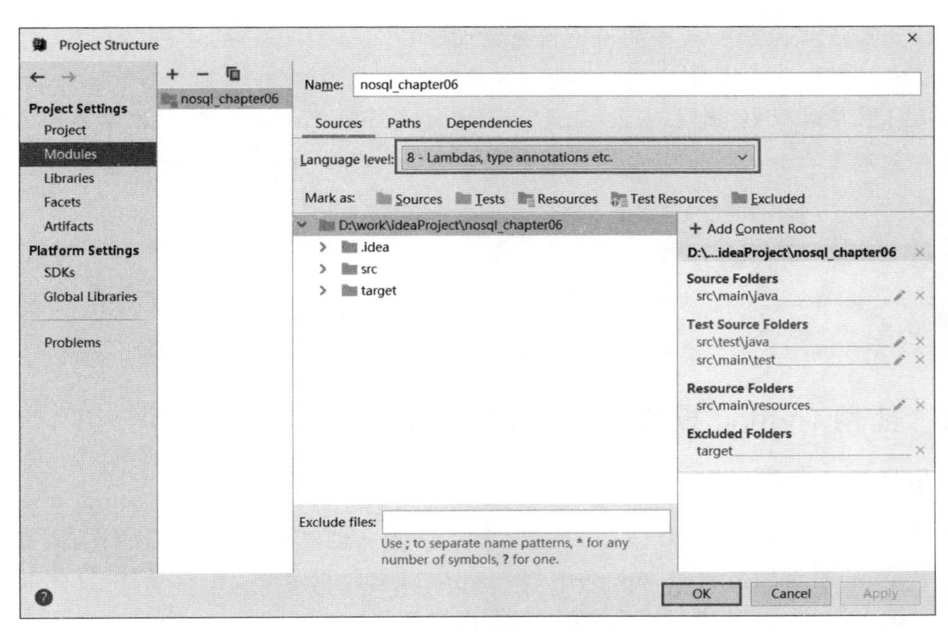


图 6-14　修改 Language level

修改完成后单击图 6-14 中的 OK 按钮完成配置。

(2) 在 IDEA 中选择 File→Settings，打开 Settings 页面，在该页面中依次选择“Build, Execution, Deployment”→Compiler→Java Compiler，将 Project bytecode version 和 Target bytecode version 两个配置项均改为如图 6-15 所示方框中的内容。

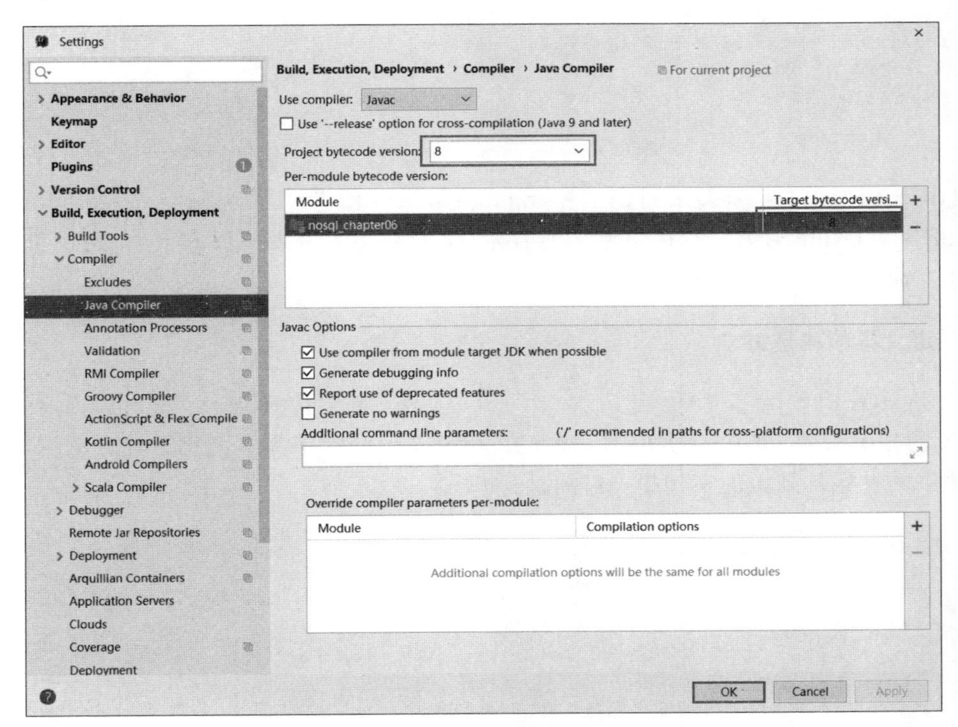


图 6-15　修改 Java Compiler

修改完成后单击图 6-15 中的 OK 按钮完成配置。

(3) 确保项目配置的 JDK 的版本是 1.8 及以上。

如运行程序过程中,出现 java.Net.UnknownHostException 的错误,则需要向 hosts 文件中添加副本集三个结点的主机名和 ip 映射,如使用的是 Windows 系统,则 hosts 文件在 C:\Windows\System32\drivers\etc 目录下,具体配置内容如下:

```
192.168.121.134 nosql01
192.168.121.135 nosql02
192.168.121.136 nosql03
```

### 6.3.3 使用 Python 操作 MongoDB GridFS

#### 1. 创建 Python 项目

打开 PyCharm 工具,单击 Create New Project 进入创建 Python 项目的界面,在该界面中添加 Python 项目的名称(nosql_python_chapter06),并指定项目的存储路径(详细创建过程可参照第 3 章的 3.9 节进行查看,这里就不再做详细演示)。

#### 2. 创建 Python 文件,定义类名

在项目 nosql_python_chapter06 目录下创建一个名为 TestGridFS.py 的文件,在该文件中定义类 Test。该类主要用于操作 MongoDB 副本集中的 GridFS,具体代码如文件 6-4 所示。

**文件 6-4 TestGridFS.py**

```
1   from pymongo import MongoClient
2   import gridfs
3   import io
4   class Test:
```

上述代码中,第 1 和第 2 行引入 pymongo 和 gridfs 两个模块用于通过 Python 操作 MongoDB 和 GridFS;第 3 行代码定义类名为 Test(注意:若无法引入 pymongo 和 gridfs,则需要在命令行窗口(CMD)执行 pip install pymongo)。

#### 3. 定义类的构造方法

在 TestGridFS.py 文件中定义__init__()方法,用于传递连接 MongoDB 副本集中 GridFS 的相关参数,该方法为类中的特殊方法(构造方法),在类实例化时会自动调用,并将该方法中的参数传到类的实例中,具体代码如下:

```
1   def __init__(self,username,password,sourcefile,replica,filedb):
2           self.username =username
3           self.password =password
4           self.sourcefile =sourcefile
5           self.replica =replica
6           self.filedb =filedb
```

上述代码中，我们定义了连接 MongoDB 副本集中 GridFS 的相关参数，其中包括用户名、密码、用户认证数据库、副本集名称和要操作的数据库名称。

### 4. 创建连接

在 TestGridFS.py 文件中定义方法 createGridFS()，用于连接通过用户认证方式操作 MongoDB 副本集下 GridFS 存储中指定的数据库，具体代码如下：

```
1   def createGridFS(self):
2       client =MongoClient('mongodb://%s:%s@192.168.121.134:27017'
3               ',192.168.121.135:27017'
4               ',192.168.121.136:27017/? authSource=%s&replicaSet=%s' %
5               (self.username,self.password,self.sourcefile,self.replica));
6       db =client[self.filedb]
7       fs =gridfs.GridFS(db)
8       return fs
```

上述代码中，第 1～5 行在 url 中指定连接 MongoDB 副本集的用户名、密码、地址（主/副结点）、端口号、用户认证数据库、副本集名称这几项参数创建 MongoDB 副本集连接对象 client；第 6 行代码指定操作的数据库；第 7 行代码创建 GridFS 连接。

### 5. 上传文件

在 TestGridFS.py 文件中定义方法 insertGridFS()，用于向 GridFS 中存储文件，具体代码如下：

```
1   def insertGridFS(self,file_path,file_name,fs):
2       if fs.exists(file_name):
3           print("文件已经存在!!!")
4       else:
5           with open(file_path,'rb') as fileObj:
6               data =fileObj.read()
7               ObjectId =fs.put(data,filename =file_path.split('/')[-1])
8               print(ObjectId)
9               fileObj.close()
10          return ObjectId
```

上述代码中，第 2、3 行代码判断上传文件名是否存在；第 5～9 行代码先将本地文件写入文件对象 fileObj，然后该对象调用 read()方法读取数据，最终将数据与文件名称通过 GridFS 的 put()方法存入 GridFS 中并返回文件的 id(ObjectId)，打印文件 id 为文件删除、文件读取做准备。

### 6. 获取文件元数据信息

在 TestGridFS.py 文件中定义方法 getFileProperty()，用于向 GridFS 中指定文件 id 的属元数据信息，具体代码如下：

```
1   def getFileProperty(self,fs,id):
2           gf=fs.get(id) #通过文件 id 获取文件属性对象
```

```
3           bdata=gf.read() #二进制数据
4           attri={} #文件元数据信息
5           attri['chunk_size']=gf.chunk_size #块大小
6           attri['length']=gf.length #文件大小
7           attri["upload_date"] =gf.upload_date #上传日期
8           attri["filename"] =gf.filename #文件名
9           attri['md5']=gf.md5 #md5
10          print(attri) #打印文件元数据信息
11          return (bdata,attri) #返回文件元数据信息和文件二进制数据
```

上述代码中，我们通过文件 id 获取文件元数据对象，通过该对象获取文件二进制数据、文件名、文件大小、块大小等一系列信息。

### 7. 获取文件 id 和文件列表

在 TestGridFS.py 文件中定义方法 getFiles()，用于获取 GridFS 中指定文件的 id 和文件列表，具体代码如下：

```
1  def getFiles(self,file_name,fs):
2      ObjectId=fs.find_one(file_name)._id
3      print('文件列表:%s'%(fs.list()))
4      print('%s 文件 id:%s'%(file_name.get('filename'),ObjectId))
5      return ObjectId
```

上述代码中，第 2 行代码利用 GridFS 对象的 find_one()方法，通过文件名获取文件 id；第 3 行代码利用 GridFS 对象的 list()方法获取文件列表并打印；第 4 行代码打印文件的文件名和文件 id；第 5 行代码设置方法返回值为文件 id。

### 8. 下载文件

在 TestGridFS.py 文件中定义方法 downloadFile()，用于下载 GridFS 中指定文件到本地，具体代码如下：

```
1  def downloadFile(self,dbdata,download_path):
2          output =io.open(download_path,mode='wb')
3          output.write(dbdata)
4          output.close()
5          print("download ok!")
```

上述代码中，第 2 行代码用于指定文件下载的路径写入 output 对象；第 3 行代码通过 output 对象的 write()方法将二进制数据写入文件；第 4 行代码关闭 output 对象；第 5 行代码用于在 downloadFile 方法运行完成后打印的自定义内容。

### 9. 删除文件

在 TestGridFS.py 文件中定义方法 deleteFile()，用于删除 GridFS 中指定文件，具体代码如下：

```
1  def deleteFile(self,id,fs):
2      fs.delete(id)
3      print('delete ok!')
```

上述代码中,第 2 行代码通过调用 GridFS 对象中的 delete()方法删除指定 id 的文件;第 3 行代码用于在 deleteFile()方法运行完成后打印的自定义内容。

### 10. main 方法

在 TestGridFS.py 文件中定义程序入口 main 方法,用于代码测试,具体代码如下:

```
1  if __name__=='__main__':
2          #实例化类 Test 并传入连接参数,创建 GridFS 连接
3          test =Test("itcastAdmin","123456","admin","itcast","testfiles")
4          fs =test.createGridFS()
5          #上传文件,返回文件 id
6          print('*********上传文件*****************')
7          file_name ={ 'filename':'testdata.csv'}
8          file_path ='D:/MongoDB/Data/testdata.csv'
9          id =test.insertGridFS(file_path,file_name,fs)\
10         #通过文件名获取文件 id
11         print('***********获取文件 id 并打印文件列表**************')
12         ObjectId =test.getFiles({ 'filename':'testdata.csv'},fs)
13         #获取文件属性 attri 和文件二进制数据 dbdata
14         print('*************获取文件元数据信息及二进制数据**************')
15         (dbdata,attri)=test.getFileProperty(fs, ObjectId)
16         #下载文件到本地
17         print('***********下载文件**************')
18         download_path ='D:/MongoDB/downloadFile/%s'%(attri['filename'])
19         test.downloadFile(dbdata,download_path)
20         #删除文件
21         print('**********删除文件**************')
22         test.deleteFile(ObjectId,fs)
```

针对上述代码内容进行讲解,具体介绍如下:

第 3、4 行代码,通过实例化类 Test 并传入连接参数,用于创建 MongoDB 副本集中 GridFS 连接。

第 7~9 行代码,设置文件所在路径 file_path 和上传到 GridFS 中的文件名称 file_name,通过 Test 类对象 test 调用上传文件方法 insertGridFS()并指定参数 file_path、file_name 及 fs(GridFS 连接对象)实现文件上传,返回文件上传后的文件 id。

第 12 行代码,通过 Test 类对象 test 调用 getFiles()用于指定文件名来获取对应文件 id,将返回值(文件 id)赋值给变量 ObjectId。

第 15 行代码,通过 Test 类对象 test 调用 getFileProperty()方法,用于获取指定文件的元数据信息,该方法包含参数 fs(GridFS 连接对象)和 ObjectId(文件 id),返回值包括 dbdata(文件二进制数据)和 attri(文件元数据信息)。因为二进制数据内容较多,因此在该方法中我们只打印文件元数据信息,文件二进制数据在后续的下载文件时使用。

第 18、19 行代码，指定文件下载路径及存储到本地的文件名（这里我们使用文件名与 GridFS 中的文件名一致），这里指定的下载路径需要提前创建。通过 Test 类对象 test 调用 downloadFile()方法，用于下载 GridFS 中指定的文件，该方法包含两个参数 download_path 和 dbdata（getFileProperty()方法中获取的二进制数据）。

第 22 行代码，通过 Test 类对象 test 调用 deleteFile()方法，用于删除 GridFS 中指定的文件，该方法包含两个参数 ObjectId 和 fs。

### 11. 运行代码

代码编写完成后，首先选择运行的内容，即 TestGridFS 文件。然后，单击运行程序的按钮完成代码的运行（运行代码前应先在 D:/MongoDB/Data/目录下放入 testdata.csv 文件并创建 D:/MongoDB/downloadFile/目录），如图 6-16 所示。

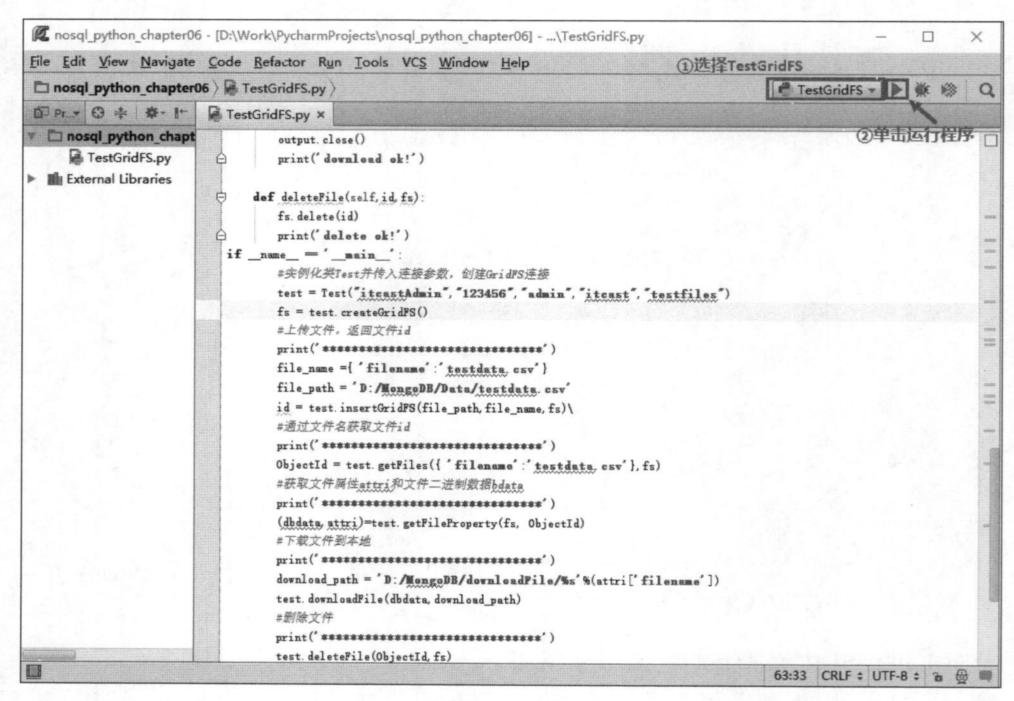


**图 6-16 运行程序**

待程序运行后，通过 PyCharm 工具的控制台查看代码运行效果，具体如图 6-17 所示。

在图 6-17 中可以看出，上传代码运行完成后返回文件的 id；获取文件 id 并打印文件列表代码运行完成后返回文件列表中包含两个文件并打印了指定文件名为 testdata.csv 的文件 id；在获取文件元数据信息代码的运行结果中显示了文件元数据信息内容；通过控制台返回下载文件和删除文件的信息，证明相应内容运行成功。

如需进一步验证文件是否下载成功，可查看我们指定目 D:/MongoDB/downloadFile/下是否有文件 testdata.csv，这里就不再做演示。

如需进一步验证文件是否上传成功，可注释 main 方法中其他内容只保留“获取文件 id 并打印文件列表”的方法（除指定类实例化参数和创建 GridFS 连接对象这两行代码），运行

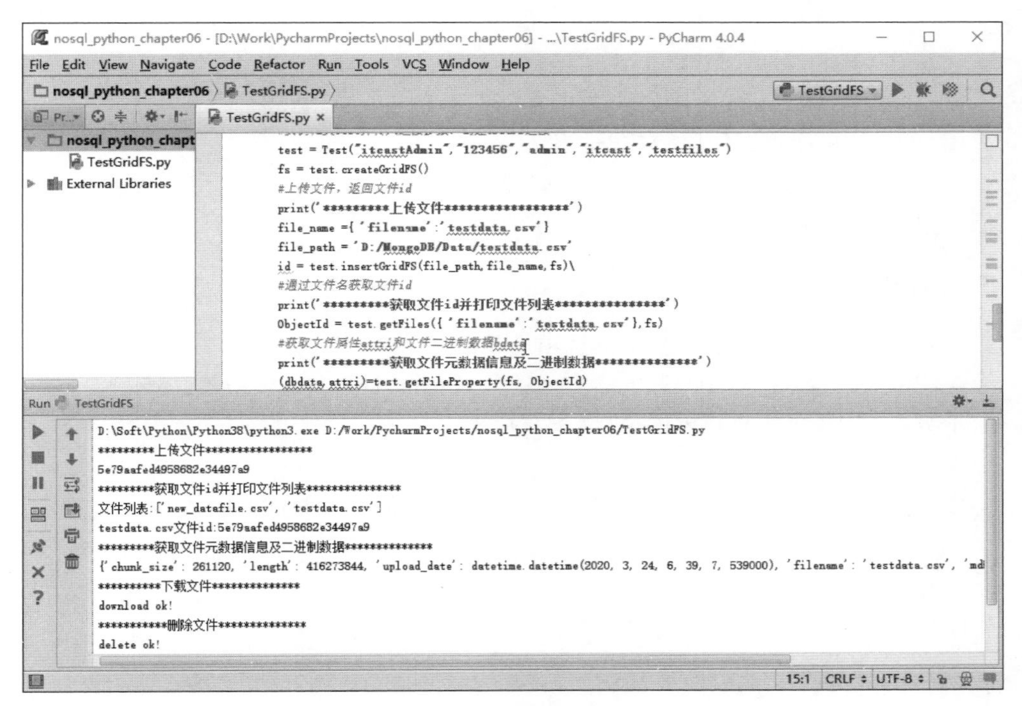

图 6-17　运行效果

程序，如返回文件 id 或者文件列表中包含上传文件名称，则证明文件上传成功，这里就不再做演示。

**注意：** 如运行代码时出现 hostname 相关问题可参照上一小节介绍的解决方式配置本地 hosts 文件内容。

# 6.4　本章小结

通过本章内容，我们由浅入深地学习了 MongoDB 中 GridFS 的存储结构和基础操作，希望读者可以熟悉 GridFS 的存储结构和掌握使用 Shell、Java、Python 操作 GridFS。

# 6.5　课后习题

## 一、填空题

1. MongoDB 受 BSON 文件大小的限制，存储的文件大小不可超过________M。
2. GridFS 将文件分别存储到集合________和________中。
3. MongoDB 提供了与 GridFS 交互的命令行工具________。
4. 数据块中存储________数据。
5. GridFS 基于________持久化文件。

## 二、判断题

1. 默认情况下,GridFS使用的块大小为255 KB。（　　）
2. 集合fs.files存储文件原始数据。（　　）
3. fs.files中_id的值与fs.chunks中_id值的相对应。（　　）
4. 可以在副本集的任意结点操作GridFS。（　　）

## 三、选择题

1. 下列选项中,不属于命令行工具选项的是(　　)。
   A. db　　B. u　　C. local　　D. get
2. 下列选项中,文件的元数据包括(　　)。
   A. 文件块存储位置　　B. 文件大小
   C. 文件内容　　D. 文件上传时间

## 四、简答题

简述客户端在GridFS中查询文件的过程。

## 五、操作题

1. 创建数据库mydb。
2. 创建用户myuser,该用户仅拥有对mydb数据库的读写功能。
3. 通过Java操作上传文件到数据库mydb,并重命名文件名。
4. 通过Shell查看文件的元数据信息。
5. 通过Python操作下载GridFS上的文件到本地文件系统。

# 第 7 章 键值对存储数据库Redis

思政案例

### 学习目标

- 熟悉 Redis 概念
- 理解 Redis 支持的数据结构
- 掌握 Redis 的部署
- 掌握使用 redis-cli 操作 Redis
- 掌握使用 Java 操作 Redis

键值对存储数据库是 NoSQL 数据库的一种类型，也是最简单的 NoSQL 数据库。顾名思义，键值对存储数据库中的数据是以键值对的形式来存储的。常见的键值对存储数据库有 Redis、Tokyo Cabinet/Tyrant、Voldemort 以及 Oracle BDB 数据库。Redis 是一个开源的高性能键值对数据库，本章将针对 Redis 数据库的相关知识进行详细讲解。

## 7.1 Redis 概述

### 7.1.1 Redis 简介

2008 年，意大利的一家创业公司 Merzia 推出了一款基于 MySQL 的网站实时统计系统 LLOOGG，然而没过多久该公司的创始人 Salvatore Sanfilippo 便对 MySQL 的性能感到失望，于是他决定亲自为 LLOOGG 量身定制一个数据库。

2009 年，为 LLOOGG 量身定制的数据库开发完成，这个数据库就是 Redis。不过，Salvatore Sanfilippo 并不满足只将 Redis 用于 LLOOGG 这一款产品，而是希望更多的人使用它，于是在同一年 Salvatore Sanfilippo 将 Redis 开源发布，并开始和 Redis 的另一名主要的代码贡献者 Pieter Noordhuis 一起开发 Redis。

2010 年，VMware 公司开始赞助 Redis 的开发，Salvatore Sanfilippo 和 Pieter Noordhuis 也分别在同年的 3 月和 5 月分别加入 VMware，并全职开发 Redis。

Remote Dictionary Server，简称 Redis，即远程字典服务器，它是一个开源的、高性能的、基于键值对的缓存与存储数据库，并且通过提供多种键值数据结构来适应不同场景下的缓存与存储需求。Redis 数据库是基于 ANSI C 语言编写开发的，并且提供了多种语言 API，例如 Java、C/C++、C#、PHP、JavaScript、Perl、Python 及 Ruby 等语言。

### 7.1.2 Redis 特点

Redis 数据库具有读写速度快、支持多种数据结构、功能丰富、应用广泛等显著特点，具体介绍如下。

#### 1. 读写速度快

Redis 数据库是基于内存读写的，整个数据库的数据都被加载到内存中进行操作或处理，它会定期通过异步操作把数据写入磁盘进行保存，从而保证了数据库的容错性，避免在计算机断电时，存储在内存中的数据丢失。据官方数据显示，Redis 每秒可处理超过十万次的读写操作，因此被称为 NoSQL 中读写速度最快的数据库。

#### 2. 支持多种数据结构

Redis 为用户提供了字符串、散列、列表、集合、有序集合、位图、地理坐标等一系列数据结构，每种数据结构都适用于解决特定的问题。用户还可以通过事务、Lua 脚本、模块等特性，扩展已有数据结构的功能，甚至从零实现自己专属的数据结构。通过这些数据结构和特性，Redis 能够确保用户可以使用适合的工具去解决问题。

#### 3. 功能丰富

Redis 提供了很多非常实用的附加功能，例如自动过期、流水线、事务、数据持久化等丰富的功能，这些功能能够帮助用户将 Redis 应用在更多不同的场景中，或者为用户带来便利。更重要的是，Redis 不仅可以单机使用，还可以分布在不同机器上使用，即通过 Redis 自带的复制、Sentinel 和集群功能，用户可以将自己的数据库扩展至任意大小。无论你运营的是一个小型的个人网站，还是一个为上千万消费者服务的热门站点，都可以在 Redis 中找到想要的功能，并将其部署到服务器中。

#### 4. 应用广泛

Redis 在互联网公司中得到了广泛应用，再加上许多开发者为不同的编程语言开发了相应的客户端(redis.io/clients)，因此大多数编程语言的使用者都可以轻而易举地找到所需要的客户端，从而可以直接开始使用 Redis。此外，国内外多个云服务提供商都提供了基于 Redis 或兼容 Redis 的服务。

### 7.1.3 Redis 应用场景

Redis 数据库主要被应用于缓存、构建队列系统、排行榜、实时的反垃圾系统、过期数据自动处理以及计数器应用等高并发场景，具体介绍如下。

#### 1. 缓存

缓存是 Redis 最常见的应用场景，因为缓存操作是指把数据存储在内存而不是硬盘上，而访问内存远比访问硬盘的速度要快得多，所以用户可以通过把需要快速访问的数据存储在 Redis 中来提升应用程序的速度。

### 2. 构建队列系统

目前队列系统的应用十分广泛,很多互联网电商网站均使用 Redis 数据库中的 List 实现队列。常见的应用场景有电商网站的秒杀、抢购以及 12306 网站的购票排队(候补)等。

### 3. 排行榜

Redis 数据库使用有序集合按照应用的得分进行排序,从而得到 TopN。常见的应用场景有微博热搜榜、游戏排行榜等。

### 4. 实时的反垃圾系统

实时的反垃圾系统通常是基于关键词的,因此使用 Redis 存储关键词,并利用 Redis 的高性能,为监控系统提供稳定及精确的实时监控功能。常见的应用场景有邮件系统、评论系统等。

### 5. 过期数据自动处理

Redis 针对数据都可以设置过期时间(可以精确到毫秒),过期的数据会自动清理,从而提高开发效率。常见的应用场景有短信验证码、具有时间性的商品展示等。

### 6. 计数器应用

由于 Redis 采用的是单线程,并且线程安全,诸如统计点击数等应用使用 Redis 可以避免并发问题,从而保证统计结果不会出错。常见的应用场景有网站访问统计、广告点击数的统计等。

## 7.2　Redis 支持的数据结构

Redis 数据库提供了多种数据结构,其中最常见的数据结构有 String(字符串)、List(列表)、Set(集合)、Hash(散列)、Sorted Sets(有序集合)。本节将详细讲解 Redis 常见的这五种数据结构。

### 1. String

String 是 Redis 中最基本也是最简单的数据结构,其值是二进制安全的,值的数据类型可以为数字、文本、图片、视频或者序列化的对象等,值的最大长度不能超过 512MB。String 的内部组成结构如图 7-1 所示。

| 键(Key) | 值(Value) |
| --- | --- |
| Bookid | 100020 |

图 7-1　String 的内部结构示意图

在图 7-1 中，将 Bookid 看作是编程语言中的字符串变量名，那么 100020 就是该变量名的值。

2. List

List（列表）是由若干个字符串元素组成的集合，并且每个字符串元素都是按照插入顺序排序的。我们也可以将列表理解为多个字符串组成一个集合对象，并按照链表（Link List）的插入顺序排序，在读写操作时只能从其头部或尾部开始，而不能从中间开始（由链表的寻址方式所决定）。List 的内部组成结构如图 7-2 所示。

| 键(Key) | 值(Value) |
| --- | --- |
| LBookid | 100020 |
| | 100021 |
| | 100022 |
| | 100022 |

图 7-2 List 的内部结构示意图

在图 7-2 中，LBookid 为列表的键名，100020、100021、100022、100022 均为列表中键的值，这些值均按照插入顺序排列，其中 100020 是列表中的第一个字符串元素，100021 是列表中的第二个元素，100022 是列表中的第三个元素，100022 是列表中的第四个元素（也是尾部元素）。由于 List 中允许出现重复的元素，因此 List 中的第三个元素和第四个元素均为 100022。

3. Set

Set（集合）由不重复且无序的字符串元素组成的，其中，不重复意味着一个集合中的所有字符串都是唯一的，这是与 List 的第一个区别；无序意味着所有字符串的读写是针对任意的位置的，而 List 中元素的读写必须要从头部或尾部开始操作，因此，这是与 List 的第二个区别。Set 的内部组成结构如图 7-3 所示。

| 键(Key) | 值(Value) |
| --- | --- |
| SBookid | 100021 |
| | 100022 |
| | 100020 |
| | 100023 |

图 7-3 Set 的内部结构示意图

在图 7-3 中，SBookid 为集合的键名，100021、100022、100020、100023 均为集合中键的

值。由于 Set 中不允许出现重复的元素,因此 Set 中的元素均是唯一的,并且元素都是无序的。

#### 4. Hash

Hash(散列)可以存储多个键值对之间的映射,属于无序的一种数据集合,Hash 与字符串类似,Hash 存储键的类型必须为字符串,而值的类型既可以是字符串也可以是数字,但是值必须是唯一的,不可重复。Hash 的键之间可以采用":"符号隔开,增加用户的可阅读性,并为用户提供更多的信息。Hash 的内部组成结构如图 7-4 所示。

| 键(Key) | 值(Value) |
| --- | --- |
| Book:name | 《格局》 |
| Book:id | 100022 |
| Book:author | wujun |
| Book:price | 45 |

**图 7-4　Hash 的内部结构示意图**

在图 7-4 中,"Book:name""Book:id""Book:author"以及"Book:price"为散列的键名,"《格局》""100022""wujun"以及"45"均为散列中键对应的值。

#### 5. Sorted Sets

Sorted Sets(有序集合)和散列类似,主要区别是有序集合是按照值进行自动排序的,而散列中的值是不排序的;有序集合可以直接对值进行操作,而散列是通过键来查找值。有序集合中的键必须是唯一的,但是值可以是重复的,而散列的值是唯一的。Sorted Sets 的内部组成结构如图 7-5 所示。

| 键(Key) | 值(Value) |
| --- | --- |
| Book:id04 | 100021 |
| Book:id02 | 100022 |
| Book:id03 | 100023 |
| Book:id01 | 100023 |

**图 7-5　Sorted Sets 的内部结构示意图**

在图 7-5 中,有序集合是按照值的大小进行排序的,其中,"Book:id04""Book:id02""Book:id03"以及"Book:id01"为有序集合的键名,100021、100022、100023 以及 100023 均为有序集合中键对应的值。

## 7.3　Redis 部署

Redis 是一个开源、跨平台的数据库，因此 Redis 数据库可以运行在 Windows、Linux、Mac OS 和 BSD(Unix 的衍生系统)等多个平台上，为我们提供数据库服务。不同的操作系统平台，部署 Redis 也会有所不同。本节将详细讲解 Redis 数据库基于 Windows 平台和 Linux 平台的部署。

### 7.3.1　基于 Windows 平台

由于 Redis 官方不支持 Windows 平台，因此我们无法在 Redis 官网下载 Redis 安装包，但是，微软开发并维护了针对 Win64 的 Windows 版本。因此，本书选择使用 64 位的 Redis 安装包。基于 Windows 平台的 Redis 部署的具体步骤如下。

#### 1. 下载 Redis 安装包

通过访问 GitHub 平台 https://github.com/microsoftarchive/redis/tags 进入 Redis 版本选择界面，如图 7-6 所示。

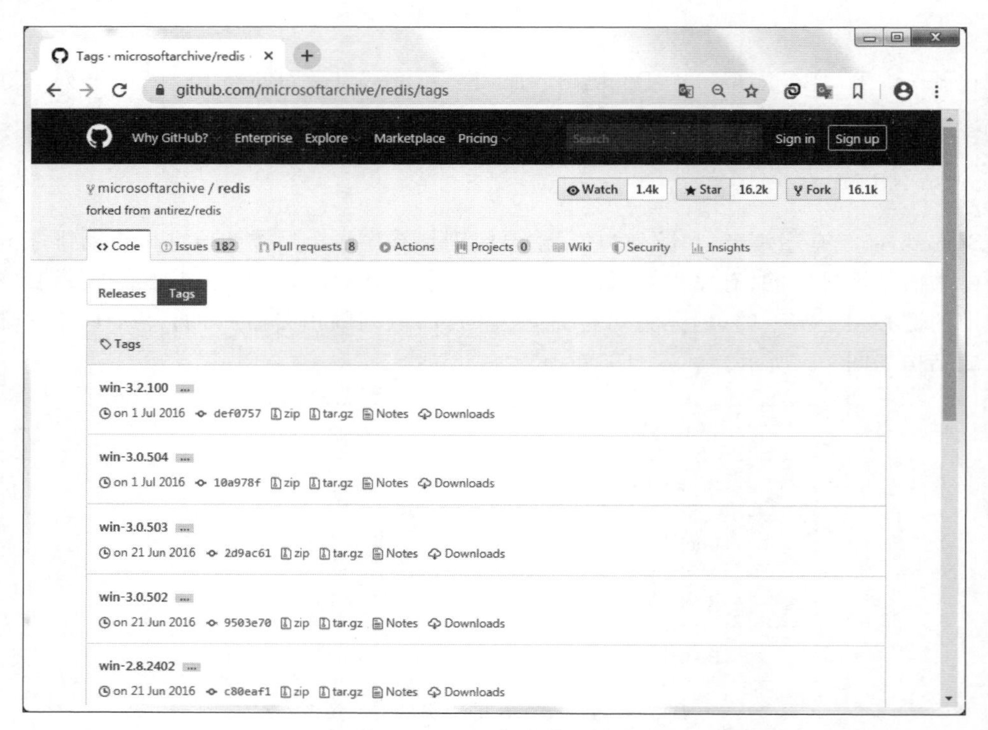


图 7-6　Redis 版本选择界面

在图 7-6 中，选择要下载的 Redis 版本，由于最新的 win-3.2.100 没有在生产环境中进行测试，因此这里选择的是 win-3.0.504 版本，单击该版本下的 Downloads 选项，进入安装包的选择界面，如图 7-7 所示。

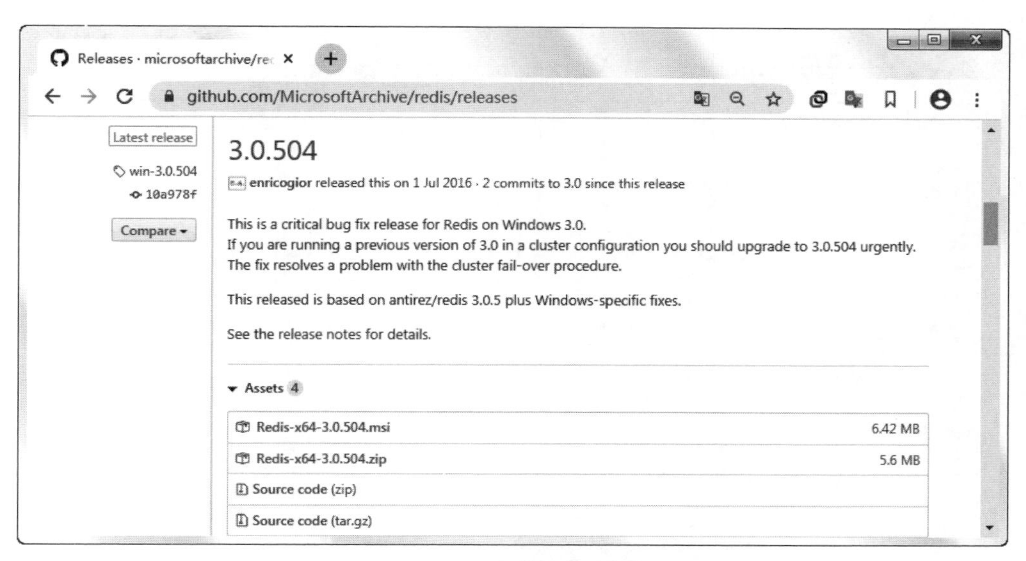


图 7-7 Redis 安装包的选择界面

在图 7-7 中，一共有 4 个安装包，其中 Redis-x64-3.0.504.msi 为 Redis 的安装包，该安装包需要安装；Redis-x64-3.0.504.zip 为 Redis 的压缩包，该压缩包不需要安装，只需要解压即可；Source code(zip)为 Windows 系统下的 Redis 源码包；Source code(tar.gz)为 Linux 系统下的 Redis 源码包。这里我们选择下载 Redis-x64-3.0.504.zip 安装包。下载好的 Redis 安装包，如图 7-8 所示。

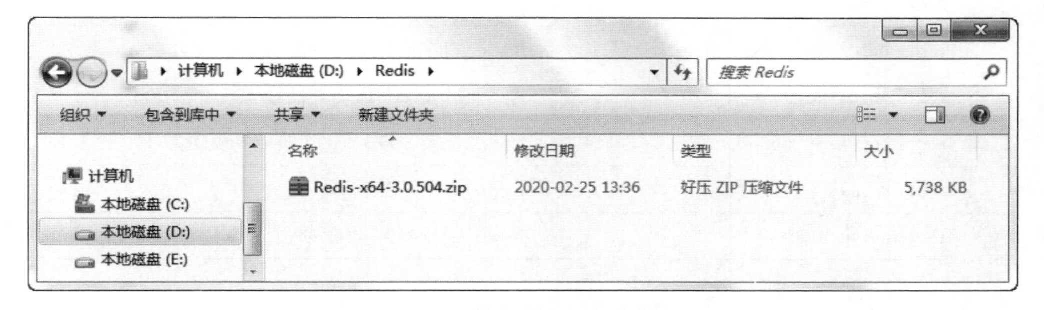


图 7-8 下载好的 Redis 安装包

## 2. 解压 Redis 安装包

解压图 7-8 中的 Redis 安装包，解压完即可使用 Redis。解压后的 Redis 如图 7-9 所示。

从图 7-9 中可以看出，解压后的 Redis 包含 5 个 Redis 可执行程序和一个核心配置文件。下面，我们通过一张表来介绍一下 Redis 可执行程序和核心配置文件，具体如表 7-1 所示。

图 7-9 解压后的 Redis

表 7-1 Redis 可执行程序和核心配置文件

| 可执行程序/核心配置文件 | 相关说明 |
| --- | --- |
| redis.windows.conf | Redis 核心配置文件 |
| redis-benchmark.exe | Redis 的性能测试工具 |
| redis-check-aof.exe | Redis 修复 AOF 文件的工具 |
| redis-check-dump.exe | Redis 检测 RDB 文件(快照持久化文件)的工具 |
| redis-cli.exe | Redis 命令行客户端 |
| redis-server.exe | Redis 服务器启动命令 |

### 3. 启动 Redis 服务

在 Redis 目录下打开命令行窗口,即进入 Redis 目录,在目录栏中输入 cmd 提示符,并按一下键盘的 Enter 键,在当前路径下打开命令行窗口,如图 7-10 所示。

图 7-10 命令行窗口

在图 7-10 中，执行 redis-server.exe redis.windows.conf 命令，启动 Redis 服务，若是命令行窗口出现端口号为 6379，则说明 Redis 服务启动成功，反之失败，具体效果如图 7-11 所示。

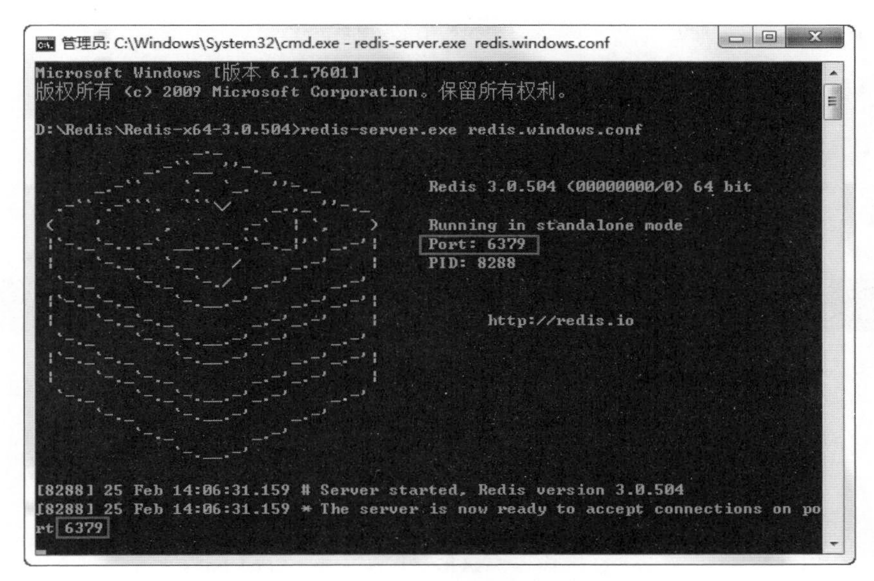


图 7-11　启动 Redis 服务的效果

从图 7-11 中可以看出，命令行窗口出现了 6379 的端口号，由于 Redis 服务默认监听的端口号为 6379，因此说明我们成功启动 Redis 服务。若是想要关闭 Redis 服务，只需要关闭命令行窗口即可。

#### 4. 启动 Redis 客户端

在 Redis 目录下打开另一个命令行窗口，执行 redis-cli.exe -h 127.0.0.1 -p 6379 命令，启动 Redis 客户端并连接 Redis 服务，如图 7-12 所示。

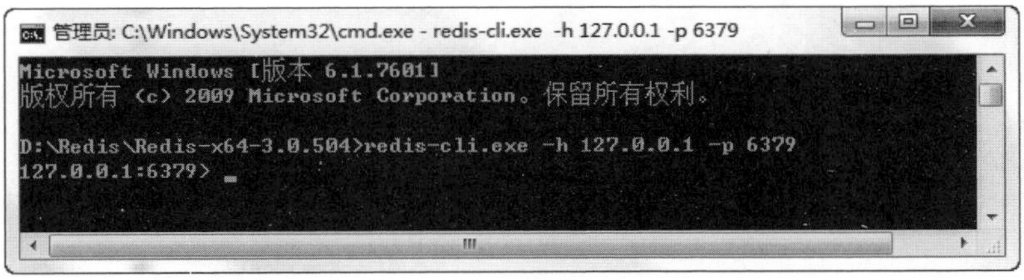

```
管理员: C:\Windows\System32\cmd.exe - redis-cli.exe -h 127.0.0.1 -p 6379
Microsoft Windows [版本 6.1.7601]
版权所有 (c) 2009 Microsoft Corporation。保留所有权利。

D:\Redis\Redis-x64-3.0.504>redis-cli.exe -h 127.0.0.1 -p 6379
127.0.0.1:6379> _
```

图 7-12　启动 Redis 客户端并连接 Redis 服务的效果

从图 7-12 中可以看出，执行命令后，命令行窗口没有出现任何报错信息，说明我们成功启动 Redis 客户端并连接到 Redis 服务。

### 7.3.2　基于 Linux 平台

由于 root 用户拥有的权限很大，出于系统安全的考虑，需要新建一个普通用户操作

Redis数据库,因此在基于Linux平台部署Redis之前,需要新建一个用户user_redis,并进行授权操作。本书是在服务器nosql01上部署的Redis数据库,关于用户user_redis的新建、授权、切换操作可参考3.1.2节内容。

接下来,我们将详细讲解如何基于Linux平台部署Redis,具体部署步骤如下。

### 1. 下载Redis安装包

通过访问Redis官网https://redis.io/进入Redis下载页面,如图7-13所示。

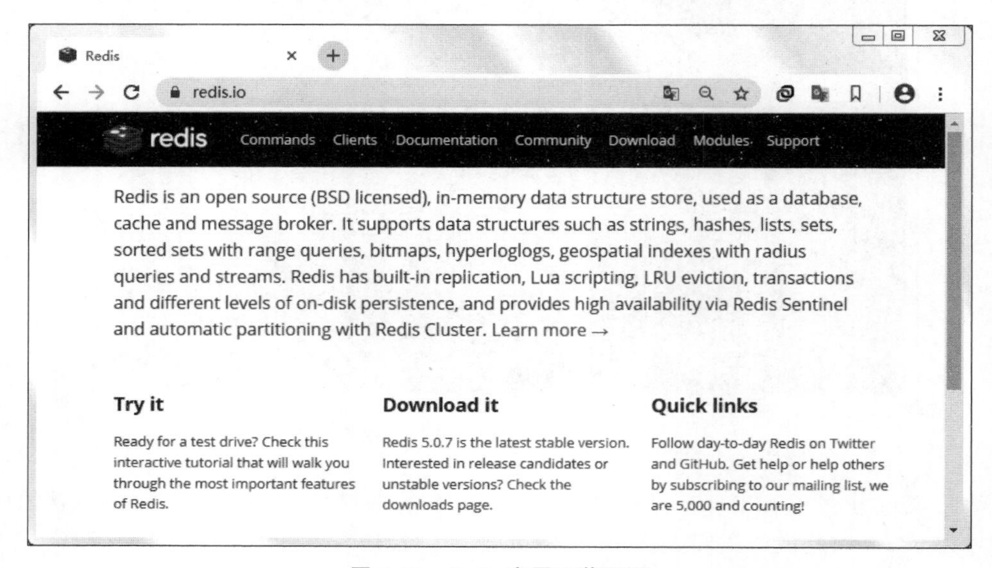


图7-13 Redis官网下载页面

在图7-13中,单击Redis 5.0.7 is the latest stable version,下载Redis最新稳定版本,即Redis 5.0.7。下载好的Redis安装包如图7-14所示。

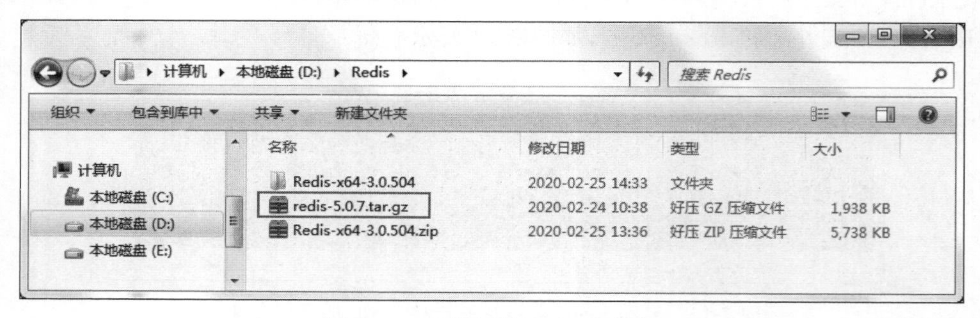


图7-14 下载好的Redis安装包

### 2. 解压Redis安装包

下载完Redis安装包后,将通过SecureCRT工具将Redis安装包上传至Linux平台的/opt/software/目录下。首先在/opt/software/目录下执行sudo rz上传文件命令,弹出Select Files to Send using Zmodem对话框,然后选择要上传的Redis安装包,单击Add按钮,将其添加至“Files to send”文件框中,最后单击 OK 按钮,将 Redis 安装包上传至/opt/software/目录下,如图 7-15 所示。

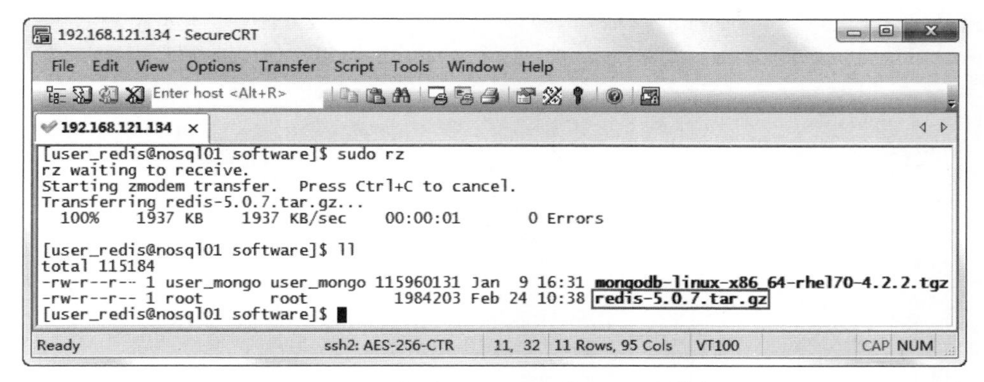


图 7-15 上传到 Linux 平台的 Redis 安装包

在图 7-15 中,先将 Redis 安装包的用户和用户组权限修改为 user_redis;然后将/opt/servers/目录下 redis_demo 文件夹的用户和用户组权限修改为 user_redis;最后解压 Redis 安装包至/opt/servers/redis_demo 目录,具体命令如下:

```
#修改 Redis 安装包的用户和用户组权限
$sudo chown -R user_redis:user_redis redis-5.0.7.tar.gz
#修改 redis_demo 文件夹的用户和用户组权限
$sudo chown -R user_redis:user_redis /opt/servers/redis_demo/
#解压安装包
$tar -zxvf redis-5.0.7.tar.gz -C /opt/servers/redis_demo/
```

执行上述命令,解压完 Redis 安装包后,进入到/opt/servers/redis_demo 目录。如果觉得解压后的文件名过长,可以对文件进行重命名,具体命令如下:

```
#重命名为 redis 解压包
$mv redis-5.0.7/ redis
```

执行上述命令,查看重命名后的 Redis 安装包,如图 7-16 所示。

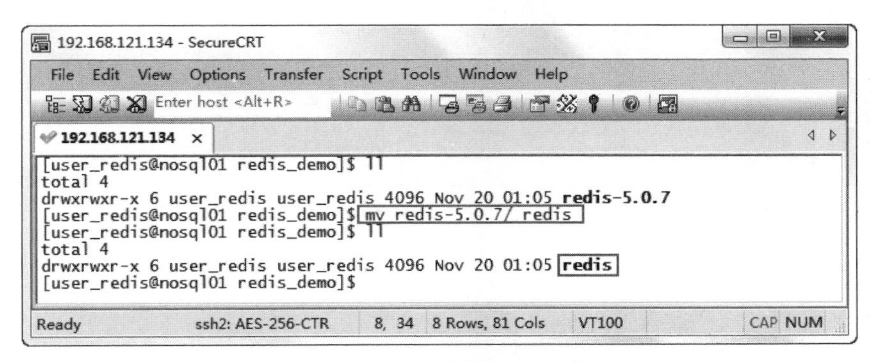


图 7-16 重命名后的 Redis 安装包

### 3. 编译 Redis 解压包的文件

进入 redis 文件夹，执行 make 命令，编译 Redis 文件夹的文件，具体如图 7-17 所示。

```
[user_redis@nosql01 redis]$ make
cd src && make all
make[1]: Entering directory `/opt/servers/redis_demo/redis/src'
    CC Makefile.dep
make[1]: Leaving directory `/opt/servers/redis_demo/redis/src'
make[1]: Entering directory `/opt/servers/redis_demo/redis/src'
rm -rf redis-server redis-sentinel redis-cli redis-benchmark redis-check-rdb redi
s-check-aof *.o *.gcda *.gcno *.gcov redis.info lcov-html Makefile.dep dict-bench
mark
(cd ../deps && make distclean)
make[2]: Entering directory `/opt/servers/redis_demo/redis/deps'
(cd hiredis && make clean) > /dev/null || true
(cd linenoise && make clean) > /dev/null || true
(cd lua && make clean) > /dev/null || true
(cd jemalloc && [ -f Makefile ] && make distclean) > /dev/null || true
(rm -f .make-*)
make[2]: Leaving directory `/opt/servers/redis_demo/redis/deps'
(rm -f .make-*)
echo STD=-std=c99 -pedantic -DREDIS_STATIC='' >> .make-settings
echo WARN=-Wall -W -Wno-missing-field-initializers >> .make-settings
echo OPT=-O2 >> .make-settings
echo MALLOC=jemalloc >> .make-settings
echo CFLAGS= >> .make-settings
echo LDFLAGS= >> .make-settings
echo REDIS_CFLAGS= >> .make-settings
echo REDIS_LDFLAGS= >> .make-settings
echo PREV_FINAL_CFLAGS=-std=c99 -pedantic -DREDIS_STATIC='' -Wall -W -Wno-missing
-field-initializers -O2 -g -ggdb   -I../deps/hiredis -I../deps/linenoise -I../dep
s/lua/src -DUSE_JEMALLOC -I../deps/jemalloc/include >> .make-settings
echo PREV_FINAL_LDFLAGS=  -g -ggdb -rdynamic >> .make-settings
(cd ../deps && make hiredis linenoise lua jemalloc)
make[2]: Entering directory `/opt/servers/redis_demo/redis/deps'
(cd hiredis && make clean) > /dev/null || true
(cd linenoise && make clean) > /dev/null || true
(cd lua && make clean) > /dev/null || true
(cd jemalloc && [ -f Makefile ] && make distclean) > /dev/null || true
(rm -f .make-*)
(echo "" > .make-cflags)
(echo "" > .make-ldflags)
MAKE hiredis
cd hiredis && make static
make[3]: Entering directory `/opt/servers/redis_demo/redis/deps/hiredis'
gcc -std=c99 -pedantic -c -O3 -fPIC  -Wall -W -Wstrict-prototypes -Wwrite-strings
 -g -ggdb  net.c
make[3]: execvp: gcc: Permission denied
make[3]: *** [net.o] Error 127
make[3]: Leaving directory `/opt/servers/redis_demo/redis/deps/hiredis'
make[2]: *** [hiredis] Error 2
make[2]: Leaving directory `/opt/servers/redis_demo/redis/deps'
make[1]: [persist-settings] Error 2 (ignored)
    CC adlist.o
/bin/sh: cc: command not found
make[1]: *** [adlist.o] Error 127
make[1]: Leaving directory `/opt/servers/redis_demo/redis/src'
make: *** [all] Error 2
[user_redis@nosql01 redis]$
```

图 7-17 编译 redis 文件夹的文件

从图 7-17 的返回结果可以看出，gcc(GNU C 语言编译器)工具未找到，因此需要执行 sudo yum install gcc 命令，并输入密码 123456，安装 gcc，如图 7-18 所示(部分返回信息)。

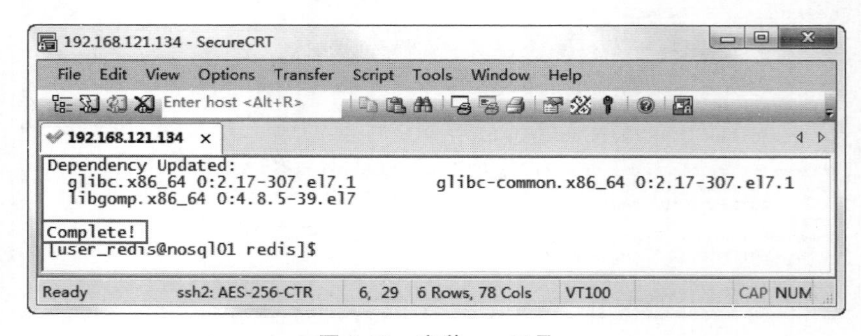


图 7-18 安装 gcc 工具

从图 7-18 的返回结果“Complete!”可以看出，gcc 工具安装成功。执行 make distclean 命令清除执行 make 命令时生成的配置文件；然后再执行 make 命令编译 Redis 文件夹的文件，具体如图 7-19 所示。

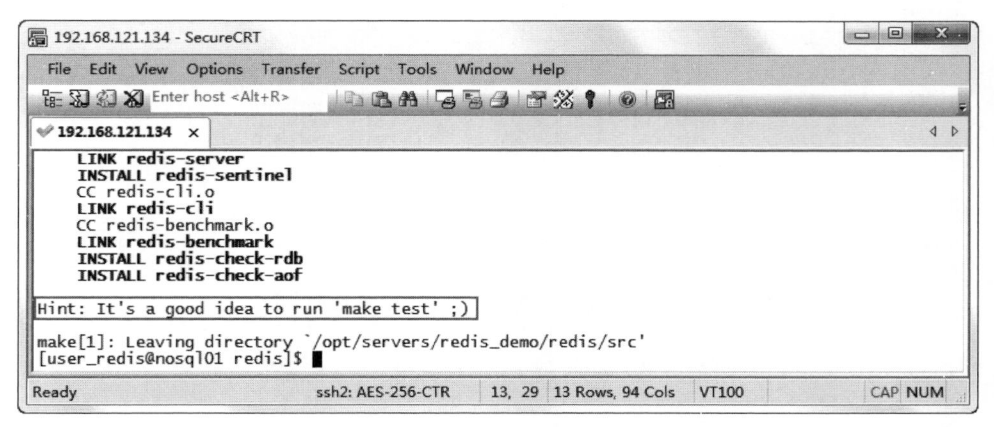


图 7-19　编译 redis 文件夹的文件

从图 7-19 的返回结果“Hint: It's a good idea to run 'make test'”可以看出，redis 文件夹的文件均编译成功。

4. 安装 Redis

在 redis 文件夹下，执行 sudo make install 命令，安装 Redis，如图 7-20 所示。

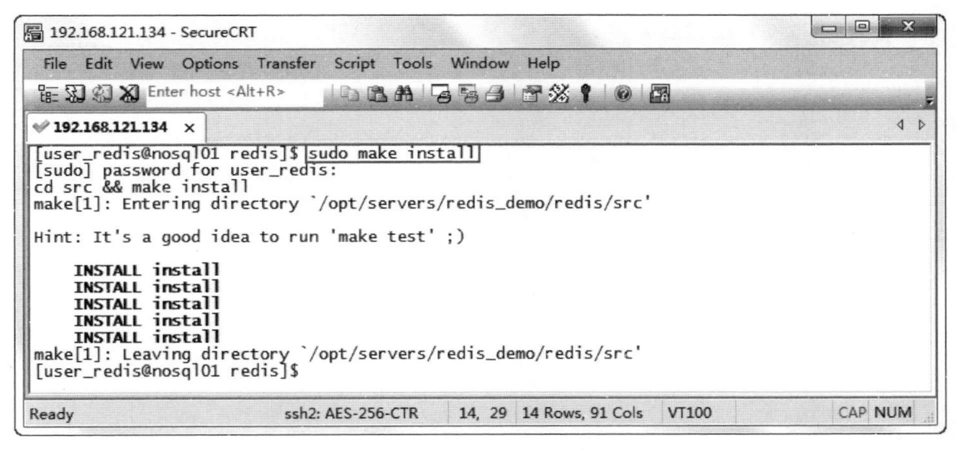


图 7-20　安装 Redis

从图 7-20 中可以看出，已经完成了 Redis 的安装。由于 Redis 默认安装在/usr/local/bin/目录下，因此我们可以进入该目录来查看 Redis 是否安装成功，然后执行 sudo chown -R user_redis: user_redis /usr/local/bin/命令，并输入密码 123456，修改文件夹 bin 目录下文件的权限，再执行 ll 命令，查看/usr/local/bin/目录下文件的权限是否变为 user_redis，如图 7-21 所示。

从图 7-21 中可以看出，/usr/local/bin/目录下的所有文件的权限均变为 user_redis，并

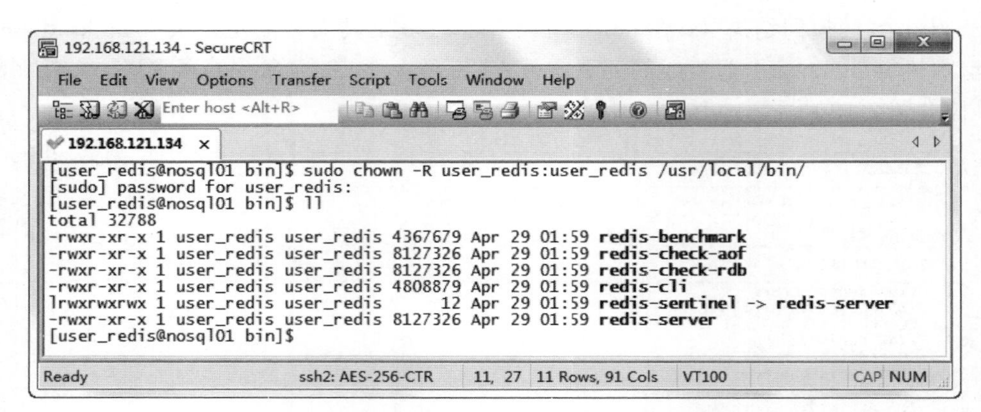


图 7-21　查看/usr/local/bin 目录下文件的权限

且该目录下存在 Redis 的相关操作命令，因此说明 Redis 安装成功。

### 5. 启动 Redis 服务

启动 Redis 服务共有两种不同的方式，即直接启动 Redis 服务和使用配置文件启动 Redis 服务。

（1）直接启动 Redis 服务。

在/usr/local/bin 目录下，执行 redis-server 命令，启动 Redis 服务，若是 Redis 服务端窗口出现端口号为 6379，则说明 Redis 服务启动成功，反之失败，效果如图 7-22 所示。

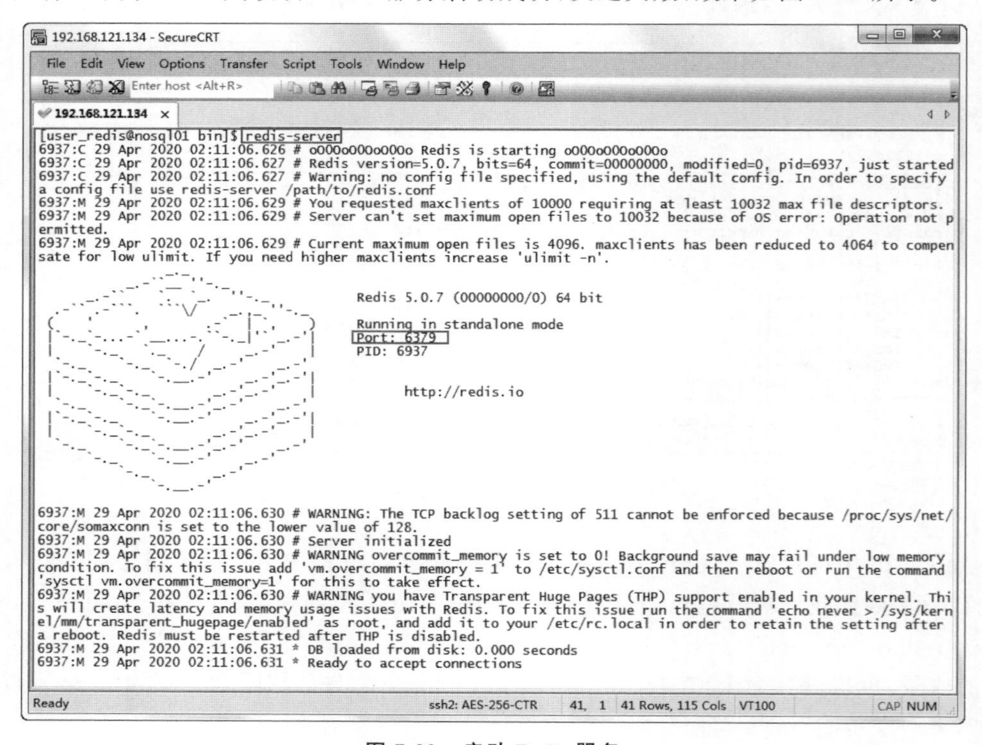


图 7-22　启动 Redis 服务

从图 7-22 中可以看出，Redis 服务端窗口出现了 6379 的端口号，由于 Redis 服务默认监听的端口号为 6379，因此说明我们成功启动 Redis 服务。若是想要关闭 Redis 服务，只需要通过组合键 Ctrl+C 关闭 Redis 服务即可。

（2）使用配置文件启动 Redis 服务。

使用配置文件启动 Redis 服务之前，需要修改/redis/目录下的 Redis 核心配置文件 redis.conf，修改参数 daemonize 的值，将 no 改为 yes，指定以守护进程方式后台运行 Redis 服务，具体如图 7-23 所示。

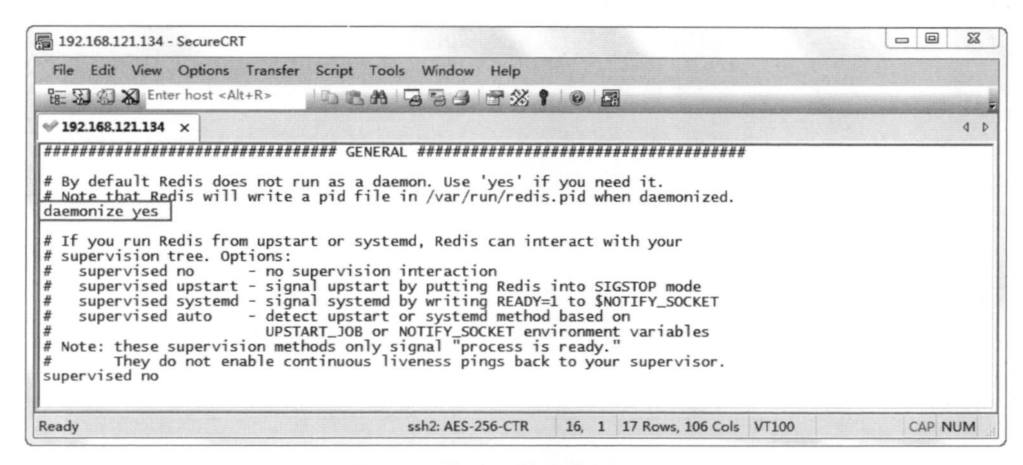


图 7-23　修改配置文件 redis.conf

在图 7-23 中，修改完配置文件 redis.conf 后，在 redis 目录下执行 redis-server /opt/servers/redis_demo/redis/redis.conf 命令，启动 Redis 服务，并通过执行 ps -ef | grep redis 命令，查看 Redis 服务是否启动成功，效果如图 7-24 所示。

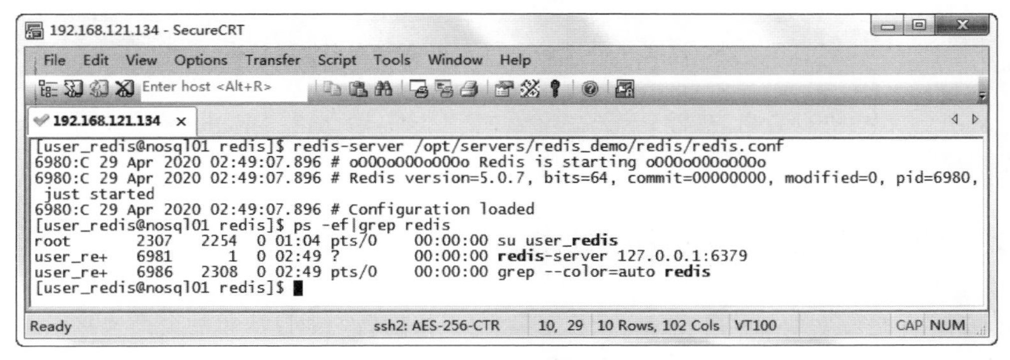


图 7-24　启动 Redis 服务

在图 7-24 中，Redis 进程中出现了 redis-server 127.0.0.1：6379 进程，说明 Redis 服务启动成功。若要关闭 Redis 服务，则执行 kill -2 6981 命令关闭 Redis 服务，其中 6981 为 Redis 服务运行的进程号；也可以在 Redis 客户端执行 shutdown 命令，关闭 Redis 服务；还可以通过执行 redis-cli shutdown 命令，关闭 Redis 服务。

### 6. 启动 Redis 客户端

通过执行 redis-cli 命令，启动并进入 Redis 客户端，如图 7-25 所示。

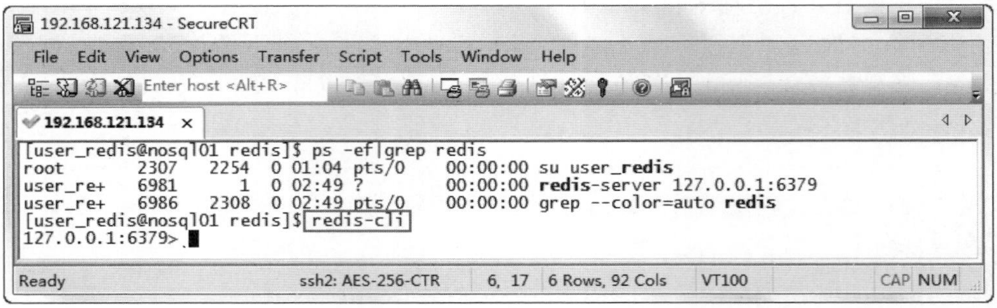

```
[user_redis@nosql01 redis]$ ps -ef|grep redis
root       2307   2254  0 01:04 pts/0    00:00:00 su user_redis
user_re+   6981      1  0 02:49 ?        00:00:00 redis-server 127.0.0.1:6379
user_re+   6986   2308  0 02:49 pts/0    00:00:00 grep --color=auto redis
[user_redis@nosql01 redis]$ redis-cli
127.0.0.1:6379>
```

图 7-25 启动 Redis 客户端

从图 7-25 中可以看出，Redis 客户端已经启动成功，若想要关闭 Redis 客户端，则执行 quit 命令退出即可，也可以通过组合键 Ctrl+C 强制关闭 Redis 客户端。在 Redis 客户端中通过执行 ping 命令，测试 Redis 客户端与 Redis 服务是否连接成功，若是连接成功则返回 PONG，如图 7-26 所示。

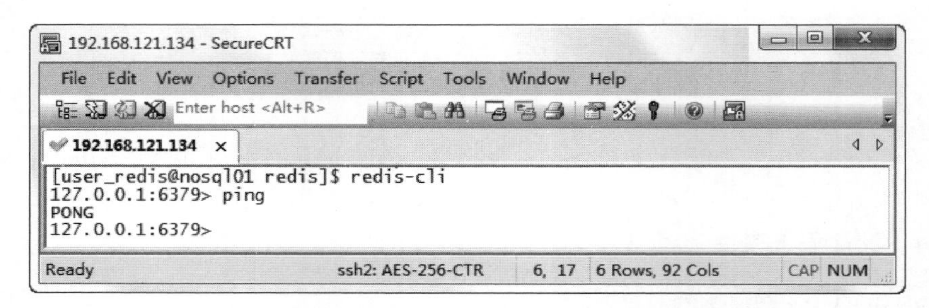


图 7-26 测试 Redis 客户端与 Redis 服务是否连接成功

从图 7-26 中可以看出，执行 ping 命令，返回 PONG，因此说明 Redis 客户端与 Redis 服务连接成功。

## 7.4 使用 redis-cli 操作 Redis

redis-cli 是原生 Redis 自带的命令行工具，可以帮助我们通过简单的命令连接 Redis 服务，并进行数据管理，即 Redis 键(key)和 Redis 数据结构的管理。本节将详细讲解使用 redis-cli 操作 Redis 键和 Redis 常见的 5 种数据结构。

### 7.4.1 操作键

Redis 键操作是 Redis 数据库中非常重要和常用的操作。下面通过一张表来介绍一下常用的 Redis 键操作命令及相关说明，具体如表 7-2 所示。

表 7-2　常用的 Redis 键操作命令及相关说明

| 操作命令 | 相关说明 |
| --- | --- |
| SET | 为指定键设置值 |
| MSET | 为多个键设置值 |
| KEYS | 查找所有符合给定模式 pattern(正则表达式)的键 |
| GET | 获取指定键的值 |
| MGET | 获取多个键的对应值 |
| DUMP | 序列化指定的键,并返回被序列化的值 |
| EXISTS | 判断指定键是否存在 |
| TYPE | 查看指定键的类型 |
| RENAME | 修改指定键的名称 |
| EXPIRE | 设置指定键的生存时间,以秒计 |
| TTL | 返回指定键的剩余生存时间 |
| PERSIST | 移除键的生存时间 |
| DEL | 在键存在时,删除 key |

在表 7-2 中,我们列举了 13 个常用的 Redis 键操作命令。下面,我们结合具体的示例对这些命令进行详细讲解。

### 1. SET 命令

使用 SET 命令为指定键设置值,具体语法如下:

```
SET key value
```

上述语法中,SET 是为指定键设置值的命令,若是所指定的键不存在,则创建键,否则进行覆盖操作;key 表示键;value 表示为指定键设置的值。

下面,我们演示为键 company 指定值 itcast,具体如下:

```
127.0.0.1:6379>set company itcast
OK
```

从上述返回结果 OK 可以看出,我们成功为键 company 指定值 itcast。

### 2. MSET 命令

使用 MSET 命令为多个键设置值,具体语法如下:

```
MSET key1 value1 key2 value2 ... keyN valueN
```

上述语法中,MSET 是为多个键设置值的命令,若键不存在,则创建键,否则进行覆盖操作；key1、key2、……、keyN 表示键；value1、value2、……、valueN 表示要为对应键设置的值。

下面，我们演示为键 brand1 设置值 heima、键 brand2 设置值 chuanzhihui、键 brand3 设置值 kudingyu、键 brand4 设置值 boxuegu、键 brand5 设置值 czzxxy、键 brand6 设置值 yuanxiaobang，具体如下：

```
127.0.0.1:6379>mset brand1 "heima" brand2 "chuanzhihui" brand3 "kudingyu"
                brand4 "boxuegu" brand5 "czzxxy" brand6 "yuanxiaobang"
OK
```

从上述返回结果 OK 可以看出，我们成功为键 brand1、brand2、brand3、brand4、brand5 和 brand6 分别指定值。

### 3. KEYS 命令

使用 KEYS 命令查找所有符合给定模式 pattern（正则表达式）的键，具体语法如下：

```
KEYS PATTERN
```

上述语法中，KEYS 是查找所有符合给定模式 pattern（正则表达式）键的命令；PATTERN 是模式，也可以为正则表达式。

下面，我们演示查找所有键，具体如下：

```
127.0.0.1:6379>keys *
1) "brand2"
2) "brand5"
3) "brand4"
4) "brand6"
5) "brand3"
6) "company"
7) "brand1"
```

从上述返回结果可以看出，一共有 7 个键，其中键 company 是执行 SET 命令创建的，键 brand1、brand2、brand3、brand4、brand5、brand6 是执行 MSET 命令创建。

### 4. GET 命令

使用 GET 命令获取指定键的值，具体语法如下：

```
GET key
```

上述语法中，GET 是用于获取指定键的值的命令；key 表示键。

下面，我们演示获取键 company 的值，具体如下：

```
127.0.0.1:6379>get company
"itcast"
```

从上述返回结果"itcast"可以看出，键 company 的值为 itcast，说明我们成功获取键 company 的值。

5. MGET 命令

使用 MGET 命令获取多个键的对应值，具体语法如下：

```
MGET key1 key2 ...
```

上述语法中，MGET 是用于获取指定多个键的值的命令；key1、key2 ...表示多个键。

下面，我们演示获取键 brand1、brand2、brand3 以及 brand 的值，具体如下：

```
127.0.0.1:6379>mget brand1 brand2 brand3 brand
1) "heima"
2) "chuanzhihui"
3) "kudingyu"
4) (nil)
```

从上述返回结果可以看出，键 brand1、brand2 以及 brand3 的值分别为 heima、chuanzhihui 及 kudingyu，而键 brand 的值为 nil，这是因为键 brand 并不存在，因此返回特殊值 nil。

6. DUMP 命令

使用 DUMP 命令序列化指定的键，并返回被序列化的值，具体语法如下：

```
DUMP key
```

上述语法中，DUMP 是用于序列化指定的键并返回被序列化的值的命令；key 表示键。

下面，我们演示序列化键 company，并返回被序列化的值，具体如下：

```
127.0.0.1:6379>dump company
"\x00\x06itcast\t\x00\x05\x99\x0bu\x97\x8d\xd4\xc1"
```

从上述返回结果可以看出，键 company 已经被序列化，并且被序列化的值为"\x00\x06itcast\t\x00\x05\x99\x0bu\x97\x8d\xd4\xc1"。

7. EXISTS 命令

使用 EXISTS 命令判断指定键是否存在，具体语法如下：

```
EXISTS key
```

上述语法中，EXISTS 是用于判断指定键是否存在的命令；key 表示键。

下面，我们演示判断键 brand6 和 brand7 是否存在，若存在，则返回 1，反之返回 0，具体如下：

```
127.0.0.1:6379>exists brand6
(integer) 1
127.0.0.1:6379>exists brand7
(integer) 0
```

从上述返回结果可以看出，键 brand6 存在，而键 brand7 不存在。

#### 8. TYPE 命令

使用 TYPE 命令查看指定键的类型，具体语法如下：

```
TYPE key
```

上述语法中，TYPE 是用于查看指定键的类型的命令；key 表示键。

下面，我们演示查看键 company 的类型，具体如下：

```
127.0.0.1:6379>type company
string
```

从上述返回结果可以看出，键 company 的类型为 string 类型。

#### 9. RENAME 命令

使用 RENAME 命令修改指定键的名称，具体语法如下：

```
RENAME key newkey
```

上述语法中，RENAME 是用于修改指定键名称的命令；key 表示旧键；newkey 表示新键。

下面，我们演示将键 company 改为 newcompany，并执行"keys *"命令，查看键是否被修改成功，具体如下：

```
127.0.0.1:6379>rename company newcompany
OK
127.0.0.1:6379>keys *
1) "brand1"
2) "newcompany"
3) "brand4"
4) "brand2"
5) "brand3"
6) "brand5"
7) "brand6"
```

从上述返回结果可以看出，键 company 已经更改为 newcompany。

#### 10. EXPIRE 命令

使用 EXPIRE 命令设置键的生存时间，具体语法如下：

```
EXPIRE key seconds
```

上述语法中，EXPIRE 是用于设置指定键生存时间的命令；key 表示键；seconds 表示设置的时间，以秒计。

下面，我们演示将键 brand6 的生存时间设置为 30s(秒)，具体如下：

```
127.0.0.1:6379>expire brand6 30
(integer) 1
```

从上述返回结果“1”可以看出，键 brand6 的生存时间已经成功设置为 30s，即 30s 后该键会消失。读者这里可以设置较长的时间，便于后续演示 TTL 命令和 PERSIST 命令。

### 11. TTL 命令

使用 TTL 命令查看指定键的剩余过期时间，具体语法如下：

```
TTL key
```

上述语法中，TTL 是用于查看指定键剩余过期时间的命令；key 表示键。

下面，我们演示查看键 brand6 的剩余过期时间，具体如下：

```
127.0.0.1:6379>ttl brand6
(integer) 25
```

从上述返回结果“25”可以看出，键 brand6 的剩余生存时间为 25s。若是键 brand6 不存在(即过期)则返回“−2”，执行 keys * 命令，我们会发现键 brand6 已经不存在了。

### 12. PERSIST 命令

使用 PERSIST 命令移除指定键的生存时间，即将键从带生存时间的状态转换为持久存在的状态，具体语法如下：

```
PERSIST key
```

上述语法中，PERSIST 是用于移除指定键的生存时间的命令；key 表示键。

下面，我们演示移除键 brand6 的生存时间，具体如下：

```
127.0.0.1:6379>persist brand6
(integer) 1
```

从上述返回结果“1”可以看出，键 brand6 的生存时间已被成功移除。

### 13. DEL 命令

使用 DEL 命令删除指定键，具体语法如下：

```
DEL key
```

上述语法中，DEL 是用于删除指定键的命令；key 表示键。

下面，我们演示删除键 brand6，并执行 keys * 命令，查看键 brand6 是否还存在(注意，若前面键 brand6 设置的生存时间较短的话，未执行删除操作，该键就已经不存在了)，具体如下：

```
127.0.0.1:6379>del brand6
(integer) 1
127.0.0.1:6379>keys *
1) "brand2"
2) "brand5"
3) "brand3"
4) "brand4"
5) "newcompany"
6) "brand1"
```

从上述返回结果可以看出，键 brand6 已经被成功删除。

## 7.4.2 操作字符串

String 字符串是 Redis 中最基本也是最简单的数据结构，Redis 为 String 字符串提供了相关操作命令。下面，通过一张表来介绍常用的 String 操作命令及相关说明，具体如表 7-3 所示。

表 7-3 Redis 常用的 String 字符串操作命令及相关说明

| 操作命令 | 相关说明 |
| --- | --- |
| SET | 为指定字符串键设置值 |
| MSET | 为多个字符串键设置值 |
| GET | 获取指定字符串 key 中的值 |
| MGET | 获取多个字符串键的对应值 |
| GETSET | 获取指定字符串键的旧值并设置新值 |
| STRLEN | 获取字符串值的字节长度 |
| GETRANGE | 获取字符串键指定索引范围的值内容 |
| SETRANGE | 为字符串键的指定索引位置设置值 |
| APPEND | 追加新内容到值的末尾 |

在表 7-3 中，我们列举了 9 个常用的 Redis 字符串操作命令。下面，我们结合具体的示例对这些命令进行详细讲解。

### 1. SET 命令

使用 SET 命令为指定字符串键设置值，该命令与操作键的命令一致，具体语法如下：

```
SET key value
```

上述语法中，SET 是为指定字符串设置值的命令，若是所指定的字符串键不存在，则进行创建操作，否则进行覆盖操作；key 表示字符串键；value 表示为字符串键设置的值。

下面，我们演示为字符串键 website 设置值 www.itcast.cn，具体如下：

```
127.0.0.1:6379>set website "www.itcast.cn"
OK
```

从上述返回结果 OK 可以看出，我们成功为字符串键 website 设置值 www.itcast.cn。

### 2. MSET 命令

使用 MSET 命令为多个字符串键设置对应的值，具体语法如下：

```
MSET key value [key value ...]
```

上述语法中，MSET 是为多个字符串键设置对应值的命令，若是该字符串不存在，则进行创建操作，否则进行覆盖操作；key 表示字符串的键；value 表示字符串键设置的值；[key value ...]表示可以为多个字符串键设置对应的值。

下面，我们演示为字符串键 website1 设置值 www.itheima.com、字符串键 website2 设置值 www.boxuegu.com 及字符串键 website3 设置值 www.ityxb.com，具体如下：

```
127.0.0.1:6379>mset website1 "www.itheima.com" website2 "www.boxuegu.com"
website3 "www.ityxb.com"
OK
```

从上述返回结果 OK 可以看出，我们成功为字符串键 website1、website2 以及 website3 分别设置对应的值。

### 3. GET 命令

使用 GET 命令获取指定字符串键的值，具体语法如下：

```
GET key
```

上述语法中，GET 是用于获取指定字符串键值的命令，key 表示字符串键。

下面，我们演示获取字符串 website 的值，具体如下：

```
127.0.0.1:6379>get website
"www.itcast.cn"
```

从上述返回结果可以看出，字符串键 website 的值为 www.itcast.cn，说明我们成功获取字符串键 website 的值。

### 4. MGET 命令

使用 MGET 命令获取多个字符串键的对应值，具体语法如下：

```
MGET key1 key2 ...
```

上述语法中，MGET 是用于获取指定多个键的值的命令；key1、key2 ...表示多个键。

下面，我们演示获取字符串键 website1、website2、website3 以及 website5 的值，具体如下：

```
127.0.0.1:6379>mget website1 website2 website3 website5
1) "www.itheima.com"
2) "www.boxuegu.com"
3) "www.ityxb.com"
4) (nil)
```

从上述返回结果可以看出，字符串键 website1、website2 和 website3 的值分别为 www.itheima.com、www.boxuegu.com 及 www.ityxb.com，而字符串键 website5 的值为 nil，这是因为字符串键 website5 并不存在，因此返回特殊值 nil。

### 5. GETSET 命令

使用 GETSET 命令获取指定字符串键的旧值并设置新值，具体语法如下：

```
GETSET key value
```

上述语法中，GETSET 是用于获取指定字符串键的旧值并设置新值；key 表示字符串键；value 表示字符串键的新值。若指定字符串键存在，则返回该键的旧值，反之返回 nil 特殊值。

下面，我们演示获取字符串键 website4 的旧值并设置新值，执行“getset website4 "www.itczh.com"”命令获取字符串键 website4 的旧值并设置新值，然后执行 get website4 命令，查看字符串键 website4 是否被成功设置新值，具体如下：

```
127.0.0.1:6379>getset website4 "www.kudingyu.com"
(nil)
127.0.0.1:6379>getset website4 "www.itczh.com"
"www.kudingyu.com"
127.0.0.1:6379>get website4
"www.itczh.com"
```

从上述返回结果可以看出，最开始字符串键 website4 不存在，因此返回特殊值 nil，当第一次执行 getset 命令后，字符串键 website4 就被指定值为 www.kudingyu.com，第二次执行 getset 命令设置字符串键 website4 新值后，返回了字符串键 website4 的旧值 www.kudingyu.com。

### 6. STRLEN 命令

使用 STRLEN 命令获取指定字符串键值的长度，具体语法如下：

```
STRLEN key
```

上述语法中，STRLEN 是用于获取指定字符串键值的长度；key 表示字符串键。

下面，我们演示获取字符串键 website4 值的长度，具体如下：

```
127.0.0.1:6379>strlen website4
(integer) 13
```

从上述返回结果"13"可以看出，字符串键 website4 的值的长度为 13，即 www.itczh.com 的长度为 13 个字节长度。

### 7. GETRANGE 命令

使用 GETRANGE 命令获取字符串键指定索引范围的值内容，具体语法如下：

```
GETRANGE key start end
```

上述语法中，GETRANGE 是用于获取字符串键指定索引范围的值内容；key 表示字符串键；start 表示范围的起始索引；end 表示范围的结束索引。

下面，我们演示如何获取字符串键 website 指定索引范围在[4,9]的值内容，具体如下：

```
127.0.0.1:6379>getrange website 4 9
"itcast"
```

从上述返回结果"itcast"可以看出，字符串键 website 的值在索引范围为[4,9]的内容为 itcast。

### 8. SETRANGE 命令

使用 SETRANGE 命令为字符串键的指定索引位置替换值，具体语法如下：

```
SETRANGE key offset value
```

上述语法中，SETRANGE 是用于为字符串键的指定索引位置替换值的命令；key 表示字符串键；offset 表示偏移量；value 表示为字符串键的指定索引位置替换值。

下面，我们演示为字符串键 website 的索引为 4 的位置替换值为 nosql，并通过执行 get website 获取该字符串键的值，查看是否成功为字符串键 website 替换值，具体如下：

```
127.0.0.1:6379>setrange website 4 "nosql"
(integer) 13
127.0.0.1:6379>get website
"www.nosqlt.cn"
```

从上述返回结果可以看出，字符串键 website 的值在索引为 4 的位置处替换值为 nosql，由于 itcast 包含 6 字节，从位置为 0 处作为起点，位置为 5 处作为终点，替换为 nosql，因此说明我们成功为字符串键 website 的指定位置替换值。

#### 9. APPEND 命令

使用 APPEND 命令为指定字符串键的值末尾追加新内容，具体语法如下：

```
APPEND key value
```

上述语法中，APPEND 是用于为指定字符串键的值末尾追加新内容的命令；key 表示字符串键；value 表示追加的新内容。

下面，我们演示为字符串键 website 的值的末尾追加 itcast，并通过执行 get website 获取该字符串键的值，查看是否成功为字符串键 website 的值的末尾追加新内容，具体如下：

```
127.0.0.1:6379>append website "itcast"
(integer) 19
127.0.0.1:6379>get website
"www.nosqlt.cnitcast"
```

从上述返回结果可以看出，字符串键 website 的值末尾的内容为 itcast，因此说明我们成功为字符串键 website 的值末尾追加内容 itcast。

### 7.4.3 操作列表

List 列表是一种线性的有序结构，Redis 为 List 列表提供了相关的操作命令。表 7-4 介绍了常用的 List 操作命令及相关说明。

表 7-4 Redis 常用的 List 列表操作命令及相关说明

| 操作命令 | 相关说明 |
| --- | --- |
| RPUSH | 将一个或多个元素推入到列表的右端 |
| LPUSH | 将一个或多个元素推入到列表的左端 |
| LRANGE | 获取列表指定索引范围内的元素 |
| LINDEX | 获取列表指定索引位置上的元素 |
| RPOP | 弹出列表最右端的元素 |
| LPOP | 弹出列表最左端的元素 |
| LLEN | 获取指定列表的长度 |
| LREM | 移除列表中的指定元素 |

在表 7-4 中，我们列举了 8 个常用的 Redis 列表操作命令。下面，我们通过具体的示例对这些命令进行详细讲解。

### 1. RPUSH 命令

使用 RPUSH 命令将一个或多个元素推入到列表的右端，具体语法如下：

```
RPUSH key value
```

上述语法中，RPUSH 是将一个或多个元素推入到列表的右端的命令，若所指定的列表不存在，则会创建空列表，然后往该列表中推入元素；key 表示列表；value 表示为指定列表插入的元素值。

下面，我们演示依次将元素 blue、green、purple、red、white 推入到列表 color 的右端，并执行 lrange color 0 -1 命令，查看是否已经将 5 个元素推入到列表 color 的右端，具体如下：

```
127.0.0.1:6379>rpush color "blue"
(integer) 1
127.0.0.1:6379>rpush color "green"
(integer) 2
127.0.0.1:6379>rpush color "purple"
(integer) 3
127.0.0.1:6379>rpush color "red"
(integer) 4
127.0.0.1:6379>rpush color "white"
(integer) 5
127.0.0.1:6379>lrange color 0 -1
1) "blue"
2) "green"
3) "purple"
4) "red"
5) "white"
```

从上述返回结果可以看出，我们成功将元素 blue、green、purple、red、white 五个元素推入到列表 color 的右端。

### 2. LPUSH 命令

使用 LPUSH 命令将一个或多个元素推入到列表的左端，具体语法如下：

```
LPUSH key value
```

上述语法中，LPUSH 是将一个或多个元素推入到列表的左端的命令，若所指定的列表不存在，则会创建空列表，然后往该列表中推入元素；key 表示列表；value 表示为指定列表推入的元素值。

下面，我们演示依次将元素 apple、banana、mango 推入到列表 color 的左端，并执行 lrange color 0 -1 命令，查看是否已经将三个元素推入到列表 color 的左端，具体如下：

```
127.0.0.1:6379>lpush color "apple"
(integer) 6
```

```
127.0.0.1:6379>lpush color "banana"
(integer) 7
127.0.0.1:6379>lpush color "mango"
(integer) 8
127.0.0.1:6379>lrange color 0 -1
1) "mango"
2) "banana"
3) "apple"
4) "blue"
5) "green"
6) "purple"
7) "red"
8) "white
```

从上述返回结果可以看出，我们成功往列表中推入 8 个元素，其中有 5 个元素是执行 rpush 命令推入到列表 color 中，三个元素是执行 lpush 命令推入到列表 color 中。

#### 3. LRANGE 命令

使用 LRANGE 命令获取列表指定索引范围内的元素，具体语法如下：

```
LRANGE key start stop
```

上述语法中，LRANGE 是用于获取列表指定索引范围内的元素；key 表示列表；start 表示起始索引；stop 表示结束索引。

下面，我们演示获取列表 color 指定索引范围[0,7]的元素，具体如下：

```
127.0.0.1:6379>lrange color 0 7
1) "mango"
2) "banana"
3) "apple"
4) "blue"
5) "green"
6) "purple"
7) "red"
8) "white"
```

从上述返回结果可以看出，我们成功获取列表 color 中索引为[0,7]的 8 个元素，若是想要获取全部元素，则可以指定范围为[0,－1]。

#### 4. LINDEX 命令

使用 LINDEX 命令获取列表指定索引位置上的元素，具体语法如下：

```
LINDEX key index
```

上述语法中，LINDEX 是用于获取列表指定索引位置上的元素的命令；key 表示列表；index 表示索引位置。

下面，我们演示获取列表color中索引位置为3的元素，具体如下：

```
127.0.0.1:6379>lindex color 3
"blue"
```

从上述返回结果"blue"可以看出，列表color中索引位置为3的元素是blue。

### 5. RPOP命令

使用RPOP命令移除列表最右端的元素，具体语法如下：

```
RPOP key
```

上述语法中，RPOP是用于移除列表最右端元素的命令；key表示列表。

下面，我们演示移除列表color最右端的元素，并执行lrange color 0 -1命令，查看最右端的元素是否被移除，具体如下：

```
127.0.0.1:6379>rpop color
"white"
127.0.0.1:6379>lrange color 0 -1
1) "mango"
2) "banana"
3) "apple"
4) "blue"
5) "green"
6) "purple"
7) "red"
```

从上述返回结果可以看出，列表color最右端的元素white已经不存在了，因此说明我们成功移除列表color最右端的元素。

### 6. LPOP命令

使用LPOP命令移除列表最左端的元素，具体语法如下：

```
LPOP key
```

上述语法中，LPOP是用于移除列表最左端元素的命令；key表示列表。

下面，我们演示移除列表color最左端的元素，并执行lrange color 0 -1命令，查看最左端的元素是否被移除，具体如下：

```
127.0.0.1:6379>lpop color
"mango"
127.0.0.1:6379>lrange color 0 -1
1) "banana"
2) "apple"
3) "blue"
```

```
4) "green"
5) "purple"
6) "red"
```

从上述返回结果可以看出，列表 color 最左端的元素 mango 已经不存在了，因此说明我们成功移除列表 color 最左端的元素。

### 7. LLEN 命令

使用 LLEN 命令获取列表中值的长度，也就是元素的个数，具体语法如下：

```
LLEN key
```

上述语法中，LLEN 是用于获取列表中值的长度的命令；key 表示列表。

下面，我们演示获取列表 color 中值的长度，也就是元素的个数，具体如下：

```
127.0.0.1:6379>llen color
(integer) 6
```

从上述返回结果“6”可以看出，列表 color 中值的长度为 6，即说明列表 color 中共有 6 个元素，即元素 banana、apple、blue、green、purple、red。

### 8. LREM 命令

使用 LREM 命令移除列表中的指定元素，具体语法如下：

```
LREM key count value
```

上述语法中，LREM 是用于移除列表中的指定元素的命令；key 表示列表；count 参数的值决定了 LREM 命令移除元素的方式，若 count>0，则从列表头开始向列表尾搜索，移除与 value 相等的元素，移除元素的数量为 count 的绝对值；若 count<0，则从列表尾开始向列表头搜索，移除与 value 相等的元素，移除元素的数量为 count 的绝对值；若 count=0，则移除列表中所有与 value 相等的值；value 表示要移除的元素。

下面，先执行“rpush color "hello" "hello" "world" "hello"”命令，往列表 mycolor 的右端推入 4 个元素，然后再演示从列表 mycolor 的尾开始向头搜索与值 hello 相等的元素，并移除搜索到的前两个元素，并执行 lrange mycolor 0 -1 命令，查看列表中值为 hello 的 2 个元素是否被移除，具体如下：

```
127.0.0.1:6379>rpush mycolor "hello" "hello" "world" "hello"
(integer) 4
127.0.0.1:6379>lrem mycolor -2 hello
(integer) 2
127.0.0.1:6379>lrange mycolor 0 -1
1) "hello"
2) "world"
```

从上述返回结果可以看出，列表 mycolor 右侧的两个值为 hello 的元素已经不存在，因此说明我们成功删除列表 mycolor 左侧值为 hello 的两个元素。

## 7.4.4　操作集合

Sets 集合是 Redis 的基本数据结构之一。Redis 为 Sets 集合提供了相关的操作命令。下面，通过一张表来介绍常用的 Sets 操作命令及相关说明，具体如表 7-5 所示。

**表 7-5　Redis 常用的 Sets 集合操作命令及相关说明**

| 操作命令 | 相关说明 |
| --- | --- |
| SADD | 将一个或多个元素添加到集合中 |
| SCARD | 获取集合中的元素数量 |
| SMEMBERS | 获取集合中的所有元素 |
| SISMEMBER | 检查指定元素是否存在于集合中 |
| SREM | 移除集合中的一个或多个已存在的元素 |
| SMOVE | 将元素从一个集合移动到另一个集合 |

在表 7-5 中，我们列举了 6 个常用的 Redis 集合操作命令。下面，我们通过具体的示例对这些命令进行详细讲解。

### 1. SADD 命令

使用 SADD 命令将一个或多个元素添加到集合中，具体语法如下：

```
SADD key member [member…]
```

上述语法中，SADD 是将一个或多个元素添加到集合中的命令，若所指定的集合不存在，则创建集合，并将元素添加进该集合中；key 表示集合；member [member…]表示一个或多个元素。

下面，我们演示将元素 redis、mongodb、hbase 添加到集合 databases 中，具体如下：

```
127.0.0.1:6379>sadd databases "redis" "mongodb" "hbase"
(integer) 3
```

从上述返回结果“3”可以看出，我们成功将三个元素添加到集合 databases 中。

### 2. SCARD 命令

使用 SCARD 命令获取集合中的元素数量，具体语法如下：

```
SCARD key
```

上述语法中，SCARD 是获取集合中元素数量的命令；key 表示集合。

下面，我们演示获取集合 databases 中的元素数量，具体如下：

```
127.0.0.1:6379>scard databases
(integer) 3
```

从上述返回结果“3”可以看出，集合 databases 中包含三个元素。

### 3. SMEMBERS 命令

使用 SMEMBERS 命令获取集合中的所有元素，具体语法如下：

```
SMEMBERS key
```

上述语法中，SMEMBERS 是用于获取集合中所有元素的命令；key 表示集合。

下面，我们演示获取集合 databases 中的所有元素，具体如下：

```
127.0.0.1:6379>smembers databases
1) "hbase"
2) "mongodb"
3) "redis"
```

从上述返回结果可以看出，集合 databases 中包含的元素为 hbase、mongodb 以及 hbase。

### 4. SISMEMBER 命令

使用 SISMEMBER 命令判断指定元素是否存在于集合中，具体语法如下：

```
SISMEMBER key member
```

上述语法中，SISMEMBER 用于判断指定元素是否存在于集合中的命令；key 表示集合；member 表示需要判断的元素。

下面，我们演示检查元素 redis 是否存在于集合 databases 中，若存在则返回 1，反之返回 0，具体如下：

```
127.0.0.1:6379>sismember databases redis
(integer) 1
```

从上述返回结果“1”可以看出，元素 redis 存在于集合 databases 中。

### 5. SREM 命令

使用 SREM 命令移除集合中的一个或多个已存在的元素，具体语法如下：

```
SREM key member [member…]
```

上述语法中，SREM 是用于移除集合中的一个或多个已存在元素的命令；key 表示集合；member [member…]表示一个或多个元素。

下面，我们演示移除集合 databases 中的元素 hbase，并执行 smembers databases 命令，

查看元素 hbase 是否被移除，具体如下：

```
127.0.0.1:6379>srem databases hbase
(integer) 1
127.0.0.1:6379>smembers databases
1) "mongodb"
2) "redis"
```

从上述返回结果可以看出，集合 databases 中已经不存在元素 hbase，因此说明我们成功移除集合 databases 中的元素 hbase。

### 6. SMOVE 命令

使用 SMOVE 命令将元素从一个集合移动到另一个集合，具体语法如下：

```
SMOVE source destination member
```

上述语法中，SMOVE 是用于将元素从一个集合移动到另一个集合的命令；source 表示原始集合；destination 表示目标集合；member 表示要移动的元素。

下面，我们演示将元素 redis 从集合 databases 中移动到集合 databasesNew 中。首先执行“sadd databasesNew "mysql"”命令，创建集合 databasesNew 并插入元素 mysql；然后执行 smove databases databasesNew redis 命令，把元素 redis 从集合 databases 中移动到 databasesNew 中；最后执行 smembers databasesNew 命令。查看是否成功将元素 redis 从集合 databases 中移动到 databasesNew 中。如果如下：

```
127.0.0.1:6379>sadd databasesNew "mysql"
(integer) 1
127.0.0.1:6379>smove databases databasesNew redis
(integer) 1
127.0.0.1:6379>smembers databasesNew
1) "mysql"
2) "redis"
```

从上述返回结果可以看出，集合 databasesNew 中已经存在元素 redis，因此说明我们成功将元素 redis 从集合 databases 中移动到 databasesNew 中。

## 7.4.5 操作散列

Hash 散列也是 Redis 的基本数据结构之一。Redis 为 Hash 散列提供了客户端的操作命令。下面，通过一张表来介绍常用的 Hash 操作命令及相关说明，具体如表 7-6 所示。

表 7-6 Redis 常用的 Hash 散列操作命令及相关说明

| 操作命令 | 相关说明 |
|---|---|
| HSET | 为散列中的指定键设置值 |
| HMSET | 为散列中多个键设置值 |

续表

| 操作命令 | 相关说明 |
| --- | --- |
| HGET | 获取散列中指定键的值 |
| HMGET | 获取散列中多个键的值 |
| HGETALL | 获取散列中的所有键值对 |
| HKEYS | 获取散列中的所有键 |
| HVALS | 获取散列中的所有键的值 |
| HDEL | 删除散列中指定键及其相对应的值 |

在表7-6中，我们列举了8个常用的Redis散列操作命令。下面，我们结合具体的示例对这些命令进行详细讲解。

### 1. HSET命令

使用HSET命令为散列中指定键设置值，具体语法如下：

```
HSET key field value
```

上述语法中，HSET是用于为散列中指定键设置值的命令；若是散列不存在，则会创建一个新的散列，并进行HSET操作，反之进行覆盖操作。key表示散列；field表示散列中的键；value表示键对应的值。

下面，我们演示为散列article中的键title设置值greeting。若是散列article中不存在指定键title，则进行创建和赋值操作，并返回1；若是散列article中存在键title，则进行覆盖操作，并返回0，具体如下：

```
127.0.0.1:6379>hset article title "greeting"
(integer) 1
```

从上述返回结果"1"可以看出，散列article中不存在键title，因此散列article会自动创建键title，并为其设置值greeting。

### 2. HMSET命令

使用HMSET命令为散列中多个键设置值，具体语法如下：

```
HMSET key field value [field value ...]
```

上述语法中，HMSET是用于为散列中的多个键设置值的命令；key表示散列；field value [field value ...]表示散列中的一个或多个键及其对应的值。

下面，我们演示为散列article中的键content、author分别设置值Hello World、Peter，具体如下：

```
127.0.0.1:6379>hmset article content "Hello World" author "Peter"
OK
```

从上述返回结果 OK 可以看出，我们成功为散列 article 中的键 content、author 设置值。

### 3. HGET 命令

使用 HGET 命令获取散列中指定键的值，具体语法如下：

```
HGET key field
```

上述语法中，HGET 是用于获取散列中指定键的值的命令；key 表示散列；field 表示散列中的键。

下面，我们演示获取散列 article 中键 title 的值，具体如下：

```
127.0.0.1:6379>hget article title
"greeting"
```

从上述返回结果可以看出，散列 article 中键 title 的值为 greeting。

### 4. HMGET 命令

使用 HMGET 命令获取散列中多个键的值，具体语法如下：

```
HMGET key field [field ...]
```

上述语法中，HMGET 是用于获取散列中多个键的值的命令；key 表示散列；field [field ...]表示散列中的一个或多个键。

下面，我们演示获取散列 article 中键 content 和键 author 的值，具体如下：

```
127.0.0.1:6379>hmget article content author
1) "Hello World"
2) "Peter"
```

从上述返回结果可以看出，散列 article 中键 content 和键 author 的值分别为 Hello World 和 Peter。

### 5. HGETALL 命令

使用 HGETALL 命令获取散列中的所有键值对，具体语法如下：

```
HGETALL key
```

上述语法中，HGETALL 是用于获取散列中的所有键值对的命令；key 表示散列。

下面，我们演示获取散列 article 中所有的键值对，具体如下：

```
127.0.0.1:6379>hgetall article
1) "title"
2) "greeting"
3) "content"
4) "Hello World"
5) "author"
6) "Peter"
```

从上述返回结果可以看出，散列 article 中所有的键值对均打印出来。

### 6. HKEYS 命令

使用 HKEYS 命令获取散列中的所有键，具体语法如下：

```
HKEYS key
```

上述语法中，HKEYS 是用于获取散列中的所有键的命令；key 表示散列。

下面，我们演示获取散列 article 中所有的键，具体如下：

```
127.0.0.1:6379>hkeys article
1) "title"
2) "content"
3) "author"
```

从上述返回结果可以看出，散列 article 中一共有三个键，分别为键 title、content、author。

### 7. HVALS 命令

使用 HVALS 命令获取散列中的所有键的值，具体语法如下：

```
HVALS key
```

上述语法中，HVALS 是用于获取散列中的所有键的值的命令；key 表示散列。

下面，我们演示获取散列 article 中所有键的值，具体如下：

```
127.0.0.1:6379>hvals article
1) "greeting"
2) "Hello World"
3) "Peter"
```

从上述返回结果可以看出，散列 article 中键的值分别为 greeting、Hello World、Peter。

### 8. HDEL 命令

使用 HDEL 命令删除散列中指定键及其相对应的值，具体语法如下：

```
HDEL key field [field ...]
```

上述语法中，HDEL 是用于删除散列中指定键及其相对应的值的命令；key 表示散列；field [field ...]表示散列中的一个或多个键。

下面，我们演示删除散列 article 中键 title 及其对应的值 greeting，并通过执行 hgetall article 命令，查看键 title 及其对应的值 greeting 是否被删除，具体如下：

```
127.0.0.1:6379>hdel article title
(integer) 1
127.0.0.1:6379>hgetall article
1) "content"
2) "Hello World"
3) "author"
4) "Peter"
```

从上述返回结果可以看出，散列 article 中已经不存在键 title 及其对应值 greeting，因此说明我们成功删除散列 article 中键 title 及其对应的值 greeting。

### 7.4.6 操作有序集合

Sorted Sets 有序集合是 Redis 中最为灵活的数据结构。Redis 为 Sorted Sets 有序集合提供了客户端的操作命令。下面，通过一张表来介绍常用的 Sorted Sets 操作命令及相关说明，具体如表 7-7 所示。

**表 7-7　Redis 常用的 Sorted Sets 有序集合操作命令及相关说明**

| 操作命令 | 相关说明 |
|---|---|
| ZADD | 为有序集合添加一个或多个键值对 |
| ZCARD | 获取有序集合中元素的个数 |
| ZCOUNT | 统计有序集合中指定分值范围内的元素个数 |
| ZRANGE | 获取有序集合中指定索引范围内的元素 |
| ZSCORE | 获取有序集合中指定元素的分值 |
| ZREM | 移除有序集合中的指定元素 |

在表 7-7 中，我们列举了 6 个常用的 Redis 有序集合操作命令。下面，我们结合具体的示例对这些命令进行详细讲解。

#### 1. ZADD 命令

使用 ZADD 命令为有序集合添加一个或多个键值对，具体语法如下：

```
ZADD key [NX|XX] [CH] [INCR] score member [score member ...]
```

上述语法中，ZADD 是用于为有序集合添加一个或多个键值对的命令；key 表示有序集合；[NX|XX]、[CH]、[INCR]为可选参数，其中，[NX|XX]表示不更新或更新存在的元素，NX 表示不仅仅添加新元素，XX 表示不添加新元素，[CH]表示返回发生变化的元素总数，

[INCR]表示指定元素按照分值进行递增操作；score member [score member ...]表示有序集合的一个或多个的键值对，其中 score 表示键值对中的键，即分值，member 表示键值对中的值，即元素。

下面，我们演示为有序集合 salary 添加三个键值对，分别为“分值 5000，元素 Peter”“分值 3500，元素 Tom”以及“分值 6000，元素 Jack”，具体如下：

```
127.0.0.1:6379>zadd salary 5000 "Peter" 3500 "Tom" 6000 "Jack"
(integer) 3
```

从上述返回结果“3”可以看出，有序集合 salary 中已经成功添加三个键值对。

### 2. ZCARD 命令

使用 ZCARD 命令获取有序集合中元素的个数，具体语法如下：

```
ZCARD key
```

上述语法中，ZCARD 是用于获取有序集合中元素的个数的命令；key 表示有序集合。

下面，我们演示获取有序集合 salary 中元素的个数，具体如下：

```
127.0.0.1:6379>zcard salary
(integer) 3
```

从上述返回结果“3”可以看出，有序集合 salary 中有三个元素。

### 3. ZCOUNT 命令

使用 ZCOUNT 命令统计有序集合中指定分值范围内的元素个数，具体语法如下：

```
ZCOUNT key min max
```

上述语法中，ZCOUNT 是用于统计有序集合中指定分值范围内的元素个数的命令；key 表示有序集合；min 表示分值范围的最小值；max 表示分值范围的最大值。

下面，我们演示统计有序集合 salary 中分值范围为[2000,5000]的元素个数，具体如下：

```
127.0.0.1:6379>zcount salary 2000 5000
(integer) 2
```

从上述返回结果“2”可以看出，有序集合 salary 中有两个元素的分值在[2000,5000]范围之内。

### 4. ZRANGE 命令

使用 ZRANGE 命令获取有序集合中指定索引范围内的元素，具体语法如下：

```
ZRANGE key start stop
```

上述语法中，ZRANGE 是用于获取有序集合中指定索引范围内元素的命令；key 表示有序集合；start 表示起始索引；stop 表示终止索引。

下面，我们演示获取有序集合 salary 中指定索引范围[0,1]内的元素，具体如下：

```
127.0.0.1:6379>zrange salary 0 1
1) "Tom"
2) "Peter"
```

从上述返回结果可以看出，有序集合 salary 中索引范围在[0,1]内的元素有两个，分别是元素 Tom 和 Peter。

#### 5. ZSCORE 命令

使用 ZSCORE 命令获取有序集合中指定元素的分值，具体语法如下：

```
ZSCORE key member
```

上述语法中，ZSCORE 是用于获取有序集合中指定元素的分值的命令；key 表示有序集合；member 表示有序集合中的元素。

下面，我们演示获取有序集合 salary 中指定元素 Peter 的分值，具体如下：

```
127.0.0.1:6379>zscore salary "Peter"
"5000"
```

从上述返回结果可以看出，有序集合 salary 中元素 Peter 的分值为 5000。

#### 6. ZREM 命令

使用 ZREM 命令移除有序集合中的指定元素，具体语法如下：

```
ZREM key member [member ...]
```

上述语法中，ZREM 是用于移除有序集合中指定元素分值的命令；key 表示有序集合；member [member ...]表示有序集合中的一个或多个元素。

下面，我们演示移除有序集合 salary 中的指定元素 Jack，并执行 zrange salary 0 -1 命令，查看元素 Jack 是否被移除，具体如下：

```
127.0.0.1:6379>zrem salary "Jack"
(integer) 1
127.0.0.1:6379>zrange salary 0 -1
1) "Tom"
2) "Peter"
```

从上述返回结果可以看出，有序集合 salary 中元素 Jack 已经被移除。

## 7.5 使用 Java 操作 Redis

前面章节中，我们讲解了如何使用 redis-cli 命令行工具操作 Redis。下面，我们将详细讲解使用 Java 操作 Redis 数据库中的键和常见的 5 种数据结构。

### 7.5.1 环境搭建

目前 Java 的主流开发工具主要有两种：Eclipse 工具和 IDEA 工具，这里我们选择 IDEA 工具来编写 Java 代码，来操作 Redis 数据库中的键、字符串、列表、集合、散列以及有序集合。

#### 1. 创建 Java 项目

打开 IDEA 工具，单击 Create New Project→Java，选择创建一个 Java 项目，如图 7-27 所示。

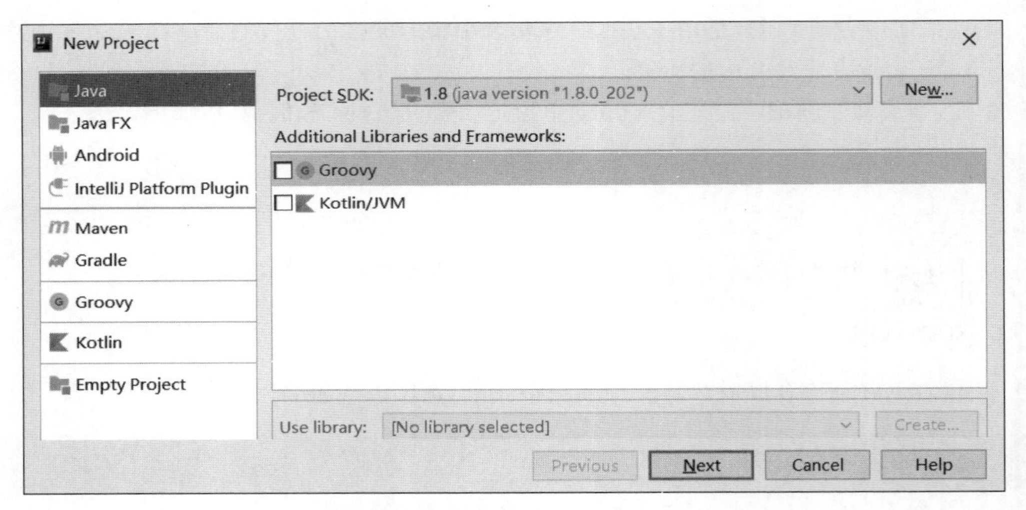


图 7-27 选择创建 Java 项目

在图 7-27 中，单击 Next→Next 按钮，添加 Java 项目的名称并指定项目的存储路径，如图 7-28 所示。

在图 7-28 中，单击 Finish 按钮，完成 Java 项目的创建，效果如图 7-29 所示。

#### 2. 导入 Jar 包

在项目 nosql_chapter07 中创建一个文件夹 lib，用于存放项目所依赖的 Jar 包，这里是导入 Redis 相关的 Jar 包和单元测试的 Jar 包。Jar 包导入 lib 文件夹后，选中导入的所有 Jar 并右击，在弹出的快捷菜单中选择“Add as Library…”选项添加依赖，弹出 Create Library 窗口，在 Level 处，选择 Module Library，将 Jar 包添加到本模块类库中，并单击 OK 按钮，使得导入的 Jar 包生效，效果如图 7-30 所示。

在图 7-30 中，commons-pool2-2.4.2.jar 和 jedis-2.9.0.jar 是 Redis 所依赖的 Jar 包，

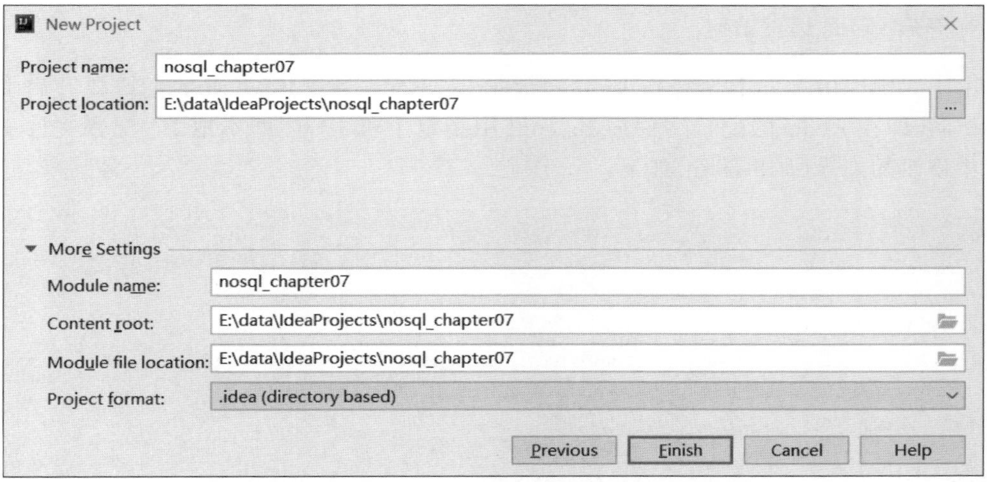

New Project
Project name: nosql_chapter07
Project location: E:\data\IdeaProjects\nosql_chapter07
More Settings
Module name: nosql_chapter07
Content root: E:\data\IdeaProjects\nosql_chapter07
Module file location: E:\data\IdeaProjects\nosql_chapter07
Project format: .idea (directory based)
Previous　Finish　Cancel　Help

图 7-28　添加 Java 项目的名称并指定项目的存储路径

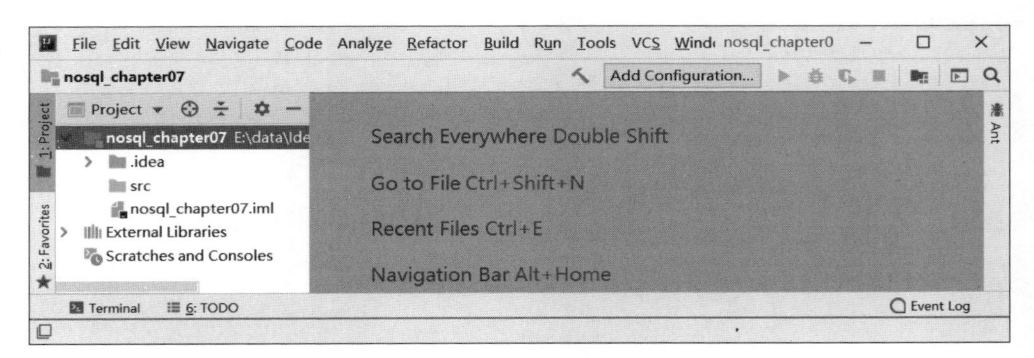


图 7-29　创建好的 Java 项目

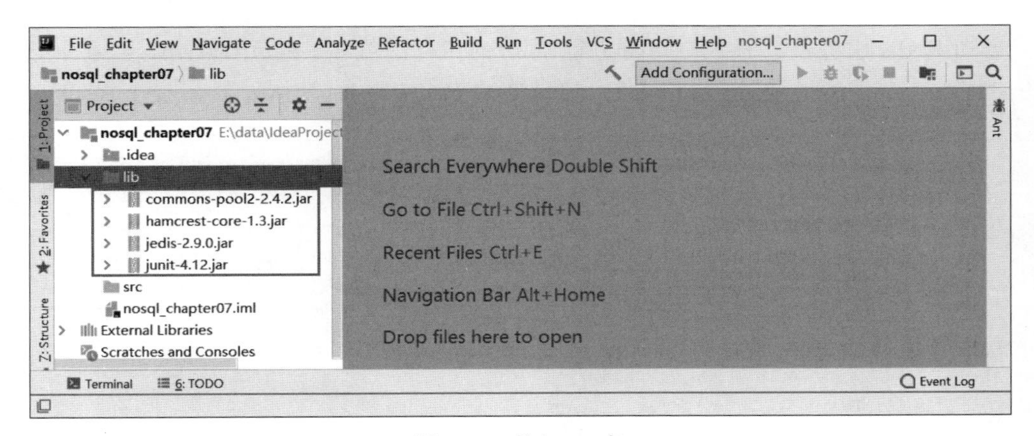


图 7-30　导入 Jar 包

hamcrest-core-1.3.jar 和 junit-4.12.jar 是单元测试所依赖的 Jar 包。至此 Java 操作 Redis 的环境搭建完成。

### 3. 开启Redis远程访问

由于我们使用Java远程操作Linux环境下的Redis数据库，因此我们需要开启Redis远程访问，即在Redis的配置文件redis.conf中指定主机IP，注释本地IP，配置文件redis.conf中修改的内容（加粗部分）如下：

```
#~~~WARNING ~~~If the computer running Redis is directly exposed to the
#internet, binding to all the interfaces is dangerous and will expose the
#instance to everybody on the internet. So by default we uncomment the
#following bind directive, that will force Redis to listen only into
#the IPv4 loopback interface address (this means Redis will be able to
#accept connections only from clients running into the same computer it
#is running).
#
#IF YOU ARE SURE YOU WANT YOUR INSTANCE TO LISTEN TO ALL THE INTERFACES
#JUST COMMENT THE FOLLOWING LINE.
#
#bind 127.0.0.1
bind 192.168.121.134
#Protected mode is a layer of security protection, in order to avoid that
#Redis instances left open on the internet are accessed and exploited.
```

需要注意的是，由于开启Redis的远程访问，因此后续想要使用redis-cli操作Redis，则需要执行redis-cli -h 192.168.121.134 -p 6379命令连接Redis，具体如下：

```
[user_redis@nosql redis]$redis-cli -h 192.168.121.134 -p 6379
192.168.121.134:6379>
```

### 4. 启动Redis服务

启动Redis服务前，首先应关闭之前启动的Redis服务，然后在redis目录下，执行redis-server /opt/redis/redis.conf命令，启动新的Redis服务，具体如下：

```
[user_redis@nosql redis]$redis-server /opt/servers/redis_demo/redis/redis.conf
4206:C 04 Mar 2020 02:06:50.859 #oO0OoO0OoO0Oo Redis is starting oO0OoO0OoO0Oo
4206:C 04 Mar 2020 02:06:50.859 #Redis version=5.0.7, bits=64, commit=00000000,
                                  modified=0, pid=4206, just started
4206:C 04 Mar 2020 02:06:50.859 #Configuration loaded
```

从上述返回结果started可以看出，Redis服务启动成功。

## 7.5.2 操作键

### 1. 创建Java类，连接Redis

在项目nosql_chapter07目录/src下创建一个名为com.itcast.redis的包，并在该包下创建TestKeyOperate.java文件，该文件用于编写Java操作Redis键的代码，编写Java连接

Redis 数据库,具体代码如文件 7-1 所示。

**文件 7-1　TestKeyOperate.java**

```
1  import org.junit.Test;
2  import redis.clients.jedis.Jedis;
3  import java.util.Iterator;
4  import java.util.List;
5  import java.util.Set;
6  public class TestKeyOperate {
7      private static Jedis jedis =new Jedis("192.168.121.134", 6379);
8      public static void main(String[] args) {
9          System.out.println("服务启动..." +jedis.ping());
10         jedis.flushDB();
11     }
12 }
```

在上述代码中,第 7 行代码声明 Jedis 成员对象,用于提供 Redis 数据库连接;第 8 行代码是一个 main()方法,即主程序入口;第 9 行代码 jedis 调用 ping()方法测试是否连接到 Redis 服务,若是连接成功,则输出“服务启动...PONG”;第 10 行代码通过 jedis 调用 flushDB()方法,清空 Redis 数据库中的数据。

运行文件 7-1 中 main()方法,然后查看 IDEA 工具的控制台输出,效果如图 7-31 所示;在 redis-cli 命令行中执行 keys * 命令,查看 Redis 数据库中的数据是否清空,效果如图 7-32 所示。

图 7-31　测试 Redis 连接

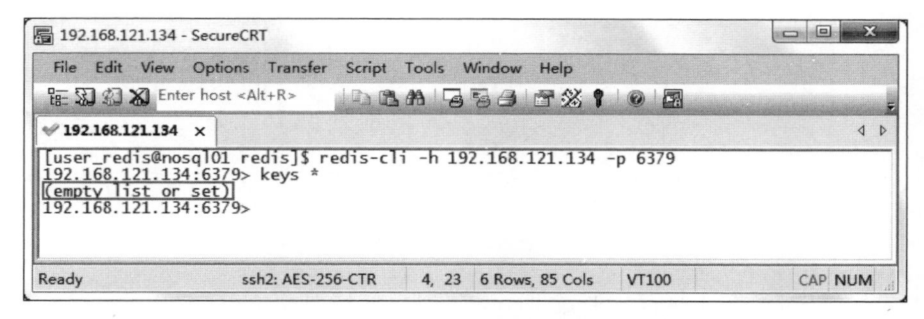


图 7-32　查看 Redis 数据库中的数据

从图 7-31 中可以看出,运行 main()方法,控制台输出“服务启动...PONG”,因此说明我们已经成功连接到 Redis 数据库;从图 7-32 中可以看出,执行 keys * 命令后,返回结果为 empty list or set,则说明我们已经清空 Redis 数据库中的数据。

### 2. 为指定键设置值

在 TestKeyOperate.java 文件中，定义一个 setTest()方法，主要用于演示为指定键设置值，具体代码如下：

```
1  @Test
2  public void setTest() {
3      String key =jedis.set("company", "itcast");
4      System.out.println(key);
5  }
```

在上述代码中，第 3 行代码通过 Redis 数据库连接对象 jedis 调用 set()方法，为指定键 company 设置值 itcast；第 4 行代码打印返回结果，若是返回结果为 OK，则说明成功为指定键设置值。

运行 setTest()方法，实现为指定键设置值，然后查看 IDEA 工具的控制台输出，效果如图 7-33 所示。

图 7-33　为指定键设置值的结果

从图 7-33 中可以看出，控制台输出 OK，则说明我们成功为键 company 设置了值为 itcast。

### 3. 为多个键设置值

在 TestKeyOperate.java 文件中，定义一个 msetTest()方法，主要用于演示为多个键设置值，具体代码如下：

```
1  @Test
2  public void msetTest() {
3      String manyKey =jedis.mset("brand1", "heima", "brand2", "chuanzhihui", "brand3",
4      "kudingyu","brand4","boxuegu","brand5","czzxxy","brand6","yuanxiaobang");
5      System.out.println(manyKey);
6  }
```

在上述代码中，第 3、4 行代码通过 Redis 数据库连接对象 jedis 调用 mset()方法，为键 brand1、brand2、brand3、brand4、brand5 和 brand6 分别设置值 heima、chuanzhihui、kudingyu、boxuegu、czzxxy 和 yuanxiaobang；第 5 行代码输出返回结果，若是返回结果为 OK，则说明成功为多个键设置值。

运行 msetTest ()方法，实现为多个键设置值，然后查看 IDEA 工具的控制台输出，效果如图 7-34 所示。

图 7-34　为多个键设置值的结果

从图 7-34 中可以看出，控制台输出 OK，则说明我们成功为键 brand1、brand2、brand3、brand4、brand5 和 brand6 设置了值。

### 4. 查看所有符合给定模式 pattern(正则表达式)的键

在 TestKeyOperate.java 文件中，定义一个 keysTest()方法，主要用于演示查看所有符合给定模式的键，具体代码如下：

```
1  @Test
2  public void keysTest() {
3      Set<String> keys = jedis.keys("*");
4      Iterator<String> itKeys = keys.iterator();
5      while (itKeys.hasNext()) {
6          String key = itKeys.next();
7          System.out.println(key);
8      }
9  }
```

在上述代码中，第 3、4 行代码通过 jedis 调用 keys()方法，传入参数"*"，则表示查看 Redis 数据库中所有的键；第 4 行代码调用 iterator()方法将查到的键存放到一个迭代器中；第 5～7 行代码遍历并输出符合给定模式的键。

运行 keysTest ()方法，实现查看 Redis 数据库中所有的键，然后查看 IDEA 工具的控制台输出，效果如图 7-35 所示。

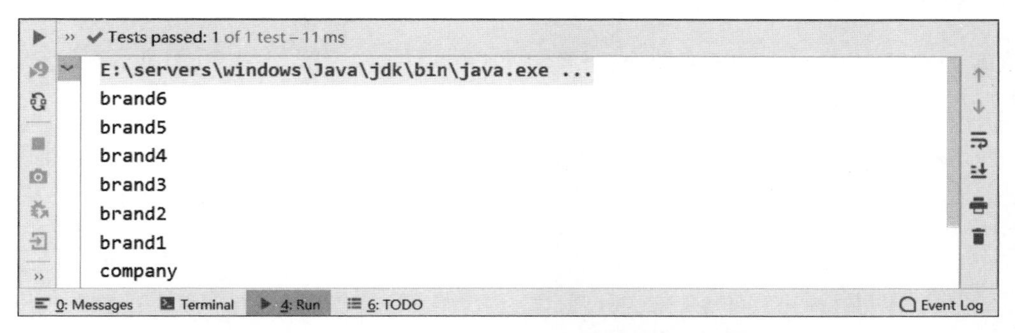


图 7-35　查看 Redis 数据库中所有的键的结果

从图 7-35 中可以看出，控制台输出 7 个键，其中键 brand1、brand2、brand3、brand4、brand5 以及 brand6 是运行 msetTest()方法添加的，而键 company 是运行 setTest ()添

加的。

### 5. 获取多个键的对应值

在 TestKeyOperate.java 文件中，定义一个 mgetTest()方法，主要用于演示获取多个键的对应值，具体代码如下：

```
1  @Test
2  public void mgetTest() {
3      List<String> values =jedis.mget("brand1", "brand3", "brand");
4      for (String value : values) {
5          System.out.println(value);
6      }
7  }
```

在上述代码中，第 3 行代码通过 Redis 数据库连接对象 jedis 调用 mget()方法，用于获取三个键 brand1、brand3 以及 brand 的值；第 4、5 行代码通过一个高级 for 循环，遍历并输出这三个键对应的值。

运行 mgetTest ()方法，实现获取多个键的对应值，然后查看 IDEA 工具的控制台输出，效果如图 7-36 所示。

```
Tests passed: 1 of 1 test – 10 ms
E:\servers\windows\Java\jdk\bin\java.exe ...
heima
kudingyu
null
0: Messages   Terminal   4: Run   6: TODO   Event Log
```

图 7-36 获取多个键的对应值的结果

从图 7-36 中可以看出，控制台输出三个键的对应值，分别是 heima、kudingyu 以及 null。其中 null 表示键 brand 不存在，因此它的值为 null。

### 6. 判断指定键是否存在

在 TestKeyOperate.java 文件中，定义一个 existTest()方法，主要用于演示判断指定键是否存在，具体代码如下：

```
1  @Test
2  public void existTest() {
3      Boolean result1 =jedis.exists("company");
4      Boolean result2 =jedis.exists("brand0");
5      System.out.println(result1+"------------"+result2);
6  }
```

在上述代码中，第 3、4 行代码通过 Redis 数据库连接对象 jedis 调用 exists()方法，用于判断键 company 和 brand0 是否存在；第 5 行代码输出判断的结果，若是输出 true，则说明该键存在；反之输出 false，则说明该键不存在。

运行 existTest ()方法,实现判断指定键是否存在,然后查看 IDEA 工具的控制台输出,效果如图 7-37 所示。

图 7-37 判断指定键是否存在的结果

从图 7-37 中可以看出,控制台输出的结果为 true 和 false,因此说明键 company 存在,而键 brand0 不存在。

### 7. 修改指定键的名称

在 TestKeyOperate.java 文件中,定义一个 renameTest()方法,主要用于演示修改指定键的名称,具体代码如下:

```
1  @Test
2  public void renameTest() {
3      String rename =jedis.rename("company", "companyNew");
4      System.out.println(rename);
5  }
```

在上述代码中,第 3 行代码通过 Redis 数据库连接对象 jedis 调用 rename()方法,用于将键 company 的名称修改为 companyNew;第 4 行代码输出返回的结果,若是输出 OK,则说明修改键名成功。

运行 renameTest()方法,实现修改指定键的名称;再运行 keysTest ()方法,查看键 company 的名称是否修改成功,然后查看 IDEA 工具的控制台输出,效果如图 7-38 所示。

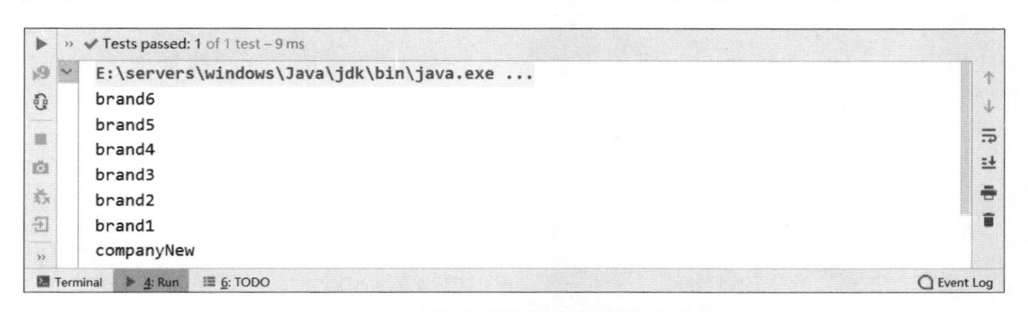


图 7-38 修改指定键的名称的结果

从图 7-38 中可以看出,控制台出现了名称为 companyNew 的键,因此说明键 company 的名称修改成功。

### 8. 删除指定键

在 TestKeyOperate.java 文件中,定义一个 delTest()方法,用于删除指定键,具体代码如下：

```
1  @Test
2  public void delTest() {
3      Long result =jedis.del("companyNew");
4      System.out.println(result);
5  }
```

在上述代码中，第 3 行代码通过 jedis 调用 del()方法，用于删除键 companyNew；第 4 行代码打印输出返回的结果，若是输出 1，则说明删除成功。

运行 delTest ()方法，删除指定键；再运行 keysTest ()方法，查看键 companyNew 是否删除成功，然后查看 IDEA 工具的控制台输出，效果如图 7-39 所示。

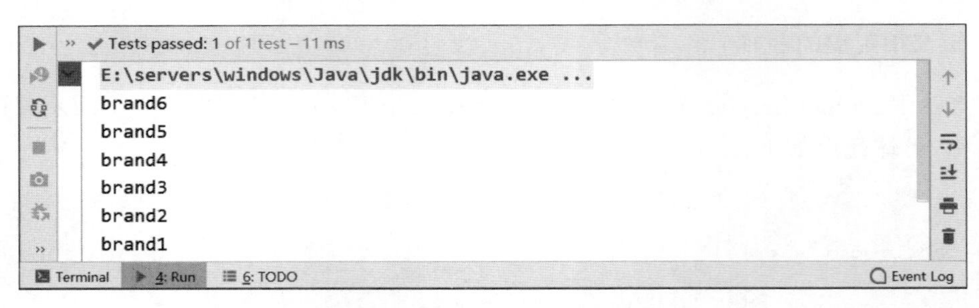


图 7-39 删除指定键的结果

从图 7-39 中可以看出，控制台没有出现键 companyNew，因此说明成功删除键 companyNew。

## 7.5.3 操作字符串

### 1. 创建 Java 类，连接 Redis

在项目 nosql_chapter07 中的 com.itcast.redis 包下创建 TestStringOperate.java 文件，该文件用于编写 Java 操作 Redis 字符串的代码，编写 Java 连接 Redis 数据库的代码，具体代码如文件 7-2 所示。

**文件 7-2 TestStringOperate.java**

```
1  import org.junit.Test;
2  import redis.clients.jedis.Jedis;
3  public class TestStringOperate {
4      private static Jedis jedis =new Jedis("192.168.121.134", 6379);
5      public static void main(String[] args) {
6          System.out.println("服务启动..." +jedis.ping());
7      }
8  }
```

### 2. 获取指定字符串键的旧值并设置新值

在 TestStringOperate.java 文件中，定义一个 getsetTest()方法，用于获取指定字符串

键的旧值并设置新值，具体代码如下：

```
1  @Test
2  public void getsetTest() {
3      String oldValue =jedis.getSet("brand1", "itcast");
4      System.out.println(oldValue);
5  }
```

在上述代码中，第 3 行代码通过 Redis 数据库连接对象 jedis 调用 getSet()方法，用于获取键 brand1 的值，并将该值设置为 itcast；第 4 行代码输出键 brand1 的旧值。

运行 getSet ()方法，获取指定字符串键的旧值并设置新值，然后查看 IDEA 工具的控制台输出，效果如图 7-40 所示。

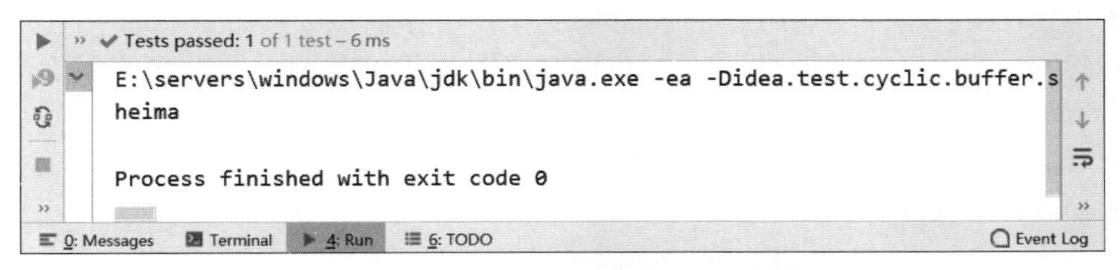


图 7-40　获取指定字符串键的旧值并设置新值的结果

从图 7-40 中可以看出，控制台输出 heima，该值为键 brand1 的旧值。

### 3. 获取指定字符串键的值的长度

在 TestStringOperate.java 文件中，定义一个 strlenTest ()方法，用于获取指定字符串键的值的长度，具体代码如下：

```
1  @Test
2  public void strlenTest() {
3      Long valueLen =jedis.strlen("brand6");
4      System.out.println(valueLen);
5  }
```

在上述代码中，第 3 行代码通过 Redis 数据库连接对象 jedis 调用 strlen ()方法，获取键 brand6 的值的长度；第 4 行代码输出键 brand6 的值的长度。

运行 strlenTest ()方法，获取指定字符串键的值的长度，然后查看 IDEA 工具的控制台输出，效果如图 7-41 所示。

图 7-41　获取指定字符串键的值的长度

从图7-41中可以看出，控制台输出12，说明键brand6的值的长度为12。

### 4. 获取字符串键指定索引范围的值内容

在TestStringOperate.java文件中，定义一个getrangeTest()方法，用于获取字符串键指定索引范围的值内容，具体代码如下：

```
1  @Test
2  public void getrangeTest() {
3      String value =jedis.getrange("brand6", 4, 7);
4      System.out.println(value);
5  }
```

在上述代码中，第3行代码通过Redis数据库连接对象jedis调用getrange()方法，用于获取键brand6中索引范围为[4,7]的值内容；第4行代码输出键brand6中索引范围为[4,7]的值内容。

运行getrangeTest()方法，获取字符串键指定索引范围的值内容，然后查看IDEA工具的控制台输出，效果如图7-42所示。

图7-42 查看Redis数据库中所有的键的结果

从图7-42中可以看出，控制台输出的值内容为xiao，该值是键brand6在索引范围为[4,7]的内容。

### 5. 在指定字符串键的值末尾追加新内容

在TestStringOperate.java文件中，定义一个appendTest()方法，用于在指定字符串键的值末尾追加新内容，具体代码如下：

```
1  @Test
2  public void appendTest() {
3      Long len =jedis.append("brand1", "heima");
4      System.out.println(len);
5  }
```

在上述代码中，第3行代码通过Redis数据库连接对象jedis调用append()方法，用于在键brand1的值末尾追加新内容heima；第4行代码输出键brand1的值的长度。

运行appendTest()方法，在指定字符串键的值末尾追加新内容，然后查看IDEA工具的控制台输出，效果如图7-43所示。

从图7-43中可以看出，控制台输出内容为11，11表示的是键brand1追加新内容后的

图 7-43　键 brand1 的值的长度

长度。

## 7.5.4　操作列表

### 1. 创建 Java 类，连接 Redis

在项目 nosql_chapter07 中的 com.itcast.redis 包下创建 TestListOperate.java 文件，该文件用于编写 Java 操作 Redis 列表的代码，编写 Java 连接 Redis 数据库的代码，具体代码如文件 7-3 所示。

**文件 7-3　TestListOperate.java**

```
1  import org.junit.Test;
2  import redis.clients.jedis.Jedis;
3  import java.util.List;
4  public class TestListOperate {
5      private static Jedis jedis =new Jedis("192.168.121.134", 6379);
6      public static void main(String[] args) {
7          System.out.println("服务启动..." +jedis.ping());
8      }
9  }
```

### 2. 将一个或多个元素推入到列表中

在 TestListOperate.java 文件中，定义一个 rpushAndLpushTest ()方法，用于将一个或多个元素推入到列表中，具体代码如下：

```
1  @Test
2  public void rpushAndLpushTest(){
3      //将 5 个元素推入列表 color 的右端
4      Long rpush =jedis.rpush("color", "blue", "green", "purple", "red", "white");
5      //将 2 个元素推入列表 color 的左端
6      Long lpush =jedis.lpush("color", "black","pink");
7      System.out.println(rpush+"-----"+lpush);
8  }
```

在上述代码中，第 4 行代码通过 Redis 数据库连接对象 jedis 调用 rpush ()方法，用于将元素 blue、green、purple、red、white 推入列表 color 的右端，并返回键 color 中元素的个数；第 6 行代码通过 jedis 调用 lpush ()方法，用于将元素 black、pink 推入列表 color 的左端，并返回键 color 中元素的个数；第 7 行代码输出键 color 的长度。

运行 rpushAndLpushTest ()方法，将一个或多个元素推入到列表中，然后查看 IDEA 工具的控制台输出，效果如图 7-44 所示。

**图 7-44 获取指定字符串键的旧值并设置新值的结果**

从图 7-44 中可以看出，控制台输出的第一个结果为 5，即说明成功将 5 个元素推入列表 color 中；第二个结果为 7，则此时列表 color 的长度为 7，说明成功将元素推入到 color 中。

### 3. 获取列表指定索引范围内的元素

在 TestListOperate.java 文件中，定义一个 lrangeTest ()方法，用于获取列表指定索引范围内的元素，具体代码如下：

```
1  @Test
2  public void lrangeTest () {
3      List<String> values =jedis.lrange("color", 0, 6);
4      for (String value : values) {
5          System.out.println(value);
6      }
7  }
```

在上述代码中，第 3 行代码通过 Redis 数据库连接对象 jedis 调用 lrange ()方法，用于获取列表 color 索引范围为[0,6]的元素；第 4、5 行代码通过一个高级 for 循环，遍历输出列表 color 中索引范围在[0,6]的元素。

运行 lrangeTest ()方法，获取列表指定索引范围内的元素，然后查看 IDEA 工具的控制台输出，效果如图 7-45 所示。

```
Tests passed: 1 of 1 test – 9 ms
E:\servers\windows\Java\jdk\bin\java.exe ...
pink
black
blue
green
purple
red
white
0: Messages   Terminal   4: Run   6: TODO   Event Log
```

**图 7-45 获取列表 color 中索引范围在[0,6]之间的元素**

从图 7-45 中可以看出，列表 color 中索引范围在[0,6]之间的元素有 7 个，也就是列表

color 中的所有元素，分别是元素 pink、black、blue、green、purple、red、white，其中元素 blue、green、purple、red、white 是推入到列表 color 的右端，元素 black、pink 推入到列表 color 的左端。

### 4. 获取列表指定索引位置上的元素

在 TestListOperate.java 文件中，定义一个 lindexTest ()方法，用于获取列表指定索引位置上的元素，具体代码如下：

```
1  @Test
2  public void lindexTest(){
3      String value =jedis.lindex("color", 5);
4      System.out.println(value);
5  }
```

在上述代码中，第 3 行代码通过 Redis 数据库连接对象 jedis 调用 lindex ()方法，用于获取列表 color 中索引为 5 的元素；第 4 行代码通过遍历并输出列表 color 中索引为 5 的元素。

运行 lindexTest ()方法，获取列表指定索引位置上的元素，然后查看 IDEA 工具的控制台输出，效果如图 7-46 所示。

**图 7-46　获取列表指定索引位置上的元素**

从图 7-46 中可以看出，列表 color 中索引为 5 的元素是 red。

### 5. 移除列表最左端的元素

在 TestListOperate.java 文件中，定义一个 lpopTest ()方法，用于移除列表最左端的元素，具体代码如下：

```
1  @Test
2  public void lpopTest (){
3      String value =jedis.lpop("color");
4      System.out.println(value);
5  }
```

在上述代码中，第 3 行代码通过 Redis 数据库连接对象 jedis 调用 lpop ()方法，用于移除列表 color 最左端的元素；第 4 行代码输出列表 color 中刚刚移除的元素。

运行 lpop ()方法，移除列表最左端的元素，查看 IDEA 工具的控制台输出，如图 7-47 所示；再运行 lrangeTest()方法，查看列表 color 最左端的元素是否被移除，如图 7-48 所示。

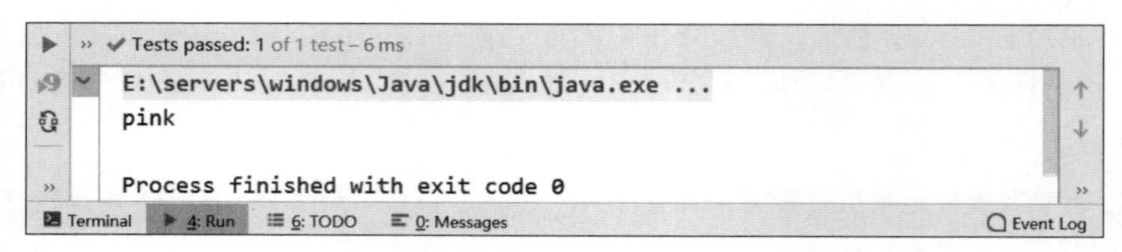


图 7-47 列表 color 中最左端的元素

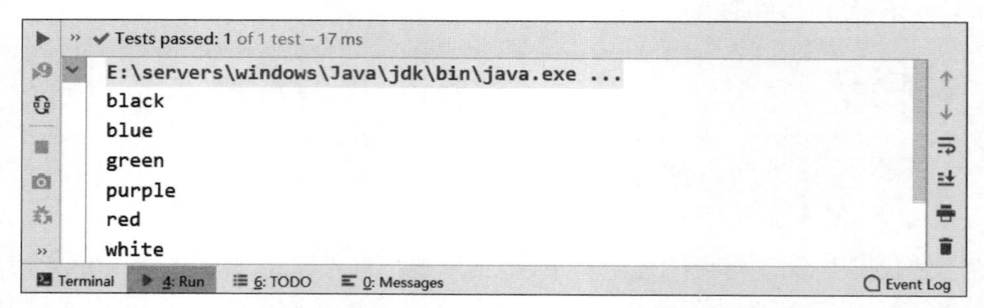


图 7-48 列表 color 中的所有元素

从图 7-47 中可以看出,列表 color 最左端的元素是 pink;从图 7-48 中可以看出,列表 color 中已经不存在元素 pink,则说明列表 color 最左端的元素已经被成功移除。

### 6. 获取列表中元素的个数

在 TestListOperate.java 文件中,定义一个 llenTest ()方法,用于获取列表中元素的个数,具体代码如下:

```
1  @Test
2  public void llenTest (){
3      Long len =jedis.llen("color");
4      System.out.println(len);
5  }
```

在上述代码中,第 3 行代码通过 Redis 数据库连接对象 jedis 调用 llen ()方法,用于获取列表 color 中元素的个数;第 4 行代码输出列表 color 中元素的个数。

运行 llenTest ()方法,获取列表 color 中元素的个数,查看 IDEA 工具的控制台输出效果,如图 7-49 所示。

图 7-49 列表 color 中元素的个数

从图 7-49 中可以看出,列表 color 中元素的个数为 6,则说明列表 color 中有 6 个元素。

### 7. 移除列表中的指定元素

在 TestListOperate.java 文件中，定义一个 lremTest ()方法，用于移除列表中的指定元素，具体代码如下：

```
1  @Test
2  public void lremTest (){
3      Long result =jedis.lrem("color", 1, "red");
4      System.out.println(result);
5  }
```

在上述代码中，第 3 行代码通过 Redis 数据库连接对象 jedis 调用 lrem()方法，用于从列表 color 的表头开始向表尾搜索，移除搜索到的第一个值为 red 的元素；第 4 行代码输出返回的结果，若结果为 1，则说明移除成功。

运行 lremTest ()方法，移除列表中的指定元素，查看 IDEA 工具的控制台输出效果，如图 7-50 所示；再运行 lrangeTest()方法，查看列表 color 中第一次出现的值为 red 的元素是否被移除，具体如图 7-51 所示。

图 7-50　移除列表中的指定元素

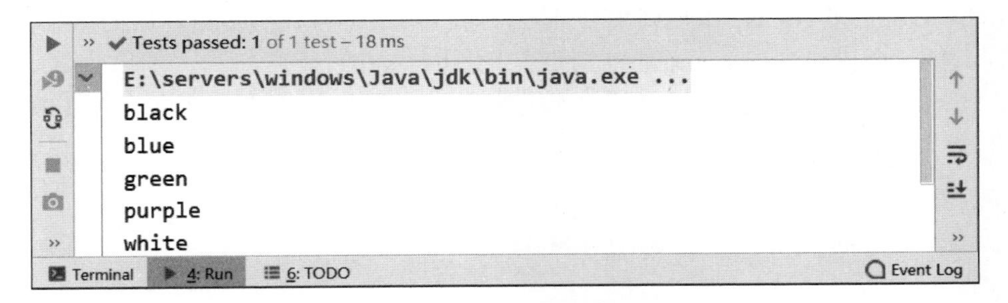


图 7-51　列表 color 中所有的元素

从图 7-50 中可以看出，控制台输出为 1 证明列表 color 中第一次出现的元素 red 已经被移除；从图 7-51 中可以看出，列表 color 中不存在元素 red，则说明第一次出现的元素 red 已经被成功移除。

## 7.5.5　操作集合

### 1. 创建 Java 类，连接 Redis

在项目 nosql_chapter07 中的 com.itcast.redis 包下创建 TestSetOperate.java 文件，该

文件用于编写Java操作Redis集合的代码，编写Java连接Redis数据库的代码，具体代码如文件7-4所示。

**文件7-4　TestSetOperate.java**

```
1  import org.junit.Test;
2  import redis.clients.jedis.Jedis;
3  import java.util.Iterator;
4  import java.util.Set;
5  public class TestSetOperate {
6      private static Jedis jedis =new Jedis("192.168.121.134", 6379);
7      public static void main(String[] args) {
8          System.out.println("服务启动..." +jedis.ping());
9      }
10 }
```

## 2. 将一个或多个元素添加到集合中

在TestSetOperate.java文件中，定义一个saddTest ()方法，用于将一个或多个元素添加到集合中，具体代码如下：

```
1  @Test
2  public void saddTest(){
3      Long result =jedis.sadd("databases", "redis", "mongodb", "hbase");
4      System.out.println(result);
5  }
```

在上述代码中，第3行代码通过Redis数据库连接对象jedis调用sadd ()方法，用于将元素redis、mongodb、hbase添加到集合databases中；第4行代码输出返回的结果，若返回结果为3，则说明成功将三个元素添加到集合databases中。

运行saddTest ()方法，将一个或多个元素添加到集合中，然后查看IDEA工具的控制台输出，效果如图7-52所示。

图7-52　打印输出返回结果

从图7-52中可以看出，集合databases中已经成功添加三个元素。

## 3. 获取集合中的元素数量

在TestSetOperate.java文件中，定义一个scardTest ()方法，用于获取集合中的元素数量，具体代码如下：

```
1  @Test
2  public void scardTest(){
3      Long num =jedis.scard("databases");
4      System.out.println(num);
5  }
```

在上述代码中，第 3 行代码通过 Redis 数据库连接对象 jedis 调用 scard ()方法，用于获取集合 databases 中元素的数量；第 4 行代码输出元素的数量。

运行 scardTest ()方法，获取集合中的元素数量，然后查看 IDEA 工具的控制台输出，效果如图 7-53 所示。

图 7-53　元素数量

从图 7-53 中可以看出，集合 databases 中一共有三个元素，即元素 redis、mongodb、hbase。

### 4. 获取集合中的所有元素

在 TestSetOperate.java 文件中，定义一个 smembersTest ()方法，用于获取集合中的所有元素，具体代码如下：

```
1  @Test
2  public void smembersTest () {
3      Set<String>databases =jedis.smembers("databases");
4      Iterator<String>database =databases.iterator();
5      while (database.hasNext()){
6          String db =database.next();
7          System.out.println(db);
8      }
9  }
```

在上述代码中，第 3 行代码通过 Redis 数据库连接对象 jedis 调用 smembers ()方法，用于获取集合中的所有元素；第 4 行代码调用 iterator()方法将获取的所有元素存放到一个迭代器中；第 5～7 行代码遍历并输出所有的元素。

运行 smembersTest ()方法，获取集合中的所有元素，然后查看 IDEA 工具的控制台输出，效果如图 7-54 所示。

从图 7-54 中可以看出，集合 databases 包含的元素有 redis、mongodb 和 hbase。

### 5. 检查指定元素是否存在于集合中

在 TestSetOperate.java 文件中，定义一个 sismemberTest ()方法，用于检查指定元素

图 7-54 集合 databases 中的所有元素

是否存在于集合中,具体代码如下:

```
1  @Test
2  public void sismemberTest() {
3      Boolean result =jedis.sismember("databases", "redis");
4      System.out.println(result);
5  }
```

在上述代码中,第 3 行代码通过 Redis 数据库连接对象 jedis 调用 sismember ()方法,用于检查元素 redis 是否存在于集合 databases 中;第 4 行代码输出检查的结果,若结果为 true,则说明该元素存在,反之不存在。

运行 sismemberTest ()方法,检查指定元素是否存在于集合中,然后查看 IDEA 工具的控制台输出,效果如图 7-55 所示。

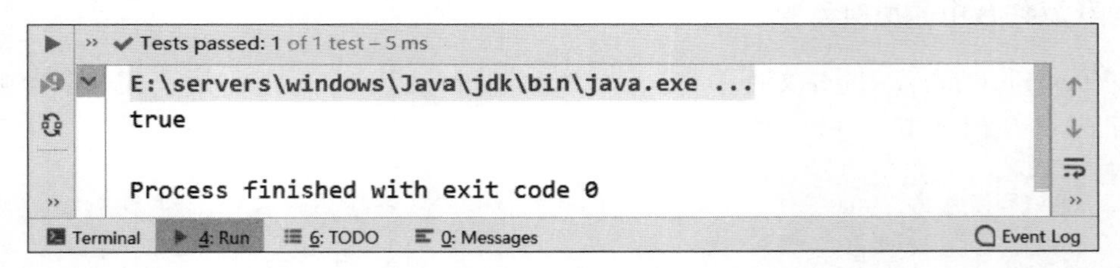


图 7-55 检查结果

从图 7-55 中可以看出,集合 databases 中存在元素 redis。

### 6. 移除集合中的一个或多个已存在的元素

在 TestSetOperate.java 文件中,定义一个 sremTest ()方法,用于移除集合中的一个或多个已存在的元素,具体代码如下:

```
1  @Test
2  public void sremTest() {
3      Long result =jedis.srem("databases", "hbase");
4      System.out.println(result);
5  }
```

在上述代码中,第 3 行代码通过 Redis 数据库连接对象 jedis 调用 srem ()方法,用于移除集合 databases 中的元素 hbase;第 4 行代码输出移除的结果,若结果为 1,则说明移除成功。

运行 sremTest（）方法，移除集合中的一个或多个已存在的元素，并运行 smembersTest()方法，查看元素 hbase 是否被移除，然后查看 IDEA 工具的控制台输出，效果如图 7-56 所示。

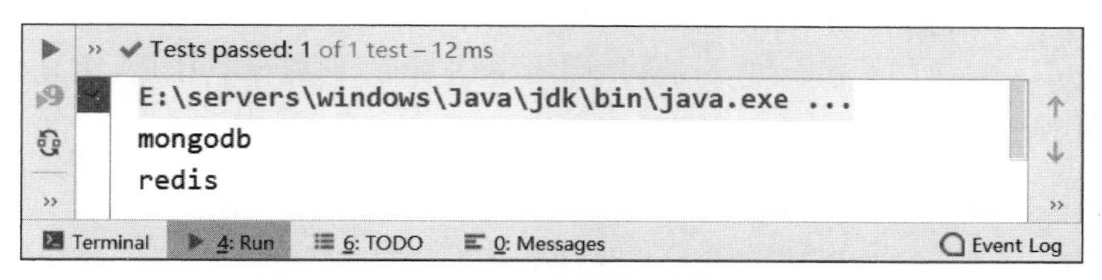


图 7-56　集合 databases 中的所有元素

从图 7-56 中可以看出，集合 databases 中已经不存在元素 hbase，因此，说明元素 hbase 已经被移除。

## 7.5.6　操作散列

### 1. 创建 Java 类，连接 Redis

在项目 nosql_chapter07 中的 com.itcast.redis 包下创建 TestHashOperate.java 文件，该文件用于编写 Java 操作 Redis 散列的代码，编写 Java 连接 Redis 数据库的代码，具体代码如文件 7-5 所示。

**文件 7-5　TestHashOperate.java**

```
1   import redis.clients.jedis.Jedis;
2   public class TestHashOperate {
3       private static Jedis jedis =new Jedis("192.168.121.134", 6379);
4       public static void main(String[] args) {
5           System.out.println("服务启动..." +jedis.ping());
6       }
7   }
```

### 2. 为散列中多个键设置值

在 TestHashOperate.java 文件中，定义一个 hmsetTest ()方法，主要用于演示为散列中多个键设置值，具体代码如下：

```
1   @Test
2   public void hmsetTest(){
3       Map<String,String>map =new HashMap<>();
4       map.put("content", "hello world");
5       map.put("author", "Peter");
6       String hash =jedis.hmset("article", map);
7       System.out.println(hash);
8   }
```

在上述代码中，第3行代码通过创建一个map集合，用于存放键与其设置的值；第4、5行代码调用map集合的put()方法，用于为散列中的键content和author分别设置值hello world和peter；第6行代码调用Redis数据库连接对象jedis的hmset()方法，用于将键和对应的值传入到散列article中；第7行代码输出返回的结果，若返回结果为OK，则说明成功为键content和author设置值。

运行hmsetTest()方法，实现为散列中多个键设置值，然后查看IDEA工具的控制台输出，效果如图7-57所示。

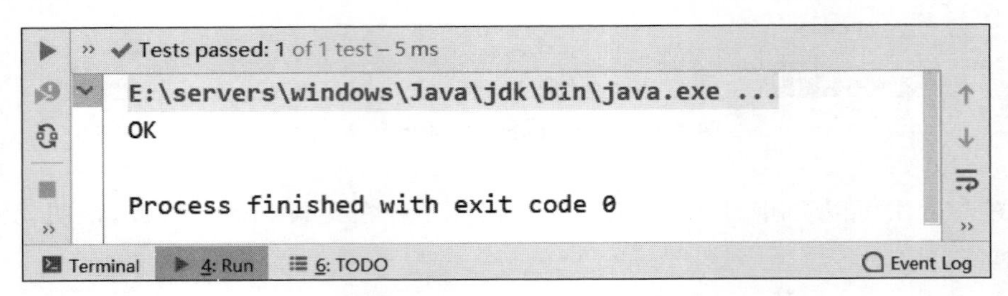


图7-57　打印输出返回结果

从图7-57中可以看出，已经成功为散列article中的键content和author设置值。

### 3. 获取散列中的所有键值对

在TestHashOperate.java文件中，定义一个hgetallTest()方法，用于获取散列中的所有键值对，具体代码如下：

```
1  @Test
2  public void hgetallTest(){
3      Map<String, String>map =jedis.hgetAll("article");
4      Set<Map.Entry<String, String>>set =map.entrySet();
5      Iterator<Map.Entry<String, String>>iterator =set.iterator();
6      while (iterator.hasNext()){
7          Map.Entry<String, String>keyVal =iterator.next();
8          System.out.println(keyVal);
9      }
10 }
```

在上述代码中，第3行代码通过Redis数据库连接对象jedis调用hgetAll()方法，用于获取散列中的所有键值对；第4、5行代码通过map对象和set对象分别调用entrySet()和set对象的iterator()方法，用于将获取到的键值对存放到一个迭代器中；第6～8行代码通过遍历输出散列article中的所有键值对。

运行hgetallTest()方法，实现获取散列中的所有键值对，然后查看IDEA工具的控制台输出，效果如图7-58所示。

从图7-58中可以看出，散列article中共有两个键值对，即键author和对应值peter、键content和对应值world。

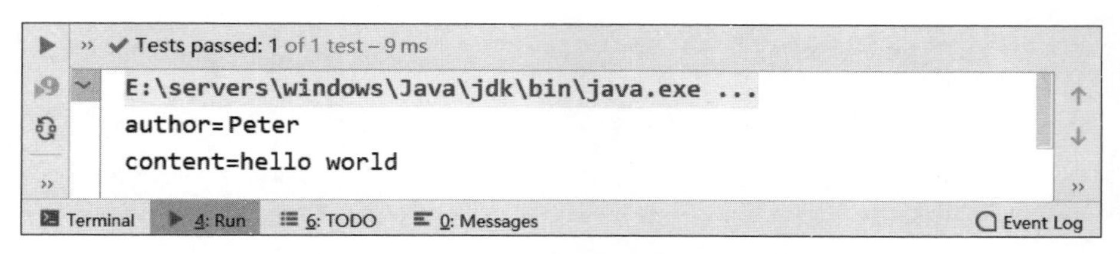


图 7-58　遍历输出散列 article 中的所有键值对

## 4. 获取散列中的所有键

在 TestHashOperate.java 文件中，定义一个 hkeysTest ()方法，主要用于演示获取散列中的所有键，具体代码如下：

```
1   @Test
2   public void hkeysTest() {
3       Set<String> keys = jedis.hkeys("article");
4       Iterator<String> iterator = keys.iterator();
5       while (iterator.hasNext()) {
6           String key = iterator.next();
7           System.out.println(key);
8       }
9   }
```

在上述代码中，第 3 行代码通过 jedis 对象调用 hkeys ()方法，用于获取散列中的所有键；第 4 行代码通过键集合 keys 调用 iterator()方法，用于将获取的键存放到一个迭代器中；第 6～8 行代码通过遍历输出散列 article 中所有的键。

运行 hkeysTest ()方法，获取散列中所有的键，然后查看 IDEA 工具的控制台输出，效果如图 7-59 所示。

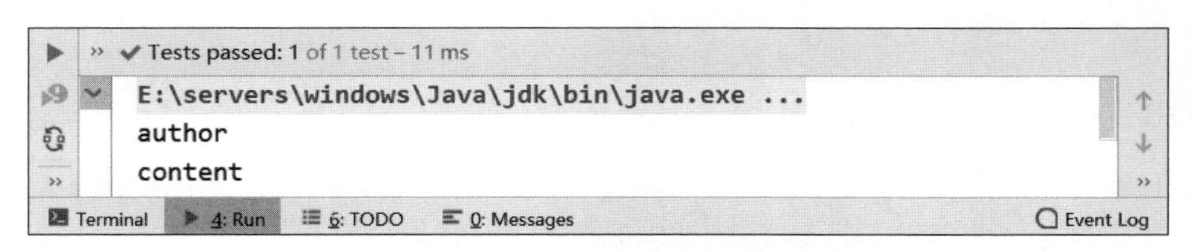


图 7-59　遍历输出散列 article 中所有的键

从图 7-59 中可以看出，散列 article 中共有两个键，即键 author 和 content。

## 5. 获取散列中所有键的值

在 TestHashOperate.java 文件中，定义一个 hvalsTest ()方法，用于获取散列中的所有键的值，具体代码如下：

```
1   @Test
2   public void hvalsTest() {
```

```
3       List<String>vals =jedis.hvals("article");
4       for (String val : vals) {
5           System.out.println(val);
6       }
7   }
```

在上述代码中，第3行代码通过jedis对象调用hvals()方法，用于获取散列中的所有键的值；第4、5行代码通过一个高级for循环，遍历输出散列article中所有键的值。

运行hvalsTest()方法，实现获取散列中所有键的值，然后查看IDEA工具的控制台输出，效果如图7-60所示。

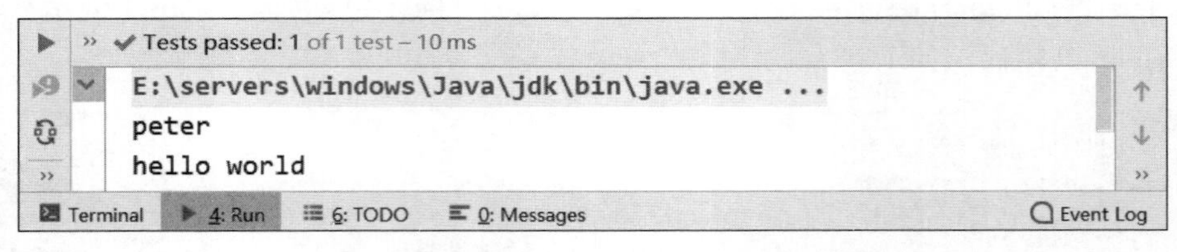


图7-60 遍历输出散列article中的所有键的值

从图7-60中可以看出，散列article中共有两个键，因此值也是两个，即peter和hello world。

### 6. 删除散列中指定键及其相对应的值

在TestHashOperate.java文件中，定义一个hdelTest()方法，用于删除散列中指定键及其相对应的值，具体代码如下：

```
1   @Test
2   public void hdelTest(){
3       Long result =jedis.hdel("article", "author");
4       System.out.println(result);
5   }
```

在上述代码中，第3行代码通过jedis对象调用hdel()方法，用于删除散列article中键author及其相对应的值Peter；第4行代码输出返回的结果。

运行hdelTest()方法，删除散列中指定键及其相对应的值；再运行hgetallTest()方法，查看散列article中键author及其对应的值Peter是否被成功删除。IDEA工具的控制台输出效果，具体如图7-61所示。

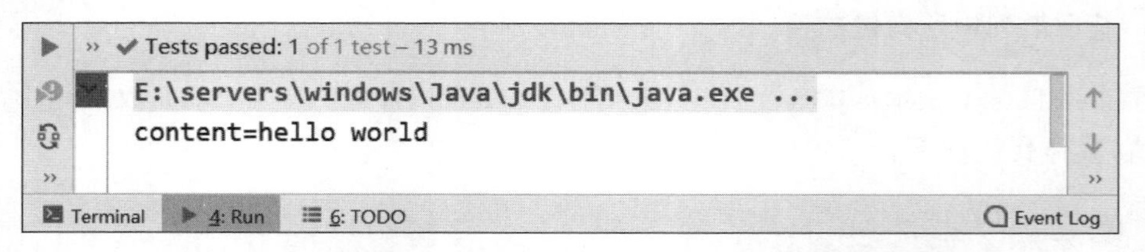


图7-61 查看键author及其对应的值Peter是否被成功删除

从图 7-61 中可以看出，散列 article 中只有一个键值对，则说明键 author 和对应值 Peter 已经被成功删除。

## 7.5.7 操作有序集合

### 1. 创建 Java 类，连接 Redis

在项目 nosql_chapter07 中的 com.itcast.redis 包下创建 TestSsetsOperate.java 文件，该文件用于编写 Java 操作 Redis 散列的代码，编写 Java 连接 Redis 数据库的代码，具体代码如文件 7-6 所示。

**文件 7-6 TestSsetsOperate.java**

```
1  import redis.clients.jedis.Jedis;
2  public class TestSsetsOperate {
3      private static Jedis jedis =new Jedis("192.168.121.134", 6379);
4      public static void main(String[] args) {
5          System.out.println("服务启动..." +jedis.ping());
6      }
7  }
```

### 2. 为有序集合添加一个或多个键值对

在 TestSsetsOperate.java 文件中，定义一个 zaddTest ()方法，用于为有序集合添加一个或多个键值对，具体代码如下：

```
1  @Test
2  public void zaddTest(){
3      Map<String,Double>map =new HashMap<>();
4      map.put("jack",5.0);
5      map.put("bob",3.5);
6      map.put("tom",6.0);
7      Long result =jedis.zadd("score", map);
8      System.out.println(result);
9  }
```

在上述代码中，第 3 行代码通过创建一个 Map 集合，用于存放集合的元素和分值；第 4～6 行代码通过 map 对象调用 put ()方法，用于为有序集合添加三个键值对；第 7 行代码通过 jedis 对象调用 zadd ()方法，用于将元素和分值传入到有序集合 score 中；第 7 行代码输出返回的结果。

运行 zaddTest ()方法，为有序集合添加一个或多个键值对，然后查看 IDEA 工具的控制台输出，效果如图 7-62 所示。

从图 7-62 中可以看出，已经成功为有序集合 score 添加三个元素/分值对。

### 3. 获取有序集合中指定索引范围内的元素

在 TestSsetsOperate.java 文件中，定义一个 zrangeTest ()方法，用于获取有序集合中

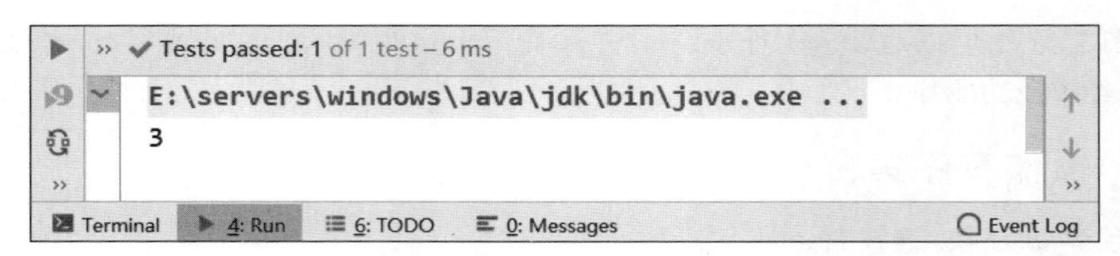


图 7-62 打印输出返回结果

指定索引范围内的元素，具体代码如下：

```
1  @Test
2  public void zrangeTest() {
3      Set<String>score =jedis.zrange("score", 0, -1);
4      Iterator<String>iterator =score.iterator();
5      while (iterator.hasNext()){
6          String next =iterator.next();
7          System.out.println(next);
8      }
9  }
```

在上述代码中，第3行代码通过jedis对象调用zrange()方法，用于获取有序集合score中指定索引范围内的元素；第4行代码通过有序集合score调用iterator()方法，用于将获取到的元素存放到一个迭代器中；第5～7行代码通过遍历输出有序集合score中指定索引范围内的元素。

运行zrangeTest ()方法，实现获取有序集合score中指定索引范围内的元素，然后查看IDEA工具的控制台输出，效果如图7-63所示。

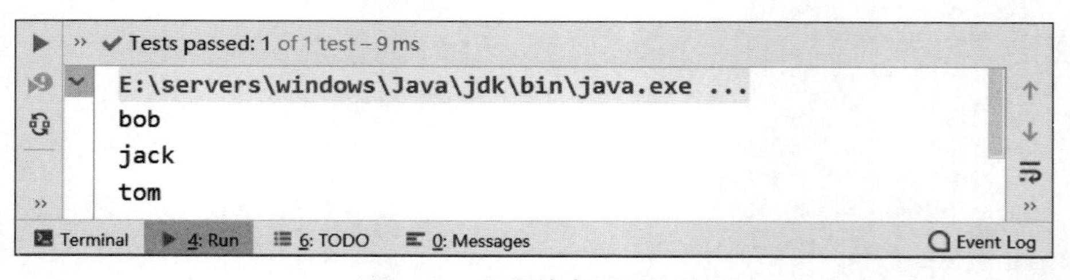


图 7-63 打印输出返回结果

从图7-63中可以看出，有序集合score中有三个元素，分别是bob、jack以及tom。

### 4. 获取有序集合中元素的个数

在TestSsetsOperate.java文件中，定义一个zcardTest ()方法，用于获取有序集合中元素的个数，具体代码如下：

```
1  @Test
2  public void zcardTest(){
3      Long num =jedis.zcard("score");
4      System.out.println(num);
5  }
```

在上述代码中，第 3 行代码通过 jedis 对象调用 zcard ()方法，用于获取有序集合 score 中元素的个数；第 4 行代码输出有序集合中元素的个数。

运行 zcardTest ()方法，获取有序集合 score 中元素的个数，然后查看 IDEA 工具的控制台输出，效果如图 7-64 所示。

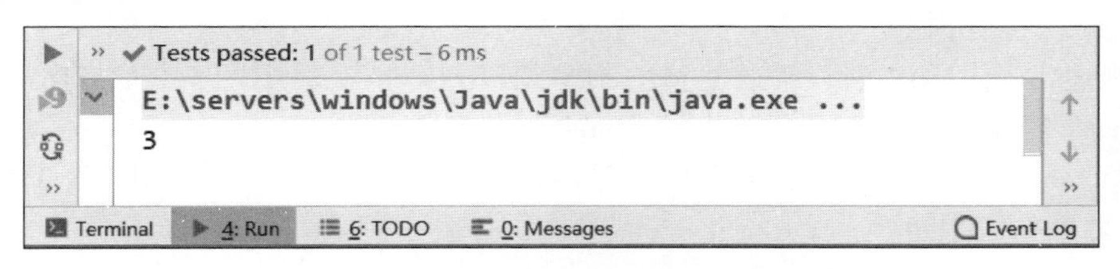


**图 7-64　打印输出有序集合 score 中元素的个数**

从图 7-64 中可以看出，有序集合 score 中一共有三个元素。

### 5. 统计有序集合中指定分值范围内的元素个数

在 TestSsetsOperate.java 文件中，定义一个 zcountTest ()方法，用于统计有序集合中指定分值范围内的元素个数，具体代码如下：

```
1  @Test
2  public void zcountTest(){
3      Long num =jedis.zcount("score", 2, 4);
4      System.out.println(num);
5  }
```

在上述代码中，第 3 行代码通过 jedis 对象调用 zcount ()方法，用于统计有序集合 score 中分值范围为[2,4]的元素的个数；第 4 行代码输出有序集合中分值范围为[2,4]的元素的个数。

运行 zcountTest ()方法，统计有序集合中指定分值范围内的元素的个数，然后查看 IDEA 工具的控制台输出，效果如图 7-65 所示。

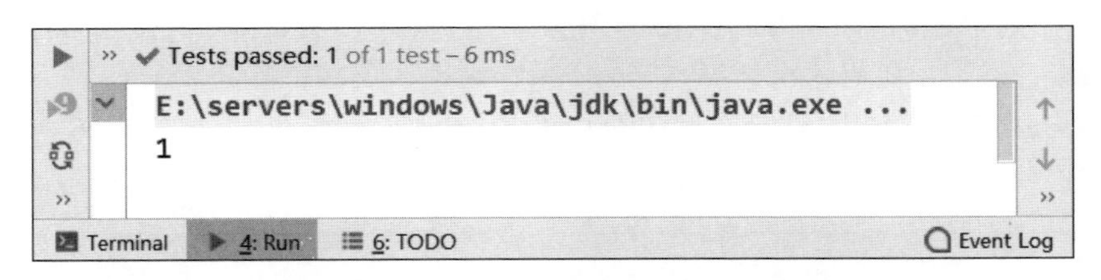


**图 7-65　打印输出有序集合 score 中分值范围为[2,4]的元素的个数**

从图 7-65 中可以看出，有序集合 score 中分值范围为[2,4]的元素只有一个。

### 6. 获取有序集合中指定元素的分值

在 TestSsetsOperate.java 文件中，定义一个 zscoreTest ()方法，用于获取有序集合中指定元素的分值，具体代码如下：

```
1  @Test
2  public void zscoreTest(){
3      Double zscore =jedis.zscore("score", "jack");
4      System.out.println(zscore);
5  }
```

在上述代码中，第 3 行代码通过 jedis 对象调用 zscore ()方法，用于获取有序集合 score 中元素 jack 的分值；第 4 行代码输出元素 jack 的分值。

运行 zscoreTest ()方法，获取有序集合中指定元素的分值，然后查看 IDEA 工具的控制台输出，效果如图 7-66 所示。

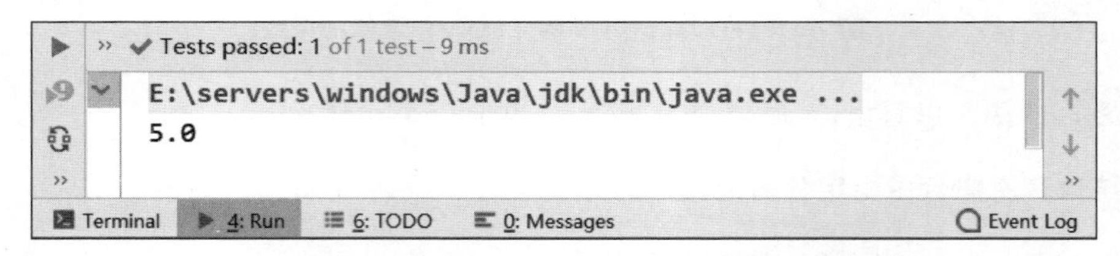


图 7-66　打印输出有序集合 score 中元素 jack 的分值

从图 7-66 中可以看出，有序集合 score 中元素 jack 的分值为 5.0。

### 7. 移除有序集合中的指定元素

在 TestSsetsOperate.java 文件中，定义一个 zremTest ()方法，用于移除有序集合中的指定元素，具体代码如下：

```
1  @Test
2  public void zremTest(){
3      Long result =jedis.zrem("score", "tom");
4      System.out.println(result);
5  }
```

在上述代码中，第 3 行代码通过 jedis 对象调用 zrem ()方法，用于移除有序集合 score 中的元素 tom；第 4 行代码输出结果，若结果为 1，则说明成功移除元素 tom。

运行 zremTest ()方法，移除有序集合中的指定元素，并运行 zrangeTest ()方法，查看元素 tom 是否被移除，然后查看 IDEA 工具的控制台输出，效果如图 7-67 所示。

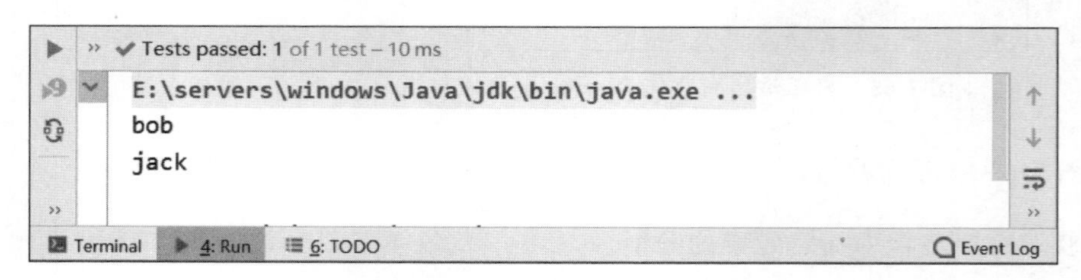


图 7-67　打印输出的结果

从图 7-67 中可以看出，有序集合 score 中已经不存在元素 tom 了，因此说明有序集合

score 中元素 tom 被成功移除。

## 7.6　本章小结

本章讲解了键值对存储数据库 Redis 相关的知识，首先介绍 Redis、Redis 特点和应用场景，让读者认识 Redis 数据库；其次介绍 Redis 支持的常用 5 种数据结构，使读者了解这 5 种数据结构的存储方式；接着介绍 Redis 的部署，读者应掌握如何在 Windows 平台和 Linux 平台上部署 Redis；最后介绍使用 redis-cli 和 Java 操作 Redis 数据库，读者应掌握如何操作 Redis 数据库中的数据。通过阅读本章，读者可以快速、有效地了解 Redis，从而更好、更高效地使用 Redis。

## 7.7　课后习题

### 一、填空题

1. ________最简单的 NoSQL 数据库。
2. Redis 数据库是用________语言编写开发的。
3. Redis 数据库提供了多种数据结构，其中最常见的数据结构有 String、List、________、Hash、________。
4. ________是 Redis 中最基本也是最简单的数据结构。
5. ________由不重复且无序的字符串元素组成的。

### 二、判断题

1. 键值对存储数据库中的数据是以列的形式来存储的。　（　　）
2. Redis 是一个开源的、高性能的、基于键值对的缓存与存储数据库。　（　　）
3. List 列表中不允许出现重复的元素。　（　　）
4. Hash 散列只能存储一个键值对之间的映射。　（　　）
5. 有序集合可以直接对值进行操作，而散列是通过键来查找值。　（　　）

### 三、选择题

1. 下列选项中，（　　）是 Redis 服务的端口号。
   A. 6379　　B. 6364　　C. 808　　D. 50070
2. 下列选项中，（　　）不是 Redis 的特点。
   A. 读写速度慢　　B. 只支持一种数据结构
   C. 功能丰富　　D. 性能低
3. 下列数据库中，（　　）不是键值对存储数据库。
   A. Redis　　B. Tokyo　　C. Oracle BDB　　D. MongoDB

### 四、简答题

简述 Redis 的应用场景。

## 五、操作题

通过 Redis 的 Java API 编程，实现以下的操作：

(1) 创建键。

(2) 为多个键设置值。

(3) 获取多个键的对应值。

(4) 修改指定键的名称。

(5) 删除指定键。

# 第 8 章 列式存储数据库HBase

**学习目标**

- 熟悉 HBase 概念
- 理解 HBase 的数据模型
- 熟悉 HBase 的架构
- 掌握 HBase 的部署
- 掌握 HBase 的 Shell 操作
- 掌握 HBase 的 JavaAPI 操作

列式存储数据库也是 NoSQL 数据库的一种类型。顾名思义，列式存储数据库中的数据是基于列进行存储的。常见的列式存储数据库有 HBase、Cassandra、Riak 以及 HyperTable。由于 HBase 数据库基于 Hadoop 生态系统，利用 HBase 集群可在多台廉价 PC Server 上实现结构化数据的分布式数据存储，从而处理海量的数据。因此，本章将针对 HBase 数据库的相关知识进行详细讲解。

## 8.1 HBase 概述

HBase 起源于 2006 年 Google 公司发表的 BigTable 论文。在 2008 年，PowerSet 公司的 Chad Walters 和 Jim Keller 受到了该论文思想的启发，把 HBase 作为 Hadoop 的子项目来进行开发维护，运行于 HDFS 文件系统之上。

HBase 是一个基于 Java、开源的、高可靠、高性能、面向列、可伸缩的列式非关系数据库，也可以称为列式分布式数据库（简称“HBase 分布式数据库”）。HBase 的目标是存储并处理海量非结构化和半结构化的松散数据，更具体来说是仅使用普通的硬件配置，就能够处理由成千上万的行和列所组成的海量数据。HBase 分布式数据库具有如下的显著特点。

- 海量存储。HBase 通过多台廉价 PC Server 实现存储 PB 级别的海量数据，并且可以在几十毫秒或几百毫秒内返回数据。
- 面向列。HBase 面向列的存储和权限控制，并支持独立检索。HBase 是根据列族来存储数据的，列族下面可以有非常多的列，列族在创建表的时候就必须指定，并且可以单独对列进行各种操作。
- 多版本。HBase 中表的每一个列的数据存储都有多个 Version（版本，即同一条数据插入不同的时间戳）。一般地，每一列对应着一条数据，但是有的数据会对应多个版本，例如，存储个人信息的 HBase 表中，如果某个人多次更换过家庭住址，那么记录家庭住址的数据就会有多个版本。

- 稀疏性。HBase 的稀疏性主要体现出 HBase 列的灵活性，在列族中，可以指定任意多个列，在列数据为空的情况下，是不会占用存储空间的。
- 易扩展性。HBase 的扩展性主要体现在两个方面，一个是基于上层处理能力（RegionServer）的扩展，一个是基于存储的扩展（HDFS）。HBase 的底层依赖 HDFS，当磁盘空间不足时，我们可以动态地增加机器（即 DataNode 结点服务）来解决，从而避免进行数据的迁移。
- 高可靠性。由于 HBase 底层使用的是 HDFS，而 HDFS 的分布式集群具有备份机制，Replication（副本）机制能够保证数据不会发生丢失或损坏。

虽然 HBase 是 Google Bigtable 的开源实现，但是它们之间有很多不同之处，例如，Google BigTable 利用 GFS 作为其文件存储系统，而 HBase 利用 Hadoop HDFS 作为其文件存储系统；Google 运行 MapReduce 来处理 BigTable 中的海量数据，而 HBase 利用 Hadoop 的 MapReduce 来处理 HBase 中的海量数据；Google BigTable 利用 Chubby 作为协同服务，而 HBase 利用 Zookeeper 作为协调服务。

HBase 作为一种数据库，它与传统数据库相比区别很大，下面从存储模式、表字段以及可延伸性这三个方面分别进行介绍。

（1）存储模式。

传统数据库中数据是基于行存储的，而在 HBase 中数据是基于列进行存储的。

（2）表字段。

传统数据库中的表字段不能超过 30 个，而 HBase 中的表字段数量不作限制。

（3）可延伸性。

传统数据库中的列是固定的，需要先确定列有多少才会增加数据去存储，而 HBase 是根据数据存储的大小去动态地增加列，列是不固定的，但是列族是固定的。

HBase 分布式数据库常见的应用场景包括对象存储、时序数据、推荐画像、时空数据、Cube 分析、消息/订单存储以及社交 Feeds 流等场景，具体介绍如下。

- 对象存储。目前，新闻类的公司会将新闻文档、网页、图片均存储在 HBase 之中；一些病毒公司也将病毒库存储在 HBase 之中。
- 时序数据。OpenTSDB 时序数据库用于存储时序数据，时序数据包括传感器数据、股票 K 线数据以及监控数据等，而 OpenTSDB 时序数据库底层使用的是 HBase 数据库，因此 HBase 可以用于存储时序数据。
- 推荐画像。由于 HBase 具有稀疏性，可以将数据表设计得非常稀疏，而推荐系统和用户画像中的用户特征和行为数据是一个万列稀疏矩阵，HBase 在推荐画像方面也很受欢迎。
- 时空数据。时空数据主要包括轨迹、气象网格数据等。打车平台的轨迹数据主要存储于 HBase 之中；一些车联网企业也将车的相关数据（车的里程、速度以及车内的问题等）存储于 HBase 中。
- CubeDB OLAP。Kylin 是一个 Cube 分析工具，其底层数据存储在 HBase 之中。Kylin 的使用者基于离线计算构建 Cube，将数据存储在 HBase 之中，满足在线报表查询的需求。

- 消息/订单存储。在电信、银行领域，订单相关的数据也存储于 HBase 之中，以方便后续查询；另外，很多通信、消息同步的应用均构建在 HBase 之上。
- 社交 Feeds 流。目前，常见的社交 Feeds 流包括微信朋友圈、微博、头条等，这些 Feeds 流产生的数据主要存储于 HBase 之中。

## 8.2　HBase 的数据模型

HBase 分布式数据库的数据存储在行列式的表格中，它是一个多维度的映射模型，其数据模型如图 8-1 所示。

| Row Key | Timestamp | Column Family:c1 | | Column Family:c2 | | Column Family:c3 | |
|---|---|---|---|---|---|---|---|
| | | Column | Value | Column | Value | Column | Value |
| r1 | t7 | c1:col-1 | value-1 | | | c3:col-1 | value-1 |
| | t6 | c1:col-2 | value-2 | | | c3:col-2 | value-2 |
| | t5 | c1:col-3 | value-3 | | | | |
| | t4 | | | | | | |
| r2 | t3 | c1:col-1 | value-1 | c2:col-1 | value-1 | c3:col-1 | value-1 |
| | t2 | c1:col-2 | value-2 | | | | |
| | t1 | c1:col-3 | value-3 | | | | |

图 8-1　HBase 的数据模型

在图 8-1 中包含了很多的字段，这些字段分别表示不同的含义，具体介绍如下：

- Row Key(行键)。

Row Key 表示行键，每个 HBase 表中只能有一个行键，类似于主键，它在 HBase 中以字典序的方式存储。由于 Row Key 是 HBase 表的唯一标识，因此 Row Key 的设计非常重要。数据的存储规则是相近的数据存储在一起。例如，当 Row Key 格式为 www.apache.org、mail.apache.org 以及 jira.apache.org 这样的网站名称时，可以将网站名称进行反转，反转成 org.apache.www、org.apache.mail 以及 org.apache.jira，然后再进行存储，这样的话，所有 org.apache 域名将会存储在一起，避免子域名(即 www、mail、jira)分散在各处。

- Column Family(列族)。

在 HBase 中，列族由多个列组成。HBase 会尽量把同一个列族的列放在同一个服务器上，这样可以提高读写数据的性能，并且可以批量管理多个有关联的列。HBase 中数据的属性都是定义在列族上，同一个列族内的所有列具有相同的属性。在 HBase 中创建数据表时，定义的是列族，而不是列。c1、c2、c3 均为列族名。

- Column(列)。

HBase 表的列是由列族名、限定符以及列名组成的，其中"："为限定符。创建 HBase

表不需要指定列，因为列是可变的，非常灵活。

- Timestamp（时间戳）。

表示时间戳，记录每次操作数据的时间，通常记作数据的版本号。

## 8.3 HBase的架构

HBase构建在Hadoop分布式文件系统（HDFS）之上，HDFS为HBase提供了高可靠的底层存储支持，Hadoop分布式计算框架（MapReduce）为HBase提供了高性能的计算能力，分布式协作框架（Zookeeper）为HBase提供了稳定服务和容错机制。下面，通过一张图介绍HBase的整体架构，具体如图8-2所示。

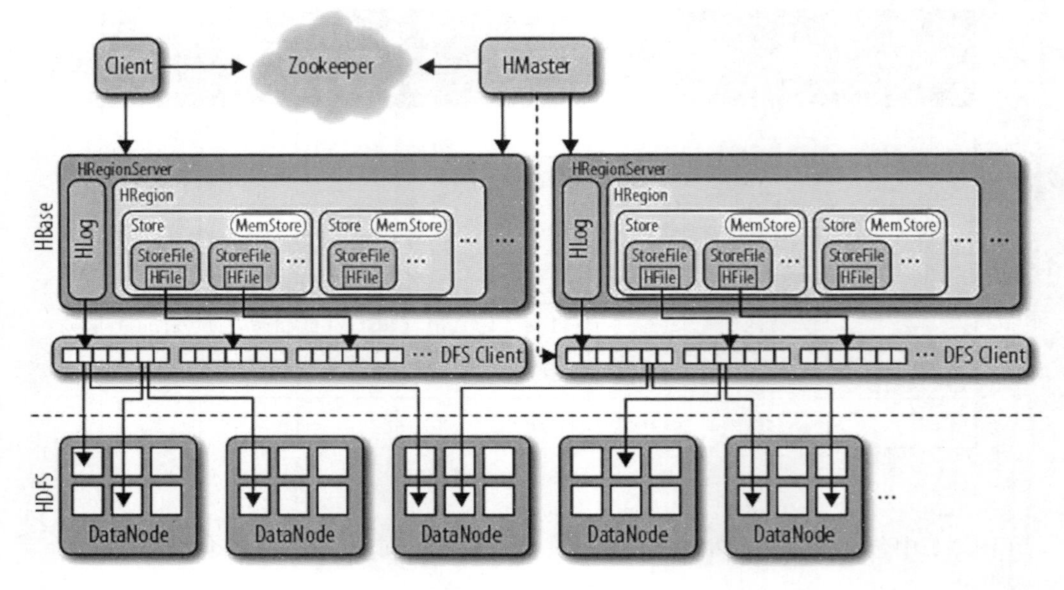


图8-2 HBase架构

在图8-2中，HBase含有多个组件。下面，针对HBase架构中的核心组件进行详细介绍。

- Client。即客户端，它通过RPC协议与HBase进行通信。
- Zookeeper。即分布式协调服务，在HBase集群中的主要作用是监控HRegionServer的状态，将HRegionServer的上下线信息实时通知给HMaster，确保集群中只有一个HMaster在工作。
- HMaster。即HBase的主结点，用于协调多个HRegion Server，主要用于监控HRegion Server的状态以及平衡HRegion Server之间的负载。除此之外，HMaster还负责为HRegion Server分配HRegion。

在HBase中，如果有多个HMaster结点共存，提供服务的只有一个HMaster，其他的HMaster处于待命状态。如果当前提供服务的HMaster结点宕机，那么其他的HMaster会推举出一个新的HMaster来管理HBase的集群。

- HRegion Server。即 HBase 的从结点，它包括多个 HRegion，主要用于响应用户的 I/O 请求，向 HDFS 文件系统读写数据。
- HRegion。即 HBase 表的分片，每个 Region 中保存的是 HBase 表中某段连续的数据。
- Store。每一个 HRegion 包含一或多个 Store。每个 Store 用于管理一个 Region 上的一个列族。
- MemStore。即内存级缓存，MemStore 存放在 store 中的，用于保存修改的数据(即 Key/Values 形式)。当 MemStore 存储的数据达到一个阈值(默认 128MB)时，数据会进行 flush 操作，将数据写入 StoreFile 文件。MemStore 的 flush 操作是由专门的线程负责的。
- StoreFile。MemStore 中的数据写到文件后就是 StoreFile，StoreFile 底层是以 HFile 文件的格式保存在 HDFS 上。
- HFile。即 HBase 中键值对类型的数据均以 HFile 文件格式进行存储。
- HLog。即预写日志文件，负责记录 HBase 修改。HLog 主要用于 PC 灾难恢复，它记录着 HBase 数据库中数据的变更，包括序列号和实际数据，所以一旦 Region Server 宕机，就可以从 HLog 中回滚未持久化的数据。

## 8.4　HBase 的部署

HBase 中存储在 HDFS 中的数据是通过 Zookeeper 协调处理的。由于 HBase 存在单点故障的问题，因此，可以通过 Zookeeper 部署一个高可用的 HBase 集群解决。下面，以三台服务器(nosql01、nosql02 和 nosql03)为例，讲解如何安装部署 HBase 高可用集群。HBase 高可用集群的规划方式如图 8-3 所示。

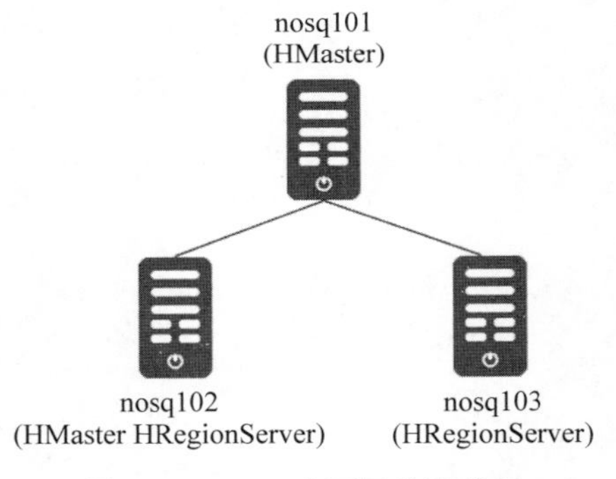


**图 8-3　HBase 高可用集群规划**

在图 8-3 中，HBase 高可用集群中的 nosql01 和 nosql02 是主结点，nosql02 和 nosql03 是从结点。这里之所以将 nosql02 既部署为主结点，也部署为从结点，其目的是为了避免 HBase 集群主结点宕机导致单点故障问题。

接下来，分步骤讲解如何部署 HBase 集群，具体步骤如下：

(1) 安装 JDK、Hadoop 以及 Zookeeper，这里我们设置的 JDK 版本是 1.8、Hadoop 版本是 2.7.4 以及 Zookeeper 的版本是 3.4.10，关于 JDK、Hadoop 以及 Zookeeper 的安装部署，请参考第 8 章环境配置文档，该文档我们将以资源文档的形式提供给读者。

(2) 下载 HBase 安装包。官网下载地址为 http://archive.apache.org/dist/hbase/。

**注意**：本书会提供和使用 hbase-1.2.1-bin.tar.gz 安装包。

(3) 通过 SecureCRT 工具将 HBase 安装包上传到服务器 nosql01 的/opt/software/目录下，并修改安装包的用户和用户组权限为 user_hbase，然后解压 HBase 安装包至/opt/

servers/hbase_demo 目录下。解压安装包的具体命令如下：

```
$tar -zxvf /opt/software/hbase-1.2.1-bin.tar.gz -C /opt/servers/hbase_demo/
```

（4）将/hadoop-2.7.4/etc/hadoop 目录下的 hdfs-site.xml 和 core-site.xml 配置文件复制一份到/hbase-1.2.1/conf 目录下，复制文件的具体命令如下：

```
$cp /opt/servers/hbase_demo/hadoop-2.7.4/etc/hadoop/{hdfs-site.xml,core-site.xml}
 /opt/servers/hbase_demo/hbase-1.2.1/conf
```

（5）进入/opt/servers/hbase_demo/hbase-1.2.1/conf 目录，修改相关配置文件。修改 hbase-env.sh 配置文件，指定 jdk 的环境变量并配置 Zookeeper（默认是使用内置的 Zookeeper 服务），修改后的 hbase-env.sh 文件内容具体如下：

```
#The java implementation to use.  Java 1.7+required.
#配置 jdk 环境变量
export JAVA_HOME=/opt/servers/hbase_demo/jdk
#Tell HBase whether it should manage it's own instance of Zookeeper or not.
#配置 hbase 使用外部 Zookeeper
export HBASE_MANAGES_ZK=false
```

修改 hbase-site.xml 配置文件，指定 HBase 在 HDFS 的存储路径、HBase 的分布式存储方式以及 Zookeeper 地址，修改后的 hbase-site.xml 文件内容具体如下：

```
<configuration>
        <!--指定 hbase 在 HDFS 上存储的路径 -->
        <property>
                <name>hbase.rootdir</name>
                <value>hdfs://nosql01:9000/hbase</value>
        </property>
                <!--指定 hbase 是分布式的 -->
        <property>
                <name>hbase.cluster.distributed</name>
                <value>true</value>
        </property>
                <!--指定 zk 的地址,多个用","分割 -->
        <property>
                <name>hbase.zookeeper.quorum</name>
                <value>nosql01:2181,nosql02:2181,nosql03:2181</value>
        </property>
</configuration>
```

修改 regionservers 配置文件，配置 HBase 的从结点角色（即 nosql02 和 nosql03）。具体内容如下：

```
nosql02
nosql03
```

增加 backup-masters 配置文件，为防止单点故障配置备用的主结点角色，具体内容如下：

```
nosql02
```

通过执行 vi ～/.bash_profile 命令，修改用户 user_hbase 的环境变量配置文件.bash_profile，即配置 HBase 的环境变量（服务器 nosql01、nosql02 和 nosql03 都要配置，这里以服务器 nosql01 为例），具体内容如下：

```
#配置 HBase 环境变量
export HBASE_HOME=/opt/servers/hbase_demo/hbase-1.2.1
export PATH=$PATH:$HBASE_HOME/bin
```

将 HBase 的安装目录分发至 nosql02、nosql03 服务器上，具体命令如下：

```
$scp -r /opt/servers/hbase_demo/hbase-1.2.1/ nosql02:/opt/servers/hbase_demo/
$scp -r /opt/servers/hbase_demo/hbase-1.2.1/ nosql03:/opt/servers/hbase_demo/
```

在服务器 nosql01、nosql02 和 nosql03 上分别执行 source ～/.bash_profile 命令，使环境配置文件生效。要注意的是每次切换成 user_hbase 用户后，都需要执行 source ～/.bash_profile 命令初始化用户环境变量。

（6）启动 Zookeeper 和 Hadoop（启动之前，先确保已经关闭之前开启的 Zookeeper 服务和 Hadoop 相关服务），具体命令如下：

```
#启动 zookeeper
$zkServer.sh start
#启动 Hadoop 相关的服务
$start-all.sh
```

（7）启动 HBase 集群，具体命令如下：

```
$start-hbase.sh
```

这里要注意的是，在启动 HBase 集群之前，必须要保证集群中各个结点的时间是同步的，若不同步会抛出 ClockOutOfSyncException 异常，导致从结点无法启动。因此必须在集群各个结点中执行如下命令来保证时间同步。

```
#安装 ntpdate
$sudo yum install ntpdate -y
#时间同步
$sudo ntpdate -u cn.pool.ntp.org
```

（8）通过 jps 命令检查 HBase 集群服务部署是否成功，如图 8-4 所示。

从图 8-4 中可以看出，服务器 nosql01 上出现了 HMaster 进程，服务器 nosql02 上出现了 HMaster 和 HRegionServer 进程，服务器 nosql03 上出现了 HRegionServer 进程，证明

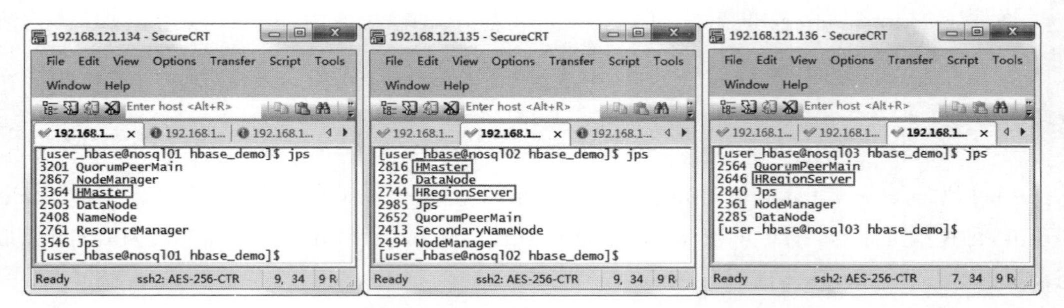


图 8-4 查看 HBase 集群中的进程

HBase 集群安装部署成功。若要停止 HBase 集群，则执行 stop-hbase.sh 命令即可。

下面，通过浏览器访问 http://nosql01:16010 或者 http://192.168.121.134:16010，查看 HBase 集群状态，如图 8-5 所示。

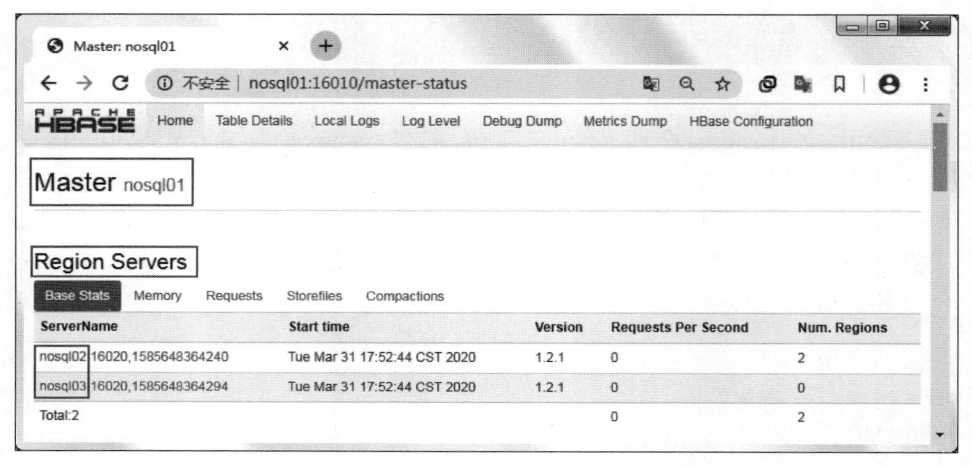


图 8-5 HBase 集群状态

从图 8-5 中可以看出，服务器 nosql01 是 HBase 的主结点，服务器 nosql02 和 nosql03 是从结点。下面，通过访问 http://nosql02:16010 来查看集群备用主结点的状态，如图 8-6 所示。

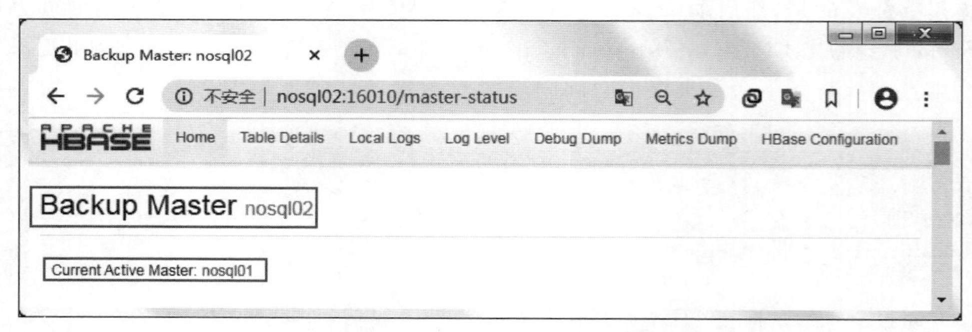


图 8-6 HBase 集群备用结点的状态

从图 8-6 中可以看出，服务器 nosql02 是 HBase 集群的备用主结点，并且可以从 Active Master 看出主结点在正常工作。

**注意**：若是通过浏览器访问 http://nosql01:16010，查看 HBase 集群状态，出现无法访问此网站的情况，如图 8-7 所示。

图 8-7 “无法访问此网站”提示

解决方法是，可以在本地宿主机的 hosts 文件（Windows 7 操作系统下路径为 C:\Windows\System32\drivers\etc）中添加集群服务的 IP 映射，具体内容如下（读者要根据自身集群构建进行相应的配置）：

192.168.121.134 nosql01

192.168.121.135 nosql02

192.168.121.136 nosql03

添加完上述内容后，重新刷新网页即可访问。

## 8.5 HBase 的操作

操作 HBase 常用的方式有两种，一种是 Shell 命令行，另一种是 Java API。本节将针对这两种方式进行详细讲解。

### 8.5.1 HBase 的 Shell 操作

HBase Shell 提供了大量操作 HBase 的命令，通过 Shell 命令可以很方便地操作 HBase 数据库，例如创建、删除及修改表、向表中添加数据、列出表中的相关信息等操作。不过当使用 Shell 命令行操作 HBase 时，需要进入 HBase Shell 交互界面。在 HBase 的安装目录下，执行 bin/hbase shell 或者 hbase shell 命令进入到 HBase Shell 界面，具体效果如图 8-8 所示。

进入 HBase Shell 交互界面后，可以通过一系列 Shell 命令操作 HBase，接下来，通过一张表列举一些操作 HBase 表的常见 Shell 命令，具体如表 8-1 所示。

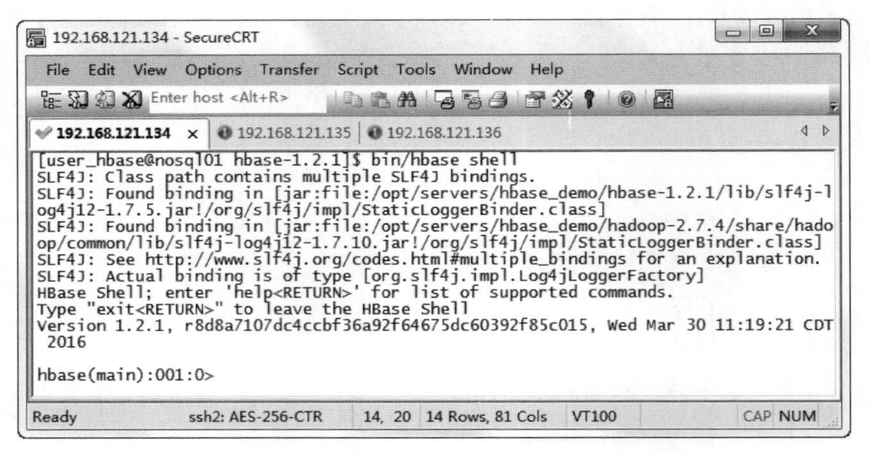


图 8-8 进入 HBase Shell 的交互界面

表 8-1 常见的 Shell 命令

| 命令名称 | 相关说明 |
| --- | --- |
| create | 创建表 |
| put | 插入或更新数据 |
| scan | 扫描表并返回表的所有数据 |
| describe | 查看表的结构 |
| get | 获取指定行中列的数据 |
| count | 统计表中数据的行数 |
| delete | 删除指定行或者列的数据 |
| deleteall | 删除整个行或列的数据 |
| truncate | 删除整个表中的数据，但是结构还在 |
| drop | 删除整个表，数据和结构都删除（慎用） |

在表 8-1 中，我们列举了 10 个常用的 Shell 操作命令。下面，我们通过具体的示例对这些命令进行详细讲解。

### 1. 创建表

使用 create 命令创建表，具体语法如下：

```
create 'table name','column family'
```

上述语法中，create 表示用于创建数据表的命令；table name 表示数据表，创建表时必须指定；column family 为列族名，创建表时同样也必须指定。

例如，创建一个名称为 phone、列族名为 info 的 HBase 表，具体如下：

```
hbase(main):001:0>create 'phone','info'
0 row(s) in 1.7270 seconds
=>Hbase::Table -phone
```

执行 list 命令，查看数据库中的数据表，具体如下：

```
hbase(main):002:0>list
TABLE
phone
1  row(s) in 0.0280 seconds
=>["phone"]
```

从上述返回结果可以看出，出现了数据表 phone，因此可以说明成功创建数据表 phone。

### 2. 插入操作

使用 put 命令可插入或更新数据表中的数据，具体语法如下：

```
put 'table name','row1','column family: column name', 'value'
```

上述语法中，put 表示用于插入或更新数据表中数据的命令；table name 表示数据表；row1 为行键（即 Row Key）；column family:column name 为列族名和列名；value 为插入列的值。

例如，向数据表 phone 的 info 列族中插入五条数据，具体如下：

```
hbase(main):003:0>put 'phone','p001','info:brand','Apple'
0 row(s) in 0.2130 seconds
hbase(main):004:0>put 'phone','p001','info:name','iPhone 11 Pro'
0 row(s) in 0.0160 seconds
hbase(main):005:0>put 'phone','p002','info:brand','HUAWEI'
0 row(s) in 0.0250 seconds
hbase(main):006:0>put 'phone','p002','info:name','HUAWEI Mate 30 Pro'
0 row(s) in 0.0230 seconds
hbase(main):007:0>put 'phone','p002','info:price','5899'
0 row(s) in 0.0200 seconds
```

### 3. 扫描操作

使用 scan 命令扫描数据表中的数据，具体语法如下：

```
scan 'table name'
```

上述语法中，scan 表示用于扫描数据表中数据的命令；table name 表示数据表。

例如，扫描数据表 phone 中的所有数据，具体如下：

```
hbase(main):008:0>scan 'phone'
ROW          COLUMN+CELL
```

```
p001      column=info:brand, timestamp=1585670243062, value=Apple
p001      column=info:name, timestamp=1585670251467, value=iPhone 11 Pro
p002      column=info:brand, timestamp=1585670257642, value=HUAWEI
p002      column=info:name, timestamp=1585670264396, value=HUAWEI Mate 30 Pro
p002      column=info:price, timestamp=1585670272227, value=5899
2  row(s) in 0.0240 seconds
```

### 4. 查看操作

使用 describe 命令查看数据表结构，具体语法如下：

```
describe 'table name'
```

上述语法中，describe 表示用于查看数据表结构的命令；table name 表示数据表。

例如，查看数据表 phone 的表结构，具体如下：

```
hbase(main):009:0>describe 'phone'
Table phone is ENABLED
phone
COLUMN FAMILIES DESCRIPTION
{NAME =>'info', BLOOMFILTER =>'ROW', VERSIONS =>'1', IN_MEMORY =>'false',
KEEP_DELETED_CELLS =>'FALSE', DATA_BLOCK_ENCODING =>'NONE', TTL =>'FOREVER',
COMPRESSION =>'NONE', MIN_VERSIONS =>'0', BLOCKCACHE =>'true', BLOCKSIZE =>'65536',
REPLICATION_SCOPE =>'0'}
1  row(s) in 0.0970 seconds
```

从上述返回结果可以看出，数据表 phone 的表结构包含很多字段，具体介绍如下。

- NAME：表示列族名。
- BLOOMFILTER：表示为列族级别的类型。
- VERSIONS：表示版本数。
- IN_MEMORY：设置是否存入内存。
- KEEP_DELETED_CELLS：设置被删除的数据，在基于时间的历史数据查询中是否依然可见。
- DATA_BLOCK_ENCODING：表示数据块的算法。
- TTL：表示版本存活的时间。
- COMPRESSION：表示设置压缩算法。
- MIN_VERSIONS：表示最小版本数。
- BLOCKCACHE：表示是否设置读缓存。
- REPLICATION_SCOPE：表示设置备份。

### 5. 更新操作

使用 put 命令更新数据表指定字段的数据，具体语法如下：

```
put 'table name', 'row ','column family:column name','new value'
```

上述语法中，put 表示用于更新数据表指定字段数据的命令；table name 表示数据表；row 表示行键；column family：column name 表示列族名和列名；new value 表示更新后的列值。

例如，在数据表 phone 中，将行键为 p001、列为 info：name 的值 iPhone 11 Pro 更新为 iPhone X，具体如下：

```
hbase(main):010:0>put 'phone','p001','info:name','iPhone X'
0 row(s) in 0.3170 seconds
```

上述命令执行成功后，执行 scan 'phone'命令扫描数据表 phone 中的数据，扫描结果如下：

```
hbase(main):011:0>scan 'phone'
ROW          COLUMN+CELL
p001         column=info:brand, timestamp=1585670243062, value=Apple
p001         column=info:name, timestamp=1585670251467, value=iPhone X
p002         column=info:brand, timestamp=1585670257642, value=HUAWEI
p002         column=info:name, timestamp=1585670264396, value=HUAWEI Mate 30 Pro
p002         column=info:price, timestamp=1585670272227, value=5899
2  row(s) in 0.0930 seconds
```

上述代码中，行键为 p001、列为 info：name 的值 iPhone 11 Pro 成功更新为 iPhone X。

#### 6. 获取指定字段的操作

使用 get 命令获取数据表中指定行中列的数据，具体语法如下：

```
//查看指定行的数据
get 'table name','row1'
```

上述语法中，get 表示用于获取数据表中指定行中列数据的命令；table name 表示数据表；row1 表示指定的行键。

例如，获取数据表 phone 中行键为 p001 的数据，具体如下：

```
hbase(main):012:0>get 'phone','p001'
COLUMN              CELL
info:brand          timestamp=1585670243062, value=Apple
info:name           timestamp=1585672395359, value=iPhone X
2  row(s) in 0.0380 seconds
```

#### 7. 统计操作

使用 count 命令统计数据表中数据的行数，具体语法如下：

```
count 'table name'
```

上述语法中,count 表示用于统计数据表中数据行数的命令;table name 表示数据表。

例如,统计数据表 phone 中数据的行数,具体如下:

```
hbase(main):013:0>count 'phone'
2  row(s) in 0.0420 seconds
=>2
```

8. **删除操作**

使用 delete 命令删除数据表中指定字段的数据,具体语法如下:

```
delete 'table name', 'row', 'column name', 'timestamp'
```

上述语法中,delete 表示用于删除数据表中指定字段数据的命令;table name 表示数据表;row 表示行键;column family:column name 表示列族名和列名。

例如,删除数据表 phone 中行键为 p002、列为 info: price 的数据,具体如下:

```
hbase(main):014:0>delete 'phone','p002','info:price'
0 row(s) in 0.0410 seconds
```

上述命令执行成功后,执行 scan 'phone'命令扫描数据表 phone 中的数据,扫描结果如下:

```
hbase(main):015:0>scan 'phone'
ROW         COLUMN+CELL
p001        column=info:brand, timestamp=1585670243062, value=Apple
p001        column=info:name, timestamp=1585670251467, value=iPhone X
p002        column=info:brand, timestamp=1585670257642, value=HUAWEI
p002        column=info:name, timestamp=1585670264396, value=HUAWEI Mate 30 Pro
2  row(s) in 0.0570 seconds
```

从上述返回结果可以看出,行键为 p002、列名为 info: price 的数据已经被删除。

如果想要删除数据表中一行的所有数据,则可以使用 deleteall 命令,具体语法如下:

```
deleteall 'table name', 'row'
```

上述语法中,deleteall 表示用于删除数据表中一行所有数据的命令;table name 表示数据表;row 表示行键。

例如,要删除数据表 phone 中行键为 p001 的所有数据,具体如下:

```
hbase(main):016:0>deleteall 'phone','p001'
0 row(s) in 0.0240 seconds
```

上述命令执行成功后,执行 scan 'phone'命令扫描数据表 phone 中的数据,扫描结果如下:

```
hbase(main):017:0>scan 'phone'
ROW          COLUMN+CELL
p002         column=info:brand, timestamp=1585670257642, value=HUAWEI
p002         column=info:name, timestamp=1585670264396, value=HUAWEI Mate 30 Pro
1  row(s) in 0.0220 seconds
```

从上述返回结果可以看出，行键为 p001 的所有数据已经被删除了。

通过使用 truncate 命令清空数据表中的所有数据，具体语法如下：

```
truncate 'table name'
```

上述语法中，truncate 表示用于清空数据表中所有数据的命令；table name 表示数据表。

例如，要清空数据表 phone 中的所有数据，具体如下：

```
hbase(main):0018:0>truncate 'phone'
Truncating 'phone' table (it may take a while):
-Disabling table...
-Truncating table...
0 row(s) in 3.7630 seconds
```

上述命令执行成功后，执行 scan 'phone'命令扫描数据表 phone 中的数据，扫描结果如下：

```
hbase(main):019:0>scan 'phone'
ROW                  COLUMN+CELL
0 row(s) in 0.4140 seconds
```

从上述返回结果可以看出，数据表 phone 中的所有数据都已经被清空。

通过使用 drop 命令删除数据表，具体语法如下：

```
drop 'table name'
```

上述语法中，drop 表示用于删除数据表的命令；table name 表示数据表。

例如，删除数据表 phone，具体如下：

```
hbase(main):020:0>disable 'phone'
0 row(s) in 2.2900 seconds
hbase(main):021:0>drop 'phone'
0 row(s) in 1.2710 seconds
```

上述代码中，在删除数据表前需要先执行 disable 'phone'命令使数据表 phone 变为禁用状态，然后进行删除表操作。若数据表不是禁用状态，则无法删除。

通过执行 list 命令获取 HBase 数据库中的所有数据表，具体如下：

```
hbase(main):022:0>list
TABLE
```

```
0 row(s) in 0.0180 seconds
=>[]
```

从上述返回结果[ ]可以看出,数据库已经为空,说明数据表 phone 已经被删除。

## 8.5.2 HBase 的 Java API 操作

HBase 是用 Java 语言开发的,它对外提供了 Java API 的接口。接下来,通过一个表来列举 HBase 常见的 Java API,具体如表 8-2 所示。

**表 8-2 常见的 Java API**

| 类或接口名称 | 相关说明 |
| --- | --- |
| Admin | 类,用于建立客户端和 HBase 数据库的连接,属于 org.apache.hadoop.hbase.client 包 |
| HBaseConfiguration | 类,用于将 HBase 相关配置添加至配置文件中,属于 org.apache.hadoop.hbase 包 |
| HTableDescriptor | 接口,用于描述表的信息,属于 org.apache.hadoop.hbase 包 |
| HColumnDescriptor | 类,用于描述列族的信息,属于 org.apache.hadoop.hbase 包 |
| Table | 接口,用于实现 HBase 表通信,属于 org.apache.hadoop.hbase.client 包 |
| Put | 类,用于插入数据操作,属于 org.apache.hadoop.hbase.client 包 |
| Get | 类,用于查询单条记录,属于 org.apache.hadoop.hbase.client 包 |
| Delete | 类,用于删除数据,属于 org.apache.hadoop.hbase.client 包 |
| Scan | 类,用于查询所有记录,属于 org.apache.hadoop.hbase.client 包 |
| Result | 类,用于查询返回的单条记录结果,属于 org.apache.hadoop.hbase.client 包 |

接下来,通过 Java API 来操作 HBase 分布式数据库,包括增、删、改、查等数据表的操作,具体步骤如下。

### 1. 创建项目并导入依赖

打开 IDEA 工具,创建一个名称为 nosql_chapter08 的 Maven 项目。在项目 nosql_chapter08 中配置 pom.xml 文件,也就是引入 HBase 相关的依赖和单元测试的依赖,当添加完相关依赖后,Maven 项目的相关 Jar 包就会自动下载。pom.xml 文件添加的内容,具体如下:

```
<dependencies>
    <!--单元测试依赖-->
    <dependency>
        <groupId>junit</groupId>
        <artifactId>junit</artifactId>
        <version>4.12</version>
    </dependency>
    <!--hbase 客户端依赖-->
```

```
    <dependency>
        <groupId>org.apache.hbase</groupId>
        <artifactId>hbase-client</artifactId>
        <version>1.2.1</version>
    </dependency>
    <!--hbase 核心依赖-->
    <dependency>
        <groupId>org.apache.hbase</groupId>
        <artifactId>hbase-common</artifactId>
            <version>1.2.1</version>
    </dependency>
</dependencies>
```

### 2. 创建 Java 类，连接集群

在项目 nosql_chapter08 目录/src/main/java 下创建一个命名为 com.itcast.hbase 的包，并在该包下创建 Java 测试类文件 HBaseTest.java，在该类下构建 Configuration 和 Connection 对象配置并初始化 HBase 连接，具体操作步骤如文件 8-1 所示。

**文件 8-1　HBaseTest.java**

```
1  import org.apache.hadoop.conf.Configuration;
2  import org.apache.hadoop.hbase.*;
3  import org.apache.hadoop.hbase.client.*;
4  import org.apache.hadoop.hbase.util.Bytes;
5  import org.junit.*;
6  import java.util.*;
7  //todo:HBase Api 操作
8  public class HBaseTest {
9      //初始化 Configuration 对象
10     private Configuration conf =null;
11     //初始化连接
12     private Connection conn =null;
13     @Before
14     public void init() throws Exception{
15         //获取 Configuration 对象
16         conf =HBaseConfiguration.create();
17         //对 hbase 客户端来说,只需知道 hbase 所经过的 Zookeeper 集群地址即可
18         //zookeeper 中存放 HBase 集群的元数据信息,客户端可通过这些元数据信息操作 Hbase 集群
19         conf.set("hbase.zookeeper.quorum",
20                 "nosql01:2181,nosql02:2181,nosql03:2181");
21         //获取连接
22         conn =ConnectionFactory.createConnection(conf);
23     }
24 }
```

上述代码中，第 10～12 行代码创建 Configuration 配置对象和 Connection 连接对象；第 13 行代码注解@Before，用于 Junit 单元测试中控制程序最先执行的注解，在这里可以保证初始化 init() 方法在程序中最先执行；第 14～22 行代码定义初始化方法，通过

Configuration 配置对象配置 HBase 连接相关参数，并获取连接。

### 3. 创建数据表

在 HBaseTest.Java 文件中，定义一个方法 createTable()，用于创建数据表，具体代码如下：

```
1   @Test
2   public void createTable() throws Exception{
3       //获取表管理器对象
4       Admin admin =conn.getAdmin();
5       //创建表的描述对象,并指定表名
6       HTableDescriptor tableDescriptor =new HTableDescriptor(TableName
7                                   .valueOf("t_phone_info".getBytes()));
8       //构造第一个列族描述对象,并指定列族名
9       HColumnDescriptor hcd1 =new HColumnDescriptor("base_info");
10      //构造第二个列族描述对象,并指定列族名
11      HColumnDescriptor hcd2 =new HColumnDescriptor("extra_info");
12      //为该列族设定一个版本数量,最小为 1,最大为 3
13      hcd2.setVersions(1,3);
14      //将列族描述对象添加到表描述对象中
15      tableDescriptor.addFamily(hcd1).addFamily(hcd2);
16      //利用表管理器来创建表
17      admin.createTable(tableDescriptor);
18      //关闭
19      admin.close();
20      conn.close();
21  }
```

上述代码中，第 4～11 行代码获取 HBase 表管理器对象 admin，创建表的描述对象 tableDescriptor 并指定表名为 t_phone_info，创建两个列族描述对象 hcd1、hcd2 并指定列族名分别为 base_info 和 extra_info；第 13 行代码为列族 hcd2 指定版本数量；第 15 行代码将列族描述对象添加到表描述对象中；第 17 行代码使用表管理器来创建表；第 19、20 行代码关闭表管理器和连接对象，避免资源浪费。

运行 createTable()方法进行测试，然后进入 HBase Shell 交互式页面，执行 list 命令查看数据库中的数据表，具体如下：

```
hbase(main):022:0>list
TABLE
t_phone_info
1  row(s) in 0.0230 seconds
=>["t_phone_info"]
```

从上述返回结果可以看出，数据库中有一个名称为 t_phone_info 的数据表，说明通过 Java API 的方式成功创建表 t_phone_info。

### 4. 插入数据

在 HBaseTest.Java 文件中，定义一个 testPut()方法，用来演示在 t_phone_info 表中插

入数据的操作，具体代码如下：

```
1  @Test
2  public void testPut() throws Exception {
3      //创建 table 对象，通过 table 对象来添加数据
4      Table table =conn.getTable(TableName.valueOf("t_phone_info"));
5      //创建一个集合，用于存放 Put 类型的数据，即向表中插入的数据内容
6      ArrayList<Put>puts =new ArrayList<Put>();
7      //构建 put 对象(KV 形式)，并指定其行键
8      Put put01 =new Put(Bytes.toBytes("p001"));
9      put01.addColumn(Bytes.toBytes("base_info"),Bytes.toBytes("brand"),
10                                         Bytes.toBytes("Apple"));
11     put01.addColumn(Bytes.toBytes("base_info"),Bytes.toBytes("name"),
12                                     Bytes.toBytes("iPhone 11 pro"));
13     Put put02 =new Put("p002".getBytes());
14     put02.addColumn(Bytes.toBytes("base_info"),Bytes.toBytes("name"),
15                                 Bytes.toBytes("HUAWEI Mate 30 Pro"));
16     put02.addColumn(Bytes.toBytes("extra_info"),Bytes.toBytes("price"),
17                                         Bytes.toBytes("5899"));
18     //把所有的 put 对象添加到定义的集合 puts 中
19     puts.add(put01);
20     puts.add(put02);
21     //提交所有的插入数据的记录
22     table.put(puts);
23     //关闭
24     table.close();
25     conn.close();
26 }
```

上述代码中，第 4 行代码创建一个表对象 table 并指定需要操作的数据表，用于插入数据；第 6 行代码创建一个集合 puts，用于存放 Put 类型的数据，因为 HBase 插入的数据存放在 Put 对象中；第 8～17 行代码创建了 Put 对象，用于构建表中的行和列，这里创建了两个 put 对象，并指定其行键，通过 put 对象指定数据插入到哪个列族下的哪一列，并指定数据内容；第 19～22 行代码将前面创建的两个对象添加到 puts 集合中，并通过表对象 table 提交插入数据的记录；第 24、25 行代码关闭表对象和连接对象，避免资源浪费。

运行 testPut()方法进行测试，待程序运行完成后在 HBase Shell 交互式页面执行 scan 't_phone_info'命令，查看数据表 t_phone_info 中是否成功插入数据，具体代码如下：

```
hbase(main):023:0>scan 't_phone_info'
ROW       COLUMN+CELL
p001      column=base_info:brand, timestamp=1585678402581, value=Apple
p001      column=base_info:name, timestamp=1585678402581, value=iPhone 11 pro
p002      column=base_info:name, timestamp=1585678402581, value=HUAWEI Mate 30 Pro
p002      column=extra_info:price, timestamp=1585678402581, value=5899
2  row(s) in 0.0930 seconds
```

### 5. 查看指定字段的数据

在 HBaseTest.Java 文件中，定义一个 testGet()方法，用于查看行键为 p001 的数据，具体代码如下：

```
1  @Test
2  public void testGet() throws Exception {
3      //获取一个 table 对象
4      Table table =conn.getTable(TableName.valueOf("t_phone_info"));
5      //创建 get 查询对象，通过设置行键获取指定字段数据
6      Get get =new Get("p001".getBytes());
7      //返回查询结果的数据
8      Result result =table.get(get);
9      //获取结果中的所有 cells
10     List<Cell>cells =result.listCells();
11     //遍历所有的 cells
12     for(Cell cell:cells){
13         //获取行键
14         System.out.println("行:"+Bytes.toString(CellUtil.cloneRow(cell)));
15         //获取列族
16         System.out.println("列族:"+Bytes.toString(CellUtil.cloneFamily(cell)));
17         System.out.println("列:"+Bytes.toString(CellUtil.cloneQualifier(cell)));
18         System.out.println("值:"+Bytes.toString(CellUtil.cloneValue(cell)));
19     }
20     //关闭
21     table.close();
22     conn.close();
23 }
```

上述代码中，第 4 行代码创建一个表对象 table，并指定要查询的数据表 t_phone_info；第 6 行代码创建一个对象 get，并指定要查询数据表中行键为 p001 的所有数据；第 8～10 行代码通过表对象 table 调用 get()方法把行键为 p001 的所有数据放到集合 cells 中；第 12～18 行代码遍历打印集合 cells 中的所有数据；第 21、22 行代码关闭表对象和连接对象，避免资源浪费。

运行 testGet()方法进行测试，IDEA 控制台输出的内容如图 8-9 所示。

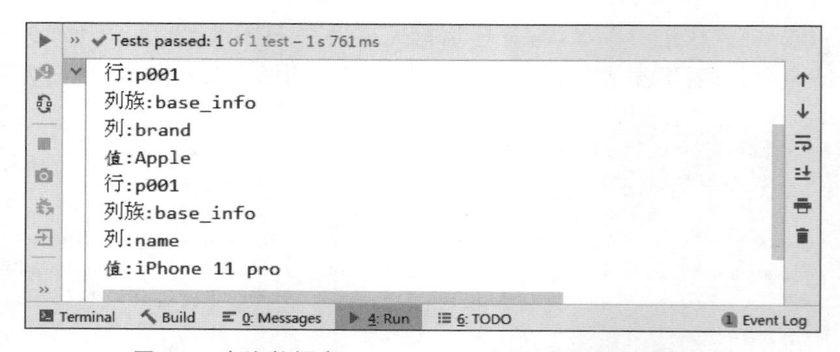


**图 8-9　查询数据表 t_phone_info 中行键为 p001 的数据**

从图 8-9 中可以看出，行键为 p001 的数据一共有两条：一条是行键为 p001、列族为 base_info、列为 brand、值为 Apple 的数据；另一条是行键为 p001、列族为 base_info、列为 name、值为 iPhone 11 pro 的数据。

### 6. 扫描数据

在 HBaseTest.Java 文件中，定义一个 testScan()方法，用于扫描 t_phone_info 表中的所有数据，具体代码如下：

```
1   @Test
2   public void testScan() throws Exception {
3       //获取 table 对象
4       Table table =conn.getTable(TableName.valueOf("t_phone_info"));
5       //创建 scan 对象
6       Scan scan =new Scan();
7       //获取扫描的数据
8       ResultScanner scanner =table.getScanner(scan);
9       //返回扫描数据的迭代器对象
10      Iterator<Result>iter =scanner.iterator();
11      //遍历迭代器
12      while (iter.hasNext()) {
13          //获取当前每一行结果数据
14          Result result =iter.next();
15          //获取当前每一行中所有的 cells 对象
16          List<Cell>cells =result.listCells();
17          //遍历所有的 cells
18          for(Cell c:cells){
19              //获取行键
20              byte[] rowArray =c.getRowArray();
21              //获取列族
22              byte[] familyArray =c.getFamilyArray();
23              //获取列族下的列名称
24              byte[] qualifierArray =c.getQualifierArray();
25              //列字段的值
26              byte[] valueArray =c.getValueArray();
27              //打印 rowArray、familyArray、qualifierArray、valueArray
28              System.out.println("行键:"+new String(rowArray,c.getRowOffset(),
29                                              c.getRowLength()));
30              System.out.print("列族:"+new String(familyArray,c.getFamilyOffset(),
31                                          c.getFamilyLength()));
32              System.out.print(":"+"列:" +new String(qualifierArray,
33                          c.getQualifierOffset(),c.getQualifierLength()));
34              System.out.println(" " +"值:" +new String(valueArray,
35                                  c.getValueOffset(), c.getValueLength()));
36          }
37              System.out.println("------------------------");
38      }
39      //关闭
40      table.close();
```

```
41      conn.close();
42  }
```

上述代码中,第 4 行代码创建一个表对象 table,并指定要扫描的数据表 t_phone_info;第 6 行代码创建一个全表扫描对象 scan;第 8~10 行代码通过表对象 table 调用 getScanner()方法扫描表中的所有数据,并将扫描到的所有数据存放入迭代器中;第 12~35 行代码遍历迭代器中的数据并打印到控制台输出;第 40、41 代码关闭表对象和连接对象,避免资源浪费。

运行 testScan()方法进行测试,IDEA 控制台输出的内容如图 8-10 所示。

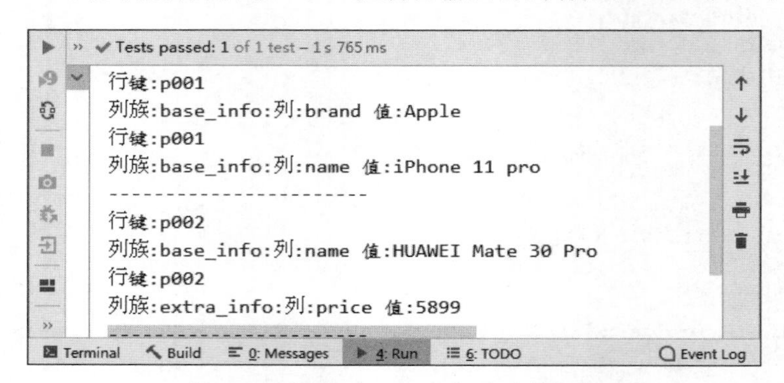


图 8-10 扫描 t_phone_info 表中的数据

从图 8-10 中可以看出,控制台把 t_phone_info 表中所有的数据都打印输出。

### 7. 删除指定列的数据

在 HBaseTest.Java 文件中,定义一个 testDel()方法用于删除 t_phone_info 表中行键为 p001 的数据,具体代码如下:

```
1   @Test
2   public void testDel() throws Exception {
3       //获取 table 对象
4       Table table = conn.getTable(TableName.valueOf("t_phone_info"));
5       //通过指定行键获取 delte 对象
6       Delete delete = new Delete("p001".getBytes());
7       //在 delete 对象中指定要删除的列族:列
8       delete.addColumn("base_info".getBytes(), "name".getBytes());
9       //执行删除操作
10      table.delete(delete);
11      //关闭
12      table.close();
13      conn.close();
14  }
```

上述代码中,第 4 行代码创建一个表对象 table,并指定要查看的数据表 t_phone_info;第 6~8 行代码创建一个删除对象 delete,并指定要删除行键为 p001、列族为 base_info、列为 name 的一条数据；第 10 行代码通过表对象 table 调用 delete()方法执行删除操作；第 12、13 行代码关闭表对象和连接对象，避免资源浪费。

运行 testDel()方法进行测试，然后在 HBase Shell 交互式页面执行 scan 't_phone_info' 命令，查看数据表 t_phone_info 中的数据，具体代码如下：

```
hbase(main):024:0>scan 't_phone_info'
ROW       COLUMN+CELL
p001      column=base_info:brand, timestamp=1585678402581, value=Apple
p002      column=base_info:name, timestamp=1585678402581, value=HUAWEI Mate 30 Pro
p002      column=extra_info:price, timestamp=1585678402581, value=5899
2  row(s) in 0.2660 seconds
```

从上述返回结果可以看出，行键为 p001、列族为 base_info 且列为 name 的一列数据没有显示出来，说明这一列数据被成功删除。

### 8. 删除表

在 HBaseTest.Java 文件中，定义一个 testDrop()方法用于删除 t_phone_info 表，具体代码如下：

```
1   @Test
2   public void testDrop() throws Exception {
3        //获取一个表的管理器
4        Admin admin =conn.getAdmin();
5        //删除表之前需要先禁用表(disable),然后在删除表(delete)
6        admin.disableTable(TableName.valueOf("t_phone_info"));
7        admin.deleteTable(TableName.valueOf("t_phone_info"));
8        //关闭
9        admin.close();
10       conn.close();
11  }
```

上述代码中，第 4 行代码创建一个表对象 table；第 6 行代码通过表对象 table 调用 disable()方法将表 t_phone_info 设置为禁用状态；第 7 行代码通过表对象 table 调用 deleteTable()方法执行删除表操作；第 9、10 行代码关闭表对象和连接对象，避免资源浪费。

运行 testDrop()方法进行测试，然后进入 HBase Shell 的交互式界面，执行 list 命令查看 HBase 数据库中的数据表，具体如下：

```
hbase(main):024:0>list
TABLE
0 row(s) in 0.0740 seconds
=>[]
```

从上述返回结果[ ]可以看出，数据库为空，因此可以说明数据表 t_phone_info 已经被成功删除。

## 8.6 本章小结

本章讲解了列式存储数据库 HBase 相关的知识。首先介绍 HBase,让读者认识 HBase 数据库;其次介绍 HBase 的数据模型,使得读者了解 HBase 的数据存储在行列式的表格中,并且还是一个多维度的映射模型;再次介绍 HBase 的架构,希望读者熟悉 HBase 的核心组件;接着介绍 HBase 的部署,希望读者务必要亲手实践并牢记 HBase 的部署;最后介绍 HBase 的基本操作,读者可以掌握通过 Shell 和 Java API 操作 HBase 数据库。通过阅读本章,读者可以快速、有效地了解 HBase,从而更好、更高效地使用 HBase。

## 8.7 课后习题

### 一、填空题

1. HBase 是一个________、高性能、________、可伸缩的分布式数据库。

2. HBase 是构建在________之上,并为 HBase 提供了高可靠的底层存储支持。

3. 当 MemStore 存储的数据达到一个阀值时,MemStore 里面的数据就会被刷新(flush)到 StoreFile 文件,这个阈值默认是________。

### 二、判断题

1. HBase 起源于 2006 年 Google 发表的 BigTable 论文。 (　　)

2. HBase 是基于行进行存储的。 (　　)

3. HBase 中,若有多个 HMaster 结点共存,则所有 HMaster 都提供服务。 (　　)

4. StoreFile 底层是以 HFile 文件的格式保存在 HDFS 上。 (　　)

### 三、选择题

1. 下列选项中,(　　)不属于 HBase 的特点。

A. 面向列　　B. 容量小

C. 多版本　　D. 扩展性

2. 下列选项中,HBase 是利用(　　)作为其文件存储系统。

A. MySQL　　B. GFS

C. HDFS　　D. MongoDB

3. HBase 官方版本不可以安装在(　　)操作系统上。

A. CentOS　　B. Ubuntu

C. RedHat　　D. Windows

### 四、简答题

简述 HBase 分布式数据库与传统数据库的区别。

## 五、编程题

通过 HBase 的 Java API 编程，实现以下的操作：

(1) 创建一张表名为 t_phone_info、列族名分别为 base_info 和 extra_info 的 HBase 数据表。

(2) 向创建好的 HBase 数据表中进行插入数据操作。

# 第9章

# 图形存储数据库Neo4j

**学习目标**

- 熟悉 Neo4j 概述
- 理解 Neo4j 的数据模型
- 掌握 Neo4j 的部署
- 掌握 Neo4j 的 Cypher 操作
- 掌握 Neo4j 的 Java API 操作

图形存储数据库也是 NoSQL 数据库的一种类型，它主要是应用图形理论存储实体之间的关系信息。常见的图形存储数据库有 Neo4j、FlockDB 以及 AllegroGrap。由于 Neo4j 数据库是目前最流行、稳定的图形存储数据库，因此，本章将针对 Neo4j 数据库的相关知识进行详细讲解。

## 9.1 Neo4j 概述

### 9.1.1 Neo4j 简介

Neo4j 公司从 2003 年开始研发 Neo4j 数据库，直到 2007 年 Neo4j 公司正式发布第一版本的 Neo4j 数据库，主要应用于商业领域。Neo4j 的源代码托管在 GitHub 上，技术支持托管在 Stack Overflow 和 Neo4j Google 讨论组上。目前为止，Neo4j 数据库已经被各种行业的数十万家公司和组织使用。

Neo4j 是一个高性能、高可靠性、可扩展、支持 ACID 事务的图数据库。Neo4j 数据库也可以被看作是一个高性能的图引擎，并且该引擎具有成熟数据库的所有特性。Neo4j 数据库是基于 Java 语言开发的，且是开源的，其主要应用图形理论来存储实体之间的关系信息，其中，实体被视为图形的"结点"(node)，关系被视为图形的"边"(edge)，"边"按照关系将"结点"进行连接。需要注意的是，Neo4j 数据库的数据是存储在网络上，而不是存储在数据表中；Neo4j 数据库使用的查询语言是 Cypher，类似关系数据库中的 SQL。

### 9.1.2 Neo4j 特点

Neo4j 数据库具有读写速度快、设计灵活、迭代敏捷、高可用性、易用性、资源丰富以及应用广泛等显著特点，具体介绍如下。

• 读写速度快。

Neo4j 数据库具有高效的读取和写入能力，这种能力与数据库的大小无关，无论是初始创建的数据库，还是已经存储了海量数据的数据库，Neo4j 始终能保持高效的读/写速度。

• 设计灵活。

由于 Neo4j 数据库没有模式结构定义的约束，并且图结构具有自然伸缩特性，这都给 Neo4j 数据库提供了无限广阔的灵活设计空间。无论是扩展设计，还是增加数据，都不会影响原来数据的正常使用。

• 迭代敏捷。

由于 Neo4j 数据库的灵活设计特性及其图结构数据的可伸缩性，使其能够适应业务需求的发展变化，并且适用于频繁迭代的敏捷开发。

• 高可用性。

Neo4j 数据库不仅支持完整的事务管理，还提供了实时在线的备份功能，以及应对灾难事故进行日志恢复的方法，从而可以防止数据的丢失，因此可以说 Neo4j 数据库是一个高可用的数据库。

• 易用性。

Neo4j 数据库在操作使用上是非常简单的，由于 Neo4j 数据库是用 Java 语言开发的，并且提供了多种语言 API，例如 Java、Python、PHP、.NET、Node.js 及 Ruby 等语言，因此，我们可以使用这些语言非常轻松地访问并操作 Neo4j 数据库。

• 资源丰富。

Neo4j 数据库的社区版滋生了一个非常活跃的社区（Neo4j 社区网址为 http://neo4j.com.cn/），在这个社区中，诸多开发者提供了非常丰富的使用 Neo4j 数据库的案例——GraphGists（教学案例网址为 https://neo4j.com/graphgists/），这是学习和使用 Neo4j 数据库的极好资源。我们可以通过对这些 GraphGists 的学习和交流，不仅可以拓展我们的思路，还可以让我们的开发工作变得更加简单容易，更能帮助我们快速地构建应用的商业模型。

• 应用广泛。

Neo4j 数据库拥有广大的用户群体，并且经过几年时间的运行实践，充分验证了它的稳定性和健壮性。国内外多家公司都在使用 Neo4j 数据库的过程中挖掘到了图数据库的巨大价值，并且创造出了蓬勃发展的商业模型。

### 9.1.3　Neo4j 应用场景

Neo4j 数据库常见的应用场景包括社区网络、推荐引擎、交通运输、物流管理、主数据管理、访问控制以及欺诈检测等场景，具体介绍如下。

• 社区网络。

在一个社区中，人与人之间具有亲属、同事、朋友等各种关系，而每个人又有不同的兴趣爱好，并且从事着不同的职业。若是社区很庞大，关系又纷纭复杂，那么使用一般的关系型数据库或其他 NoSQL 数据库来管理的话，是很难厘清这些数据及其关系的。如果将人、人与人之间的关系数据以结点和边的形式存储在 Neo4j 数据库中，并进行数据管理，这是一件极其容易的事情，并且可以将人与人之间的关系描述得脉络清楚。

- 推荐引擎。

由社区网络的数据进行一定的累积和沉淀，就可以引申出一个推荐引擎。例如，在一个电影社区中，若可以统计观众的观影数据(即电影院、影片类型以及影评等数据)，我们就能够做一个电影社区推荐引擎，从而让这些数据产生不可估量的商业价值。例如，当前有哪几部电影是被观众所追捧的，而这些电影还有哪些观众没有观看，在已观看的观众之中，哪些观众是比较活跃的，哪些是具有朋友关系的，这样的话，我们就可以将这几部电影对各个群体进行有目的的推荐。对于电影院来说，这无疑是一种商业价值。

- 交通运输。

目前，世界上拥有庞大的交通系统，如航运、海运、铁路运输以及公路运输等，任何一种运输系统都连接着世界各地，大到全球、全国运输，小到地区、城市运输，这其中的运输工具、线路、站点以及班次、调度等各种数据，是非常庞大而又纷繁复杂的。若将这些数据存储在 Neo4j 数据库中，就会显得脉络清晰、井然有序。由于图的数据结构可以很好地体现这种数据的特性，通过图的遍历算法能够很快地计算出从一个站点到另一个站点的最短路径。

- 物流管理。

物流管理是交通网络的一个具体应用。对于一个大型的物流系统来说，几秒钟就有可能增加成百上千个包裹。在一个城市中，一个个包裹将分布于不同的区域和街道之中，若要使包裹尽快地送达用户手中，那么就需要在包裹分拣中心找出每一个包裹配送的最短路径，然后将它分配到不同的配送点，这时 Neo4j 数据库就可以发挥它的作用了。

- 主数据管理。

对于一些结构化数据，例如客户资料、组织数据、产品数据等，若使用 Neo4j 来存储和管理的话，则可以很好地避免数据僵化，并且可以让数据具有实时价值。无论是自上而下的查询，还是使用遍历，都可以保持高效的查询性能。若使用 Neo4j 数据库的灵活属性管理数据，还可以使数据能适应组织及产品结构的变迁和演化。

- 访问控制。

若是一个拥有成千上万用户的大型平台，并且该平台中有成倍的资源，那么对于这些资源的访问，就必须有一个高效的控制系统，用于控制用户对资源的访问权限。这时，我们可以使用 Neo4j 数据库来处理这些关联数据以实现访问控制。

- 欺诈检测。

若涉及银行卡、信用卡的欺诈交易，或者电信诈骗事项，我们可以通过使用关联数据厘清一个账号或一个电话号码的关系和行为，从而很容易地在这些关系和行为中找出某种异常举动，因此可以很快地检测出欺诈或诈骗行为。使用 Neo4j 数据库建立欺诈检测系统或使用关联数据来进行预测等做法，都是很不错的选择。

总而言之，Neo4j 数据库不但可以很好地管理繁杂的关联数据，也能适应大规模数据的增长，还能连接不同领域的数据，从而提供最全面和最快的实时反应速度。

## 9.2 Neo4j 的数据模型

Neo4j 的数据模型是遵循属性图模型来存储和管理数据的。下面，通过一张图介绍 Neo4j 的数据模型，具体如图 9-1 所示。

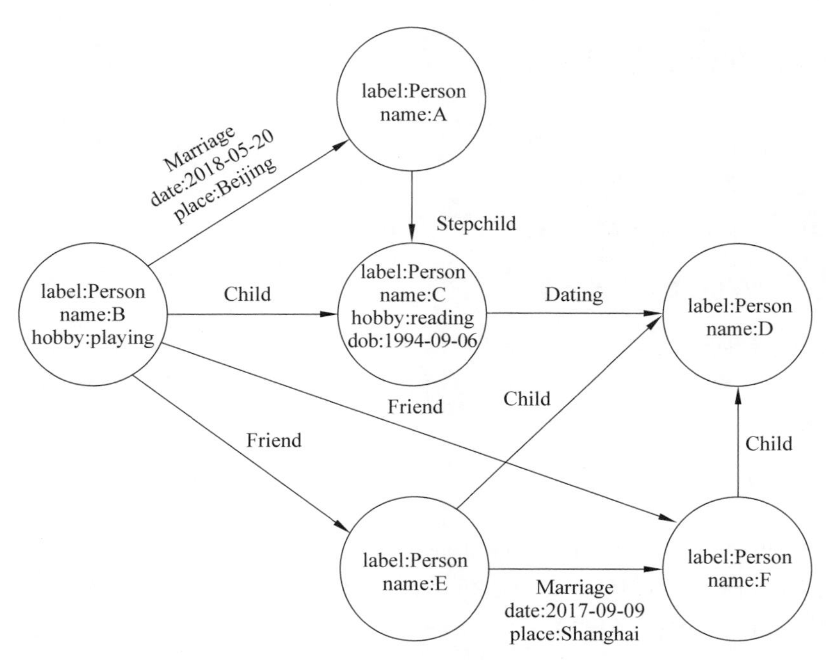


**图 9-1　Neo4j 的数据模型**

从图 9-1 中可以看出，Neo4j 数据模型是由顶点（vertex）、边（edge）、标签（lable）、关系类型以及属性（property）组成的有向图。下面，针对 Neo4j 数据模型的组成元素进行详细介绍，具体如下。

- 顶点。

图 9-1 中的顶点是使用圆来表示的，顶点也可称为结点（node），所有的结点都是独立存在的。

- 边。

图 9-1 中的边是使用有向箭头表示的，边也可称为关系（relationship），关系是通过关系类型进行分组的，类型相同的关系则属于同一个集合，因此关系类型是必须要设置的，并且只能设置一个。需要注意的是，关系是有方向性的（即通过有向箭头标识方向，若是双向关系则通过两个相反的箭头标识），关系的两端是起始结点和结束结点。

- 标签。

图 9-1 中的标签是使用 label 表示的，标签类似于结点的类型，我们可以为结点设置任意个标签，若结点拥有相同的标签，则结点属于同一个集合（或同一种类型）。

- 关系类型。

图 9-1 中的关系类型是使用 Child（子女）、Friend（朋友）以及 Stepchild（继子或继女）等表示的，关系类型主要用于标记关系的类型，多个关系可以有相同的关系类型。

- 属性。

图 9-1 中的属性是使用键值对表示的，即“name：A”“hobby：playing”以及“place：Shanghai”用于表示结点或关系的属性。每个结点或关系可以拥有一个或多个属性。

# 9.3 Neo4j 的部署

Neo4j 是一个开源、跨平台的数据库，因此 Neo4j 数据库可以运行在 Windows、Linux、Mac OS 等多个平台上，为我们提供数据库服务。在不同的操作系统平台上，Neo4j 的部署也会有所不同。本节，我们将详细讲解 Neo4j 数据库基于 Windows 平台和 Linux 平台的部署。

## 9.3.1 基于 Windows 平台

由于 Neo4j 数据库是用 Java 语言开发的，并且该数据库的安装与使用依赖 Java 环境，因此在安装 Neo4j 数据库之前，需要先安装并配置好 JDK。基于 Windows 平台的 Neo4j 部署的具体步骤如下。

### 1. JDK 的下载和安装

(1) 访问 https://www.oracle.com/java/technologies/javase-downloads.html，进入 JDK 版本选择界面，下载 JDK 安装包。本书下载的是 jdk 1.11 版本，即 jdk-11.0.6_windows-x64_bin.exe 可执行程序。（注意：本书会提供 jdk-11.0.6_windows-x64_bin.exe 可执行程序）。

(2) 双击下载的 JDK 安装包 jdk-11.0.6_windows-x64_bin.exe 进行安装，并将 JDK 的安装路径即 bin 目录(JAVA_HOME 和 Path 路径)添加至系统环境变量中。

(3) 在 Windows 的 DOS 窗口执行 java -version 命令，查看 JDK 是否安装成功，效果如图 9-2 所示。

```
管理员: C:\Windows\system32\cmd.exe
Microsoft Windows [版本 6.1.7601]
版权所有 (c) 2009 Microsoft Corporation。保留所有权利。

C:\Users\admin>java -version
java version "11.0.6" 2020-01-14 LTS
Java(TM) SE Runtime Environment 18.9 (build 11.0.6+8-LTS)
Java HotSpot(TM) 64-Bit Server VM 18.9 (build 11.0.6+8-LTS, mixed mode)

C:\Users\admin>
```

图 9-2 查看 JDK 版本

从图 9-2 中可以看出，JDK 的版本号为 11.0.6，说明 JDK 安装成功。

### 2. Neo4j 的下载和安装

(1) 访问 Neo4j 官网 https://neo4j.com/download-center/，进入 Neo4j 版本选择界面，选择要下载的 Neo4j 版本，具体如图 9-3 所示。

从图 9-3 中可以看出，Neo4j 数据库的版本分为企业版、社区版以及桌面版，企业版需要收费，社区版免费开源，桌面版需要激活码激活。由于编写教材时的最新版本为 4.0.3，因此这里选择的是社区版的 Neo4j 4.0.3。单击 Community Server 选项卡，选择 Neo4j 4.0.3 (zip)安装包进行下载，如图 9-4 所示。（注意：本书提供 neo4j-community-4.0.3-windows.zip 安装包）。下载的 Neo4j 安装包如图 9-5 所示。

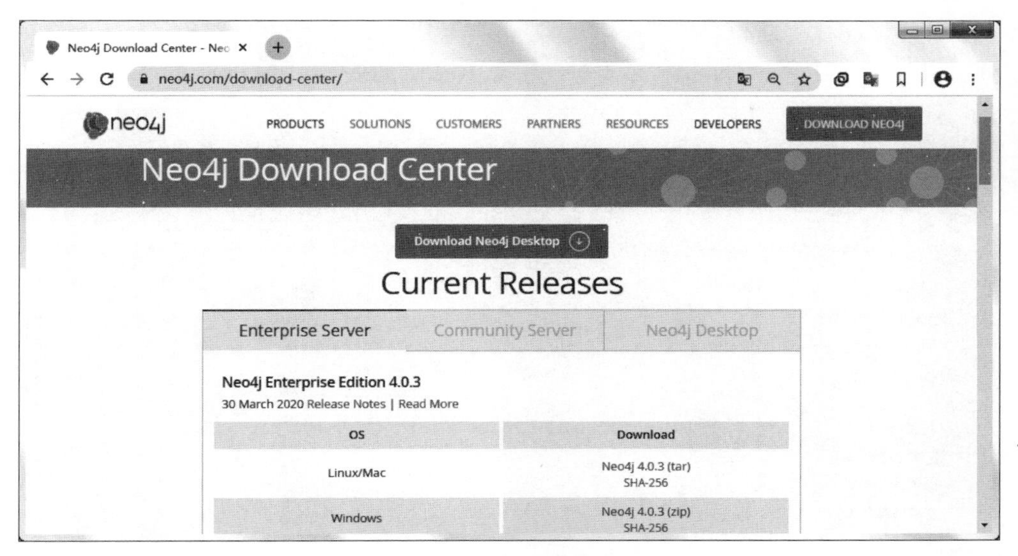


图 9-3　Neo4j 版本选择界面

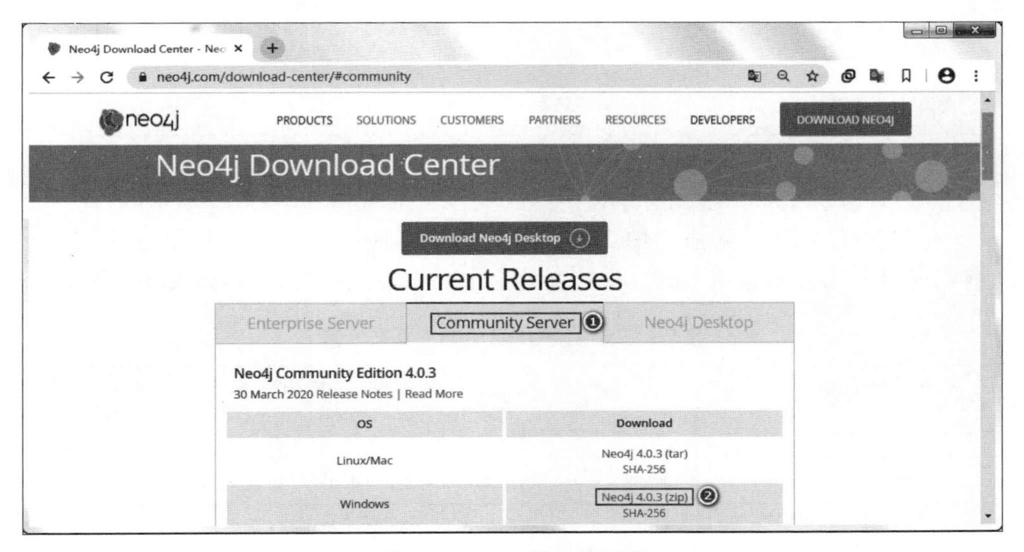


图 9-4　Neo4j 版本的下载

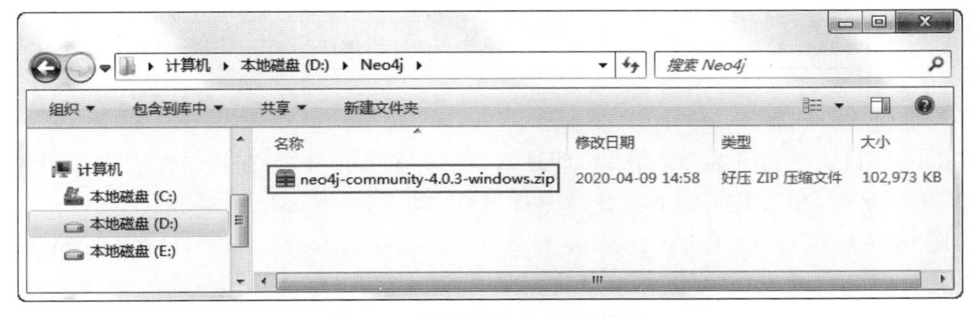


图 9-5　下载好的 Neo4j 安装包

(2) 解压 Neo4j 安装包。

通过解压图 9-5 中的 Neo4j 安装包,完成 Neo4j 的安装。解压后的 Neo4j 如图 9-6 所示。

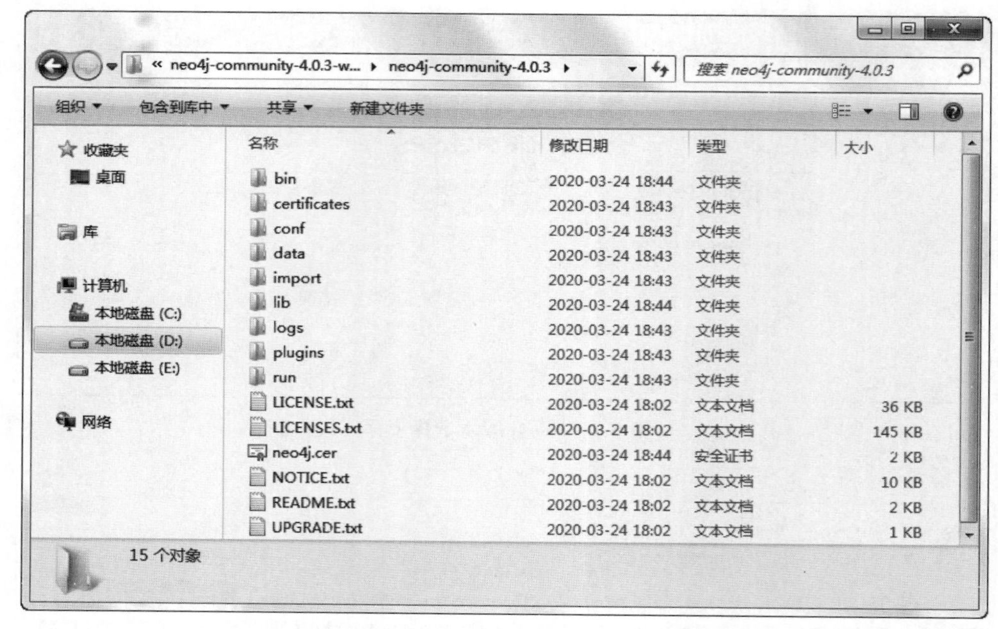


图 9-6 解压后的 Neo4j

从图 9-6 中可以看出,解压后的 Neo4j 包含 9 个文件夹、5 个文件以及一个安全证书。下面,我们通过一张表来介绍 Neo4j 安装文件夹中的主要文件夹,具体如表 9-1 所示。

表 9-1 Neo4j 解压包中的主要文件夹

| 文件夹名称 | 相关说明 |
| --- | --- |
| bin | 存放 Neo4j 的可执行程序 |
| conf | 存放 Neo4j 启动的相关配置文件 |
| data | 存放 Neo4j 数据库的核心文件 |
| lib | 存放 Neo4j 所依赖的 jar 包 |
| logs | 存放 Neo4j 的日志文件 |
| plugins | 存放 Neo4j 的插件 |

(3) 启动 Neo4j 服务。

在 Neo4j 目录下打开命令行窗口,即进入 Neo4j 的 bin 目录,在目录栏中输入 cmd 提示符,并按 Enter 键,在当前路径下打开命令行窗口,如图 9-7 所示。

在图 9-7 中,执行 neo4j.bat console 命令,启动 Neo4j,若命令行窗口中出现 Started,则说明 Neo4j 服务启动成功,如图 9-8 所示。

从图 9-8 中可以看出,命令行窗口出现了 Started,因此说明我们成功启动了 Neo4j 服

```
管理员: C:\Windows\System32\cmd.exe
Microsoft Windows [版本 6.1.7601]
版权所有 (c) 2009 Microsoft Corporation。保留所有权利。

D:\Neo4j\neo4j-community-4.0.3-windows\neo4j-community-4.0.3\bin>
```

图 9-7　命令行窗口

```
管理员: C:\Windows\System32\cmd.exe - neo4j.bat  console
Microsoft Windows [版本 6.1.7601]
版权所有 (c) 2009 Microsoft Corporation。保留所有权利。

D:\Neo4j\neo4j-community-4.0.3-windows\neo4j-community-4.0.3\bin>neo4j.bat conso
le
2020-04-09 09:22:36.698+0000 INFO  ======== Neo4j 4.0.3 ========
2020-04-09 09:22:36.705+0000 INFO  Starting...
2020-04-09 09:22:42.240+0000 INFO  Bolt enabled on localhost:7687.
2020-04-09 09:22:42.241+0000 INFO  Started.
2020-04-09 09:22:43.815+0000 INFO  Remote interface available at http://localhos
t:7474/
```

图 9-8　启动 Neo4j 服务的效果

务。若要关闭 Neo4j 服务，只要关闭命令行窗口即可。

（4）通过 Web UI 界面访问 Neo4j 数据库。

通过浏览器访问网页 http://localhost：7474/（本地 IP＋端口号），进入 Neo4j 数据库的 Web UI 界面，如图 9-9 所示。

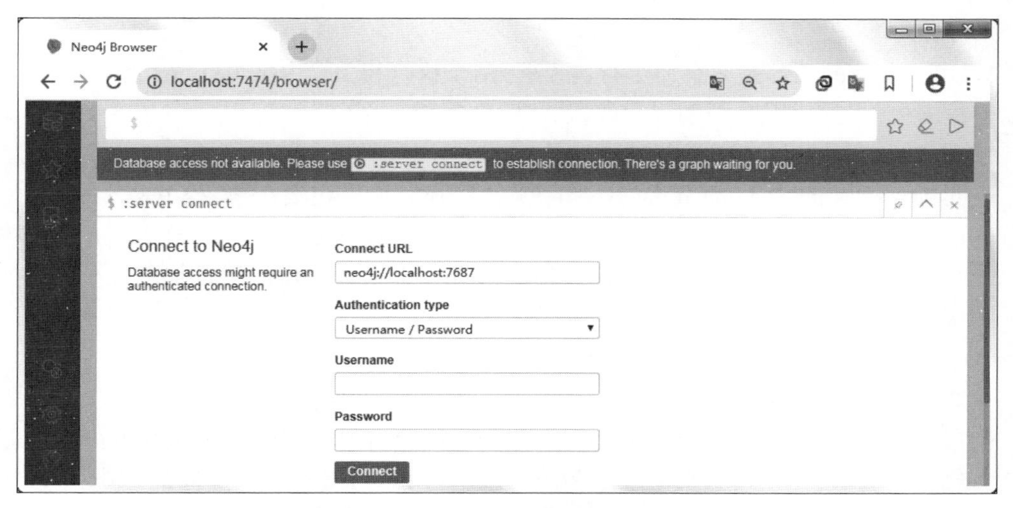


图 9-9　Neo4j 数据库的登录界面

从图 9-9 中可以看出，第一次访问 Neo4j 数据需要输入用户名和密码，默认用户名和密码均为 neo4j。单击 Connect 按钮，连接数据库。若连接成功，会要求修改登录密码。这里将登录密码修改为 itcast，然后单击 Change password 按钮，修改密码并进入 Neo4j 数据库的 Web UI 主界面。Neo4j 数据库的 Web UI 界面如图 9-10 所示。

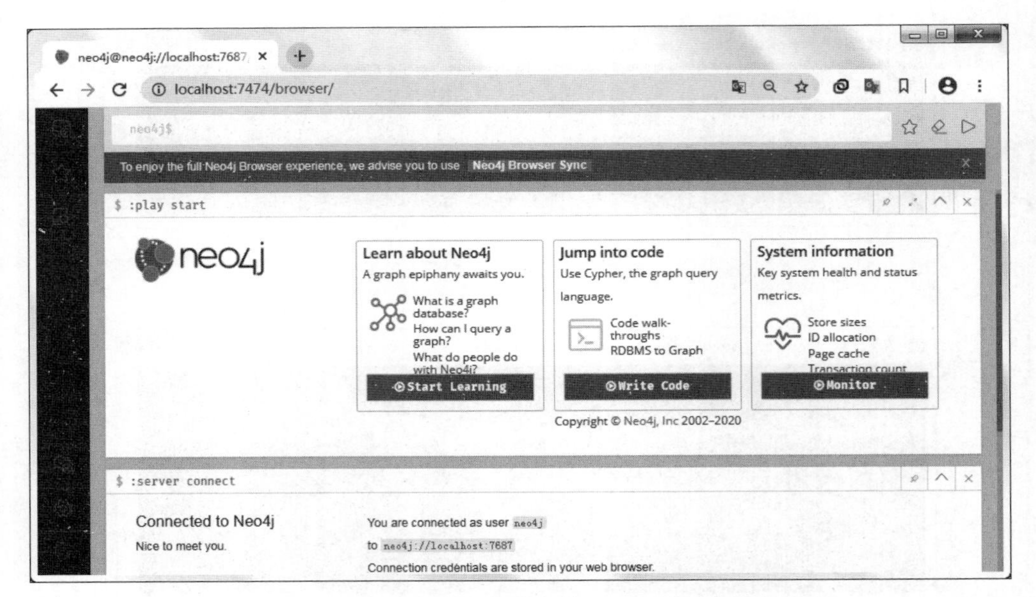


**图 9-10 Neo4j数据库的 Web UI 界面**

从图9-10中的"You are connected as user neo4j to neo4j://localhost: 7687"可以看出,我们成功访问到Neo4j数据库。Web UI界面主要是由如下4个部分组成。

• 左侧。

Web UI界面的左侧是一个工具栏面板,面板上有6个按钮,从上往下分别表示数据库、收藏、文档、云服务、浏览器设置、关于Neo4j。

• 顶部。

WebUI界面的顶部是一个命令行输入框,用于执行相关命令或Cypher查询语句,命令行输入框右侧有三个按钮,分别表示收藏、清除和执行操作。

• 中部。

Web UI界面的中间部分是Neo4j的主界面,一共包含三个模块,分别是Start Learning、Write Code、MonitorNeo4j,其中Start Learning用于学习和了解Neo4j的基本概念,Write Code用于创建官方引导实例,Monitor用于监控数据库的运行状态。

• 底部。

WebUI界面的底部是Neo4j数据库连接的相关信息。

至此,我们完成了基于Windows平台部署Neo4j数据库。

**脚下留心**:启动Neo4j服务之前,若没有将neo4j.ps1文件中Import-Module的路径修改为绝对路径(默认是相对路径),则会出现"Import-Module:未能加载指定的模块'\Neo4j-Management.psd1',因为在任何模块目录中都没有找到有效模块文件"报错信息,具体如图9-11所示(展示部分报错信息)。

解决方法:首先进入Neo4j解压包的bin目录下,然后找到并编辑文件neo4j.ps1,即修改Import-Module的路径,将默认的$PSScriptRoot\Neo4j-Management.psd1路径改为D:\Neo4j\neo4j-community-4.0.3-windows\neo4j-community-4.0.3\bin\Neo4j-Management.psd1路径,保存并关闭文件neo4j.ps1,最后重启Neo4j服务即可。若安装的JDK版本不是

```
管理员: C:\Windows\System32\cmd.exe
D:\Neo4j\neo4j-community-4.0.3-windows\neo4j-community-4.0.3\bin>neo4j.bat conso
le
Import-Module : 未能加载指定的模块"\Neo4j-Management.psd1"，因为在任何模块目
录中都没有找到有效模块文件。
所在位置 D:\Neo4j\neo4j-community-4.0.3-windows\neo4j-community-4.0.3\bin\neo4j
.ps1:27 字符: 14
+ Import-Module <<<<  "$PSScriptRoot\Neo4j-Management.psd1"
    + CategoryInfo          : ResourceUnavailable: (\Neo4j-Management.psd1:Str
   ing) [Import-Module], FileNotFoundException
    + FullyQualifiedErrorId : Modules_ModuleNotFound,Microsoft.PowerShell.Comm
   ands.ImportModuleCommand
```

**图 9-11　启动 Neo4j 服务的报错信息**

1.11 以上，而是 1.8.0 版本，则会出现警告信息"ERROR! Neo4j cannot be started using java version 1.8.0_151"，如图 9-12 所示。

```
管理员: C:\Windows\System32\cmd.exe
Microsoft Windows [版本 6.1.7601]
版权所有 (c) 2009 Microsoft Corporation。保留所有权利。

D:\Neo4j\neo4j-community-4.0.3-windows\neo4j-community-4.0.3\bin>neo4j.bat conso
le
警告: ERROR! Neo4j cannot be started using java version 1.8.0_151
警告: * Please use Oracle(R) Java(TM) 11, OpenJDK(TM) 11 to run Neo4j Server.
* Please see https://neo4j.com/docs/ for Neo4j installation instructions.
Invoke-Neo4j : This instance of Java is not supported
所在位置 D:\Neo4j\neo4j-community-4.0.3-windows\neo4j-community-4.0.3\bin\neo4j
.ps1:29 字符: 19
+ Exit (Invoke-Neo4j <<<<  -Verbose:$Arguments.Verbose -Command $Arguments.Args
AsStr)
    + CategoryInfo          : NotSpecified: (:) [Write-Error], WriteErrorExcep
   tion
    + FullyQualifiedErrorId : Microsoft.PowerShell.Commands.WriteErrorExceptio
   n,Invoke-Neo4j


D:\Neo4j\neo4j-community-4.0.3-windows\neo4j-community-4.0.3\bin>
```

**图 9-12　JDK 版本太低导致 Neo4j 服务启动不成功**

从图 9-12 中可以看出，Neo4j 版本为 4.0 以上，则需要 JDK 的版本为 1.11 以上才可启动成功，因此需要重新修改并配置 JDK 环境。若读者已安装 JDK，并且版本为 1.11 以下，则需要将系统变量 JAVA_HOME 的参数值改为 JDK 1.11 的安装路径即可。由于本书 JDK 1.11 安装的路径是 E:\software\window\java\jdk-11.0.6，因此 JAVA_HOME 的参数值为 E:\software\window\java\jdk-11.0.6，这样的话，我们就成功将低版本的 JDK 改为高版本的 JDK。

## 9.3.2　基于 Linux 平台

由于 root 用户拥有的权限很大，出于系统安全的考虑，需要新建一个普通用户操作 Neo4j 数据库，因此基于 Linux 平台部署 Neo4j 之前，需要新建一个用户 user_neo4j，并对其进行授权。本教材在服务器 nosql01 上部署 Neo4j 数据库(注意：由于社区版 Neo4j 不支持集群部署，因此我们只在服务器 nosql01 上部署 Neo4j)，关于用户 user_neo4j 的新建和授权操作可参考第 3 章 3.1.2 节内容，这里不再赘述。

### 1. JDK的下载安装

(1) 通过访问 https://www.oracle.com/java/technologies/javase-downloads.html 进入JDK版本选择界面,下载JDK安装包。本书下载的是jdk 1.11版本,即jdk-11.0.6_linux-x64_bin.tar.gz安装包。(注意:本书会提供jdk-11.0.6_linux-x64_bin.tar.gz安装包)。

(2) 上传并解压JDK安装包,通过SecureCRT工具将JDK安装包上传至服务器nosql01的/opt/software/目录下,并修改安装包的用户和用户组权限为user_neo4j,然后解压到/opt/servers/neo4j_demo目录(注意:需要提前将neo4j_demo目录的用户和用户组权限改为user_neo4j)。解压安装包的命令如下:

```
$tar -zxvf jdk-11.0.6_linux-x64_bin.tar.gz -C /opt/servers/neo4j_demo/
```

执行上述指令,解压完JDK安装包后,进入/opt/servers/neo4j_demo目录,如果觉得解压后的文件夹名称过长,可以对文件夹进行重命名,具体命令如下:

```
$mv jdk-11.0.6/ jdk
```

(3) 配置JDK环境变量。

安装完JDK后,还需要配置JDK环境变量。这里是将JDK添加到user_neo4j用户的环境变量中,执行vi ~/.bash_profile命令,打开.bash_profile文件,在文件底部添加如下内容即可。

```
#配置 JDK 环境变量
export JAVA_HOME=/opt/servers/neo4j_demo/jdk
export PATH=$PATH:$JAVA_HOME/bin
export CLASSPATH=.:$JAVA_HOME/lib/dt.jar:$JAVA_HOME/lib/tools.jar
```

在.bash_profile文件中配置上述JDK环境变量后(注意JDK路径),保存退出。然后,断开SecureCRT连接,再进行重新连接,最后执行source ~/.bash_profile命令,使配置文件生效。

(4) JDK环境验证。

在完成JDK的安装和配置后,为了检测安装效果,可以输入如下命令进行验证。

```
$java -version
```

执行上述命令后,如出现如图9-13所示的效果,则说明JDK安装和配置成功。

### 2. Neo4j的下载安装

(1) 通过访问Neo4j官网 https://neo4j.com/download-center/ 下载Neo4j,本教材下载的是社区版Neo4j 4.0.3。(注意:本书会提供neo4j-community-4.0.3-unix.tar.gz安装包)。

(2) 上传并解压Neo4j安装包,通过SecureCRT工具将Neo4j安装包上传至服务器nosql01的/opt/software/目录下,然后解压到/opt/servers/neo4j_demo目录。解压安装包

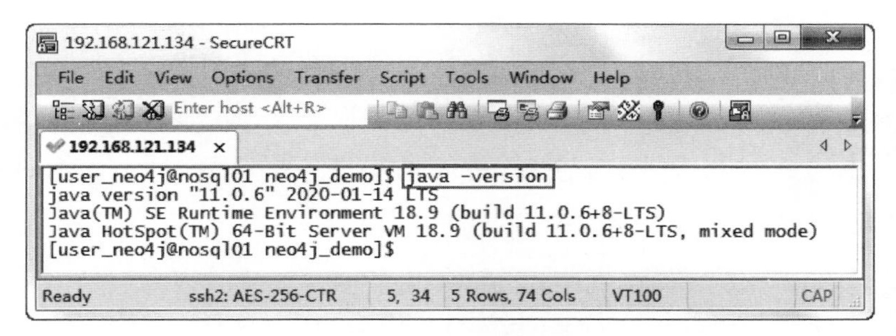


**图 9-13　JDK 环境验证**

的具体命令如下：

```
$sudo tar -zxvf neo4j-community-4.0.3-unix.tar.gz -C /opt/servers/neo4j_demo/
```

执行上述指令，解压完 Neo4j 安装包后，进入/opt/servers/neo4j_demo 目录，将 Neo4j 安装目录修改为 user_neo4j 的用户和用户组权限，如果觉得解压后的文件夹名称过长，可以执行 mv neo4j-community-4.0.3 neo4j-4.0.3 命令对文件夹进行重命名。

(3) 配置 Neo4j 环境变量。

安装 Neo4j 后，还需要配置 Neo4j 环境变量。这里将 Neo4j 添加到 user_neo4j 用户的环境变量中，执行 vi ～/.bash_profile 命令，打开.bash_profile 文件，在文件底部添加如下内容：

```
#配置 Neo4j 环境变量
export NEO4J_HOME=/opt/servers/neo4j_demo/neo4j-4.0.3
export PATH=$PATH:$NEO4J_HOME/bin
```

在.bash_profile 文件中配置上述 Neo4j 环境变量后(注意 Neo4j 路径)，保存退出即可。然后，执行 source ～/.bash_profile 命令，使配置文件生效。

(4) 启动 Neo4j 服务。

启动 Neo4j 服务的方式共有两种，即前台启动 Neo4j 服务和后台启动 Neo4j 服务，这两种启动方式介绍如下：

① 前台启动 Neo4j 服务。

通过执行 neo4j console 命令，前台启动 Neo4j 服务，若 Neo4j 服务端窗口出现 Started，则说明 Neo4j 服务启动成功，如图 9-14 所示。

从图 9-14 中可以看出，Neo4j 服务端窗口出现了 Started，因此说明我们成功启动了 Neo4j 服务。若要关闭 Neo4j 服务，只要按组合键 Ctrl＋C 关闭服务端窗口即可。

② 后台启动 Neo4j 服务。

通过执行 neo4j start 命令，后台启动 Neo4j 服务。再执行 neo4j status 命令，查看 Neo4j 服务的状态，效果如图 9-15 所示。

从图 9-15 中可以看出，执行 neo4j status 命令后，出现了 Neo4j is running at pid 2691，因此说明我们成功启动 Neo4j 服务。若要关闭 Neo4j 服务，可以执行 neo4j stop 命令，关闭 Neo4j 服务即可。

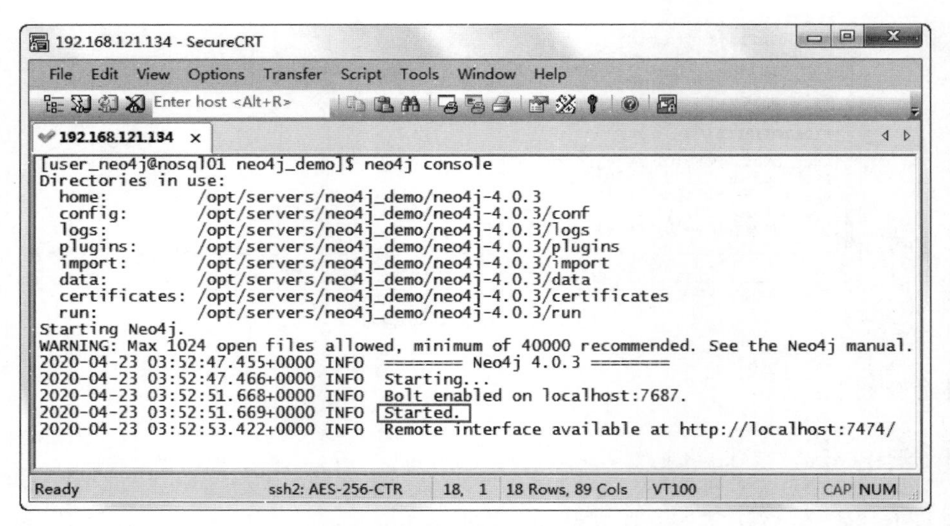


图 9-14　前台启动 Neo4j 服务

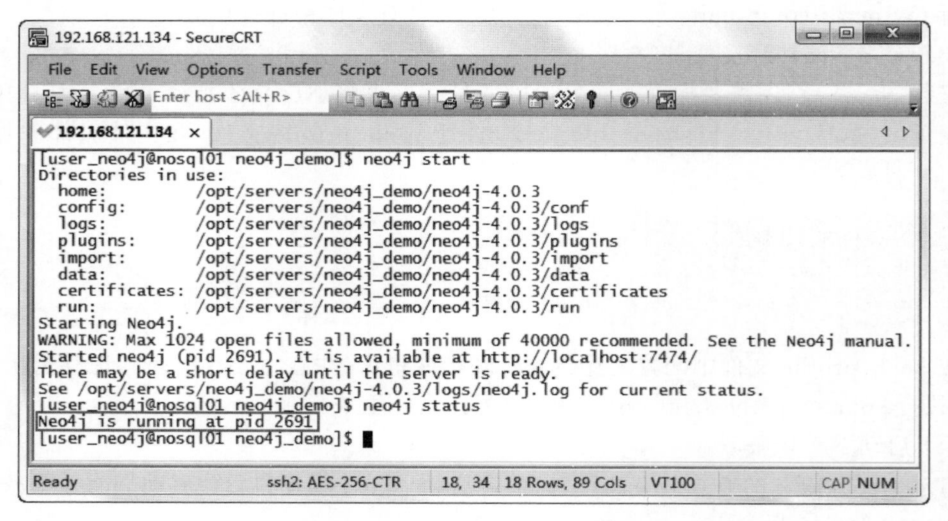


图 9-15　后台启动 Neo4j 服务

(5) 通过 Web UI 界面访问 Neo4j 数据库。

通过浏览器访问网站 http://192.168.121.134:7474/或 http://nosql01:7474/，进入 Neo4j 的 Web UI 界面。访问前，先修改/opt/servers/neo4j_demo/neo4j-4.0.3/conf/目录下的配置文件 neo4j.conf，将 # dbms.default_listen_address=0.0.0.0 和 # dbms.default_advertised_address=localhost 中的注释符 # 去掉，并指定主机 IP，这里的主机 IP 是 192.168.121.134；再执行 neo4j restart 命令，重启 Neo4j 服务；然后访问网站并进入 Web UI 界面。Neo4j 数据库的登录界面如图 9-16 所示。

从图 9-16 中可以看出，第一次访问 Neo4j 数据需要输入用户名和密码，默认用户名和密码均为 neo4j。单击 Connect 按钮，连接数据库。若连接成功，则会要求修改登录密码，这里将登录密码修改为 itcast，然后单击 Change password 按钮，修改密码并进入 Neo4j 数据

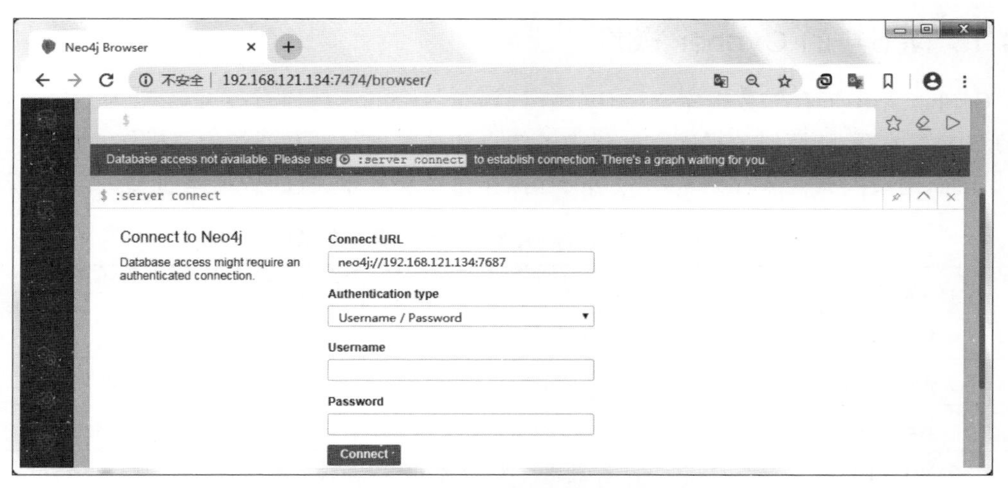


图 9-16　Neo4j 数据库的登录界面

库的 Web UI 主界面。Neo4j 数据库的 Web UI 界面如图 9-17 所示。

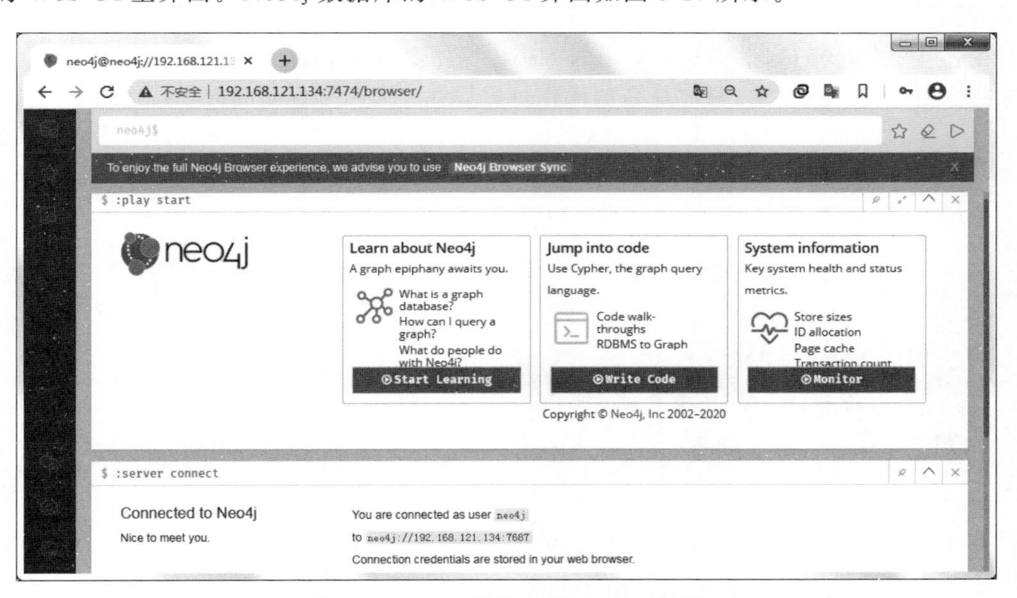


图 9-17　Neo4j 数据库的 Web UI 界面

从图 9-17 中的"You are connected as user neo4j to neo4j://192.168.121.134:7687"可以看出，我们成功访问到 Neo4j 数据库。

## 9.4　Neo4j 的操作

操作 Neo4j 常用的方式有两种，一种是 Cypher 查询语言，另一种是 Java API。接下来，本节将针对这两种方式进行详细讲解。

## 9.4.1 Neo4j 的 Cypher 操作

Cypher 是图形存储数据库 Neo4j 的查询语言，Cypher 是通过模式匹配 Neo4j 数据库中的结点和关系，从而对数据库 Neo4j 中的结点和关系进行一系列的相关操作。

下面，通过一张表来介绍常用的 Neo4j 操作命令及其相关说明，具体如表 9-2 所示。

表 9-2 常用的 Neo4j 操作命令及其相关说明

| 操作命令 | 相关说明 |
| --- | --- |
| CREATE | 创建结点、关系 |
| MATCH | 查找所有符合给定模式的结点、关系以及属性数据 |
| RETURN | 返回查询结果 |
| WHERE | 过滤条件，筛选出符合条件的数据 |
| DELETE | 永久删除结点和关系 |
| REMOVE | 删除结点的属性 |

在表 9-2 中，我们列举了 6 个常用的 Neo4j 操作命令。下面，我们通过结合具体的示例对这些命令进行详细讲解，具体命令的操作过程均在 Web UI 界面的命令行进行。

### 1. CREATE 命令

使用 CREATE 命令创建结点、关系，具体语法如下：

```
#创建带有标签的结点
CREATE (<node-name>:<label-name>)
#创建带有标签、属性的结点
CREATE (<node-name>:<label-name>{<property-name>:<property-value>})
#创建带有标签的关系
CREATE (<node1-name>:<label1-name>)-[(<relationship-name>:<relationship-label-name>)]
    ->(<node2-name>:<label2-name>)
```

上述语法中，CREATE 是创建结点、关系的命令；<node-name>表示结点名称，Neo4j 使用此名称将该结点的详细信息存储在 Database.As 中，用作 Neo4j 数据库管理(注意：不能使用结点名称来访问结点的详细信息)；<label-name>表示标签名称，是内部结点名称的别名(注意：可使用标签名称访问结点的详细信息)；<property-name>表示属性名；<property-value>表示属性值；<relationship-name>表示关系；<relationship-label-name>表示关系的标签。

下面，我们演示创建一个结点 p，其中标签为 Person，属性分别为“name、age、hobby”，属性值分别为“Bob、22、go dancing”，具体如下：

```
$create (p:Person{name:'Bob',age:22,hobby:'go dancing'})
```

执行上述命令后，Web UI 界面的控制台返回“Added 1 label, created 1 node, set 3 properties, completed after 2 ms."信息，说明我们新增一个标签、创建一个结点，并设置了三个属性。

下面，我们演示创建标签为 Likes 的关系 friend，其中起始结点为 Jac、属性 name 为 Jack，结束结点为 Emm、属性 name 为 Emma，具体如下：

```
$create (Jac:Person{name:'Jack'})-[friend:Likes]->(Emma:Person{name:'Emma'})
```

执行上述命令后，Web UI 界面的控制台返回"Added 2 labels, created 2 nodes, set 2 properties, created 1 relationship, completed after 9 ms."信息，说明我们新增两个标签、创建两个结点、设置两个属性、创建一个关系（注意：标签 Person 是结点的标签；标签 Likes 是关系的标签）。

### 2. MATCH 命令

使用 MATCH 命令查找所有符合给定模式的结点、关系以及属性数据，具体语法如下：

```
MATCH (<node-name>:<label-name>)
```

上述语法中，MATCH 是用于查找所有符合给定模式的结点、关系以及属性数据的命令；<node-name>表示结点名称；<label-name>表示标签名称。

下面，我们演示查找数据库中标签为 Person 的结点 p 的详细信息，具体如下：

```
$match (p:Person)
```

执行上述命令后，查看 Web UI 界面控制台的返回结果，具体如图 9-18 所示。

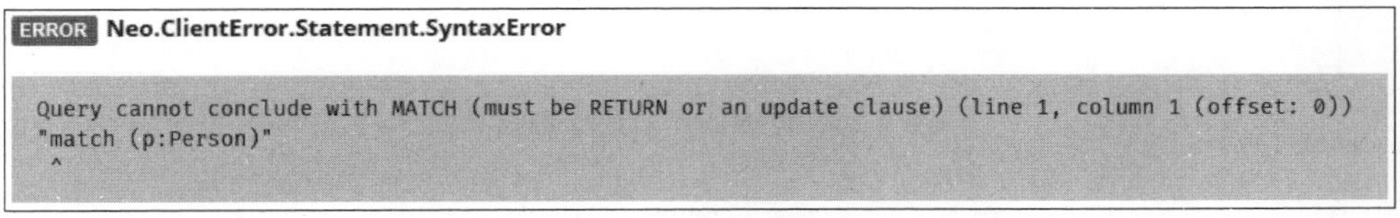

```
ERROR Neo.ClientError.Statement.SyntaxError

Query cannot conclude with MATCH (must be RETURN or an update clause) (line 1, column 1 (offset: 0))
"match (p:Person)"
 ^
```

**图 9-18　执行 match 命令的报错信息**

从图 9-18 中可以看出产生了语法错误，若要使用 MATCH 命令，则需要与 RETURN 命令或更新命令结合使用。

### 3. RETURN 命令

RETURN 命令返回查询结果，具体语法如下：

```
RETURN (<node-name>:<property-name>)
```

上述语法中，RETURN 是用于返回查询结果的命令；<node-name>表示结点名称；< property -name>表示属性名。

下面，我们演示返回属性为 age 的结点 p 的所有信息，具体如下：

```
$return p.age
```

执行上述命令后，查看 Web UI 界面控制台的返回结果，具体如图 9-19 所示。

```
ERROR Neo.ClientError.Statement.SyntaxError

Variable `p` not defined (line 1, column 8 (offset: 7))
"return p.age"
        ^
```

图 9-19 执行 return 命令报错

从图 9-19 中可以看出产生了语法错误，若要使用 RETURN 命令，则需要与 METCH 命令或 CREATE 命令结合使用。

下面，我们演示查询数据库中结点 p 的详细信息，具体如下：

```
$match (p:Person) return p.name,p.age,p.hobby
```

执行上述命令后，查看 Web UI 界面控制台的返回结果，具体如图 9-20 所示。

neo4j$ match (p:Person) return p.name,p.age,p.hobby

| p.name | p.age | p.hobby |
|---|---|---|
| "Bob" | 22 | "go dancing" |
| "Jack" | null | null |
| "Emma" | null | null |

图 9-20 查询结点 p 的详细信息

从图 9-20 中可以看出，结点 p 拥有三个属性，分别为 name、age、hobby，属性值有三行，分别为 Bob、22、go dancing，Jack、null、null，Emma、null、null。若要使用 RETURN 命令，则需要与 METCH 命令或 CREATE 命令结合使用。

下面，我们演示查询数据库中所有结点的详细信息，具体如下：

```
$match (n) return n
```

执行上述命令后，查看 Web UI 界面控制台的返回结果，具体如图 9-21 所示。

从图 9-21 中可以看出，Neo4j 数据库中拥有三个结点，分别为 Jack、Emma、Bob，其中 Emma 和 Jack 是 Likes 关系。若要查看各个结点的属性和标签，则可以单击选中的结点进行查看，结点的信息会在控制台的最底部显示。

#### 4. WHERE 命令

使用 WHERE 命令查询符合条件的数据，具体语法如下：

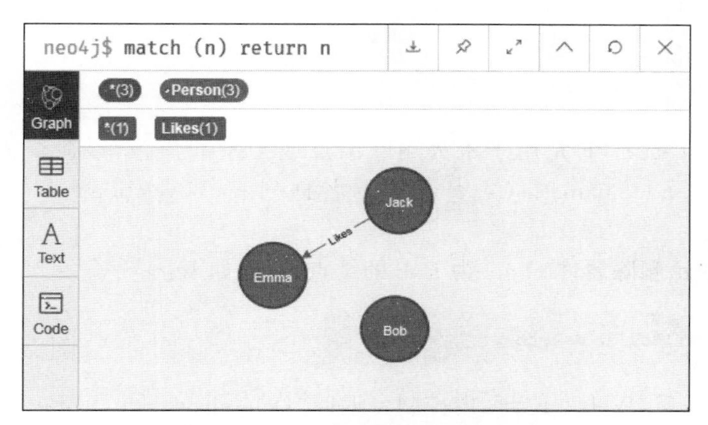


图 9-21　查询数据库中的所有结点数据

```
WHERE <condition>
```

上述语法中，WHERE 是用于查询符合条件的数据的命令，该命令需要与 MATCH 命令和 RETURN 命令结合使用；<condition>表示查询的条件。

下面，我们演示查询符合条件 p.name='Bob'的结点详细信息，具体如下：

```
$match (p:Person) where p.name='Bob' return p
```

执行上述命令后，查看 Web UI 界面控制台的返回结果，具体如图 9-22 所示。

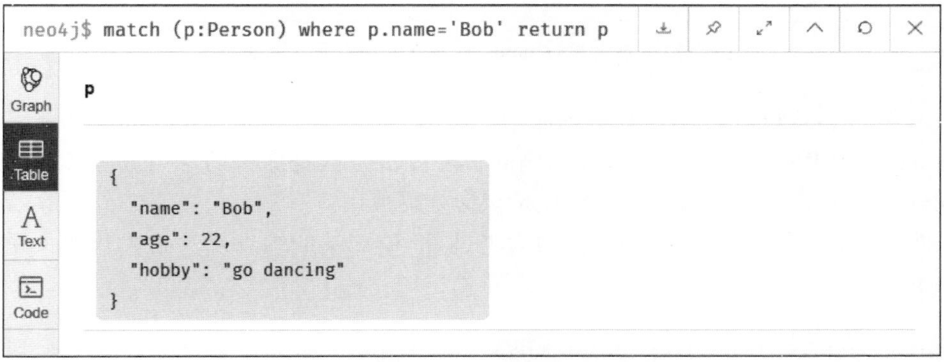

```
neo4j$ match (p:Person) where p.name='Bob' return p

Graph
Table
Text
Code

p

{
  "name": "Bob",
  "age": 22,
  "hobby": "go dancing"
}
```

图 9-22　查询符合条件的结点详细信息

从图 9-22 中可以看出，标签 Person 中属性 name 为 Bob 的结点的详细信息。即结点 p 具有三个属性，分别是 name、age 以及 hobby，对应的值分别是 Bob、22 以及 go dancing。

### 5. DELETE 命令

使用 DELETE 命令永久的删除结点或关系，具体语法如下：

```
#删除结点
DELETE <node-name-list>
```

```
#删除结点及关联的关系
DELETE <node1-name>,<node2-name>,<relationship-name>
```

上述语法中,DELETE 是用于永久删除结点或关系的命令,该命令需要与 MATCH 命令结合使用;＜node-name-list＞表示结点名称列表;＜relationship-name＞表示关系名称。

下面,我们演示删除属性 name 为 Bob 的结点,具体如下:

```
$match (p{name:'Bob'}) delete p
```

执行上述命令后,Web UI 界面的控制台返回"Deleted 1 node, completed after 2 ms."信息,说明我们删除了一个结点。

执行 match (p: Person) return p 命令,然后查看 Web UI 界面控制台的返回结果,具体如图 9-23 所示。

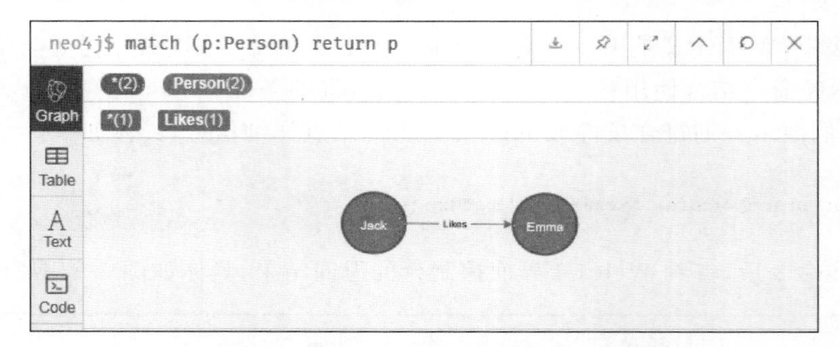


**图 9-23　查看属性 name 为 Bob 的结点是否被删除**

从图 9-23 中可以看出,Neo4j 数据库中已经不存在属性 name 为 Bob 的结点了,因此说明属性 name 为 Bob 的结点已经被成功删除。若要清空数据库中的结点或者关系,则可以执行 match (n) detach delete n 命令,但是该命令要慎用。

下面,我们演示删除属性 name 分别为 Jack 和 Emma 的结点以及相关联的关系,具体命令如下:

```
$match (Jac{name:'Jack'})-[friend]->(Emm{name:'Emma'}) delete Jac,Emm,friend
```

执行上述命令后,Web UI 界面的控制台返回"Deleted 2 nodes, deleted 1 relationship, completed after 3 ms."信息,说明我们删除了两个结点、一个关系。

执行 match (Jac: Person)-[friend]->(Emm: Person) return friend 命令,然后查看 Web UI 界面控制台的返回信息,即"(no changes, no records)",说明属性名分别为 Jack 和 Emma 的结点以及关系 friend 均被成功删除。

### 6. REMOVE 命令

使用 REMOVE 命令删除结点的属性,具体语法如下:

```
#删除结点的属性
REMOVE <property-name-list>
```

上述语法中，REMOVE 是用于删除结点的属性的命令，该命令需要与 MATCH 命令结合使用；<property-name-list>表示结点的属性名称列表。

下面，我们演示删除结点的属性 hobby，由于上述内容中删除了数据库中的所有结点，导致数据库中无任何结点，因此，需要先执行创建结点的命令，然后再执行删除属性 hobby 的命令，具体如下：

```
$create (p:Person{name:'Bob',age:22,hobby:'go dancing'})
$match (p:Person) remove p.hobby
```

执行上述命令后，Web UI 界面的控制台返回“Set 1 property, completed after 4 ms.”信息，说明有一个属性被修改了，即删除一个属性。

执行 match (p: Person) return p 命令，然后查看 Web UI 界面控制台的返回结果，具体如图 9-24 所示。

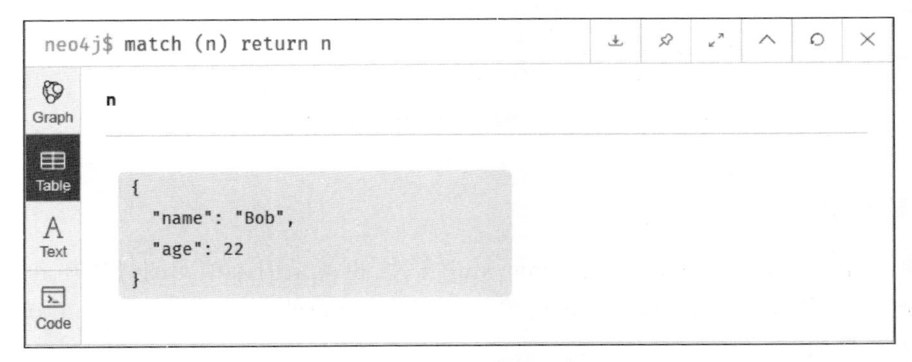


图 9-24　执行查看结点 p 命令后的返回结果

从图 9-24 中可以看出，结点的属性 hobby 已经不存在数据库中，因此说明我们成功删除结点的属性 hobby。为了便于后续操作 Neo4j 数据库，这里我们执行 match (n) detach delete n 命令，清空 Neo4j 数据库中的结点和关系数据。

## 9.4.2　Neo4j 的 Java API 操作

目前 Java 的主流开发工具主要有两种：Eclipse 和 IDEA，这里我们选择 IDEA 工具来编写 Java 代码，来操作 Neo4j 数据库中的结点、关系和属性。

### 1. 创建 Java 项目

打开 IDEA 工具，单击 Create New Project→Maven，选择创建一个 Maven 项目，单击 Next 按钮，添加 Maven 项目的名称和存储路径，如图 9-25 所示。

在图 9-25 中，单击 Finish 按钮，完成 Maven 项目的创建，效果如图 9-26 所示。

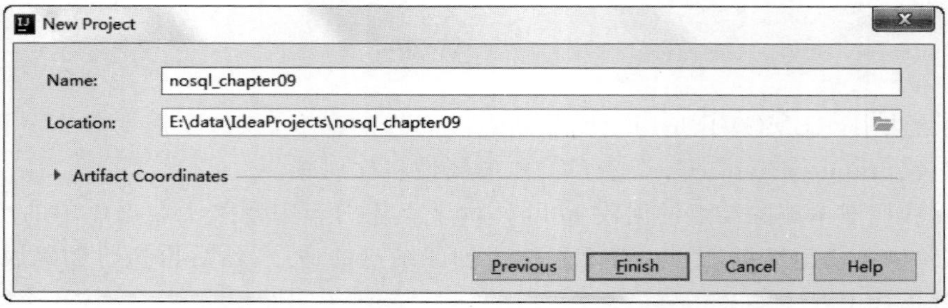

图 9-25　新建 Maven 项目

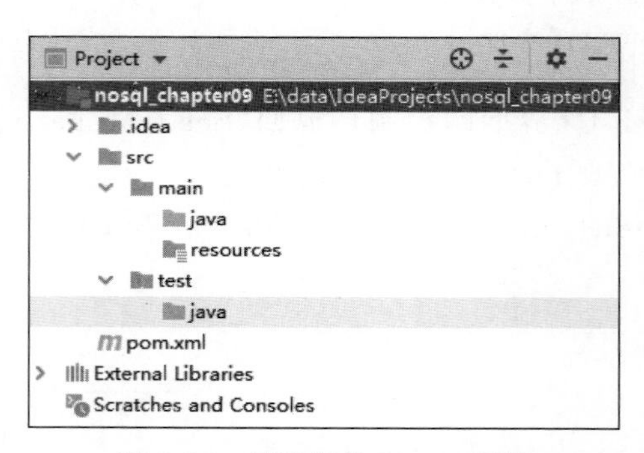


图 9-26　创建好的 Maven 项目

### 2. 导入 Jar 包

在项目 nosql_chapter09 中配置 pom.xml 文件，也就是引入单元测试依赖和 Neo4j 相关的依赖，当添加完相关依赖后，Maven 项目的相关 Jar 包就会自动下载。pom.xml 文件添加的内容具体如下：

```
<dependencies>
    <!--单元测试依赖-->
    <dependency>
        <groupId>junit</groupId>
        <artifactId>junit</artifactId>
        <version>4.12</version>
    </dependency>
    <!--java 操作 Neo4j 的驱动依赖-->
    <dependency>
        <groupId>org.neo4j.driver</groupId>
        <artifactId>neo4j-java-driver</artifactId>
        <version>4.0.1</version>
    </dependency>
</dependencies>
```

### 3. 创建 Java 类，连接 Neo4j

在项目 nosql_chapter09 目录/src/main/java 下创建一个名为 com.itcast.neo4j 的包，

并在该包下创建 Neo4jTest.java 文件，该文件用于创建 Neo4j 数据库连接并实现 Neo4j 数据库相关操作，具体代码如文件 9-1 所示。

**文件 9-1　Neo4jTest.java**

```
1  package com.itcast.neo4j;
2  import org.junit.Test;
3  import org.neo4j.driver.*;
4  public class Neo4jTest {
5      private static Session session =GraphDatabase.driver("bolt://192.168.121.134:7687",
6                                AuthTokens.basic("neo4j","itcast")).session();
7  }
```

在上述代码中，第 5、6 行代码通过指定 Neo4j 数据库地址及认证的用户名和密码创建 Neo4j 数据库连接会话对象 session。

### 4. 查看数据库中的数据

在 Neo4jTest.java 中，定义一个 matchReturnTest()方法，用于查看 Neo4j 数据库中的数据，具体代码如下：

```
1  @Test
2  public void matchReturnTest(){
3      Result result =session.run("match (n) return n");
4      while (result.hasNext()){
5          Record record =result.next();
6          System.out.println(record);
7      }
8      session.close();
9  }
```

在上述代码中，第 3 行代码通过会话对象 session 调用 run()方法，执行查看数据库数据的 CQL 语句，并将结果存放到 result 结果集中；第 4～7 行代码遍历并输出结果集 result 中的数据；第 8 行代码通过会话对象 session 调用 close()方法，关闭会话。

运行 matchReturnTest()方法，实现查看 Neo4j 数据库中数据的操作，然后查看 IDEA 工具的控制台输出，效果如图 9-27 所示。

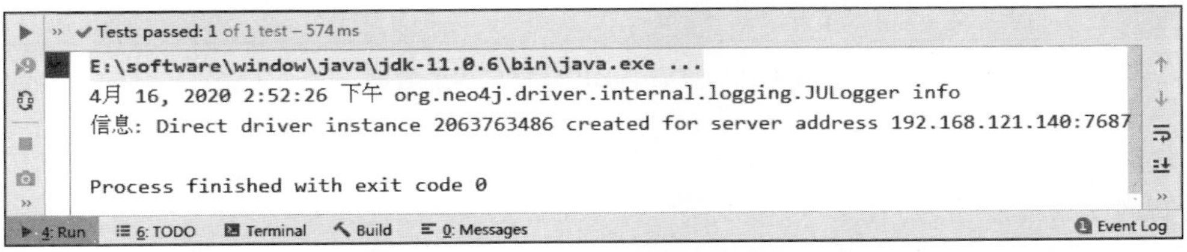

```
✔ Tests passed: 1 of 1 test – 574 ms
E:\software\window\java\jdk-11.0.6\bin\java.exe ...
4月 16, 2020 2:52:26 下午 org.neo4j.driver.internal.logging.JULogger info
信息: Direct driver instance 2063763486 created for server address 192.168.121.140:7687

Process finished with exit code 0
```

**图 9-27　查看 Neo4j 数据库中的数据**

从图 9-27 中可以看出，运行 matchReturnTest()方法后，控制台没有输出结果，因此说明 Neo4j 数据库为空。

### 5. 创建结点

在 Neo4jTest.java 中，定义一个 createTest()方法，用于在 Neo4j 数据库中创建结点，具体代码如下：

```
1   @Test
2   public void createTest(){
3       session.run("create (Dav:Person{name:'David',age:20,hobby:'painting',
4                                               gender:'male'})");
5       session.run("create (Jor:Person{name:'Jordan',age:22,hobby:'playing
6                                        basketball',gender:'male'})");
7       session.run("create (Gra:Person{name:'Grace',age:18,hobby:'singing',
8                                               gender:'female'})");
9       session.run("create (Jac:Person{name:'Jack',age:20,hobby:'swimming',
10                  gender:'male'})-[friend:Likes]->(Emm:Person{name:'Emma',
11                  age:18,hobby:'reading? novels',gender:'female'})");
12      session.close();
13  }
```

在上述代码中，第 3～8 行代码通过会话对象 session 调用 run()方法，执行创建结点的 CQL 语句，创建三个包含标签和属性的结点；第 9～11 行代码通过会话对象 session 调用 run()方法，执行创建具有关系的结点的 CQL 语句，即创建两个结点，并且这两个结点的关系是 friend，关系标签是 Likes；第 12 行代码通过会话对象 session 调用 close()方法，关闭会话。

运行 createTest()方法，实现创建结点操作；然后运行 matchReturnTest()方法，查看结点是否创建成功；最后查看 IDEA 工具的控制台输出，效果如图 9-28 所示。

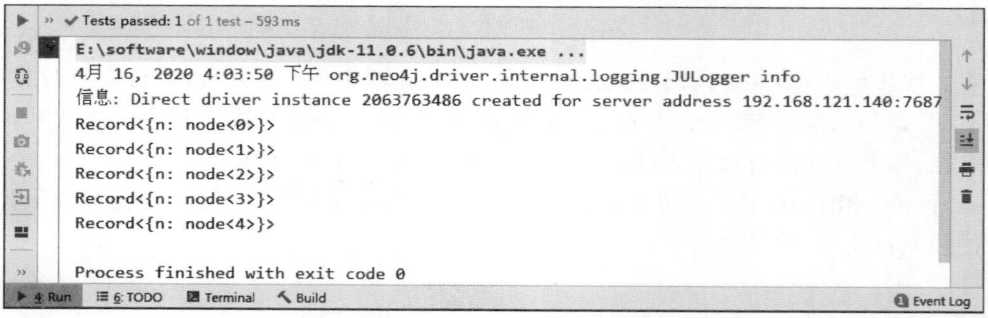

```
✔ Tests passed: 1 of 1 test – 593 ms
E:\software\window\java\jdk-11.0.6\bin\java.exe ...
4月 16, 2020 4:03:50 下午 org.neo4j.driver.internal.logging.JULogger info
信息: Direct driver instance 2063763486 created for server address 192.168.121.140:7687
Record<{n: node<0>}>
Record<{n: node<1>}>
Record<{n: node<2>}>
Record<{n: node<3>}>
Record<{n: node<4>}>

Process finished with exit code 0
```

图 9-28 查看 Neo4j 数据库中的数据

从图 9-28 中可以看出，运行 matchReturnTest()方法后，控制台输出 5 条记录，因此说明我们创建结点成功，并且结点的 id 分别为 0、1、2、3、4。

### 6. 查看结点

在 Neo4jTest.java 中，定义一个 whereTest ()方法，用于按条件查询结点的详细信息，具体代码如下：

```
1   @Test
2   public void whereTest(){
3       Result result =session.run("match (p:Person) where p.gender='male'
4                                   return p.name,p.age,p.hobby,p.gender");
5       while (result.hasNext()){
6           Record record =result.next();
7           System.out.println(record);
8       }
9       session.close();
10  }
```

在上述代码中,第 3、4 行代码通过会话对象 session 调用 run()方法,执行按条件查询结点详细信息的 CQL 语句,查询符合条件的结点,并将返回的结点详细信息存放到 result 结果集中;第 5～7 行代码遍历并输出结果集 result 中的数据;第 9 行代码通过会话对象 session 调用 close()方法,关闭会话。

运行 whereTest ()方法,实现按条件查询结点详细信息,然后查看 IDEA 工具的控制台输出,效果如图 9-29 所示。

```
Tests passed: 1 of 1 test – 607 ms
E:\software\window\java\jdk-11.0.6\bin\java.exe ...
4月 16, 2020 4:21:54 下午 org.neo4j.driver.internal.logging.JULogger info
信息: Direct driver instance 1603198149 created for server address 192.168.121.140:7687
Record<{p.name: "David", p.age: 20, p.hobby: "painting", p.gender: "male"}>
Record<{p.name: "Jordan", p.age: 22, p.hobby: "playing basketball", p.gender: "male"}>
Record<{p.name: "Jack", p.age: 20, p.hobby: "swimming", p.gender: "male"}>

Process finished with exit code 0
```

图 9-29　按条件查询结点,并返回结点详细信息

从图 9-29 中可以看出,符合查询条件属性 gender 为 male 的结点共有三个,并且这三个结点的详细信息均已输出。

### 7. 删除结点

在 Neo4jTest.java 中,定义一个 deleteTest()方法,用于删除具有关系的结点,具体代码如下:

```
1   @Test
2   public void deleteTest(){
3       session.run("match (Jac:Person)-[friend]->(Emm:Person) delete Jac,Emm,friend");
4       Result result =session.run("match (p:Person) return p.name");
5           while (result.hasNext()){
6               Record record =result.next();
7               System.out.println(record);
8           }
9       session.close();
10  }
```

在上述代码中，第 3 行代码通过会话对象 session 调用 run()方法，执行删除结点的 CQL 语句，将具有关系的结点 Jac 和 Emm 以及相关联的关系删除；第 4～8 行代码通过会话对象 session 调用 run()方法，执行查看全部结点的 CQL 语句，查询是否已成功删除具有关系的结点并遍历输出查询结果；第 9 行代码通过会话对象 session 调用 close()方法，关闭会话。

运行 deleteTest()方法，实现删除结点操作；然后查看 IDEA 工具的控制台输出，效果如图 9-30 所示。

```
Tests passed: 1 of 1 test – 686 ms
E:\software\window\java\jdk-11.0.6\bin\java.exe ...
4月 16, 2020 4:51:05 下午 org.neo4j.driver.internal.logging.JULogger info
信息: Direct driver instance 1603198149 created for server address 192.168.121.140:7687
Record<{p.name: "David"}>
Record<{p.name: "Jordan"}>
Record<{p.name: "Grace"}>
```

图 9-30 按条件查询结点的返回结果

从图 9-30 中可以看出，Neo4j 数据库中只有三个结点，并不存在结点 Jac 和 Emm，因此可以说明我们成功删除具有关系的结点 Jac 和 Emm。

### 8. 移除属性

在 Neo4jTest.java 中，定义一个 removeTest()方法，用于移除结点中的属性，具体代码如下：

```
1  @Test
2  public void removeTest(){
3      Result result =session.run("match (p{name:'David'}) remove p.hobby
4                                  return p.name,p.age,p.hobby,p.gender");
5      while (result.hasNext()){
6          Record record =result.next();
7          System.out.println(record);
8      }
9      session.close();
10 }
```

在上述代码中，第 3、4 行代码通过会话对象 session 调用 run()方法，执行移除属性的 CQL 语句，即移除属性名为 David 结点的属性 hobby，返回 David 结点的详细信息，并存放到 result 结果集中；第 5～8 行代码遍历并输出结果集 result 中的数据，从而验证是否成功移除结点中的属性 hobby；第 9 行代码通过会话对象 session 调用 close()方法，关闭会话。

运行 removeTest ()方法，实现移除属性操作；然后查看 IDEA 工具的控制台输出，效果如图 9-31 所示。

从图 9-31 中可以看出，结点 David 的属性 hobby 的值为 null，因此说明我们成功移除属性 hobby。

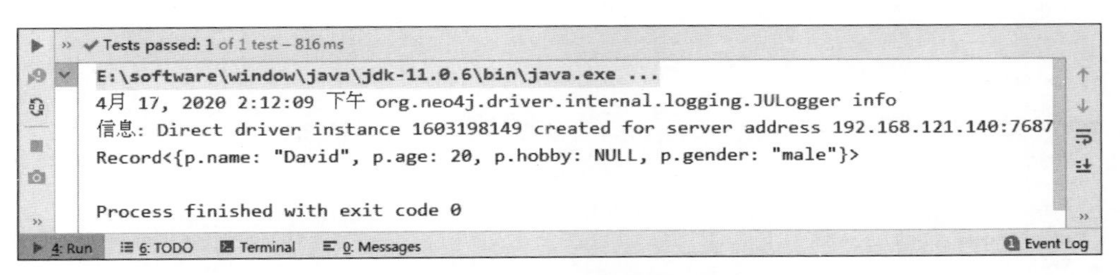


图 9-31　移除属性后的返回结果

**脚下留心**：通过 Java API 操作 Neo4j 数据库时，若是出现“！Error：Java：不再支持源选项 5。请使用 6 或更高版本。”报错信息时，则需要配置项目中的 JDK 版本，配置后，重新操作 Neo4j 数据库即可。JDK 版本的配置步骤如下：

1. 单击 IDEA 工具栏 File 选项，选择 Setting→Build，Execution，Deployment→Compiler→Java Compiler，配置 JDK 版本，然后保存并退出，具体如图 9-32 所示。

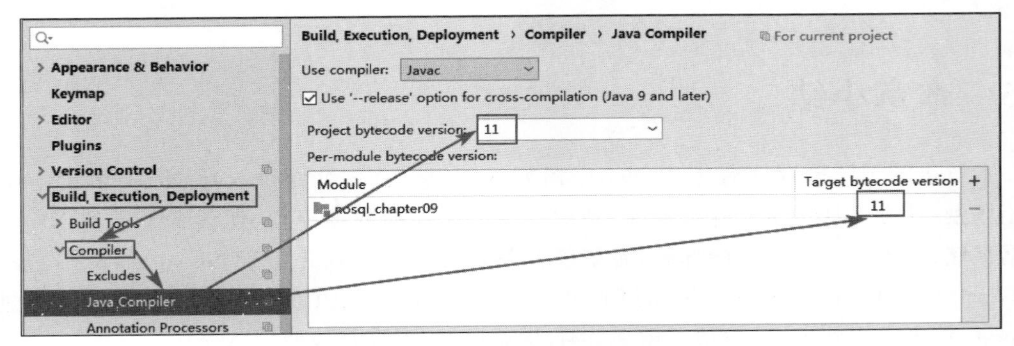


图 9-32　配置 Setting 中的 JDK 版本

2. 单击 IDEA 工具栏 File 选项，选择 Project Structure→Project 和 Modules，配置 JDK 版本，然后保存并退出，具体如图 9-33、图 9-34 所示。

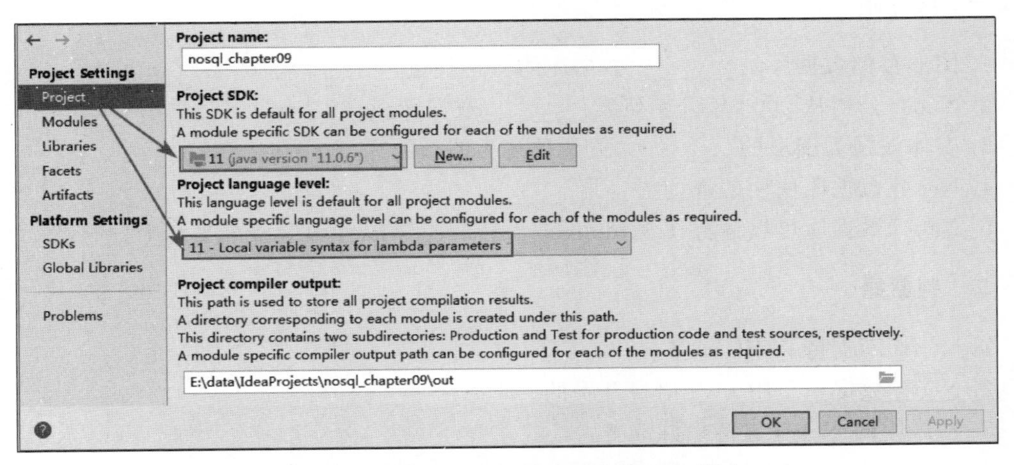


图 9-33　配置 Project Structure 中的 JDK 版本

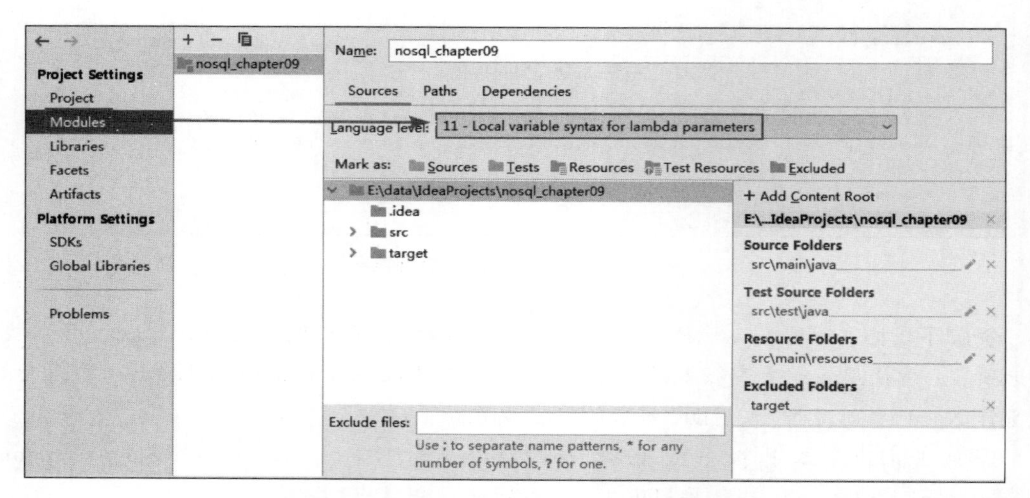


图 9-34 配置 Project Structure 中的 JDK 版本

## 9.5 本章小结

本章讲解了图形存储数据库 Neo4j 相关的知识。首先介绍 Neo4j、Neo4j 特点、Neo4j 应用场景，让读者认识 Neo4j 数据库；其次介绍 Neo4j 的数据模型，使读者了解到 Neo4j 的数据存储；接着介绍 Neo4j 的部署，希望读者务必要亲手实践并牢记 Neo4j 的部署；最后介绍 Neo4j 的操作，读者可以掌握如何通过 Cypher 和 Java API 操作 Neo4j 数据库。通过阅读本章，读者可以快速、有效地了解 Neo4j，从而更好、更高效地使用 Neo4j。

## 9.6 课后习题

### 一、填空题

1. 图形存储数据库是________数据库的一种类型。
2. Neo4j 公司从 2003 年开始研发________数据库。
3. 实体被视为图形的________，关系被视为图形的“边”。
4. Neo4j 数据库使用的查询语言是________。
5. Neo4j 数据库可以运行在 Windows、________、Mac OS 等多个平台上。

### 二、判断题

1. Neo4j 不支持 ACID 事务。 (  )
2. Neo4j 数据库是用 Java 语言开发的。 (  )
3. 社区版的 Neo4j 支持集群部署。 (  )
4. Neo4j 版本为 4.0 以上，则需要版本为 1.8 以上的 JDK 环境。 (  )
5. Neo4j 的数据模型是遵循属性图模型来存储和管理数据的。 (  )

## 三、选择题

1. 下列数据库中，(　　)不是图形存储数据库。

   A. Neo4j　　B. FlockDB　　C. HBase　　D. AllegroGrap

2. 下列选项中，(　　)属于 Neo4j 的特点。

   A. 读写数据慢　　B. 设计复杂

   C. 易用性差　　D. 资源丰富

3. 下列选项中，(　　)不属于 Neo4j 应用场景。

   A. 推荐引擎　　B. 会话存储　　C. 交通运输　　D. 欺诈检测

## 四、简答题

简述 Neo4j 的数据模型。

## 五、编程题

通过 Neo4j 的 Java API 编程，实现以下的操作：

(1) 创建一个标签为 Person、属性为 name、属性值为 Mary 的结点 p。

(2) 查看结点 p 的详细信息。

(3) 删除结点 p。

# 第 10 章 综合案例——二手房交易数据分析系统

思政案例

## 学习目标

- 了解系统架构
- 掌握 Spark 计算框架的部署
- 掌握构建项目结构模块
- 掌握数据采集模块的实现方法
- 掌握数据分析模块的实现方法
- 掌握数据展示模块的实现方法

MongoDB 数据库的应用场合十分广泛，本章将利用 MongoDB＋Spark＋Java Web 技术开发二手房交易数据分析系统，用于对二手房交易数据进行分析并展示。

## 10.1 系统概述

### 10.1.1 系统背景介绍

近年来，随着社会的不断发展，人们对于海量数据的挖掘和运用越来越重视，互联网是面向全社会公众进行信息交流的平台，现已成为了收集信息的最佳渠道。同时，伴随着大数据技术的创新与应用，互联网为人们进行大数据统计分析进一步提供了便利。

大数据信息的统计分析可以为决策者提供充实的依据。例如，近些年国内房地产行业发展势头迅猛，二手房的需求成为了一种新热门。本项目分析的是某房屋交易网站“二手房交易价格”的业务数据，其数据的相关分析可以为未来二手房业务的发展提供参考和指导。

### 10.1.2 系统架构设计

实际开发中，首要任务通常是明确分析目的，即想要从大量数据中得到什么类型的结果，并进行展示说明。只有在明确了分析目的后，开发人员才能准确地根据具体的需求去过滤数据，并通过大数据技术进行数据分析和处理，最终将处理结果持久化并以图表等可视化形式展示出来。

为了让读者更清晰地了解二手房交易数据分析系统的流程及架构，下面通过图 10-1 来描述该系统的架构图。

从图 10-1 中可以看出，本系统所需的数据来源于二手房交易网站，该网站中包含了众多房源的详细信息。在本系统中，我们通过 WebMagic(Java 爬虫框架)编写网络爬虫程序，

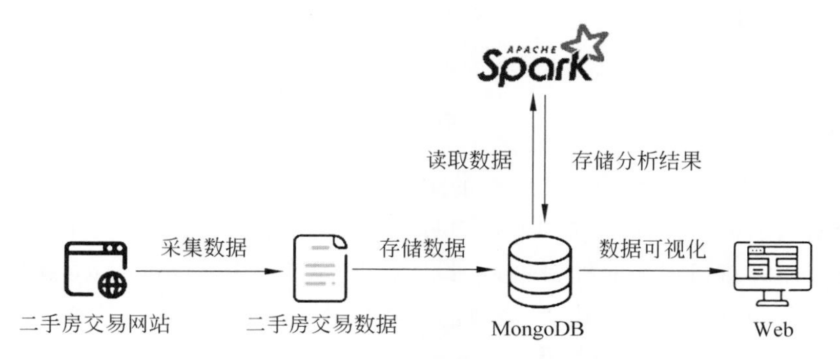


**图 10-1　二手房交易数据分析系统的架构**

采集北京市二手房交易数据，将采集的数据存储到 MongoDB 数据库中。当数据采集完成后，利用 Spark 计算框架读取 MongoDB 中存储的二手房交易数据，并进行离线分析，最后将分析结果存储到 MongoDB 数据库中。为了可以更加直观地查看分析结果，我们通过 Web 系统获取 MongoDB 数据库中存储的分析结果，实现数据的可视化。

### 10.1.3　系统预览

系统通过采集北京市二手房交易数据，计算每个区二手房交易数据的平均价格，最终以图表的形式展示在 Web 页面中，实际效果如图 10-2 所示。

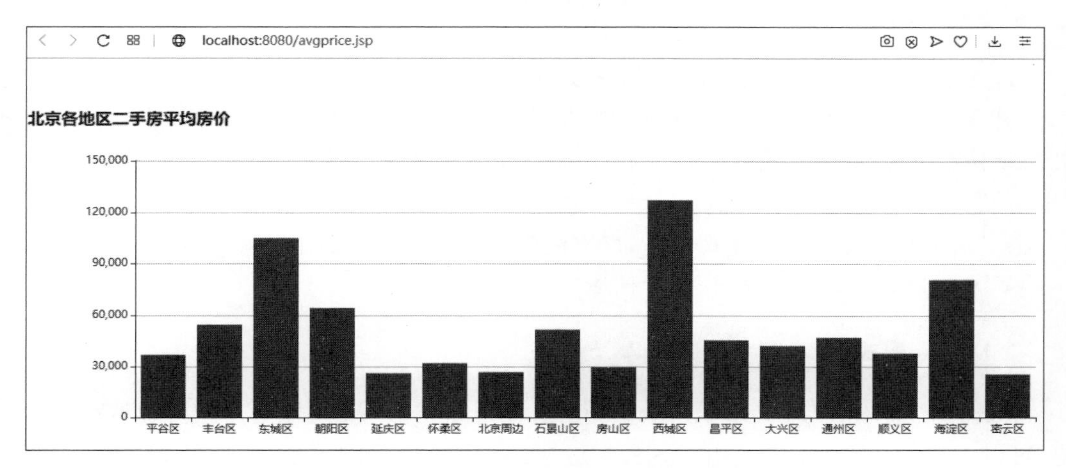


**图 10-2　北京各地区二手房平均房价**

在图 10-2 中，纵轴表示房价，横轴表示北京市各个区。

在数据可视化平台中，可以展示各种业务数据，读者可自行添加需求，在 Web 页面中展示其运行效果即可。

## 10.2　Spark 计算框架

Spark 于 2009 年诞生于美国加州大学伯克利分校的 AMP 实验室，它是一个可应用于大规模数据处理的统一分析引擎。Spark 不仅计算速度快，而且内置了丰富的 API，使得我们能够更加容易地编写程序。本节我们将介绍Spark计算框架以及Spark集群部署的相关步骤。

## 10.2.1 Spark简介

Spark计算框架在处理数据时,所有的中间数据都保存在内存中。正是由于Spark充分利用内存对数据进行计算,从而减少磁盘读写操作,增大了框架计算效率。同时Spark还兼容HDFS、Hive,可以很好地与Hadoop系统融合,从而弥补MapReduce高延迟的性能缺点。所以说,Spark是一个更加快速、高效的大数据计算平台。Spark具有速度快,易用性、通用性、兼容性好等显著特点。

Spark部署模式分为Local模式(本地单机模式)和集群模式,在Local模式下,常用于本地开发程序与测试,而集群模式又分为Standalone模式(集群单机模式)、Yarn模式和Mesos模式,关于这三种集群模式的相关介绍具体如下。

### 1. Standalone模式

Standalone模式被称为集群单机模式。Spark框架与Hadoop1.0版本框架类似,本身都自带了完整的资源调度管理服务,可以独立部署到一个集群中,不依赖任何其他的资源管理系统。在该模式下,Spark集群架构为主从模式,即一台Master结点与多台Slave结点。

### 2. Yarn模式

Yarn模式被称为Spark on Yarn模式,即把Spark作为一个客户端,将作业提交给Yarn服务。由于在生产环境中,很多时候都要与Hadoop使用同一个集群,因此采用Yarn来管理资源调度,可以有效提高资源利用率。Yarn模式又分为Yarn Cluster模式和Yarn Client模式,具体介绍如下:

- Yarn Cluster:用于生产环境,所有的资源调度和计算都在集群上运行。
- Yarn Client:用于交互、调试环境。

### 3. Mesos模式

Mesos模式被称为Spark on Mesos模式,Mesos与Yarn同样是一款资源调度管理系统,可以为Spark提供服务。由于Spark与Mesos存在密切的关系,因此在设计Spark框架时充分考虑到了对Mesos的集成,但如果同时运行Hadoop和Spark,从兼容性的角度来看,Spark on Yarn是更好的选择。

上述三种分布式部署方案各有利弊,通常需要根据实际情况决定采用哪种方案。本章采用常用的Yarn模式部署Spark集群。

## 10.2.2 Spark部署与启动

这里直接使用5.5节部署的分片集群作为基础环境,部署Yarn模式下的Spark集群,Spark集群中各结点具体的规划如表10-1所示。

表 10-1　Spark 集群规划

| 虚拟机名称 | IP 地址 | 主机名 | 服务进程 |
| --- | --- | --- | --- |
| NoSQL_1 | 192.168.121.134 | nosql01 | ResourceManager、DataNode、NodeManager、NameNode、Master |
| NoSQL_2 | 192.168.121.135 | nosql02 | DataNode、NodeManager SecondaryNameNode、Worker |
| NoSQL_3 | 192.168.121.136 | nosql03 | DataNode、NodeManager、Worker |

从表 10-1 中可以看出，我们要规划的 Spark 集群包含一台 Master 结点和两台 Slave 结点。其中，服务器 nosql01 是 Master 结点，nosql02 和 nosql03 是 Slave 结点。

接下来，将分步骤讲解 Spark 集群的安装与配置，具体步骤如下。

### 1. SSH 免密登录配置

配置 SSH 免密登录的目的是后期在启动 Hadoop、Spark 等集群时不需要频繁地输入密码，便可以直接登录到其他的结点上。SSH 免密登录配置步骤具体如下：

(1) 在 Spark 集群主结点服务器 nosql01 上，输入 ssh-keygen -t rsa 命令生成密钥，并根据提示，不用输入任何内容，连续按 4 次 Enter 键确认即可，效果如图 10-3 所示。

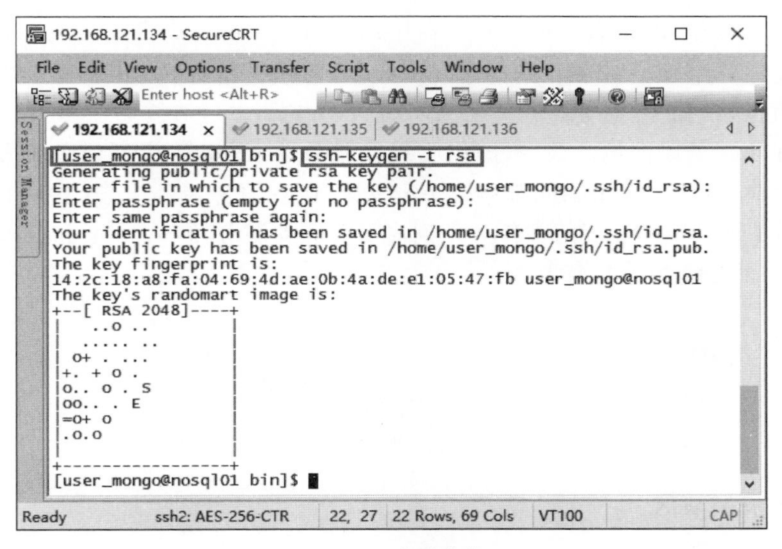


图 10-3　生成密钥

运行生成密钥命令，在服务器 nosql01 的/home/user_mongo/目录下生成一个包含有秘钥文件的隐藏目录.ssh。进入.ssh 隐藏目录，执行 ll -a 命令查看当前目录的所有文件(包括隐藏文件)，如图 10-4 所示。

在图 10-4 中，隐藏目录.ssh 下的文件 id_rsa 为当前虚拟机的私钥，id_rsa.pub 为公钥。

(2) 在生成秘钥文件的服务器 nosql01 上，执行相关命令将公钥复制到需要关联的服务器上(包括本机)，具体命令如下：

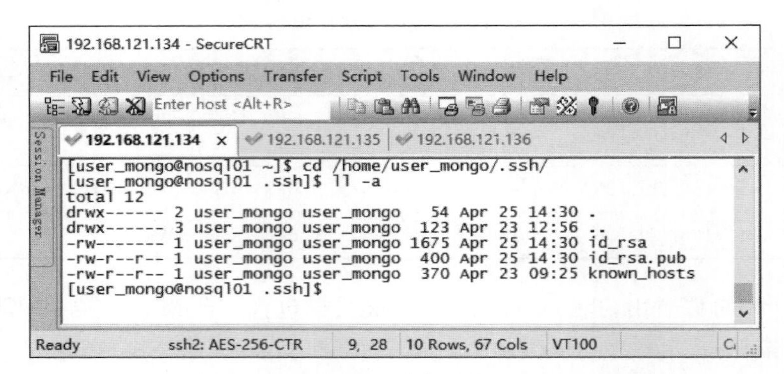


图 10-4 密钥文件

```
#复制公钥到本机
$ssh-copy-id nosql01
#复制公钥到服务器 nosql02
$ssh-copy-id nosql02
#复制公钥到服务器 nosql03
$ssh-copy-id nosql03
```

复制公钥的操作，需要输入对应服务器中用户 user_mongo 的密码。完成复制公钥的操作后，在服务器 nosql01 中输入命令 ssh nosql02 访问服务器 nosql02，此时便不再需要输入密码即可直接访问服务器 nosql02(要关闭访问，可执行 exit 命令)。

上述操作实现了单向免密登录，即仅实现在服务器 nosql01 中可以免密登录其他服务器，如需要集群中的所有服务器间都可以免密登录，则在服务器 nosql01 中执行相关命令将服务器 nosql01 中目录.ssh 下的文件分发到需要关联的服务器 nosql02 和 nosql03 上，具体命令如下(注：此步骤为非必要操作)：

```
$scp -r /home/user_mongo/.ssh/* user_mongo@nosql02:/home/user_mongo/
$scp -r /home/user_mongo/.ssh/* user_mongo@nosql03:/home/user_mongo/
```

至此，服务器 nosql01、nosql02 和 nosql03 免密登录全部完成。

### 2. 下载并安装 JDK

由于 Spark 集群依赖 Java 环境，因此在部署 Spark 集群前，需要先安装并配置好 JDK。

接下来，在规划的 Spark 集群主结点服务器 nosql01 上分步骤演示如何安装和配置 JDK。

(1) 下载 JDK 安装包。

访问 https://www.oracle.com/java/technologies/javase/javase8-archive-downloads.html 下载 Linux 系统下的 JDK 安装包。本书案例下载的是 jdk-8u161-linux-x64.tar.gz 安装包。

(2) 安装 JDK。

使用 SecureCRT 远程工具连接服务器 nosql01，将下载的 jdk-8u161-linux-x64.tar.gz 安装包通过 sudo rz 命令上传到的/opt/software/目录下(若/opt/software 目录已存在 JDK

安装包,则可跳过上传操作),上传完成后将安装包通过"sudo chown user_mongo: user_mongo /opt/software/jdk-8u161-linux-x64.tar.gz"命令将 JDK 安装包修改为 user_mongo 用户权限,具体效果如图 10-5 所示。

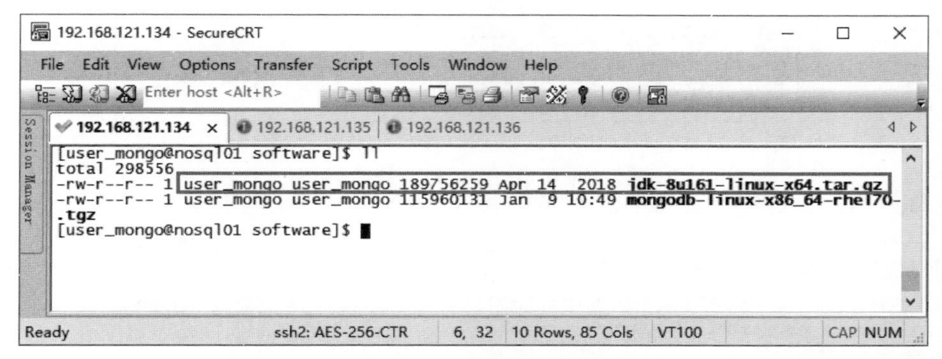


图 10-5　上传 JDK 安装包

从图 10-5 中可以看出,在目录/opt/software/下存在 JDK 安装包,并且用户权限为用户 user_mongo,说明成功上传 JDK 安装包并修改用户权限。

通过解压 JDK 安装包的方式安装 JDK,将 JDK 安装包解压到目录/opt/servers/mongodb_demo/shardcluster 下,具体命令如下:

```
$tar -zxvf /opt/software/jdk-8u161-linux-x64.tar.gz -C /opt/servers/mongodb_demo/
  shardcluster
```

(3) 配置 JDK 环境变量。

JDK 安装完成后,还要将 JDK 配置到用户环境变量中。使用 vi ~/.bash_profile 命令编辑 user_mongo 用户环境配置文件,在文件.bash_profile 末尾追加下面内容:

```
#配置 JDK 环境变量
export JAVA_HOME=/opt/servers/mongodb_demo/shardcluster/jdk1.8.0_161
export PATH=$PATH:$JAVA_HOME/bin
export CLASSPATH=.:$JAVA_HOME/lib/dt.jar:$JAVA_HOME/lib/tools.jar
```

完成上述 JDK 环境变量配置后(注意本地安装的 JDK 路径是否与上述内容一致),保存、退出即可。执行 source ~/.bash_profile 命令初始化用户环境变量,使配置内容生效。

(4) JDK 环境验证。

完成 JDK 的安装和配置后,为了检测安装效果,可以输入如下命令进行验证:

```
$java -version
```

执行上述命令后,如果出现如图 10-6 所示的效果,则说明 JDK 安装和配置成功。

在完成服务器 nosql01 的 JDK 安装配置后,将服务器 nosql01 上的用户环境配置文件.bash_profile 和 JDK 安装目录分发到服务器 nosql02 和 nosql03 上,完成服务器 nosql02 和 nosql03 的 JDK 安装和配置,具体命令如下:

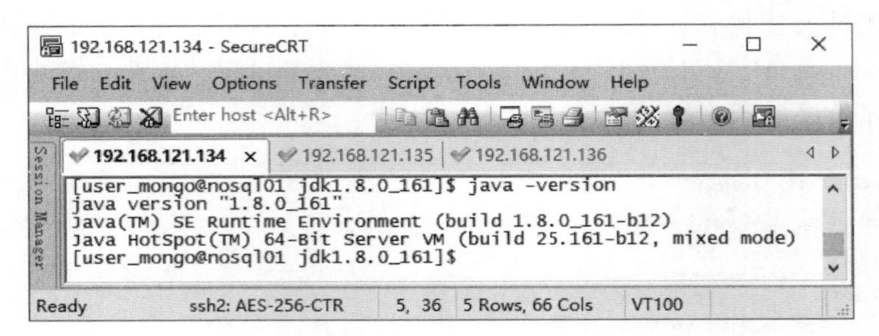


图 10-6　JDK 环境验证

```
#分发用户环境配置文件
$scp ~/.bash_profile user_mongo@nosql02:~/
$scp ~/.bash_profile user_mongo@nosql03:~/
#分发 JDK 安装目录
$scp -r /opt/servers/mongodb_demo/shardcluster/jdk1.8.0_161/ user_mongo@nosql02:
  /opt/servers/mongodb_demo/shardcluster/
$scp -r /opt/servers/mongodb_demo/shardcluster/jdk1.8.0_161/ user_mongo@nosql03:
  /opt/servers/mongodb_demo/shardcluster/
```

为了使用户环境配置文件.bash_profile 生效，上述命令执行成功后，需要在服务器 nosql02 和服务器 nosql03 上执行 source ～/.bash_profile 命令初始化用户环境变量。

### 3. Hadoop 集群搭建

由于本章采用 Yarn 模式部署 Spark 集群(Spark on Yarn)，因此在部署 Spark 集群前，需要先部署 Hadoop 集群。接下来，以服务器 nosql01 为例，讲解如何部署 Hadoop 集群。

(1) 下载 Hadoop 安装包。

访问 https://archive.apache.org/dist/hadoop/common/下载 Linux 系统下的 Hadoop 安装包。本书使用的是 hadoop-2.7.4.tar.gz 安装包。

(2) 安装 Hadoop。

使用 SecureCRT 远程工具连接服务器 nosql01，将下载的 hadoop-2.7.4.tar.gz 安装包通过 sudo rz 命令上传到/opt/software/目录下，上传完成后将安装包通过“sudo chown user_mongo: user_mongo /opt/software/hadoop-2.7.4.tar.gz”命令将 Hadoop 安装包修改为用户 user_mongo 权限，具体效果如图 10-7 所示。

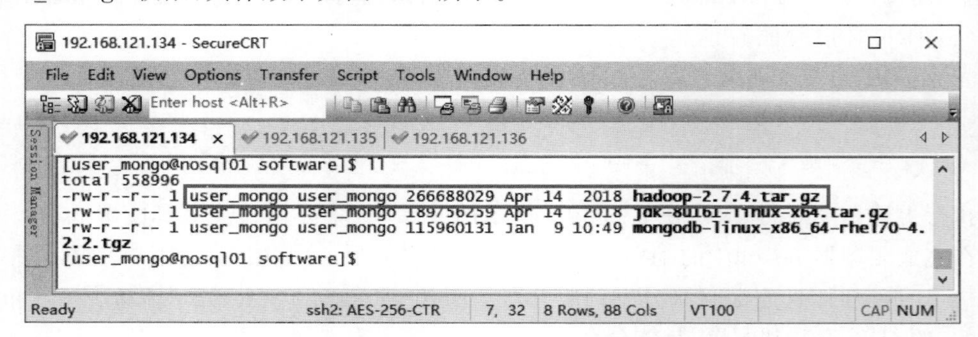


图 10-7　上传 Hadoop 安装包

从图 10-7 中可以看出，在目录/opt/software/下存在 Hadoop 安装包，并且用户权限为用户 user_mongo，说明成功上传 Hadoop 安装包并修改用户权限。

通过解压 Hadoop 安装包的方式安装 Hadoop，将 Hadoop 安装包解压到目录/opt/servers/mongodb_demo/shardcluster 下，具体命令如下：

```
$tar -zxvf /opt/software/hadoop-2.7.4.tar.gz -C /opt/servers/mongodb_demo
  /shardcluster/
```

（3）配置 Hadoop 环境变量。

Hadoop 安装完成后，还需要将 Hadoop 配置到用户环境变量中。使用 vi ～/.bash_profile 命令编辑 user_mongo 用户环境配置文件，在文件.bash_profile 末尾追加下面内容：

```
#配置 Hadoop 系统环境变量
export HADOOP_HOME=/opt/servers/mongodb_demo/shardcluster/hadoop-2.7.4
export PATH=$PATH:$HADOOP_HOME/bin:$HADOOP_HOME/sbin
```

完成上述 Hadoop 环境变量配置后（注意本地安装的 Hadoop 路径是否与上述内容一致），保存退出即可。执行 source ～/.bash_profile 命令初始化用户环境变量，使配置内容生效。

（4）Hadoop 环境验证。

完成 Hadoop 的安装和配置后，为了检测安装效果，可以输入如下命令进行验证：

```
$hadoop version
```

执行上述命令后，如果出现如图 10-8 所示的效果，则说明 Hadoop 安装和配置成功。

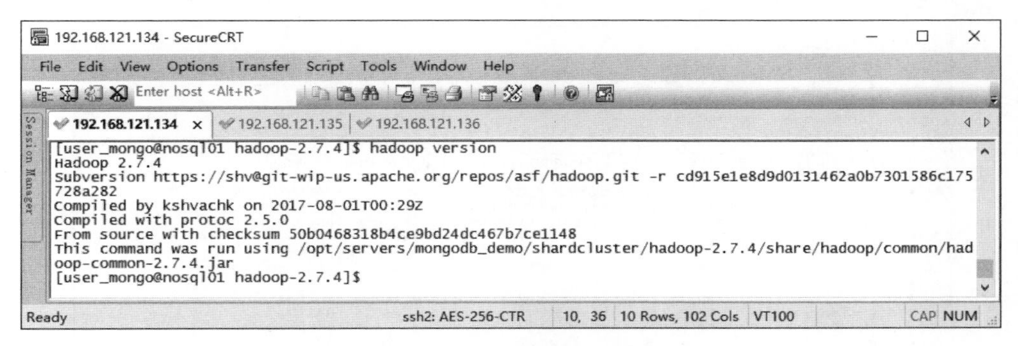


**图 10-8　Hadoop 环境验证**

从图 10-8 中可以看出，当前 Hadoop 版本为 2.7.4，因此说明 Hadoop 安装成功。

（5）Hadoop 集群配置。

① 修改文件 yarn-env.sh。

进入 Hadoop 安装目录下的 etc/hadoop/目录（该目录存放 Hadoop 相关配置文件），使用 vi yarn-env.sh 命令编辑文件 yarn-env.sh，将文件内默认的 JAVA_HOME 参数修改为本地安装 JDK 的路径，如图 10-9 所示。

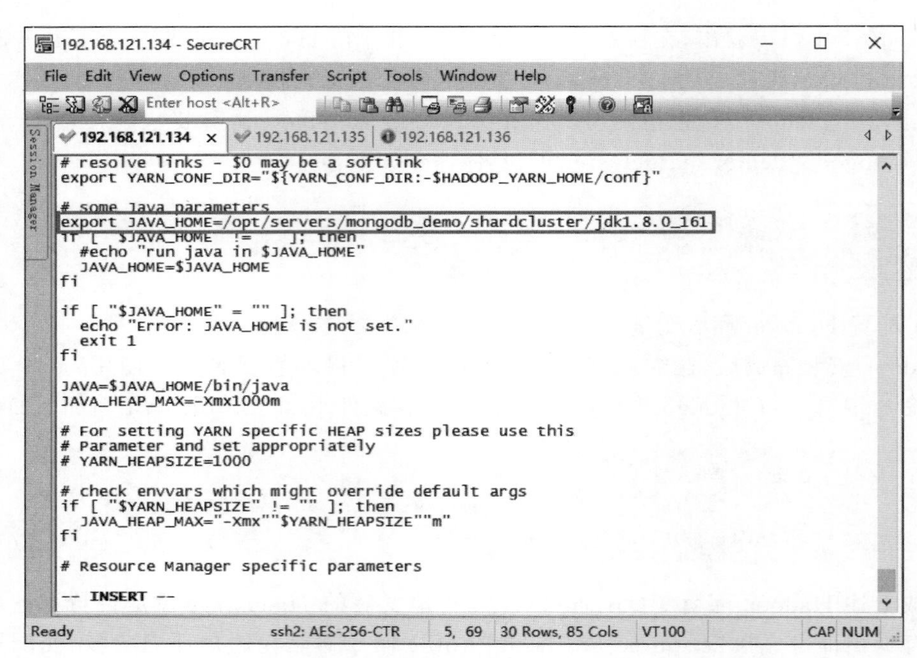


图 10-9 修改 yarn-env.sh 文件

从图 10-9 中可以看出,文件 yarn-env.sh 的 JDK 环境变量修改为本地安装的 JDK 路径,说明成功配置 Yarn 运行时需要的 JDK 环境变量。

参照修改文件 yarn-env.sh 修改 JDK 环境变量的方式,对文件 mapred-env.sh 和 hadoop-env.sh 中 JDK 环境变量进行修改,配置 MapReduce 和 Hadoop 运行时需要的 JDK 环境变量,如图 10-10 和图 10-11 所示。

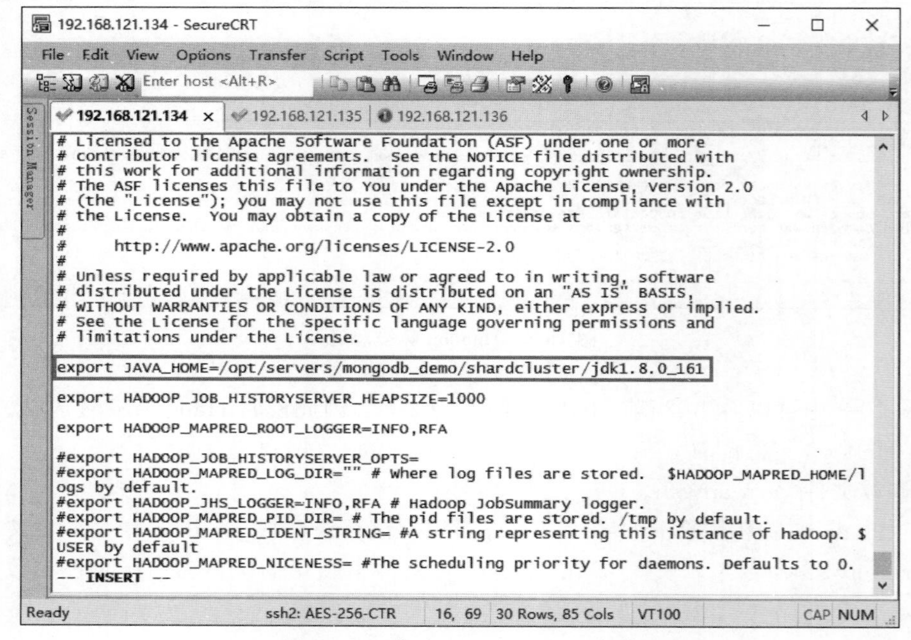


图 10-10 修改 mapred-env.sh 文件

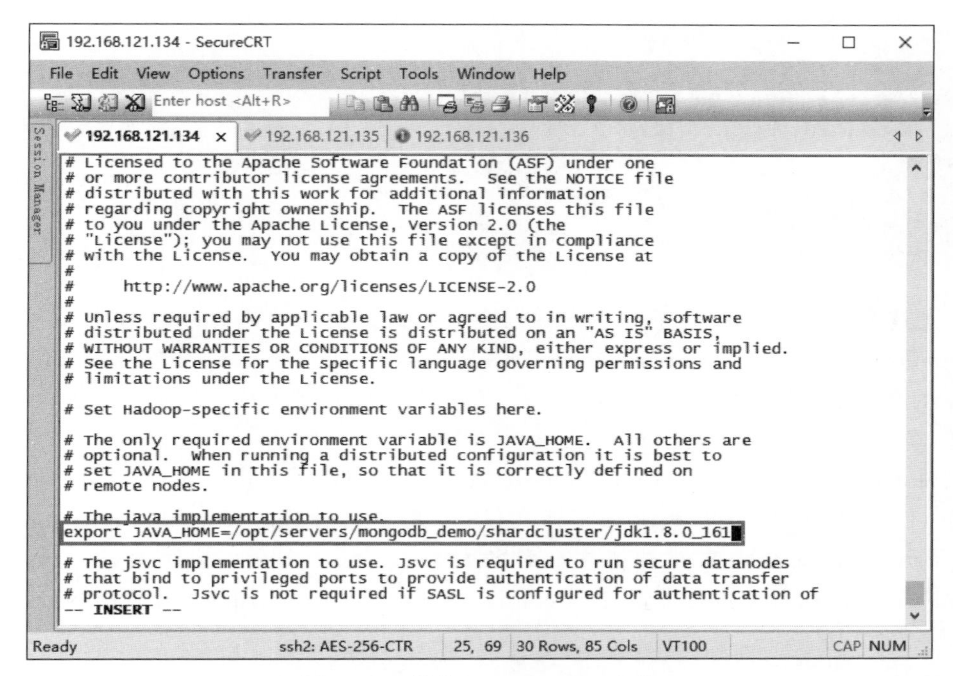


**图 10-11 修改 hadoop-env.sh 文件**

② 修改文件 core-site.xml。

文件 core-site.xml 是 Hadoop 的核心配置文件，通过 vi 命令编辑该配置文件，在<configuration>标签中添加如下配置内容：

```
<!--用于设置 Hadoop 的文件系统,由 URI 指定 -->
<property>
    <name>fs.defaultFS</name>
    <!--用于指定 namenode 地址在 hadoop01 机器上 -->
    <value>hdfs://nosql01:9000</value>
</property>
<!--配置 Hadoop 的临时目录,默认/tmp/hadoop-${user.name} -->
<property>
    <name>hadoop.tmp.dir</name>
    <value>/opt/servers/mongodb_demo/shardcluster/hadoop-2.7.4/tmp</value>
</property>
```

在上述核心配置文件中，配置了 Hadoop 的主进程 NameNode 运行主机（也就是此次 Hadoop 集群的主结点位置），同时配置了 Hadoop 运行时生成数据的临时目录。

③ 修改文件 hdfs-site.xml。

文件 hdfs-site.xml 用于配置 HDFS 相关内容，通过 vi 命令编辑该配置文件，在<configuration>标签中添加如下配置内容：

```
<!--指定 HDFS 副本的数量 -->
<property>
```

```
    <name>dfs.replication</name>
    <value>2</value>
</property>
<!--secondary namenode 所在主机的 ip 和端口-->
<property>
    <name>dfs.namenode.secondary.http-address</name>
    <value>nosql02:50090</value>
</property>
```

在上述配置文件中，配置了 HDFS 数据块的副本数量(默认值就为 3)，并根据需要设置了 Secondary NameNode 所在服务的 HTTP 协议地址。这里没有配置 namenode 和 datanode 的数据存放目录，默认情况下会自动在 Hadoop 配置的临时目录下创建。

④ 修改文件 mapred-site.xml。

文件 mapred-site.xml 是 MapReduce 的核心配置文件，用于指定 MapReduce 运行时框架。在 etc/hadoop/目录中默认没有该文件，需要先通过"cp mapred-site.xml.template mapred-site.xml"命令将文件复制并重命名为 mapred-site.xml。然后通过 vi 命令编辑 mapred-site.xml 文件来进行配置，在<configuration>标签中添加如下配置内容：

```
<!--指定 MapReduce 运行时框架,这里指定在 Yarn 上,默认是 local -->
<property>
    <name>mapreduce.framework.name</name>
    <value>yarn</value>
</property>
```

在上述配置文件中，就是指定了 Hadoop 的 MapReduce 运行框架为 Yarn。

⑤ 修改文件 yarn-site.xml。

文件 yarn-site.xml 是 Yarn 框架的核心配置文件，需要指定 Yarn 集群的管理者。通过 vi 命令编辑该配置文件，添加如下配置内容：

```
<!--指定 Yarn 集群的管理者(ResourceManager)的地址 -->
<property>
    <name>yarn.resourcemanager.hostname</name>
    <value>nosql01</value>
</property>
<property>
    <name>yarn.nodemanager.aux-services</name>
    <value>mapreduce_shuffle</value>
</property>
```

在上述配置文件中，配置了 YARN 的主进程 ResourceManager 运行在服务器 nosql01，同时配置了 NodeManager 运行时的附属服务，需要配置为 mapreduce_shuffle 才能正常运行 MapReduce 默认程序。

⑥ 修改文件 slaves。

文件 slaves 用于记录 Hadoop 集群所有从结点(DataNode 和 NodeManager)的主机名，用来配合一键启动脚本启动集群中所有从结点。打开该配置文件，删除文件中默认的

localhost，配置如下内容。

```
nosql01
nosql02
nosql03
```

在上述配置文件中，配置了 Hadoop 集群所有从结点的主机名 nosql01、nosql02 和 nosql03。

(6) 分发 Hadoop 文件。

完成服务器 nosql01 上 Hadoop 的安装配置后，还要将服务器 nosql01 上的用户环境配置文件和 Hadoop 安装目录分发到集群中服务器 nosql02 和 nosql03 上，对这两台服务器进行 Hadoop 安装和配置，在服务器 nosql01 上执行如下命令：

```
$scp ~/.bash_profile user_mongo@nosql02:~/
$scp ~/.bash_profile user_mongo@nosql03:~/
$scp -r /opt/servers/mongodb_demo/shardcluster/hadoop-2.7.4/ user_mongo@nosql02:
  /opt/servers/mongodb_demo/shardcluster/
$scp -r /opt/servers/mongodb_demo/shardcluster/hadoop-2.7.4/user_mongo@nosql03:
  /opt/servers/mongodb_demo/shardcluster/
```

执行完上述命令后，还需要分别在服务器 nosql02 和服务器 nosql03 上执行 source ～/.bash_profile 命令初始化用户环境变量。

(7) 格式化文件系统。

通过前面步骤的操作，完成对 Hadoop 集群的安装和配置。在启动 Hadoop 集群前，需要对 Hadoop 集群的主结点进行格式化处理（仅限于初次启动 Hadoop 集群），具体命令如下：

```
$hadoop namenode -format
```

执行格式化命令后，如格式化信息中出现 successfully formatted 的内容表示格式化成功，如图 10-12 所示。

格式化成功后便可以正常启动 Hadoop 集群。

(8) 启动和关闭 Hadoop 集群。

使用脚本一键启动 Hadoop 集群，可以选择在主结点（服务器 nosql01）上以如下方式进行启动。

启动所有 HDFS 服务进程，命令如下：

```
$start-dfs.sh
```

启动所有 YARN 服务进程，命令如下：

```
$start-yarn.sh
```

上述使用脚本一键启动的方式，首先启动 Hadoop 集群中所有 HDFS 服务进程，然后启

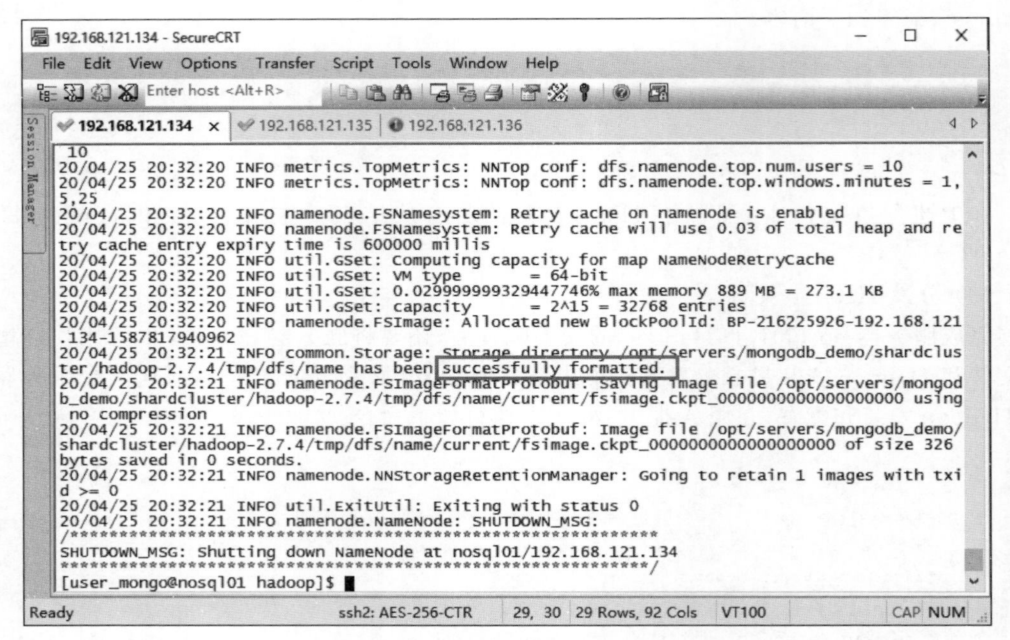


图 10-12 格式化文件系统

动 Hadoop 集群中所有 Yarn 服务进程，最终完整启动 Hadoop 集群。

当关闭 Hadoop 集群时，可使用脚本一键关闭的方式，首先关闭 Hadoop 集群中所有 Yarn 服务进程，即使用命令 stop-yarn.sh，然后关闭 Hadoop 集群中所有 HDFS 服务进程，即使用命令 stop-dfs.sh，最终完整关闭 Hadoop 集群。

Hadoop 集群启动完成后，可以在每台服务器上通过 jps 命令查看服务进程启动情况，分别如图 10-13～图 10-15 所示。

从图 10-13～图 10-15 中可以看出，服务器 nosql01 上启动了 NameNode、DataNode、ResourceManager 和 NodeManager 四个 Hadoop 服务进程；服务器 nosql02 上启动了 DataNode、NodeManager 和 SecondaryNameNode 三个 Hadoop 服务进程；服务器 nosql03 上启动了 DataNode 和 NodeManager 两个 Hadoop 服务进程，说明 Hadoop 集群启动正常。

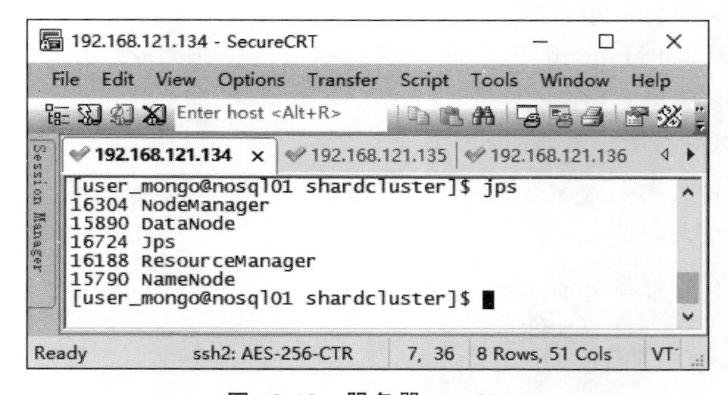


图 10-13 服务器 nosql01

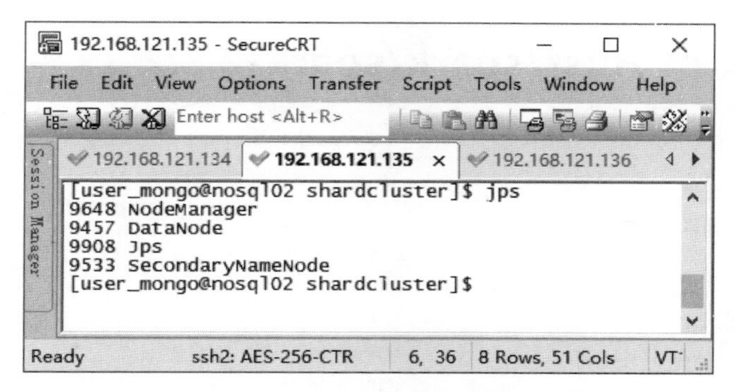


图 10-14　服务器 nosql02

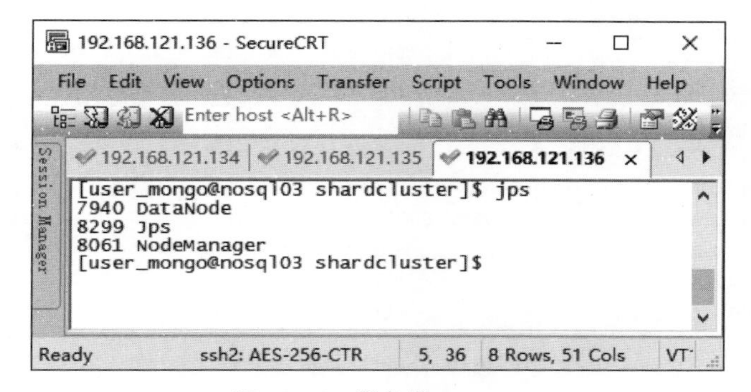


图 10-15　服务器 nosql03

### 4. Spark 集群搭建

(1) 下载 Spark 安装包。

Spark 是 Apache 基金会面向全球开源的产品之一，用户都可以从 Apache Spark 官网 https://archive.apache.org/dist/spark/spark-2.3.2/下载使用。本节将以 Spark2.3.2 版本为例介绍 Spark 的安装。Spark 安装包下载页面如图 10-16 所示。

在图 10-16 所示界面中，单击 Spark 安装包 spark-2.3.2-bin-hadoop2.7.tgz 即可下载，安装包名称中的 hadoop2.7 表示当前 Spark 版本对应的 Hadoop 版本。

**注意**：本书会提供和使用 spark-2.3.2-bin-hadoop2.7.tgz 安装包。

(2) 安装 Spark。

使用 SecureCRT 远程工具连接服务器 nosql01，将下载的 spark-2.3.2-bin-hadoop2.7.tgz 安装包通过 sudo rz 命令上传到的/opt/software/目录下，上传完成后将安装包通过 sudo chown user_mongo: user_mongo /opt/software/spark-2.3.2-bin-hadoop2.7.tgz 命令将 Spark 安装包修改为 user_mongo 用户权限，具体效果如图 10-17 所示。

从图 10-17 中可以看出，在目录/opt/software/下存在 Spark 安装包，并且用户权限为用户 user_mongo，说明成功上传 Spark 安装包并修改用户权限。

通过解压 Spark 安装包的方式安装 Spark，将 Spark 安装包解压到目录/opt/servers/mongodb_demo/shardcluster 下，具体命令如下：

# Index of /dist/spark/spark-2.3.2

| Name | Last modified | Size | Description |
|---|---|---|---|
| Parent Directory | | - | |
| SparkR_2.3.2.tar.gz | 2018-09-16 13:30 | 304K | |
| SparkR_2.3.2.tar.gz.asc | 2018-09-16 13:30 | 801 | |
| SparkR_2.3.2.tar.gz.sha512 | 2018-09-16 13:30 | 207 | |
| pyspark-2.3.2.tar.gz | 2018-09-16 13:30 | 202M | |
| pyspark-2.3.2.tar.gz.asc | 2018-09-16 13:30 | 801 | |
| pyspark-2.3.2.tar.gz.sha512 | 2018-09-16 13:30 | 210 | |
| spark-2.3.2-bin-hadoop2.6.tgz | 2018-09-16 13:30 | 213M | |
| spark-2.3.2-bin-hadoop2.6.tgz.asc | 2018-09-16 13:30 | 801 | |
| spark-2.3.2-bin-hadoop2.6.tgz.sha512 | 2018-09-16 13:30 | 268 | |
| spark-2.3.2-bin-hadoop2.7.tgz | 2018-09-16 13:30 | 215M | |
| spark-2.3.2-bin-hadoop2.7.tgz.asc | 2018-09-16 13:30 | 801 | |
| spark-2.3.2-bin-hadoop2.7.tgz.sha512 | 2018-09-16 13:30 | 268 | |
| spark-2.3.2-bin-without-hadoop.tgz | 2018-09-16 13:30 | 148M | |
| spark-2.3.2-bin-without-hadoop.tgz.asc | 2018-09-16 13:30 | 801 | |
| spark-2.3.2-bin-without-hadoop.tgz.sha512 | 2018-09-16 13:30 | 288 | |
| spark-2.3.2.tgz | 2018-09-16 13:30 | 15M | |
| spark-2.3.2.tgz.asc | 2018-09-16 13:30 | 801 | |
| spark-2.3.2.tgz.sha512 | 2018-09-16 13:30 | 195 | |

图 10-16　Spark 安装包下载

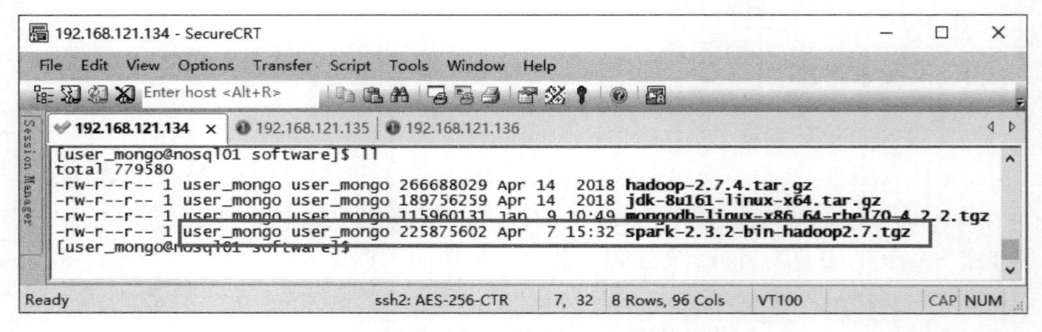


图 10-17　上传 Spark 安装包

```
$tar -zxvf /opt/software/spark-2.3.2-bin-hadoop2.7.tgz -C /opt/servers/mongodb_demo
  /shardcluster/
```

(3) Spark 集群配置。

进入 spark 安装目录下的 conf 目录，修改 Spark 的配置文件 spark-env.sh，修改前需要先将配置模板文件 spark-env.sh.template 复制一份并命名为 spark-env.sh，具体命令如下：

```
$cp spark-env.sh.template spark-env.sh
```

文件 spark-env.sh 用于配置启动 Spark 的相关内容，通过 vi 命令编辑该配置文件，在文件 spark-env.sh 末尾追加下面内容：

```
HADOOP_CONF_DIR=/opt/servers/mongodb_demo/shardcluster/hadoop-2.7.4/etc/hadoop/
export JAVA_HOME=/opt/servers/mongodb_demo/shardcluster/jdk1.8.0_161/
export SPARK_MASTER_HOST=nosql01
```

上述添加的配置参数主要包括 JDK 环境变量、Master 结点的主机名以及 Hadoop 配置文件目录(获取 Hadoop 相关配置信息)。

复制 slaves.template 文件，并重命名为 slaves，具体命令如下：

```
$cp slaves.template slaves
```

通过 vi slaves 命令编辑 slaves 配置文件，主要是指定 Spark 集群中的从结点(删除默认的 localhost)，添加内容如下：

```
nosql02
nosql03
```

上述添加的内容代表 Spark 集群中的从结点为服务器 nosql02 和服务器 nosql03。

(4) 分发文件。

完成服务器 nosql01 上 Spark 的安装配置后，还需要将服务器 nosql01 上的 Spark 安装目录分发到集群中服务器 nosql02 和 nosql03 上，对这两台服务器进行 Spark 安装和配置，在服务器 nosql01 上执行如下命令：

```
$scp -r /opt/servers/mongodb_demo/shardcluster/spark-2.3.2-bin-hadoop2.7/ user_mongo@
nosql02:
  /opt/servers/mongodb_demo/shardcluster/
$scp -r /opt/servers/mongodb_demo/shardcluster/spark-2.3.2-bin-hadoop2.7/ user_mongo@
nosql03:
  /opt/servers/mongodb_demo/shardcluster/
```

至此，完成 Spark 集群安装配置内容。

(5) 启动 Spark 集群。

进入 Spark 安装目录的 sbin 目录下，执行如下命令：

```
$./start-all.sh
```

在整个 Spark 集群服务启动完成后，可以在三台服务器上通过 jps 命令查看服务进程启动情况，分别如图 10-18～图 10-20 所示。

从图 10-18～图 10-20 中可以看出，服务器 nosql01 上启动 Spark 集群的 Master 服务进程，服务器 nosql02 上启动 Spark 集群的 Worker 服务进程，服务器 nosql03 上启动 Spark 集群的 Worker 服务进程，说明 Spark 集群启动正常。

(6) 验证 Spark on Yarn。

Spark 集群已经部署完毕，接下来我们使用 Spark 官方示例 SparkPi，验证 Spark 集群

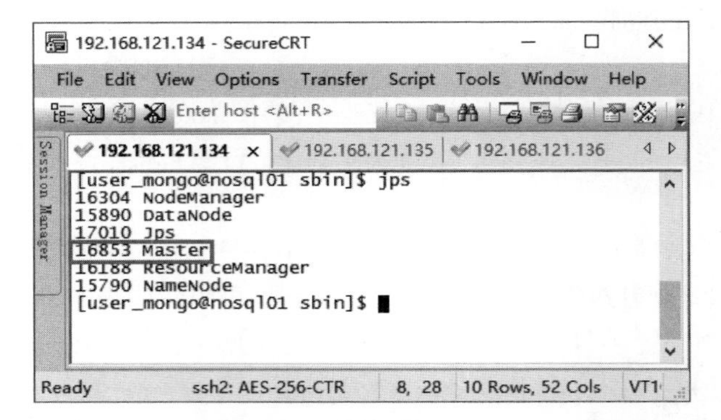


图 10-18 服务器 nosql01

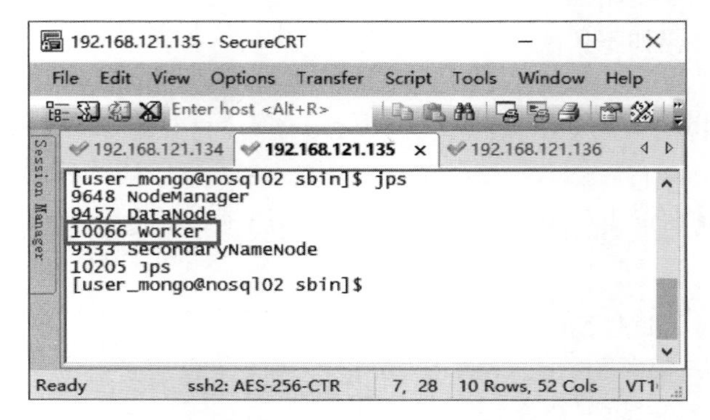


图 10-19 服务器 nosql02

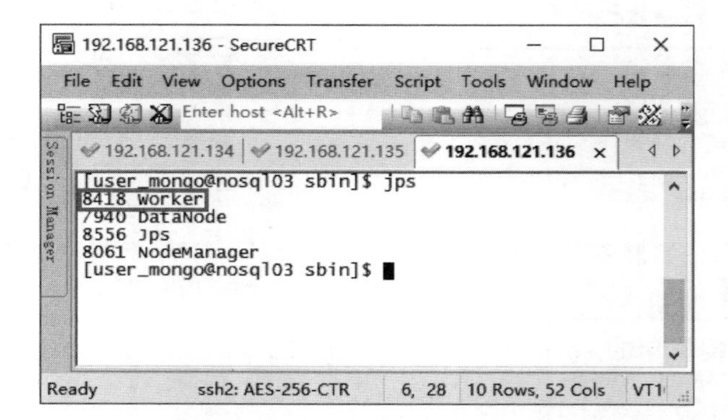


图 10-20 服务器 nosql03

的任务是否提交到 Yarn 上。这里以服务器 nosql01 为例，进入 Spark 目录下的 bin 目录，执行 Spark 提交任务的命令，具体内容如下：

```
./spark-submit \
--master yarn \
--deploy-mode client \
--driver-memory 1G \
```

```
--executor-memory 1G \
--class org.apache.spark.examples.SparkPi \
--executor-cores 1 \
../examples/jars/spark-examples_2.11-2.3.2.jar \
10
```

上述命令参数表示含义如下：

- --masteryarn ：将 Spark 任务提交到 yarn 中。
- --executor-memory 1GB：指定每个 executor 的可用内存为 1GB。
- --executor-memory 1GB：指定每个 driver 的可用内存为 1GB。
- --total-executor-cores 1：指定每个 executor 使用的 CPU 核心数为 1 个。
- --deploy-mode：指定 Spark on Yarn 支持两种运行模式，分别为 cluster 和 client。cluster 适用于生产环境；而 client 适用于交互和调试，因为能在客户端终端看到程序输出。
- --class：调用 jar 包中指定类。

按回车键提交 Spark 作业，观察 Yarn 管理界面（在浏览器中输入 http://192.168.121.134：8088），如图 10-21 所示。

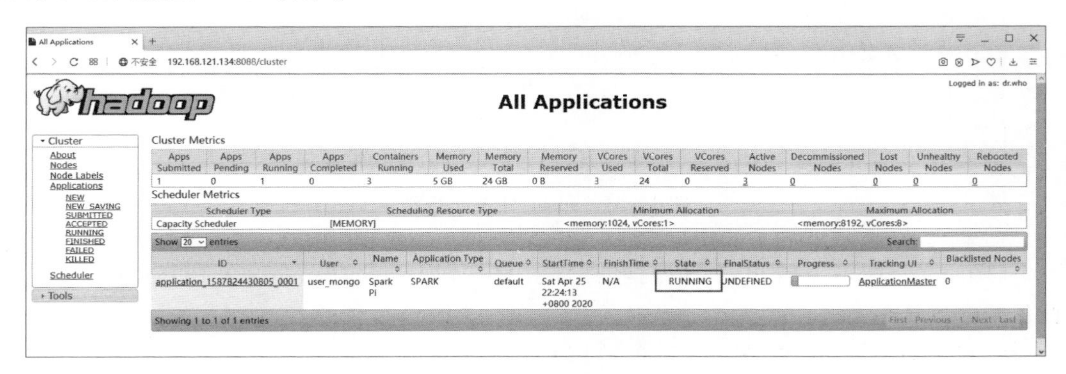


图 10-21　查看 Yarn 中执行的 Spark 任务

在图 10-21 中，State 状态为 Running 表示当前 Yarn 中 Spark 任务正在计算的作业，执行几秒后，刷新界面，如图 10-22 所示。

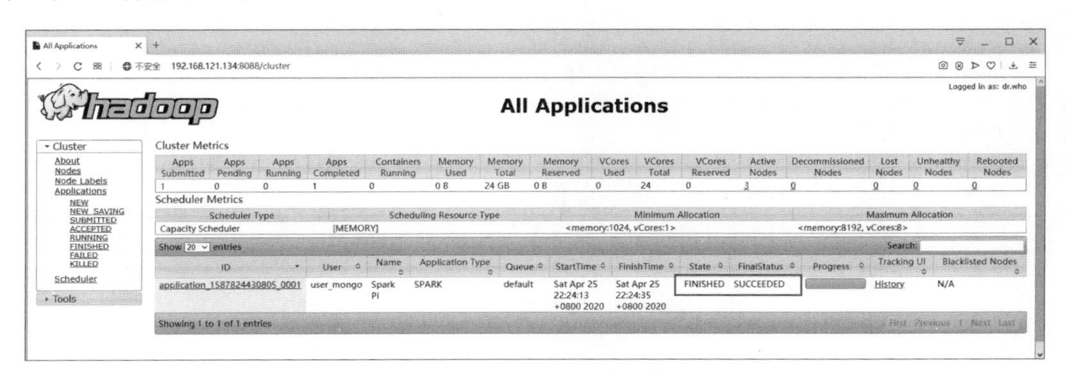


图 10-22　查看 Yarn 中执行完成的 Spark 任务

从图 10-22 中可以看出，State 状态为 FINISHED 表示当前 Spark 任务执行完毕，FinalStatus 最终状态为 SUCCEEDED 表示当前 Spark 任务执行成功，返回控制台查看输出信息，如图 10-23 所示。

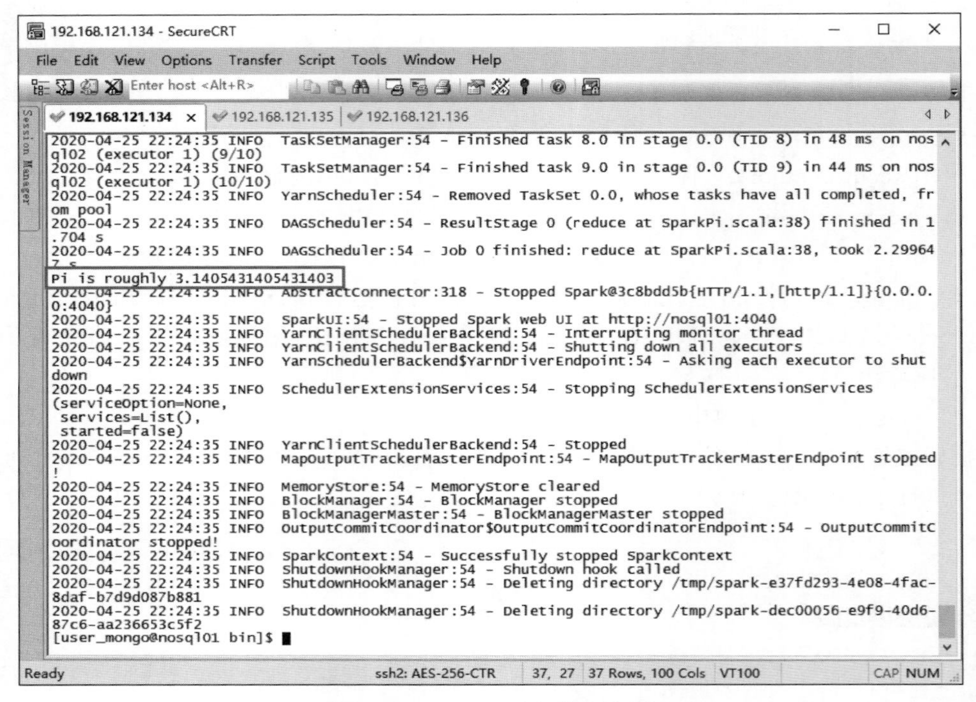


图 10-23 Spark 任务执行结果

从图 10-23 中可以看出，Pi 值已经被计算完毕，即 Pi is roughly 3.1405431405431403（此值为非固定值）。

**※脚下留心**：解决 Spark 提交任务时的 Yarn 异常问题

在部署 Spark on Yarn 集群时，可以在 Hadoop 配置文件 yarn-site.xml 中添加如下内容，以防止在提交 Spark 任务的时候，Yarn 可能将 Spark 任务 Kill 掉，导致“Failed to send RPC xxxxxx”异常。

```
<property>
  <name>yarn.nodemanager.pmem-check-enabled</name>
  <value>false</value>
</property>
<property>
  <name>yarn.nodemanager.vmem-check-enabled</name>
  <value>false</value>
</property>
```

## 10.3 模块开发——构建项目结构

二手房交易数据分析系统的开发是通过 IDEA 工具实现的。因此,本节将详细讲解如何在 IDEA 工具中构建项目结构。

### 1. 创建工程

打开 IDEA 开发工具,使用 Maven 创建 Java Web 项目,单击选择模板 org.apache.maven.archetypes: maven-archetype-webapp,单击 Next 按钮,具体如图 10-24 所示。

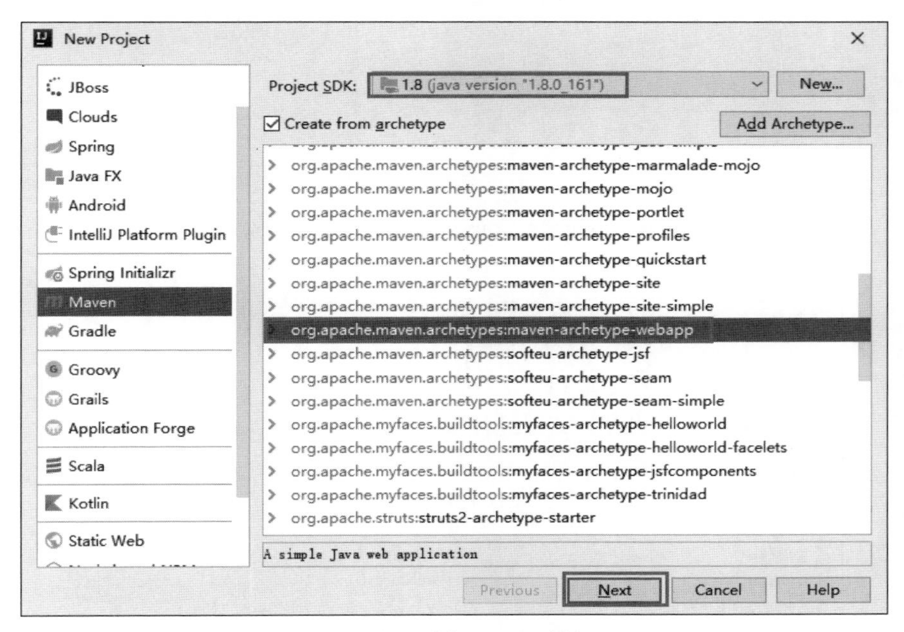


图 10-24 选择 Maven 模板

在图 10-24 中,创建 Maven 项目时需设置 JDK,本案例所使用的 JDK 的版本为 1.8,有关 Windows 下 JDK 的安装与配置这里不作赘述,读者可自行查阅相关资料。这里建议使用本地配置的 JDK,如初次使用 IDEA 工具则可以通过单击 New 按钮添加 JDK。单击 Next 按钮,进入 Maven 项目的配置界面,配置项目的组织名(GroupId)和项目工程名(ArtifactId/Name)以及项目存放的本地目录(Location),具体如图 10-25 所示。

Maven 工程配置完成后,单击图 10-25 中的 Next 按钮,配置项目使用的 Maven,本案例所使用的 Maven 的版本为 3.6.3,有关 Windows 下 Maven 的安装与配置这里不作赘述,读者可自行查阅相关资料。

这里建议使用本地配置的 Maven,在 Maven home directory 栏中选择本地安装的 Maven,如初次使用可通过单击…按钮添加本地 Maven 安装路径。勾选"User settings files"栏中的 Override 复选项,选择本地安装 Maven 中的配置文件,如配置文件中设置了依赖包本地存放目录,则 Local repository 栏中会自动变为配置文件中设置的目录,具体如图 10-26 所示。

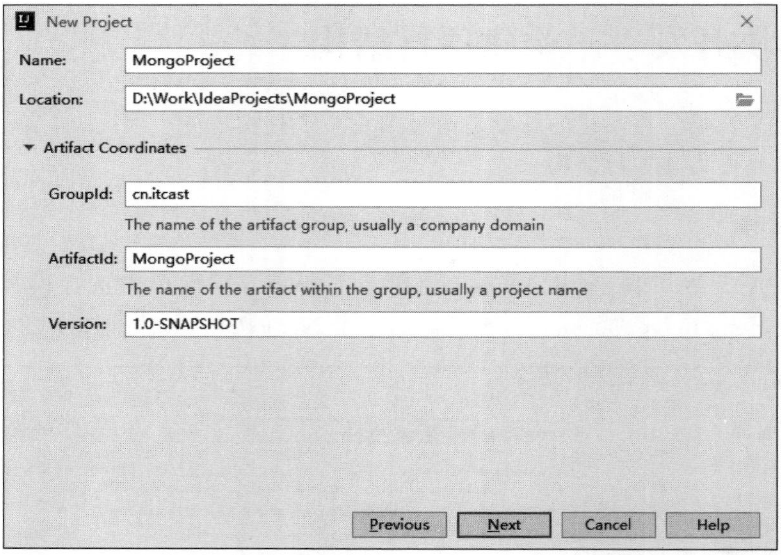

图 10-25　设置组织名称、工程名称和本地存放目录

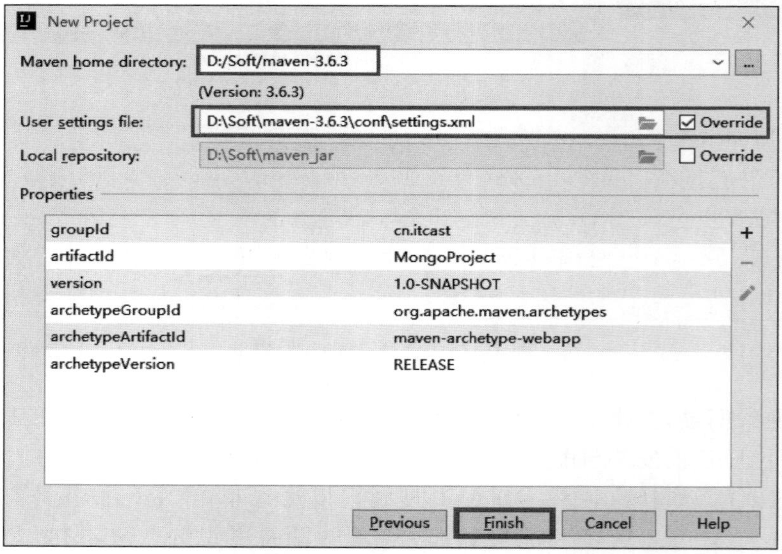

图 10-26　设置本地 Maven

本地 Maven 配置完成后，单击图 10-26 中的 Finish 按钮，Maven 会根据刚才的配置创建一个基于 Maven 的 Web App 项目，等待一段时间创建结束后，该项目初始结构如图 10-27 所示。

在图 10-27 中的 Web App 项目 MongoProject 下新建一个简单 Maven 项目，命名为 SparkDemo，便于后续将单独的 Spark 程序封装成 Jar 包上传到集群中运行，右击 MongoProject 项目，然后依次选择 New→Module，具体如图 10-28 所示。

在图 10-28 中选择本地安装的 JDK 后，单击 Next 按钮，配置 Maven 项目的组织名

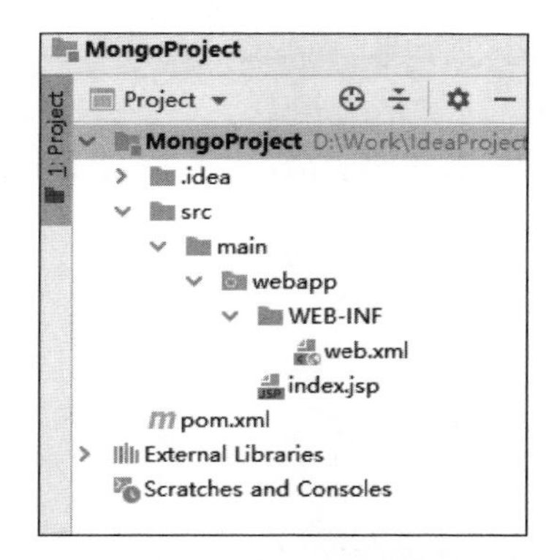


图 10-27　MongoProject 项目初始结构

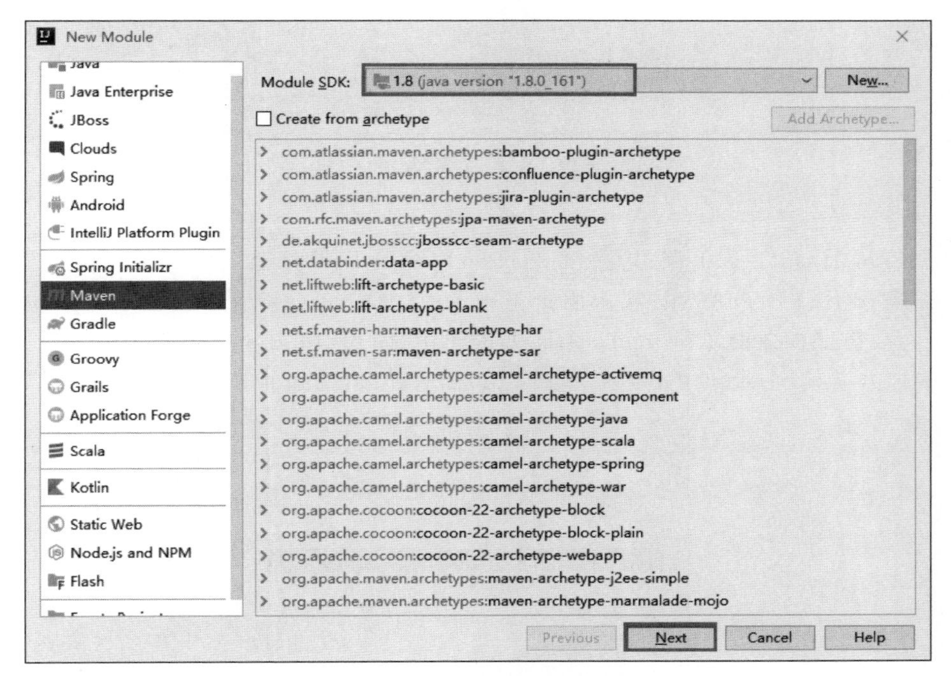


图 10-28　新建简单 Maven 项目

(GroupId)和项目工程名(ArtifactId/Name)以及项目存放的本地目录(Location),注意需将路径修改到默认 MongoProject 路径以外,否则将无法加载该项目中的 pom.xml 文件,具体如图 10-29 所示。

在图 10-29 中单击 Finish 按钮,Maven 会根据配置内容创建一个简单 Maven 项目,此时二手房交易数据分析系统的整体项目结构如图 10-30 所示。

从图 10-30 中可以看出,在 WebAPP 项目 MongoProject 下生成了新的简单 Maven 项目 SparkDemo。

### 2. 构建项目架构

(1) 选中项目 MongoProject 下的 main 目录,然后右键选择 New→Directory 创建 java

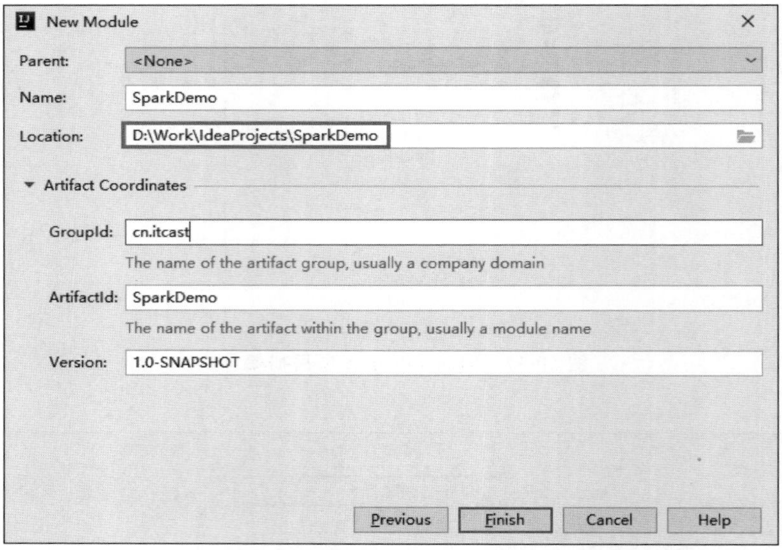

New Module
Parent:
<None>
Name:
SparkDemo
Location:
D:\Work\IdeaProjects\SparkDemo
Artifact Coordinates
GroupId:
cn.itcast
The name of the artifact group, usually a company domain
ArtifactId:
SparkDemo
The name of the artifact within the group, usually a module name
Version:
1.0-SNAPSHOT
Previous
Finish
Cancel
Help

图 10-29 配置简单 Maven 项目

Project
MongoProject D:\Work\IdeaProjects\MongoPr
.idea
src
main
webapp
WEB-INF
web.xml
index.jsp
pom.xml
SparkDemo D:\Work\IdeaProjects\SparkDemo
src
main
java
resources
test
pom.xml
External Libraries
Scratches and Consoles

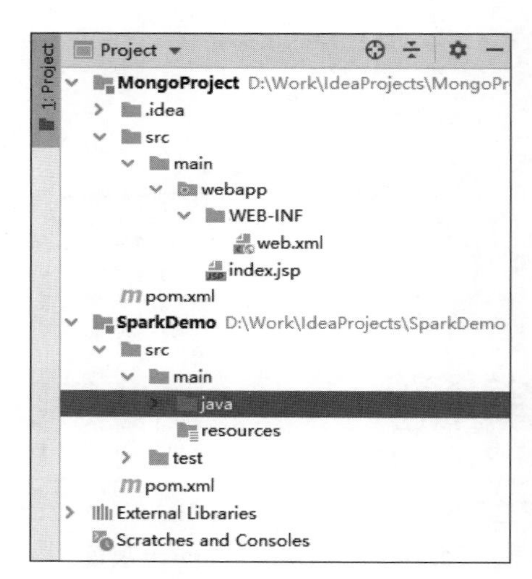

图 10-30 整体项目结构

目录,创建完成后在 java 目录右键选择 Mark Directory as→Source Root,指定该文件夹及其子文件夹中包含的源代码,即 java 文件。在该目录下创建相关包,具体如下。

- cn.itcast.controller:用于存放控制业务流程,与 Jsp 页面交互的类。
- cn.itcast.crawer:用于存放数据采集程序。
- cn.itcast.dao:负责与数据库进行联络的一些类。
- cn.itcast.domain:用于存放与数据库表对应的实体类。
- cn.itcast.utils:用于存放项目中一些工具类

(2) 在项目 MongoProject 的 main 目录右键选择 New→Directory 创建 resources 目录,创建完成后在 resources 目录上右击,然后选择 Mark Directory as→Resource Root,指

定用于应用程序中的资源文件(各种配置 XML 和属性文件等)。

(3) 在项目 MongoProject 的 webapp 目录上右键选择 New→Directory 创建 js 目录,用于存放项目所有 js 文件,其中包括 jquery 和 echarts 文件。

构建后的整体项目结构,具体如图 10-31 所示。

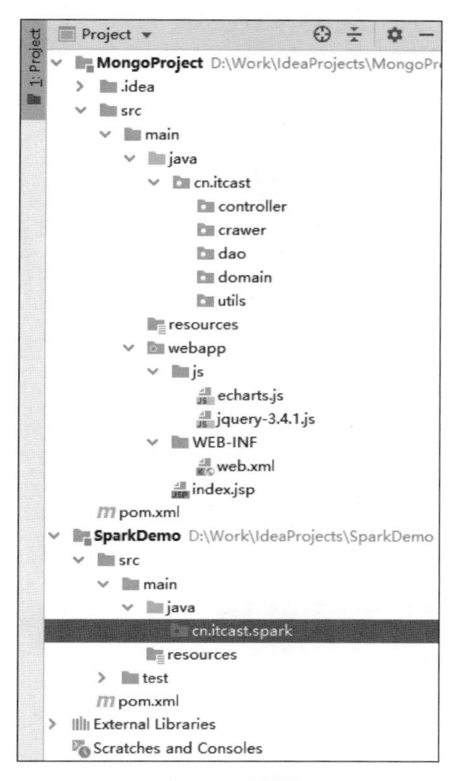


图 10-31　构建后的整体项目结构

### 3. 添加项目依赖

在项目 MongoProject 中配置文件 pom.xml,也就是引入数据展示模块和采集数据模块所需要的依赖。pom.xml 文件添加的内容,具体如文件 10-1 所示。

**文件 10-1　项目 MongoProject 的文件 pom.xml**

```
1  <properties>
2    <project.build.sourceEncoding>UTF-8</project.build.sourceEncoding>
3    <maven.compiler.source>1.8</maven.compiler.source>
4    <maven.compiler.target>1.8</maven.compiler.target>
5  </properties>
6  <dependencies>
7    <!--数据采集模块-->
8    <!--webmagic 爬虫框架-->
9    <dependency>
10     <groupId>us.codecraft</groupId>
```

```
11        <artifactId>webmagic-core</artifactId>
12        <version>0.7.3</version>
13        <exclusions>
14          <exclusion>
15            <groupId>org.slf4j</groupId>
16            <artifactId>slf4j-log4j12</artifactId>
17          </exclusion>
18        </exclusions>
19      </dependency>
20      <dependency>
21        <groupId>us.codecraft</groupId>
22        <artifactId>webmagic-extension</artifactId>
23        <version>0.7.3</version>
24      </dependency>
25      <!--html 解析器-->
26      <dependency>
27        <groupId>org.jsoup</groupId>
28        <artifactId>jsoup</artifactId>
29        <version>1.11.3</version>
30      </dependency>
31      <!--数据展示模块-->
32      <!--web 开发依赖-->
33      <dependency>
34        <groupId>javax</groupId>
35        <artifactId>javaee-api</artifactId>
36        <version>8.0</version>
37        <scope>provided</scope>
38      </dependency>
39      <!--servlet 依赖-->
40      <dependency>
41        <groupId>javax.servlet</groupId>
42        <artifactId>javax.servlet-api</artifactId>
43        <version>4.0.0</version>
44      </dependency>
45      <!--java 操作 mongoDB 的驱动依赖-->
46      <dependency>
47        <groupId>org.mongodb</groupId>
48        <artifactId>mongo-java-driver</artifactId>
49        <version>3.12.1</version>
50      </dependency>
51      <!--通用依赖-->
52      <!--操作 json-->
53      <dependency>
54        <groupId>com.google.code.gson</groupId>
55        <artifactId>gson</artifactId>
56        <version>2.8.5</version>
57      </dependency>
58    </dependencies>
```

上述文件中,第 7～24 行代码引入了 webmagic 依赖和 html 解析器依赖,用于实现数据采集；第 32～50 行代码引入了 servlet 依赖、web 开发依赖和 MongoDB 驱动依赖，用于实现数据展示；第 53～57 行代码引入了 gson 依赖，用于解析项目中的 json 数据。

在项目 SparkDemo 中配置文件 pom.xml，即引入数据分析模块所需要的依赖。文件 pom.xml 添加的内容，具体如文件 10-2 所示。

**文件 10-2 项目 SparkDemo 的文件 pom.xml**

```
1  <!--通过 Maven 封装 jar 包相关配置-->
2      <build>
3          <plugins>
4              <plugin>
5                  <groupId>org.apache.maven.plugins</groupId>
6                  <artifactId>maven-compiler-plugin</artifactId>
7                  <configuration>
8                      <source>8</source>
9                      <target>8</target>
10                 </configuration>
11             </plugin>
12             <plugin>
13                 <artifactId>maven-assembly-plugin</artifactId>
14                 <configuration>
15                     <appendAssemblyId>false</appendAssemblyId>
16                     <descriptorRefs>
17                         <descriptorRef>jar-with-dependencies</descriptorRef>
18                     </descriptorRefs>
19                     <archive>
20                         <manifest>
21                             <!--此处指定 main 方法入口的 class -->
22                             <mainClass>cn.itcast.spark.AvgPrice</mainClass>
23                         </manifest>
24                     </archive>
25                 </configuration>
26                 <executions>
27                     <execution>
28                         <id>make-assembly</id>
29                         <phase>package</phase>
30                         <goals>
31                             <goal>assembly</goal>
32                         </goals>
33                     </execution>
34                 </executions>
35             </plugin>
36         </plugins>
37     </build>
38     <dependencies>
39     <!--Spark 操作 MongoDB 依赖-->
40     <dependency>
41         <groupId>org.mongodb.spark</groupId>
42         <artifactId>mongo-spark-connector_2.11</artifactId>
43         <version>2.3.2</version>
```

```
44      </dependency>
45      <!--Spark相关依赖-->
46      <dependency>
47          <groupId>org.apache.spark</groupId>
48          <artifactId>spark-core_2.11</artifactId>
49          <version>2.3.2</version>
50      </dependency>
51      <dependency>
52          <groupId>org.apache.spark</groupId>
53          <artifactId>spark-sql_2.11</artifactId>
54          <version>2.3.2</version>
55      </dependency>
56      <!--操作json数据的依赖-->
57      <dependency>
58          <groupId>com.google.code.gson</groupId>
59          <artifactId>gson</artifactId>
60          <version>2.8.5</version>
61      </dependency>
62      <!--java操作MongoDB的驱动依赖-->
63      <dependency>
64          <groupId>org.mongodb</groupId>
65          <artifactId>mongo-java-driver</artifactId>
66          <version>3.12.1</version>
67      </dependency>
68      </dependencies>
```

上述文件中，第1～37行代码用于构建通过Maven工具封装jar包的配置；第40～44行代码引入MongoDB驱动依赖，用于Spark程序连接MongoDB；第46～55行代码引入Spark依赖，用于开发Spark数据分析程序；第57～61行代码引入了gson依赖，用于解析项目中的json数据；第63～67行代码引入MongoDB驱动依赖，用于java程序连接MongoDB。

#### 4. 创建数据库配置文件

在项目MongoProject的resources目录上右键选择New→File，创建数据库配置文件mongodb.properties，该文件用于存放MongoDB连接的相关配置，具体内容如文件10-3所示。

**文件10-3 mongodb.properties**

```
1   #MongoDB分片集群中mongos地址
2   host=192.168.121.134
3   #MongoDB分片集群中mongos端口
4   port=27021
5   #用户名
6   username=itcastAdmin
7   #密码
8   password=123456
9   #认证数据库
10  source=admin
```

# 10.4　模块开发——数据采集

在本项目 MongoProject 中，我们利用 Java 爬虫框架 WebMagic 编写爬虫程序，用于采集某房屋交易网站中二手房交易数据信息，并将采集的数据存储到 MongoDB 数据库中。需要注意的是，由于网络爬虫存在一定的不确定性，如网站的结构发生变化、网站增加了反爬机制等，所以读者在实现本案例的数据采集时，可能会出现无法采集某房屋交易网站中二手房交易数据信息的情况，此时读者可参照本教材提供的关于数据采集的补充说明文档完成数据采集的相关操作。

## 10.4.1　WebMagic 简介

WebMagic 是一个简单灵活的 Java 爬虫框架。基于 WebMagic 用户可以快速开发出一个高效、易维护的爬虫程序。

WebMagic 包含以下几个特性：

- 简单的 API，可快速上手。
- 模块化的结构，可轻松扩展。
- 提供多线程和分布式支持。

WebMagic 的设计参考了业界最优秀的爬虫程序 Scrapy，而实现则应用了 HttpClient、Jsoup 等 Java 中最成熟的工具。读者可通过访问 WebMagic 官网 http://webmagic.io/docs/zh/，查看 WebMagic 框架的相关内容。

## 10.4.2　分析网页数据结构

在爬取网站数据之前，我们需要先分析网站的源码结构，然后制定爬虫程序的编写方式，从而使我们能够获取到准确的数据。

通过浏览器浏览某房屋交易网站中的一条二手房房源信息，该房源信息是属于北京地区，具体内容如图 10-32 所示。

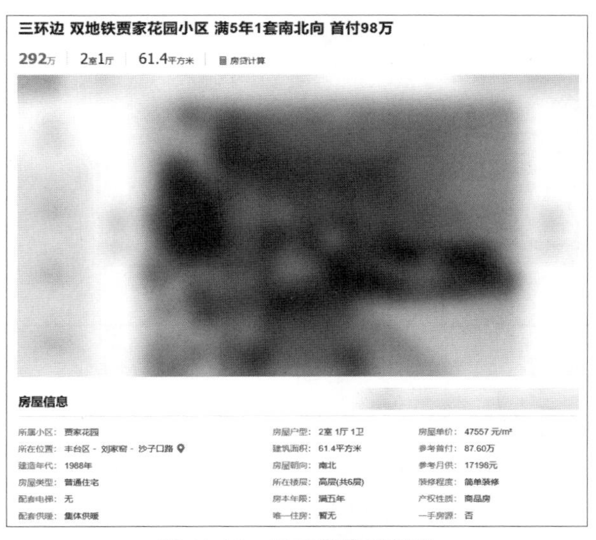


图 10-32　二手房房源信息

在图 10-32 中，二手房源信息包含了该房源在网站中的标题、房屋总价以及房屋的一些详细介绍等数据内容，这些数据就是通过爬虫程序需要采集的内容。此时，我们看到的这些数据内容只是通过浏览器解析网页源代码后所展示出来的，同样爬虫程序也需要解析页面源代码从而获取我们想要的数据内容。

接下来，我们通过浏览器进入开发者模式查看网页源代码，确认这些数据在网页中存放在源代码中的 HTML 标签内，便于我们在后续编写爬虫程序时可以准确获取这些数据，如图 10-33 所示。

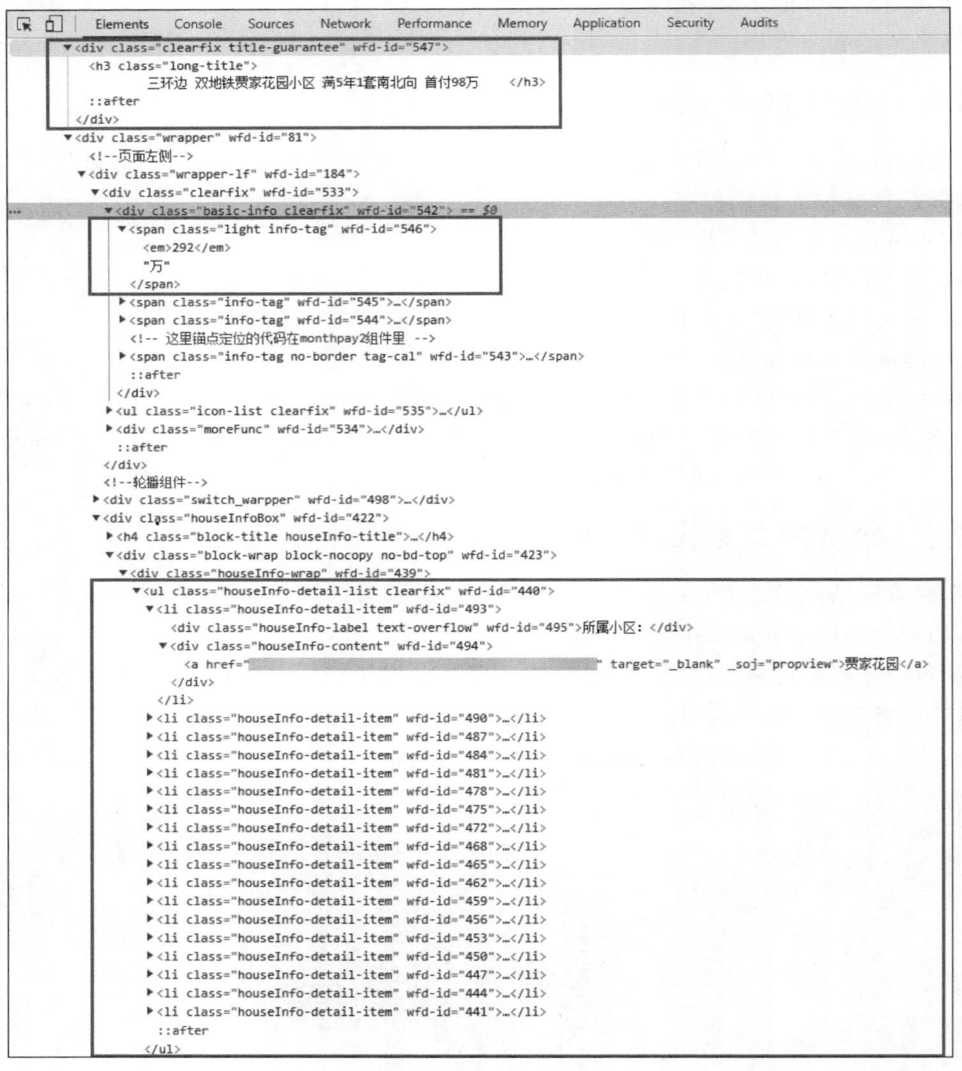


**图 10-33 网页源代码**

在图 10-33 所示的网页源代码中，class 类名为.long-title 的 h3 标签中存放了该房源在网站中的标题数据；class 类名为.basic-info 和.clearfix 的 div 标签中包含类名为.light 和.info-tag 的 span 标签，在该标签下的 em 标签中存放了该房源的总价数据；class 类名为

.houseInfo-detail-list 和.clearfix 的 ul 标签中存放了该房源的房屋信息数据。

### 10.4.3 实现网络数据采集

通过对网页数据结构的分析，了解到数据存放于网页源代码中的位置。接下来，我们将分步骤讲解网络数据的采集。

#### 1. 创建实体类

在项目 MongoProject 的 cn.itcast.crawer 包下创建实体类文件 HouseInfo.java，用于封装采集数据，具体代码如文件 10-4 所示。

**文件 10-4 HouseInfo.java**

```
1  import com.google.gson.JsonObject;
2  public class HouseInfo {
3      //标题名称
4      private  String title;
5      //房屋总价
6      private  double total_price;
7      //房屋单价(元/平米)
8      private  long unit_price;
9      //建筑面积
10     private  double area;
11     //房屋户型
12     private  String house_type;
13     //所属小区
14     private  String community;
15     //行政区(所在位置)
16     private  String district;
17     //所属街道(所在位置)
18     private  String street_district;
19     //地址(所在位置)
20     private  String location;
21     //建造年代
22     private  int time;
23     //房屋朝向
24     private  String direction;
25     //参考首付
26     private  double down_payment;
27     //参考月供
28     private  long monthly_payment;
29     //房屋类型
30     private  String type;
31     //所在楼层
32     private  String floor;
33     //装修程度
34     private  String decorate;
35     //房本年限
36     private  int  property;
```

```
37      //配套电梯
38      private  String  elevator;
39      //房本年限
40      private  String use_time;
41      //唯一住房
42      private  String only;
43      //产权性质
44      private  String ownership;
45      //核心卖点
46      private  String selling_point;
47      //链接
48      private  String link;
49      @Override
50      public String toString() {
51          JsonObject json =new JsonObject();
52          json.addProperty("title",title);
53          json.addProperty("total_price",total_price);
54          json.addProperty("unit_price",unit_price);
55          json.addProperty("area",area);
56          json.addProperty("house_type",house_type);
57          json.addProperty("community",community);
58          json.addProperty("district",district);
59          json.addProperty("street_district",street_district);
60          json.addProperty("location",location);
61          json.addProperty("time",time);
62          json.addProperty("direction",direction);
63          json.addProperty("down_payment",down_payment);
64          json.addProperty("monthly_payment",monthly_payment);
65          json.addProperty("type",type);
66          json.addProperty("floor",floor);
67          json.addProperty("decorate",decorate);
68          json.addProperty("property",property);
69          json.addProperty("elevator",elevator);
70          json.addProperty("use_time",use_time);
71          json.addProperty("only",only);
72          json.addProperty("ownership",ownership);
73          json.addProperty("selling_point",selling_point);
74          json.addProperty("link",link);
75          return json.toString();
76      }
77      //此部分省略属性的 getter/setter 方法
78      }
```

上述代码中，第 2～47 行代码定义需要采集数据的相关属性；第 50～76 行代码重写 toString()方法，将采集的数据内容格式化为 Json 格式，便于后续将数据存入 MongoDB 数据库中。

### 2. 创建爬虫类

在项目 MongoProject 的 cn.itcast.crawer 包下创建爬虫类文件 MainTask.java，用于实

现数据采集程序，该类继承接口类 PageProcessor，并实现接口类中的 process()和 getSite()方法，具体代码如文件 10-5 所示。

**文件 10-5　MainTask.java**

```
1  import org.jsoup.Jsoup;
2  import org.jsoup.nodes.Document;
3  import org.jsoup.nodes.Element;
4  import org.jsoup.select.Elements;
5  import us.codecraft.webmagic.Page;
6  import us.codecraft.webmagic.Site;
7  import us.codecraft.webmagic.processor.PageProcessor;
8  public class MainTask implements PageProcessor {
9      @Override
10     public void process(Page page) {
11     }
12     @Override
13     public Site getSite() {
14         return null;
15     }
16 }
```

上述代码中，第 1～7 行代码引入类 MainTask 相关包；第 10～11 行代码实现接口类 PageProcessor 中定义的 process()方法，用于解析页面内容；第 13～15 行代码实现接口类 PageProcessor 中定义的 getSite()方法，用于提供 HttpClient 请求相关的配置。

在类 MainTask 中，添加 getNum()方法，用于提取字符串中的数字，具体代码如下：

```
1  public double getNum (String string){
2      String s =string
3              .replaceAll("[\\u4e00-\\u9fa5]|[/m? ]", "")
4              .trim();
5      double i =Double.valueOf(s).doubleValue();
6      return i;
7  }
```

在类 MainTask 中的 process()方法内，添加解析页面内容的代码，用于获取需要采集的数据，具体代码如下：

```
1   public void process(Page page) {
2           Document doc =Jsoup.parse(page.getHtml().toString());
3           //匹配 url 是否为网站内二手房交易信息页面
4           if (page.getUrl().toString()
5                   .matches("https://beijing.anjuke.com/sale/.* ")){
6               //获取页面中所有二手房房源信息列表存入 houseList 对象中
7               Elements houseList =doc.getElementsByClass("list-item");
8               //遍历二手房交易信息列表中的每一条房源信息，获取其中的 url
9               //该 url 是该房源的信息介绍页面，即采集数据的页面
10              for (Element house : houseList){
11                  String infoLink =house.getElementsByClass("house-details")
```

```
12                          .first().getElementsByClass("house-title").first()
13                          .getElementsByTag("a").first().attr("href");
14                  //提交 url 进行解析
15                  page.addTargetRequest(infoLink);
16              }
17              //获取下一页数据
18              if (doc.getElementsByClass("aNxt").size() !=0){
19                  String nextPageLink =doc.getElementsByClass("aNxt")
20                          .first().attr("href");
21                  //提交 url 进行解析
22                  page.addTargetRequest(nextPageLink);
23              }
24          //匹配 url 是否为网站内二手房交易的房源信息页面
25          } else if (page.getUrl().toString()
26                  .matches("https://beijing.anjuke.com/prop/view/.*")){
27              //实例化实体类 HouseInfo 创建对象 houseInfo
28              HouseInfo houseInfo =new HouseInfo();
29              //获取标题名称
30              String text =doc.getElementsByClass("long-title")
31                      .first().ownText();
32              //将标题名称保存到实体类对象 houseInfo
33              houseInfo.setTitle(text);
34              //获取房屋总价并保存到实体类对象 houseInfo
35              houseInfo.setTotal_price(
36                      getNum(doc
37                          .getElementsByClass("basic-info clearfix").first()
38                          .getElementsByClass("light info-tag").first()
39                          .getElementsByTag("em").text()));
40              //获取所有房屋详情内容保存到 Elements 类对象 infoTable
41              Elements infoTable =
42                     doc.getElementsByClass("houseInfo-detail-list clearfix")
43                     .first()
44                     .getElementsByClass("houseInfo-detail-item");
45              //遍历 infoTable 对象获取房屋详情中每一类信息,保存到实体类对象 houseInfo
46              for (Element el : infoTable){
47                  //获取房屋信息中每一类信息的标签
48                  String infoType =el
49                          .getElementsByClass("houseInfo-label text-overflow")
50                          .first().text();
51                  //获取标签对应的数据
52                  String infoContent =el
53                          .getElementsByClass("houseInfo-content")
54                          .first().text();
55                  switch (infoType){
56                      case "所属小区:":
57                          houseInfo.setCommunity(infoContent);
58                          break;
59                      case "房屋户型:":
60                          houseInfo.setHouse_type(infoContent);
61                          break;
```

```
62                      case "房屋单价:":
63                          houseInfo.setUnit_price((int)getNum(infoContent));
64                          break;
65                      case  "所在位置:":
66                          //获取所在区
67                          houseInfo.setDistrict(el
68                              .getElementsByClass("houseInfo-content").first()
69                              .getElementsByTag("a").first().text());
70                          //所在片区
71                          houseInfo.setStreet_district(el
72                              .getElementsByClass("houseInfo-content").first()
73                              .getElementsByTag("a").last().text());
74                          //所在街道
75                          houseInfo.setLocation(infoContent
76                                  .replaceAll(".*-","").trim());
77                          break;
78                      case "建筑面积:":
79                          houseInfo.setArea(getNum(infoContent));
80                          break;
81                      case "参考首付:":
82                          houseInfo.setDown_payment(getNum(infoContent));
83                          break;
84                      case "建造年代:":
85                          houseInfo.setTime((int)getNum(infoContent));
86                          break;
87                      case "房屋朝向:":
88                          houseInfo.setDirection(infoContent);
89                          break;
90                      case "参考月供:":
91                          houseInfo.setMonthly_payment(0L);
92                          break;
93                      case "房屋类型:":
94                          houseInfo.setType(infoContent);
95                          break;
96                      case "所在楼层:":
97                          houseInfo.setFloor(infoContent);
98                          break;
99                      case "装修程度:":
100                         houseInfo.setDecorate(infoContent);
101                         break;
102                     case "产权年限:":
103                         houseInfo.setProperty((int) getNum(infoContent));
104                         break;
105                     case "配套电梯:":
106                         houseInfo.setElevator(infoContent);
107                         break;
108                     case "房本年限:":
109                         houseInfo.setUse_time(infoContent);
110                         break;
111                     case "产权性质:":
```

```
112                         houseInfo.setOwnership(infoContent);
113                         break;
114                     case "唯一住房:":
115                         houseInfo.setOnly(infoContent);
116                         break;
117                 }
118             }
119             //获取房屋核心卖点数据
120             String housedesc =doc
121                     .getElementsByClass("houseInfo-desc").first()
122                     .getElementsByClass("houseInfo-item").first()
123                     .getElementsByClass("houseInfo-item-desc").text();
124             //将房屋核心卖点数据保存到实体类对象 houseInfo
125             houseInfo.setSelling_point(housedesc);
126             //将房屋 url 链接保存到实体类对象 houseInfo
127             houseInfo.setLink(page.getUrl().toString());
128           //保存采集数据
129           page.putField("item",houseInfo);
130       }
131 }
```

上述代码中，第 4～23 行代码获取二手房交易页面内房源信息列表，并加载到 houseList 对象中，通过遍历对象获取每一条房源信息的 url 地址，将 url 地址进行提交和解析，对所有 url 地址解析完毕后，进入下一页循环操作；第 25～108 行代码解析 url 地址，从而获取当前页面中需要采集的数据内容，并封装在实体类对象 houseInfo 中；第 129 行代码将采集的数据以(Key,Value)形式保存。

在类 MainTask 中的 getSite 方法内配置爬虫程序，具体代码如下：

```
1   public Site getSite () {
2               Site site =Site.me()
3                       //编码格式
4                       .setCharset("utf8")
5                       //超时时间
6                       .setTimeOut(30000)
7                       //重试休眠时间
8                       .setRetrySleepTime(10000)
9                       //重试次数
10                      .setRetryTimes(100)
11                      //线程休眠时间
12                      .setSleepTime(20000)
13                      //配置用户代理
14                      .setUserAgent("Mozilla/5.0 (Windows NT 10.0; Win64; x64)
15  AppleWebKit/537.36 (KHTML, like Gecko) Chrome/79.0.3945.130 Safari/537.36");
16              return site;
17      }
```

上述代码中配置了爬虫程序编码格式、超时时间、线程休眠时间、用户代理等相关内容。

### 3. 运行爬虫程序

在项目 MongoProject 的 cn.itcast.crawer 包下创建运行爬虫程序的类文件 RunTask.java，用于运行数据采集程序，并在该类中实现 main()方法，具体代码如文件 10-6 所示。

**文件 10-6　RunTask.java**

```
1  import us.codecraft.webmagic.Spider;
2  public class RunTask {
3      public static void main(String[] args) {
4          Spider.create(new MainTask())
5                  .addUrl("https://beijing.anjuke.com/sale/")
6                  .thread(5)
7                  .run();
8      }
9  }
```

上述代码中，第 4～7 行代码用于运行爬虫程序，在程序中指定采集数据的 url 以及线程数相关配置。

为了避免爬虫程序运行被阻止，在运行爬虫程序前需要先在浏览器中输入地址 https://beijing.anjuke.com/sale/进行浏览并点击其中一个房源进行查看，通常情况下我们需要先进行验证操作，验证完成后便可运行爬虫程序。

右击项目 MongoProject 中的文件 RunTask.java，选择 Run.RunTask.main()运行爬虫程序。程序运行一段时间后，控制台会输出采集数据的内容，具体如图 10-34 所示。

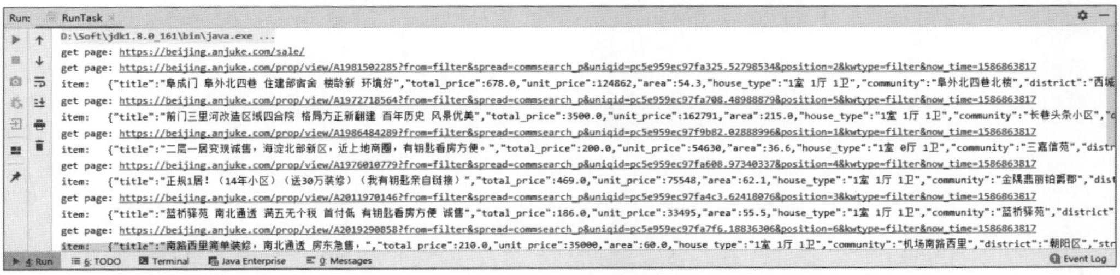

图 10-34　采集数据内容

从图 10-34 中可以看出，控制台输出两类内容，分别是 page(解析的页面)和 item(采集的数据)。

## 10.4.4　存储网络采集数据

上一节我们实现了爬虫程序，并成功采集了需要的数据内容。不过此时采集的数据并没有做持久化处理，只是在控制台输出。如要在后续的程序中使用这些数据，则必须存储这些数据。存储网络采集数据的具体步骤如下。

### 1. 创建工具类

在项目 MongoProject 的 cn.itcast.utils 包下创建工具类文件 PropertyUtil.java，用于读

取目录 resources 的配置文件，具体代码如文件 10-7 所示。

**文件 10-7 PropertyUtil.java**

```
1  import java.io.IOException;
2  import java.io.InputStreamReader;
3  import java.util.Properties;
4  public class PropertyUtil {
5      private static Properties properties;
6      synchronized private static void loadProperties(String fileName) {
7          //实例化类 Properties
8          properties =new Properties();
9          //定义 InputStreamReader 字节流输入类的对象 stream
10         InputStreamReader stream =null;
11         try {
12             //将配置文件的内容读取到数据流中
13             stream =new InputStreamReader(
14                     PropertyUtil.class.getClassLoader()
15                     .getResourceAsStream(fileName +".properties"),
16                     "UTF-8");
17             // properties 对象调用 load()方法加载数据流中配置文件的内容
18             properties.load(stream);
19         } catch (IOException e) {
20             e.printStackTrace();
21         } finally {
22             try {
23                 if (null !=stream) {
24                     //关闭数据流
25                     stream.close();
26                 }
27             } catch (IOException e) {
28                 e.printStackTrace();
29             }
30         }
31     }
32     public static String getProperty(String fileName, String key) {
33         if (null ==properties) {
34             loadProperties(fileName);
35         }
36         return properties.getProperty(key);
37     }
38 }
```

上述代码中，第 6 行代码定义 Properties 对象 properties 用于存取配置文件中 key-value 结果；第 7～32 行代码定义方法 loadProperties()获取配置文件内容，该方法包含一个参数即配置文件名称；第 33～38 行代码定义方法 getProperty()获取配置文件中指定 key 的 value 值(指定配置项的内容)，该方法包含两个参数文件名称(用于调用 loadProperties()方法)和 key 值。

在项目 MongoProject 的 cn.itcast.utils 包下创建工具类文件 DBUtils.java，用于获取

MongoDB数据库连接对象，具体代码如文件10-8所示。

**文件10-8 DBUtils.java**

```
1  import com.mongodb.MongoClientSettings;
2  import com.mongodb.MongoCredential;
3  import com.mongodb.ServerAddress;
4  import com.mongodb.client.MongoClient;
5  import com.mongodb.client.MongoClients;
6  import java.util.Arrays;
7  public class DBUtils {
8      public static MongoClient getMongoClient(String username,String source
9              ,String password,String host,String port) {
10         MongoCredential credential =MongoCredential
11                 .createCredential(username, source,
12                         password.toCharArray());
13         MongoClient mongoClient =MongoClients.create(
14                 MongoClientSettings.builder()
15                         .applyToClusterSettings(builder ->
16                                 builder.hosts(
17                                         Arrays.asList(
18                                                 new ServerAddress(
19                                                         host,
20                                                         Integer.parseInt(port))
21                                         )))
22                         .credential(credential)
23                         .build());
24         return mongoClient;
25     }
26 }
```

上述代码是用于获取MongoDB数据库连接对象，在本书第6章的6.3.2节已经介绍，因此这里就不再赘述。

### 2. 创建数据库操作类

在项目MongoProject的cn.itcast.dao包下创建数据库操作类文件MongoDao.java，用于创建MongoDB数据库连接并实现数据库操作的相关方法，具体代码如文件10-9所示。

**文件10-9 MongoDao.java**

```
1  import cn.itcast.util.DBUtils;
2  import cn.itcast.util.PropertyUtil;
3  import com.mongodb.client.*;
4  import org.bson.Document;
5  import java.io.Serializable;
6  import static com.mongodb.client.model.Filters.*;
7  public class MongoDao implements Serializable {
8      private static final long serialVersionUID =1L;
```

```
9       private MongoClient mongoClient;
10      private MongoDatabase mongoDatabase;
11      private MongoCollection<Document> collection;
12      private PropertyUtil propertyUtil;
13      public MongoDao(String dbName, String collectionName){
14          String host = propertyUtil.getProperty("mongodb","host");
15          String port = propertyUtil.getProperty("mongodb","port");
16          String username = propertyUtil.getProperty("mongodb","username");
17          String password = propertyUtil.getProperty("mongodb","password");
18          String source = propertyUtil.getProperty("mongodb","source");
19          mongoClient =
20                  DBUtils.getMongoClient(username,source,password,host,port);
21          mongoDatabase=mongoClient.getDatabase(dbName);
22          collection=mongoDatabase.getCollection(collectionName);
23      }
24      public void insert(String data){
25          Document document = Document.parse(data);
26          collection.insertOne(document);
27      }
28      public void close(){
29          mongoClient.close();
30      }
31  }
```

上述代码中,第 13～23 行代码定义类的带参构造方法 MongoDao 获取 MongoDB 配置文件中相关配置信息,从而创建 MongoDB 连接对象 mongoClient,通过连接对象获取数据库对象 mongoDatabase 和集合对象 collection;第 24～27 行代码创建 insert()方法向 MongoDB 数据库中的集合插入单条数据;第 28～30 行代码创建 close()方法,用于关闭 MongoDB 数据库连接。

### 3. 实现存储采集数据

(1) 启动 MongoDB 分片集群(本案例使用 MongoDB 分片模式,如读者使用非分片模式,可自行启动对应模式即可),具体参照第 5 章的内容进行相关操作。

(2) 通过 MongoDB 分片集群的路由服务器操作 MongoDB,创建数据库 mongoproject 和集合 house,并开启分片功能,具体实现步骤如下:

```
#在服务器 nosql01 中 MongoDB 的 bin 目录下登录分片集群路由服务器
$./mongo --host nosql01 --port 27021
#切换到拥有 root 权限的用户
mongos>use admin
switched to db admin
mongos>db.auth("admin","123456")
1
#创建数据库
mongos>use mongoproject
```

```
switched to db mongoproject
#创建集合
mongos>db.createCollection("house")
{
        "ok" : 1,
        "operationTime" : Timestamp(1586873184, 13),
        "$clusterTime" : {
                "clusterTime" : Timestamp(1586873184, 13),
                "signature" : {
                        "hash" : BinData(0,"mrv7pNA2BvNJ9v/hdXle/QAa4Pc="),
                        "keyId" : NumberLong("6814242026314268702")
                }
        }
}
#开启数据库分片
mongos>use gateway
switched to db gateway
mongos>sh.enableSharding("mongoproject")
{
        "ok" : 1,
        "operationTime" : Timestamp(1586873304, 8),
        "$clusterTime" : {
                "clusterTime" : Timestamp(1586873304, 8),
                "signature" : {
                        "hash" : BinData(0,"DQwKrWHPQxMY54mtAFq7Z8sJg7Y="),
                        "keyId" : NumberLong("6814242026314268702")
                }
        }
}
```

通过上述步骤操作，我们完成了 MongoDB 分片集群中数据库和集合的创建，并开启数据库分片功能，后续将采集数据写入到集合 house 后，再进行开启集合分片功能的操作。

(3) 修改上一节中爬虫类 MainTask 的 process()方法，在该方法的第 127 行和 128 行之间添加数据存储的内容，用于将采集的数据存储到 MongoDB 分片集群中，具体内容如下：

```
new MongoDao("mongoproject","house").insert(houseInfo.toString());
```

(4) 再次运行爬虫程序，右击项目 MongoProject 的文件 RunTask.java 选择 Run. RunTask.main()运行爬虫程序，程序运行一段时间后，可通过 Robo 3T 工具刷新数据库 mongoproject 下的集合 house，查看数据是否成功插入，具体效果如图 10-35 所示。(注意：运行程序前需在浏览器进行验证操作)。

从图 10-35 中可以看出，我们成功将采集的数据插入到 MongoDB 数据库中，因为爬虫程序运行的时间越长，解析的房源页面也就越多，因此采集的数据量也会随之增长。

(5) 通过 MongoDB 分片集群的路由服务器操作 MongoDB，开启数据库 mongoproject

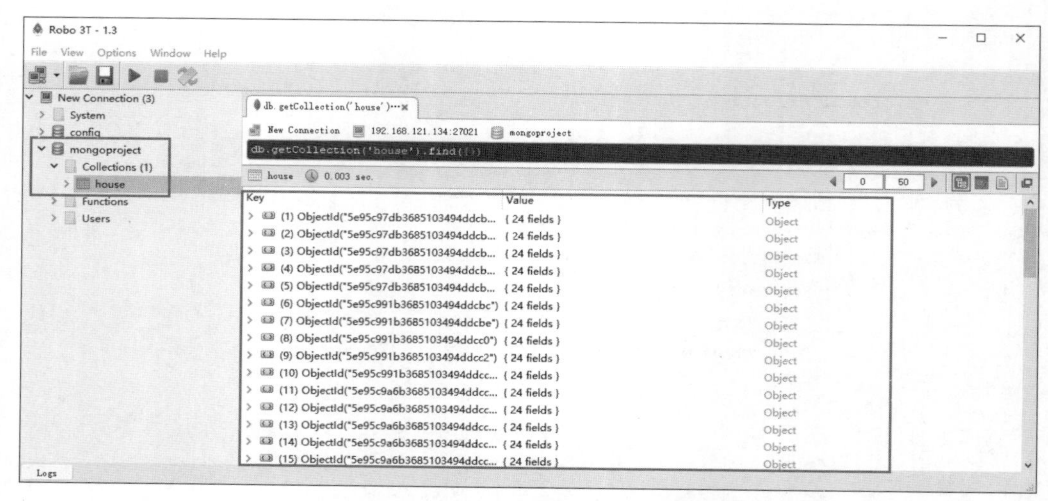

图 10-35 验证数据是否成功插入数据库

中集合 house 的分片功能，具体步骤如下：

```
#登录 MongoDB 分片集群路由服务器
$mongo --host 192.168.121.134 --port 27021
#切换到拥有 root 权限的用户
mongos>use admin
switched to db admin
mongos>db.auth("admin","123456")
1
#切换数据库
mongos>use mongoproject
switched to db mongoproject
#切换到数据库 gateway
mongos>use gateway
switched to db gateway
#以"_id"集合默认索引作为分片键对集合 house 进行分片
mongos>sh.shardCollection("mongoproject.house",{"_id":1})
{
        "collectionsharded" : "mongoproject.house",
        "collectionUUID" : UUID("16a76569-0db2-4a8b-8ee5-cd11a8381208"),
        "ok" : 1,
        "operationTime" : Timestamp(1586950073, 8),
        "$clusterTime" : {
                "clusterTime" : Timestamp(1586950073, 8),
                "signature" : {
                        "hash" : BinData(0,"snH/gmGyy2/LRxPAeO5RF+SPiRQ="),
                        "keyId" : NumberLong("6814242026314268702")
                }
        }
}
```

**小提示**：程序运行时，当控制台输出类似于 https://beijing.anjuke.com/sale/p4 /#filtersort 这样的内容，并且程序停止运行，这表明爬虫程序被网站发现频繁操作，需要人为操作认证。可在浏览器中输入该网址，进行手工验证，验证完成后，在爬虫程序的 RunTask 类中将程序中默认的 https://beijing.anjuke.com/sale/修改为 https://beijing.anjuke.com/sale/p4/即可继续采集，具体内容如下：

```
1  public class RunTask {
2      public static void main(String[] args) {
3          Spider.create(new MainTask())
4                  .addUrl("https://beijing.anjuke.com/sale/p4/")
5                  .thread(5)
6                  .run();
7      }
8  }
```

如运行程序时出现 java compiler 相关的错误信息，在 IDEA 中选择 File→settings 打开 settings 页面，在该页面的搜索栏中数据 java compiler 找到 Java Compiler 选项，单击该选项将 Target bytecode version 修改为项目的 jdk 版本 8 或 1.8 即可，修改完成后单击 Apply 按钮应用设置，如图 10-36 所示。

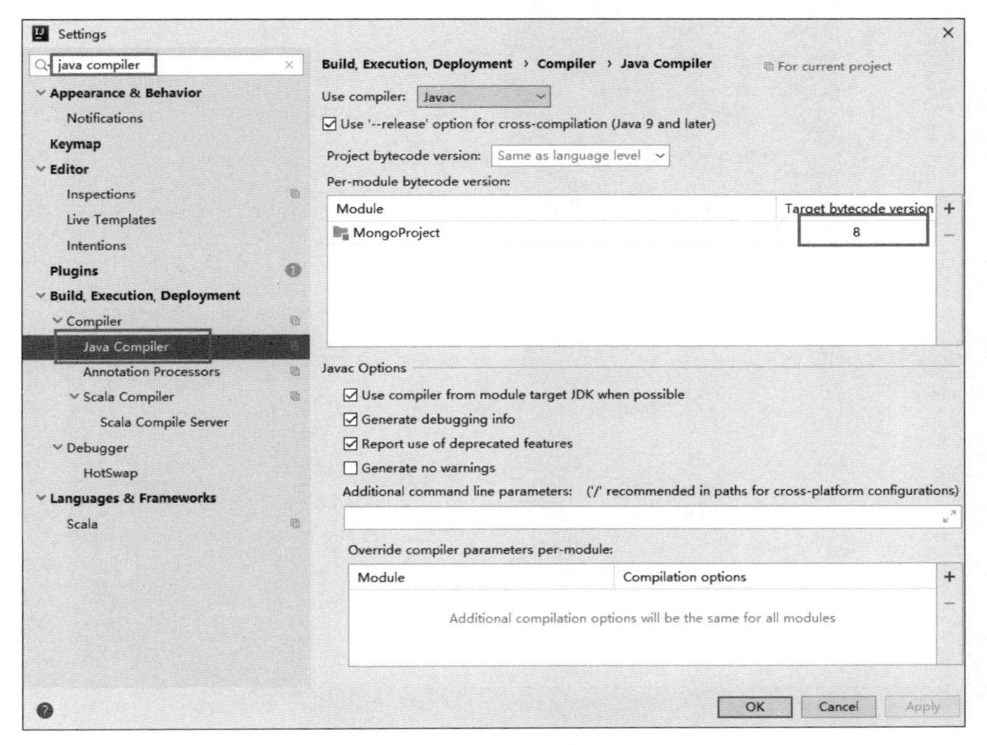


图 10-36　Java Compiler

## 10.5 模块开发——数据分析

针对通过爬虫程序采集的数据内容，本节采用 Spark 计算框架对采集的数据进行统计分析，将分析出的数据存入 MongoDB 数据库中。接下来，我们将分步骤讲解如何进行数据分析统计。

### 1. 创建工具类

在项目 SparkDemo 的 cn.itcast.spark 包下创建工具类文件 SparkToMongoUtil.java，用于获取 spark 连接 mongodb 数据库对象，具体代码如文件 10-10 所示。

**文件 10-10 SparkToMongoUtil.java**

```
1  import org.apache.spark.api.java.JavaSparkContext;
2  import org.apache.spark.sql.SparkSession;
3  public class SparkToMongoUtil {
4      public static JavaSparkContext getSparkConn(
5              String username,
6              String password,
7              String host,
8              String port,
9              String source){
10         SparkSession spark =SparkSession.builder()
11 //                .master("local") //在 idea 中运行,即本地模式运行
12                 .appName("MongoSparkConnectorIntro")
13                 .config("spark.mongodb.input.uri",
14                         "mongodb://"+username+":"
15                                 +password+"@"
16                                 +host+":"
17                                 //mongoproject.house 指定输出数据的数据库和集合
18                                 +port+"/mongoproject.house?authSource="+source)
19                 .config("spark.mongodb.output.uri",
20                         "mongodb://"+username+":"
21                                 +password+"@"
22                                 +host+":"
23                                 //mongoproject.avgprice 指定写入数据的数据库和集合
24                                 +port+"/mongoproject.avgprice?authSource="+source)
25                 .getOrCreate();
26         JavaSparkContext jsc =new JavaSparkContext(spark.sparkContext());
27         return jsc;
28     }
29 }
```

上述代码中，第 10～25 行代码创建 SparkSession 对象 spark 并传递相关参数，其中包括主机名、任务名称、spark 读取 MongoDB 数据的地址以及 spark 写入 MongoDB 数据的地址，其中第 11 行代码指定 spark 运行模式为本地运行，在本地调试程序的时候使用，由于后续需要提交 Spark 程序到集群中运行，因此这里需要注释掉；第 26 行代码使用

SparkSession 对象的 SparkContext()方法创建 Spark 连接对象 JavaSparkContext，用于创建 Spark 连接。

### 2. 创建数据库操作类

在项目 SparkDemo 的 cn.itcast.spark 包下创建数据库操作类文件 SparkMongoDao.java，用于创建 MongoDB 数据库连接，并实现 Spark 操作 MongoDB 数据库的相关方法，具体代码如文件 10-11 所示。

**文件 10-11　SparkMongoDao.java**

```
1  import com.mongodb.spark.MongoSpark;
2  import com.mongodb.spark.rdd.api.java.JavaMongoRDD;
3  import org.apache.spark.api.java.JavaRDD;
4  import org.apache.spark.api.java.JavaSparkContext;
5  import org.bson.Document;
6  public class SparkMongoDao {
7      private JavaSparkContext jsc;
8      private final String username ="itcastAdmin";
9      private final String port ="27021";
10     private final String host ="192.168.121.134";
11     private final String password ="123456";
12     private final String source ="admin";
13     public SparkMongoDao(){
14         jsc =SparkToMongoUtil
15                 .getSparkConn(username,password,host,port,source);
16     }
17     public JavaMongoRDD<Document> readFromMongoDB(){
18         JavaMongoRDD<Document> customRdd =
19                 MongoSpark.load(jsc);
20         return customRdd;
21     }
22     public void writeToMongoDB(JavaRDD<Document> data){
23         MongoSpark.save(data);
24     }
25     public void close(){
26         jsc.close();
27     }
28 }
```

上述代码中，第 7～12 行代码创建连接 MongoDB 相关参数的属性；第 13～16 行代码创建类的无参构造方法 SparkMongoDao 用于创建 MongoDB 连接；第 17～21 行代码创建方法 readFromMongoDB()用于读取 MongoDB 数据库中的数据，存储为 Spark 程序可以处理的 JavaMongoRDD 形式；第 22～24 行代码创建方法 writeToMongoDB()用于写入数据到 MongoDB 数据库中，该方法包含参数 data，用于指定写入的数据内容；第 25～27 行代码创建 close()方法，用于关闭 Spark 连接。

### 3. 实现数据分析

在项目 SparkDemo 的 cn.itcast.spark 包下创建数据分析类文件 AvgPrice.java，用于分析北京市各个区的二手房平均价格，具体代码如文件 10-12 所示。

**文件 10-12 AvgPrice.java**

```
1  import com.google.gson.JsonObject;
2  import com.mongodb.spark.rdd.api.java.JavaMongoRDD;
3  import org.apache.spark.api.java.JavaPairRDD;
4  import org.apache.spark.api.java.JavaRDD;
5  import org.apache.spark.api.java.function.*;
6  import org.bson.Document;
7  import scala.Tuple2;
8  public class AvgPrice {
9      public static void main(String[] args) {
10         SparkMongoDao sparkMongoDao =new SparkMongoDao();
11         JavaMongoRDD<Document>mongoRDD =sparkMongoDao
12                 .readFromMongoDB();
13         JavaPairRDD<String,Integer>sparkRDD =mongoRDD.mapToPair(
14                 new PairFunction<Document, String, Integer>() {
15                     @Override
16                     public Tuple2<String, Integer>call(Document document)
17                             throws Exception {
18                         //正则表达式去除字符串中的()
19                         String regex ="\\(.*?\\)";
20                         String district =document.getString("district")
21                                 .replaceAll(regex,"");
22                         Integer unit_price =document
23                                 .getInteger("unit_price");
24                         return new Tuple2<>(district,unit_price);
25                     }
26                 });
27         JavaPairRDD<String,Iterable<Integer>>groupRDD =
28                 sparkRDD.groupByKey();
29         JavaPairRDD<Tuple2<String,Integer>,Integer>mapRDD =
30                 groupRDD.mapToPair(
31                         new PairFunction<
32                                 Tuple2<String, Iterable<Integer>>,
33                                 Tuple2<String, Integer>, Integer>() {
34                             @Override
35                             public Tuple2<
36                                 Tuple2<String, Integer>,
37                                 Integer>call(Tuple2<String, Iterable<Integer>>tuple2)
38                                 throws Exception {
39                                 int num =0;
40                                 int sum =0;
41                                 for (int i : tuple2._2) {
42                                     sum =sum +i;
43                                     num =num +1;
```

```
44                              }
45                              Tuple2<String, Integer>tuple =
46                                      new Tuple2<>(tuple2._1,sum);
47                              return new Tuple2<>(tuple,num);
48                          }
49                      });
50          JavaPairRDD<String,Double>avgRDD =mapRDD.mapToPair(
51                  new PairFunction<
52                          Tuple2<Tuple2<String, Integer>, Integer>,
53                          String, Double>() {
54                      @Override
55                      public Tuple2<String, Double>call(
56                              Tuple2<Tuple2<String, Integer>, Integer>tuple2)
57                              throws Exception {
58                          double sums =tuple2._1()._2.doubleValue();
59                          double nums =tuple2._2.doubleValue();
60                          double avg_price =sums/nums;
61                          //保留两位小数
62                          double avg_num
63                                  =(double)(Math.round(avg_price * 100))/100;
64                          return new Tuple2<>(
65                                  tuple2._1()._1,new Double(avg_num));
66                      }
67                  });
68          JavaRDD<Document>resultRDD =avgRDD.map(
69                  new Function<Tuple2<String, Double>, Document>() {
70                      @Override
71                      public Document call(Tuple2<String, Double>tuple2)
72                              throws Exception {
73                          JsonObject resultJson =new JsonObject();
74                          resultJson.addProperty("district",tuple2._1);
75                          resultJson.addProperty("avg_price",tuple2._2);
76                          Document.parse(resultJson.toString());
77                          return  Document.parse(resultJson.toString());
78                      }
79                  });
80          sparkMongoDao.writeToMongoDB(
81                  resultRDD);
82          sparkMongoDao.close();
83      }
84  }
```

上述代码详细介绍如下：

第10～12行代码实例化Spark连接MongoDB对象sparkMongoDao，通过调用sparkMongoDao对象的readFromMongoDB()方法指定并获取数据库集合中的数据，并将数据放入mongoRDD(JavaMongoRDD)。

第13～26行代码通过Spark中的mapToPair算子对mongoRDD进行处理，提取mongoRDD中每条房源信息中district(房源所在区)和unit_price(房源均价(元/平方米))

两个字段数据，生成新的键值对类型 RDD(JavaPairRDD)并命名为 sparkRDD，并将这两个字段数据作为 sparkRDD 的键和值。

第 27～28 行代码，通过 Spark 中的 groupByKey 算子对 sparkRDD 进行处理，通过 sparkRDD 中的键(房源所在区)进行分组，生成新的键值对类型 RDD(JavaPairRDD)并命名为 groupRDD。

第 29～49 行代码通过 Spark 中的 mapToPair 算子对 groupRDD 进行处理，对相同键的值进行累加处理并统计相同键中值的个数，便于后续的平均值计算，生成新的键值对类型 RDD(JavaPairRDD)并命名为 mapRDD。

第 50～67 行代码通过 Spark 中的 mapToPair 算子对 mapRDD 进行处理，计算得出每个地区的二手房均价，生成新的键值对类型 RDD(JavaPairRDD)命名为 avgRDD。

第 68～79 行代码通过 Spark 中的 map 算子对 avgRDD 进行处理，将拆分键值对数据并组合成 json 形式，便于后续通过 Spark 将分析结果存储到 MongoDB 数据库中，生成新的 RDD(JavaRDD)并命名为 resultRDD。

第 80～81 行代码，通过调用 sparkMongoDao 对象的 writeToMongoDB 方法将分析结果存储到 MongoDB 数据库中。

接下来，我们通过一张图来详细了解 Spark 数据分析程序中各 RDD 间数据的转换过程，具体如图 10-37 所示。

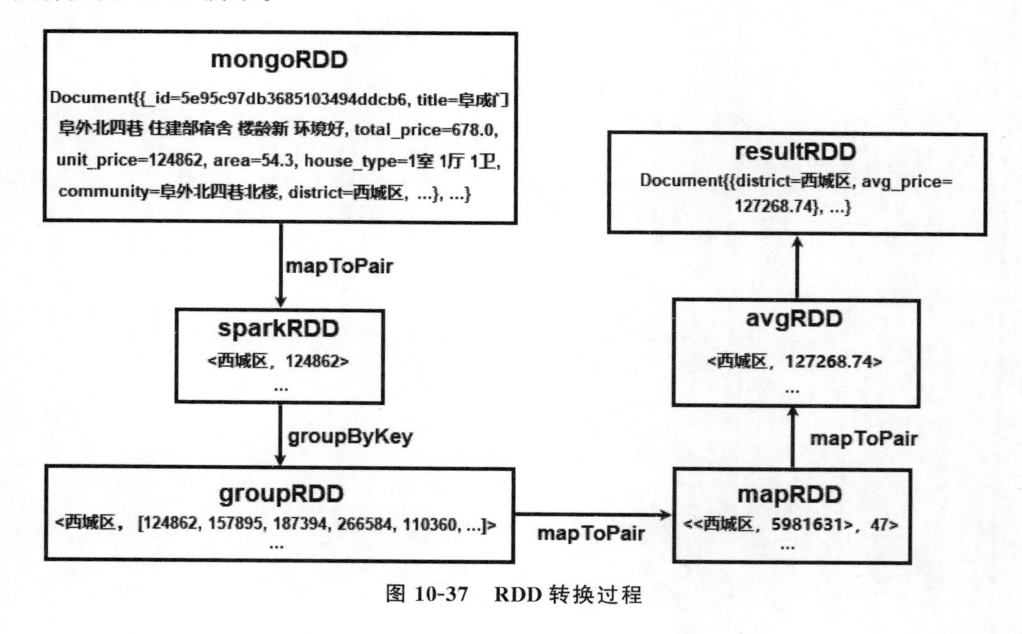


图 10-37 RDD 转换过程

4. 运行数据分析程序

(1) 本地模式运行。

在项目 SparkDemo 的 cn.itcast.spark 包下右击文件 AvgPrice.java，选择 Run. AvgPrice.main()运行 Spark 数据分析程序(需去掉代码.Master("local")的注释)。待程序运行完成后，通过 Robo 3T 工具查看分析结果数据是否成功存入 MongoDB 数据库中，如图 10-38 所示。

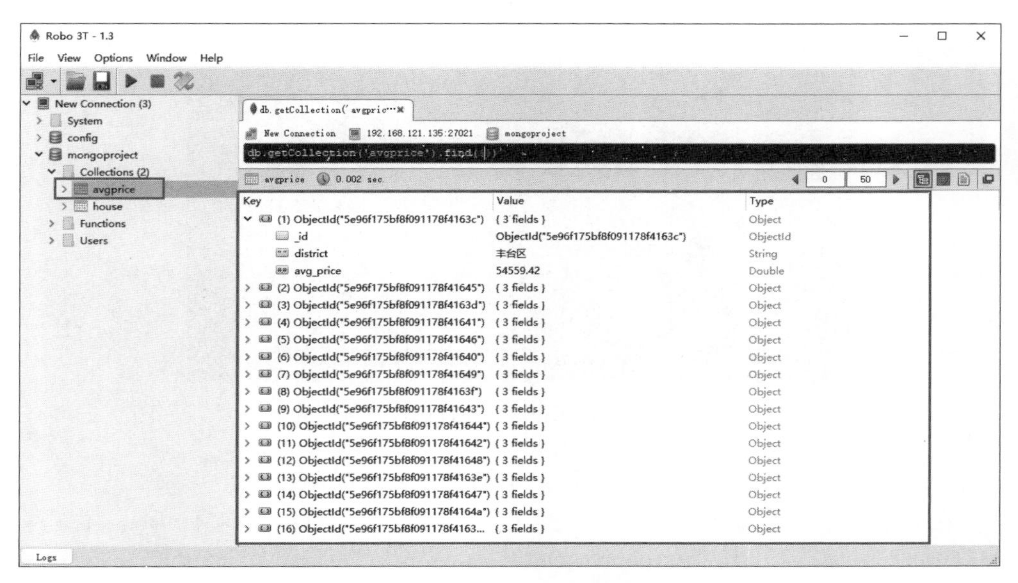


**图 10-38 分析结果数据**

从图 10-38 中可以看出，数据库 mongoproject 中的 avgprice 集合中存放了分析结果数据，说明已成功将 Spark 分析结果存放到 MognoDB 数据库中。

（2）集群模式运行。

需要将 SparkDemo 项目通过 Maven 封装成 jar 包，具体操作步骤如下：

① 在 SparkDemo 项目的本地目录中，按住 Shift 键在空白处右击，选择“在此处打开 Powershell 窗口”选项，打开 CMD 命令行操作工具，如图 10-39 和图 10-40 所示。

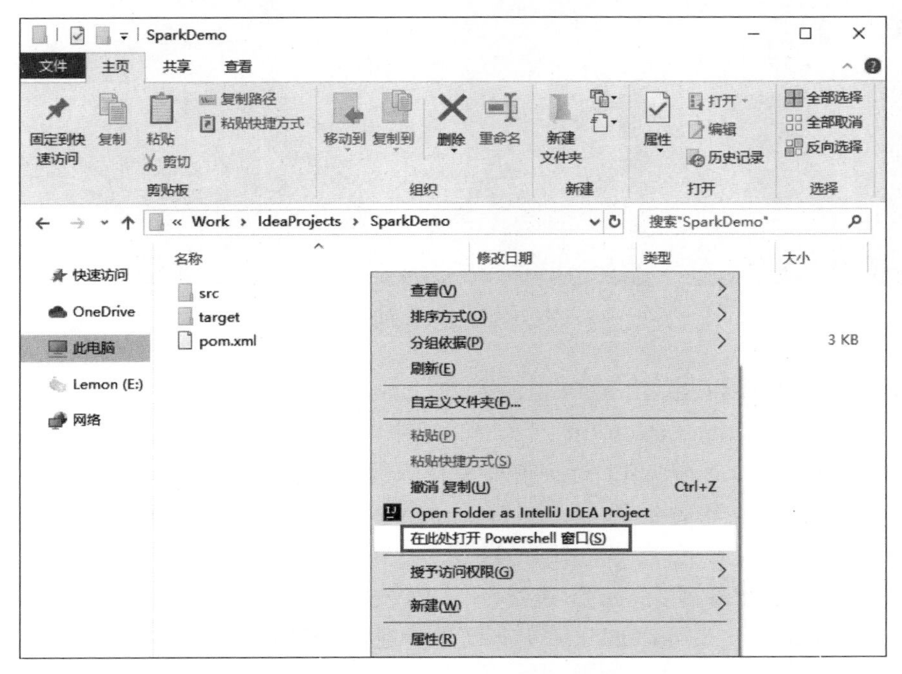


**图 10-39 在此处打开 Powershell 窗口**

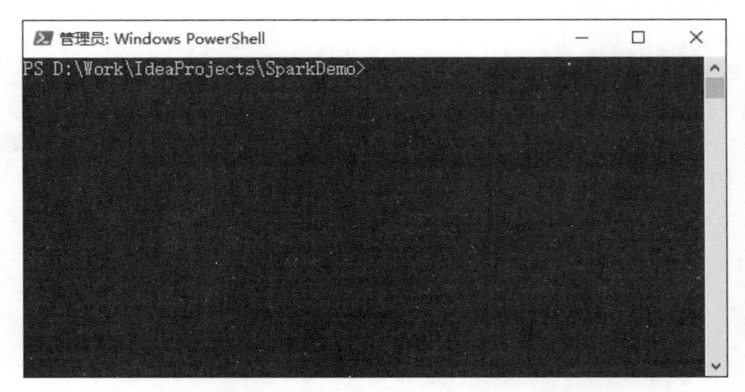


**图 10-40　CMD命令行操作工具**

在图10-40中,命令行工具直接进入SparkDemo项目所在目录。

② 在命令行工具中输入命令 mvn package,封装SparkDemo项目为jar包,具体如图10-41所示。

```
管理员: Windows PowerShell
[INFO] git.properties already added, skipping
[INFO] META-INF/ already added, skipping
[INFO] META-INF/MANIFEST.MF already added, skipping
[INFO] org/ already added, skipping
[INFO] org/joda/ already added, skipping
[INFO] org/joda/time/ already added, skipping
[INFO] META-INF/LICENSE.txt already added, skipping
[INFO] META-INF/NOTICE.txt already added, skipping
[INFO] META-INF/maven/ already added, skipping
[INFO] META-INF/MANIFEST.MF already added, skipping
[INFO] META-INF/ already added, skipping
[INFO] META-INF/maven/ already added, skipping
[INFO] com/ already added, skipping
[WARNING] Configuration options: 'appendAssemblyId' is set to false, and 'classifier' is mis
sing.
Instead of attaching the assembly file: D:\Work\IdeaProjects\SparkDemo\target\SparkDemo-1.0-
SNAPSHOT.jar, it will become the file for main project artifact.
NOTE: If multiple descriptors or descriptor-formats are provided for this project, the value
 of this file will be non-deterministic!
[WARNING] Replacing pre-existing project main-artifact file: D:\Work\IdeaProjects\SparkDemo\
target\SparkDemo-1.0-SNAPSHOT.jar
with assembly file: D:\Work\IdeaProjects\SparkDemo\target\SparkDemo-1.0-SNAPSHOT.jar
[INFO] ------------------------------------------------------------------------
[INFO] BUILD SUCCESS
[INFO] ------------------------------------------------------------------------
[INFO] Total time:  59.182 s
[INFO] Finished at: 2020-04-17T13:18:39+08:00
[INFO] ------------------------------------------------------------------------
PS D:\Work\IdeaProjects\SparkDemo>
```

**图 10-41　封装jar包**

从图10-41中可以看出,出现BUILD SUCCESS信息,说明SparkDemo项目成功封装成jar包,并且在“with assembly file:”一行信息中可以看到jar包默认存放的目录。

③ 将jar包通过SecureCRT远程连接工具(rz命令)上传到Spark集群的主结点服务器nosql01中,存放在服务器的“/opt/servers/mongodb_demo/shardcluster/spark-2.3.2-bin-hadoop2.7/bin”目录下,具体如图10-42所示。

从图10-42中可以看出,在服务器nosql01的目录“/opt/servers/mongodb_demo/shardcluster/spark-2.3.2-bin-hadoop2.7/bin”下出现SparkDemo-1.0-SNAPSHOT.jar,说明成功将项目SparkDemo封装后的jar包上传到服务器nosql01上,注意此步操作应切换到

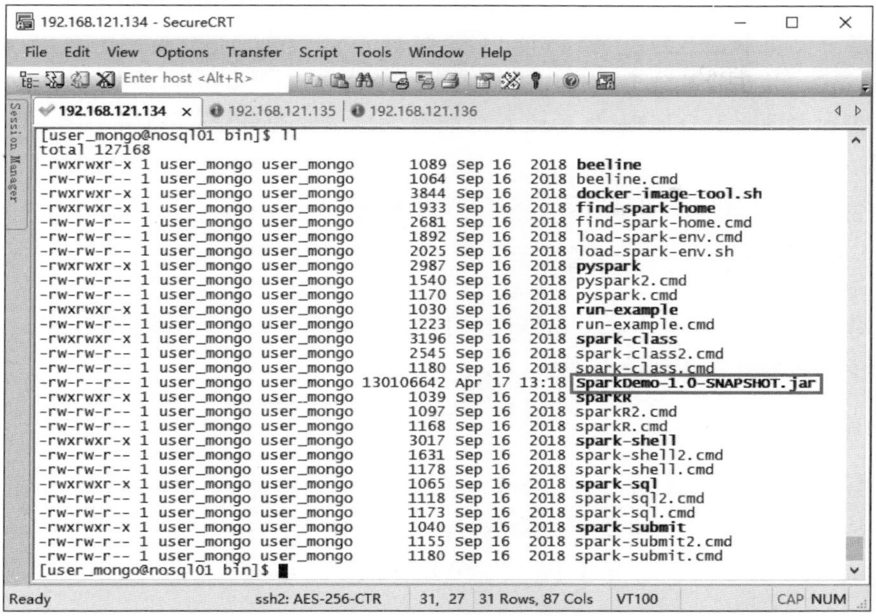

图 10-42　上传 jar 包

服务器 nosql01 中的 user_mongo 用户进行操作。

④ 启动 MongoDB 分片集群(参照本书第 5 章,使用 user_mongo 用户)和 Spark 集群(参照本章第 10.2.3 节,使用 user_mongo 用户)。

⑤ 删除 MongoDB 分片集群中 mongoproject 数据库下的 avgprice 集合(如运行过 Spark 本地模式)。

⑥ 在 Spark 的 bin 目录下通过 spark-submit 提交 Spark 数据分析程序到 Spark 集群中运行,具体命令如下:

```
./spark-submit \
--master yarn \
--deploy-mode client \
--total-executor-cores 2 \
--executor-memory 2G \
--class cn.itcast.spark.AvgPrice \
./SparkDemo-1.0-SNAPSHOT.jar  \
```

待程序运行完成后,通过 Robo 3T 工具查看分析结果数据是否成功存入 MongoDB 数据库中,这里不再赘述。

## 10.6　模块开发——数据展示

将 MongoDB 数据库中的分析结果数据展示在 Web 系统中,实现数据的可视化展示,便于非技术人员的决策与分析,本系统采用 ECharts 来辅助实现。

ECharts是一款商业级数据图表软件。它拥有基于JavaScript的数据可视化图表库，且兼容大部分浏览器；底层基于Zrender(轻量级Canvas类库)，包含许多组件，例如坐标系、图例、工具箱等，并在此基础上构建出折线图、柱状图、散点图、饼图和地图等，同时支持任意维度的堆积和多图表混合展现，展示效果功能强大。想要充分学习ECharts的读者可以浏览官方网站http://echarts.baidu.com/。使用Echarts也非常简单，只需在官网下载相应版本的JavaScript源代码，并通过所选实例的教程编写接口参数即可。

## 10.6.1 实现数据展示功能

针对数据展示功能，本节采用Servlet+JSP+Echarts实现动态数据可视化。接下来，我们将分步骤讲解如何实现数据展示。

### 1. 创建实体类

在项目MongoProject的cn.itcast.domain包下创建实体类文件AvgPriceModel.java，用于封装从MongoDB数据库读取的数据，具体代码如文件10-13所示。

**文件10-13 AvgPriceModel.java**

```
1  public class AvgPriceModel {
2      private String district;
3      private double avg_price;
4      public String getDistrict() {
5          return district;
6      }
7      public double getAvg_price() {
8          return avg_price;
9      }
10     public void setDistrict(String district) {
11         this.district =district;
12     }
13     public void setAvg_price(double avg_price) {
14         this.avg_price =avg_price;
15     }
16     public AvgPriceModel(String district,double avg_price){
17         this.district =district;
18         this.avg_price =avg_price;
19     }
20     @Override
21     public String toString() {
22         return "AvgPriceModel [district=" +district +", avg_price=" +avg_price +"]";
23     }
24 }
```

上述代码中，第2、3行代码定义需要读取数据库中分析结果数据的相关属性；第4～15行代码定义属性的get()/set()方法；第16～19行代码定义类的有参构造方法；第21～23行代码重写toString()方法格式化输出。

### 2. 修改数据库操作类

修改项目 MongoProject 中 cn.itcast.dao 包下的数据库操作类 MongoDao.java 文件，在该文件中添加查询数据库中集合数据的方法 findAll()，具体代码如下：

```
1    public FindIterable<Document>findAll(){
2        FindIterable<Document>resultAll =collection
3                .find(ne("district",""));
4        return resultAll;
5    }
```

上述代码中，第 2、3 行代码获取集合中的数据，并过滤每一条数据中 district 字段为空的数据。

### 3. 创建 Servlet 类

在项目 MongoProject 的 cn.itcast.controller 包下创建 Servlet 类文件 AvgPriceControler.java，用于处理数据库中读取的数据，并将处理后的数据传输到 JSP 中，具体代码如文件 10-14 所示。

**文件 10-14　AvgPriceControler.java**

```
1  import cn.itcast.dao.MongoDao;
2  import cn.itcast.domain.AvgPriceModel;
3  import com.google.gson.Gson;
4  import com.mongodb.Block;
5  import com.mongodb.client.FindIterable;
6  import org.bson.Document;
7  import javax.servlet.ServletException;
8  import javax.servlet.http.HttpServlet;
9  import javax.servlet.http.HttpServletRequest;
10 import javax.servlet.http.HttpServletResponse;
11 import java.io.IOException;
12 import java.util.ArrayList;
13 import java.util.List;
14
15 public class AvgPriceControler extends HttpServlet {
16     private static final long serialVersionUID =1L;
17     @Override
18     protected void doPost(HttpServletRequest request, HttpServletResponse response)
19             throws ServletException, IOException {
20         List<AvgPriceModel>list =new ArrayList<AvgPriceModel>();
21         MongoDao mongoDao =new MongoDao("mongoproject","avgprice");
22         FindIterable<Document>documents =mongoDao.findAll();
23         documents.forEach(new Block<Document>() {
24             @Override
25             public void apply(final Document document) {
26                 String district =document.get("district").toString();
27                 double avg_price =  new Double(document.get("avg_price").toString());
```

```
28                  list.add(new AvgPriceModel(district, avg_price));
29              }
30          });
31          String json =new Gson().toJson(list);
32          System.out.println(json);
33          response.setContentType("text/html; charset=utf-8");
34          response.getWriter().write(json);
35          mongoDao.close();
36      }
37  }
```

在上述代码中,第 18～30 行 doPost()方法中实现数据的处理即传输操作,即前端发送过来的请求形式为 post 请求;第 22 行代码通过数据库操作类 MongoDao 中的 findAll()获取指定数据库(mongoproject)中集合(avgprice)的数据内容;第 23～30 行代码遍历获取的数据,并将数据放入 List 集合中;第 31 行代码将 List 中的数据转为 Json 形式,便于前端解析;第 33 行代码设置请求以及响应的内容类型以及编码方式;第 34 行代码将数据传输到前端 JSP。

#### 4. 创建 JSP 文件

在项目 MongoProject 的 webapp 下创建 JSP 文件 avgprice.jsp,用于实现数据的可视化展示功能,具体代码如文件 10-15 所示。

**文件 10-15　文件 avgprice.jsp**

```
1   <%@page comtentType="text/html;charset=UTF-8" language="java"%>
2   <html>
3   <head>
4       <meta http-equiv="Content-Type" content="text/html; charset=UTF-8">
5       <title>echarts 测试</title>
6       <!--1.引入 echarts.js -->
7       <script type="text/javascript" src="/js/echarts.js"></script>
8       <!--引入 jquery.js -->
9       <script type="text/javascript" src="/js/jquery-3.4.1.js"></script>
10  </head>
11  <body style="margin: 5%26%0%29%;">
12  <div style="text-align: center;">
13  </div>
14  <!--2.为 ECharts 准备一个具备大小(宽高)的 Dom -->
15  <div id="main" style="width: 1200px; height: 400px;"></div>
16  <script type="text/javascript">
17      //将 echarts 内容加载到 id 为 main 的 div 标签中
18      var myChart =echarts.init(document.getElementById('main'));
19      //3.初始化,默认显示标题,图例和 xy 空坐标轴
20      myChart.setOption({
21          title : {
22              text : '北京各地区二手房平均房价'
23          },
24          tooltip : {},
```

```
25          legend : {
26              data : [ '北京各地区二手房平均房价' ]
27          },
28          xAxis : {
29              type: 'category',
30              "axisLabel":{
31                  interval: 0
32              },
33              data : []
34          },
35          yAxis : {
36              type: 'value'
37          },
38          series : [ {
39              name : '北京各地区二手房平均房价',
40              type : 'bar',
41              data : []
42          } ]
43      });
44      //4.设置加载动画(非必须)
45      //数据加载完之前先显示一段简单的 loading 动画
46      myChart.showLoading();
47      //5.定义数据存放数组(动态变量)
48      //建立一个地区数组(实际用来放 X 轴坐标值)
49      var names = [];
50      //建立一个平均房价数组(实际用来放 Y 坐标值)
51      var avgs = [];
52      //6.ajax 发起数据请求
53      $.ajax({
54          type : "post",
55          //异步请求(同步请求将会锁住浏览器,其他操作须等请求完成才可执行)
56          async : true,
57          //请求发送到 AvgPriceServlet
58          url : "AvgPriceServlet",
59          data : {},
60          //返回数据形式为 json
61          dataType : "json",
62          //7.请求成功后接收数据 name+num 两组数据
63          success : function(result) {
64              //result 为服务器返回的 json 对象
65              if (result) {
66                  //8.取出数据存入数组
67                  for (var i =0; i <result.length; i++) {
68                      //迭代取出类别数据并填入地区名称数组
69                      names.push(result[i].district);
70                  }
71                  for (var i =0; i <result.length; i++) {
72                      //迭代取出销量并填入平均房价数组
73                      avgs.push(result[i].avg_price);
74                  }
```

```
75                    //隐藏加载动画
76                    myChart.hideLoading();
77                    //9.覆盖操作:根据数据加载数据图表
78                    myChart.setOption({
79                        xAxis : {
80                            data : names
81                        },
82                        series : [ {
83                            // 根据名字对应到相应的数据
84                            name : '平均价格',
85                            data : avgs
86                        } ]
87                    });
88                }
89            },
90            error : function(errorMsg) {
91                //请求失败时执行该函数
92                alert("图表请求数据失败!");
93                myChart.hideLoading();
94            }
95        })
96  </script>
97  </body>
98  </html>
```

上述代码中,通过 jquery 的 ajax 异步 post 请求获取后端 servlet 中传输过来的数据,将数据加载到 echarts 柱状图插件中,并通过 div 标签加载 echarts 插件实现数据的可视化展示。

### 5. 配置 web.xml 文件

打开项目 MongoProject 中 webapp→WEB-INF 目录下的文件 web.xml 来配置 servlet,在<web-app></web-app>标签下添加如下内容:

```
1   <servlet>
2     <servlet-name>AvgPriceServlet</servlet-name>
3     <servlet-class>cn.itcast.controller.AvgPriceControler</servlet-class>
4   </servlet>
5   <servlet-mapping>
6     <servlet-name>AvgPriceServlet</servlet-name>
7     <url-pattern>/AvgPriceServlet</url-pattern>
8   </servlet-mapping>
```

上述代码用于配置在 ajax 中通过指定 url 请求的后端指定的 servlet 类,以实现前后端数据的交互。

### 6. 配置 Tomcat

在运行程序前还需要为项目 MongoProject 配置 Tomcat 服务,具体步骤如下。

（1）在 IDEA 界面选择选项 Edit Configurations 进行配置，如图 10-43 所示。

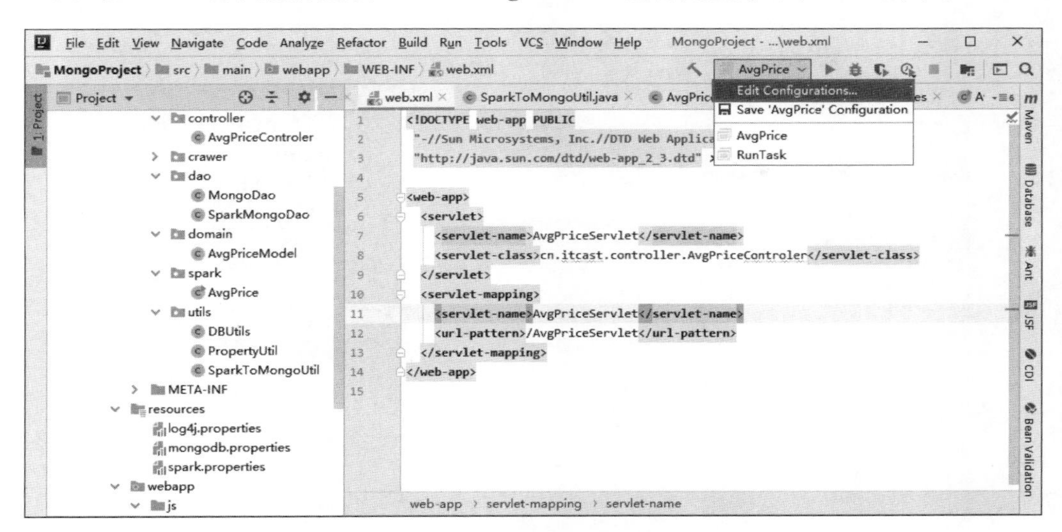


图 10-43　Edit Configurations...

（2）在 Run/Debug Configurations 界面单击＋按钮进行添加，依次选择 Tomcat Server →Local，添加本地 Tomcat 服务，具体如图 10-44 所示。

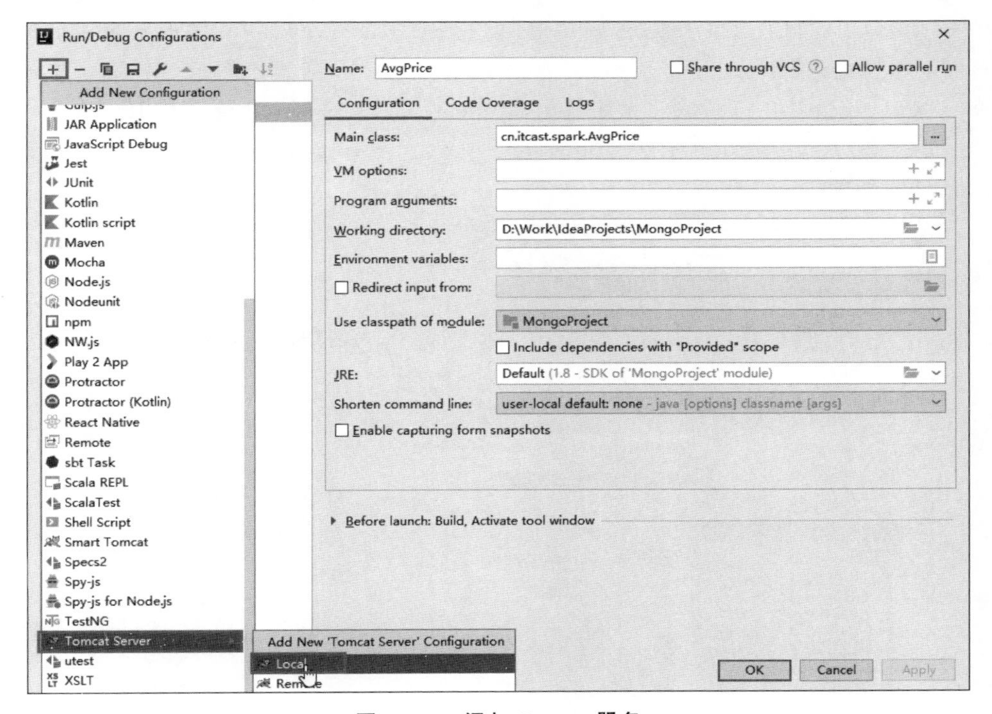


图 10-44　添加 Tomcat 服务

若图 10-44 所示的界面中 Add New Configuration 列表中没有找到 Tomcat Server 一项，可通过在 IDEA 主界面依次打开 File→Settings→Plugins，搜索 tomcat 插件 Tomcat and TomEE，勾选安装插件并重启 IDEA 即可，具体如图 10-45 所示。

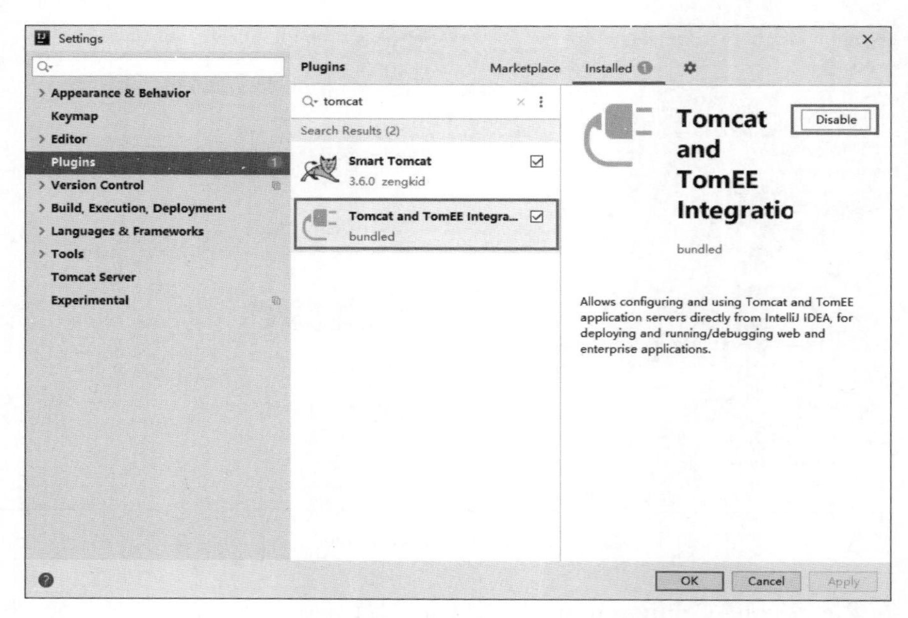


图 10-45 Plugins

在图 10-45 中，如果已经安装过 tomcat 插件则显示的是 Disable，如未安装该插件则单击 Installed 进行安装。

如安装 Tomcat 插件后，依然无法显示 Tomcat Server 一项，可通过在 IDEA 主界面依次打开 File→Settings→Build，Execution，Deployment→Application Servers，手动配置本地 Tomcat，具体如图 10-46 所示。

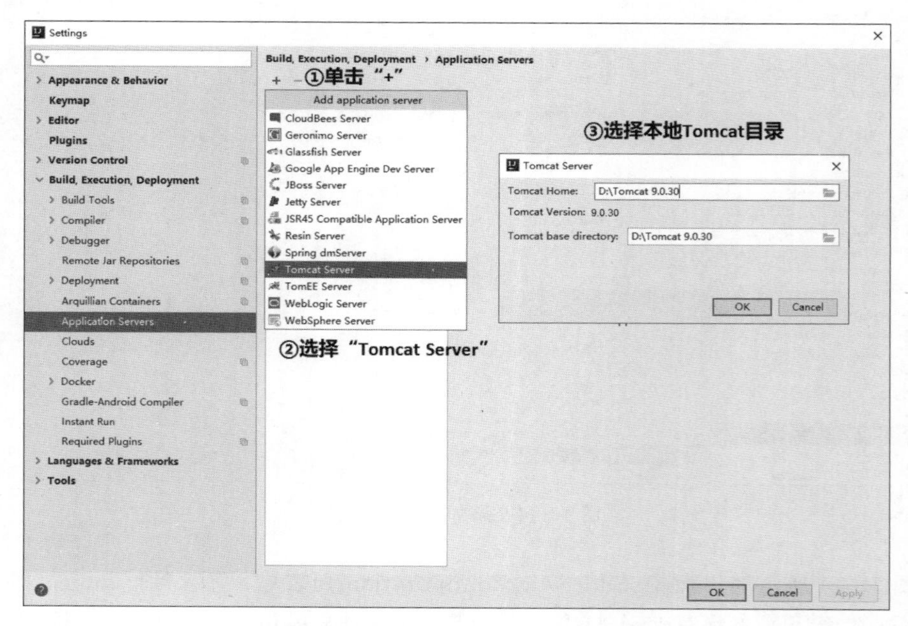


图 10-46 Application Servers

（3）Tomcat 服务添加完成后，在 Server 选项卡中对 Tomcat 服务进行相关配置，具体如图 10-47 所示。

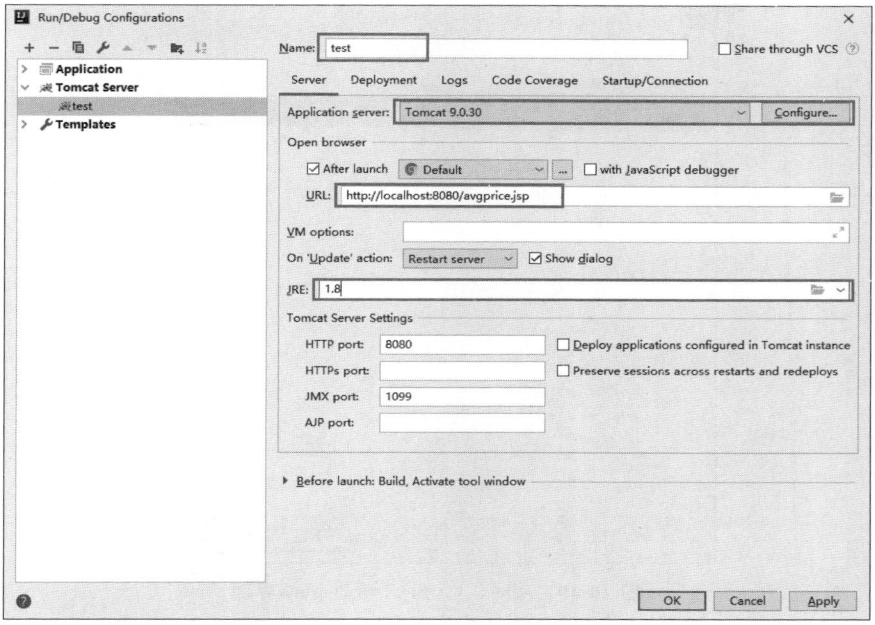

图 10-47　配置 Tomcat 服务

在图 10-47 中，在 Name 栏中配置服务器名称；在 Application server 栏中配置本地 Tomcat，本书配置的 Tomcat 版本为 9.0.30，在本书的配套资源中会提供此版本的 Tomcat 安装包供读者使用。有关 Tomcat 在 Windows 环境下的安装，读者可通过查阅相关资料进行操作。在 URL 栏中配置 Tomcat 启动时默认打开的地址；在 JRE 中配置本地安装的 jdk。

（4）将项目添加到 Tomcat 中，需要在图 10-48 所示的 Deployment 选项卡中进行相关配置。

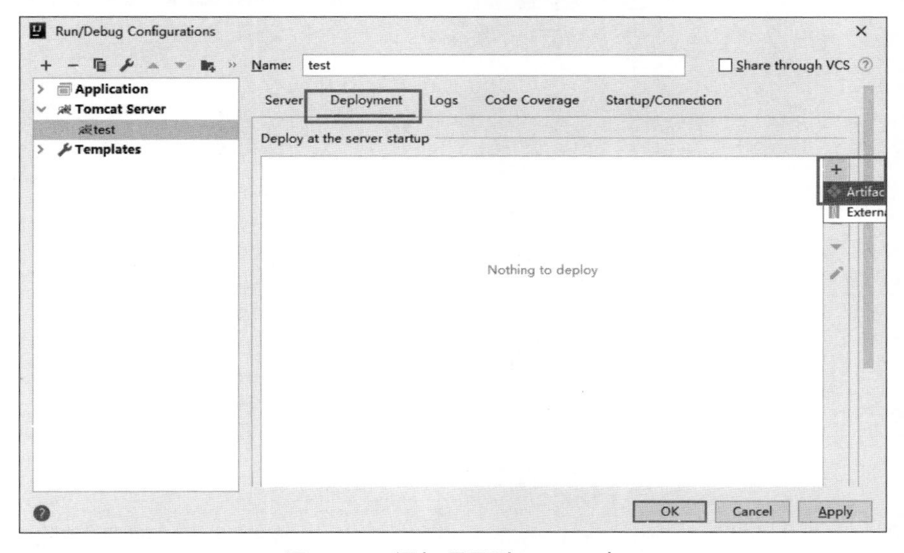


图 10-48　添加项目到 Tomcat 中

在图 10-48 中，单击＋按钮，选择 Artifact，弹出添加 Select Artifacts to Deploy 界面，具体如图 10-49 所示。

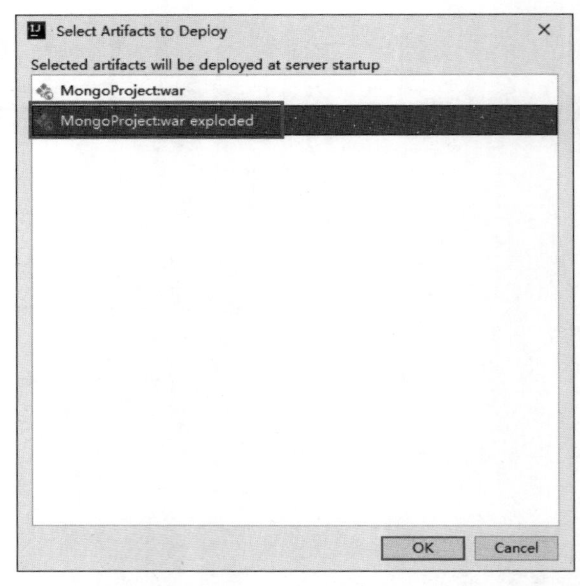


**图 10-49　Select Artifacts to Deploy 界面**

在图 10-49 中选择 MongoProject：war exploded 后，单击 OK 按钮完成添加，添加完成后的效果如图 10-50 所示。

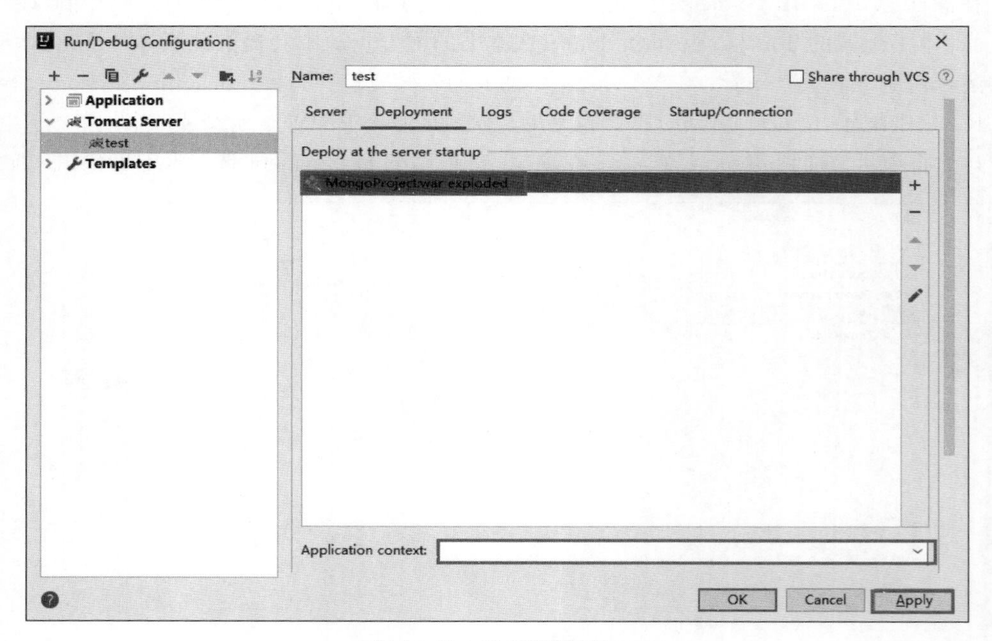


**图 10-50　完成项目添加**

在图 10-50 中删除 Application context 栏中默认生成的内容，如不删除会造成在

Server 中配置的默认地址无法直接访问，操作完成后单击 Apply 按钮完成 Tomcat 的配置。

## 10.6.2　系统功能模块展示

在 IDEA 中通过 Tomcat 启动项目，单击图 10-51 中标注的按钮启动项目。

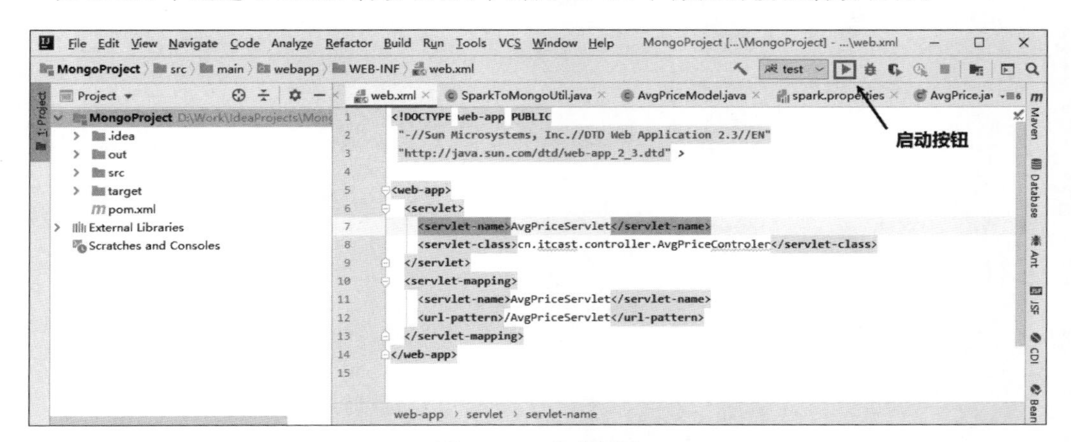


**图 10-51　启动项目**

Tomcat 启动完成后，浏览器会自动弹出在 Server 中设置的默认地址，也可以通过手动访问 http://localhost:8080/avgprice.jsp 浏览二手房交易数据分析系统的可视化展示内容，如图 10-52 所示。

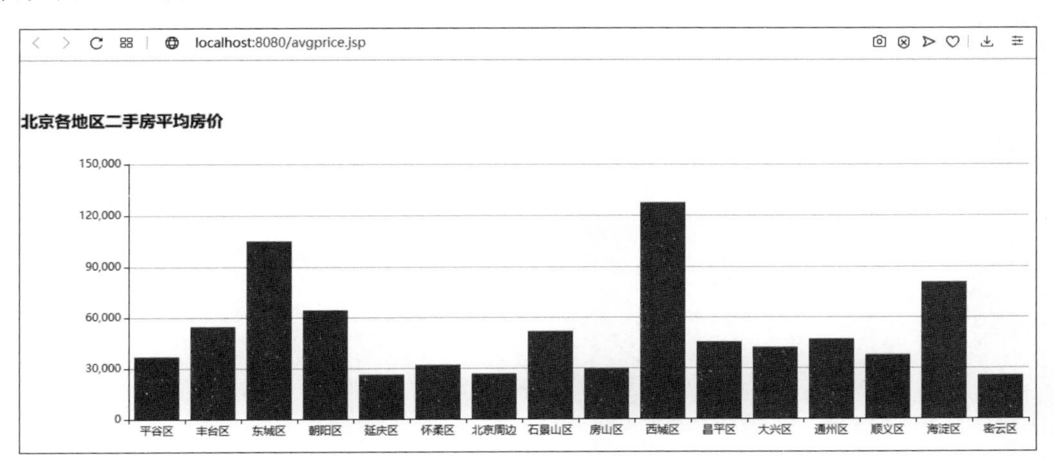


**图 10-52　二手房交易数据分析系统可视化展示**

# 10.7　本章小结

本章主要介绍了如何利用 Spark、MongoDB 以及 WebMagic 等技术开发二手房交易数据分析系统。通过本章的学习，读者能够了解 MongoDB 在大数据及 Java Web 方面的实际应用，并能了解爬虫程序的开发与使用。本章的重点是在掌握系统结构和业务流程的前提下，读者自己动手开发系统，当遇到问题时，可以独立解决问题。

# 图书资源支持

感谢您一直以来对清华版图书的支持和爱护。为了配合本书的使用，本书提供配套的资源，有需求的读者请扫描下方的“书圈”微信公众号二维码，在图书专区下载，也可以拨打电话或发送电子邮件咨询。

如果您在使用本书的过程中遇到了什么问题，或者有相关图书出版计划，也请您发邮件告诉我们，以便我们更好地为您服务。


**我们的联系方式：**

地　　址：北京市海淀区双清路学研大厦 A 座 714

邮　　编：100084

电　　话：010-83470236　010-83470237

客服邮箱：2301891038@qq.com

QQ：2301891038（请写明您的单位和姓名）


资源下载：关注公众号“书圈”下载配套资源。

资源下载、样书申请

书圈

图书案例

清华计算机学堂

观看课程直播